Aufgaben zur Ingenieurmathematik

Differenzialgleichungen, Numerik, Fourier- und Laplacetheorie

Mit Mathematica- und Maple-Beispielen

von
Walter Strampp

Oldenbourg Verlag München Wien

Die Deutsche Bibliothek - CIP-Einheitsaufnahme

Strampp, Walter:
Aufgaben zur Ingenieurmathematik : mit Mathematica- und Maple-Beispielen - Differenzialgleichungen, Numerik, Fourier- und Laplacetheorie / von Walter Strampp. – München ; Wien : Oldenbourg, 2002
   (Oldenbourg-Lehrbücher für Ingenieure)
   ISBN 3-486-25955-5

© 2002 Oldenbourg Wissenschaftsverlag GmbH
Rosenheimer Straße 145, D-81671 München
Telefon: (089) 45051-0
www.oldenbourg-verlag.de

Lektorat: Sabine Ohlms
Herstellung: Rainer Hartl
Umschlagkonzeption: Kraxenberger Kommunikationshaus, München
Gedruckt auf säure- und chlorfreiem Papier
Druck: R. Oldenbourg Graphische Betriebe Druckerei GmbH

Vorwort

In dem vorliegenden Übungsband werden zentrale Inhalte der Ingenieurmathematik im ersten und im mittleren Studienabschnitt aus der Anwendersicht behandelt. Zahlreiche Übungsbeispiele und Klausuraufgaben werden ausführlich besprochen und durchgerechnet. Durch die Aufgaben werden zunächst die Begriffe gefestigt. Danach wird der Gebrauch der mathematischen Werkzeuge in typischen Situationen vorgeführt und eingeübt. Die erforderlichen Definitionen und Sätze werden den Aufgaben vorangestellt, sodass die Systematik eines Lehrbuchs und die Funktion eines Nachschlagewerks erhalten bleibt. Immer wieder wird exemplarisch auf den heute unverzichtbaren Einsatz von Computeralgebra-Systemen eingegangen. Dadurch ergibt sich zugleich eine objektorientierte Einfhrung in die Programme Mathematica und Maple.

Beim Oldenbourg-Verlag bedanke ich mich für die Veröffentlichung des Manuskripts und die gute Zusammenarbeit.

Kassel   Walter Strampp

Inhaltsverzeichnis

1 Differenzialgleichungen

1.1 Gleichungen erster Ordnung

Unter einer Differenzialgleichung erster Ordnung versteht man eine Beziehung, in die eine unbekannte Funktion, ihre Ableitung und ihr Argument eingehen. Wir nehmen an, dass die Ableitung explizit dargestellt werden kann.

Differenzialgleichung erster Ordnung

Auf einem Gebiet $D \subseteq \mathbb{R} \times \mathbb{R}$ sei eine reellwertige, stetige Funktion g erklärt. Die Gleichung

$$y' = g(x, y)$$

wird als Differenzialgleichung erster Ordnung bezeichnet. Gilt $f'(x) = g(x, f(x))$ für jedes x aus dem Definitionsintervall, so heißt f Lösung der Differenzialgleichung. Damit wir nicht zu viele Symbole haben, bezeichnen wir Lösungen mit $y(x)$.

$$y'(x) = g(x, y(x)) \quad \Longleftrightarrow \quad y(x) \text{ ist Lösung von } y' = g(x, y).$$

Aufgabe 1.1: Funktionen in eine Differenzialgleichung einsetzen

Man prüfe nach, ob die Funktionen

$$y_1(x) = c\, e^{\frac{1}{3} x^3}, \quad y_2(x) = \frac{2}{c - x^2},$$

mit einer beliebigen Konstanten $c \in \mathbb{R}$ in ihrem jeweiligen Definitionsbereich eine der beiden folgenden Differenzialgleichungen erfüllen:

$$y' = x^2\, y \quad \text{und} \quad y' = x\, y^2.$$

Lösung

Beide Differenzialgleichungen sind in $\mathbb{R} \times \mathbb{R}$ definiert. Die Funktion y_1 ist für alle Parameter c in ganz $\mathbb{R}$ erklärt.

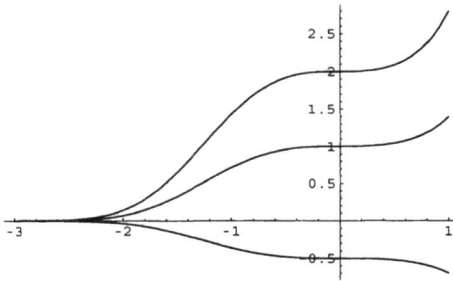

Bild 1.1: *Die Funktion*
$$y_1(x) = c\, e^{\frac{1}{3}x^3}$$
für verschiedene Parameter c

Es gilt:

$$y_1'(x) = c\, x^2\, e^{\frac{1}{3}x^3} = x^2\, y_1(x)$$

und somit:

$$y_1'(x) - x^2\, y_1(x) = 0\,,$$

aber

$$y_1'(x) - x\,(y_1(x))^2 = x\, y_1(x)\,(x - y_1(x))\,.$$

Die erste Differenzialgleichung wird also von y_1 erfüllt, während die zweite Differenzialgleichung nur bei $c = 0$ für alle $x \in \mathbb{R}$ gelten kann.

Für Parameter $c < 0$ ist die Funktion y_2 für alle $x \in \mathbb{R}$ erklärt. Für $c = 0$ kann y_1 für $x < 0$ oder für $x > 0$ erklärt werden. Für $c > 0$ kann y_1 für $x < -\sqrt{c}$ oder für $-\sqrt{c} < x < \sqrt{c}$ oder für $\sqrt{c} < x$ erklärt werden.

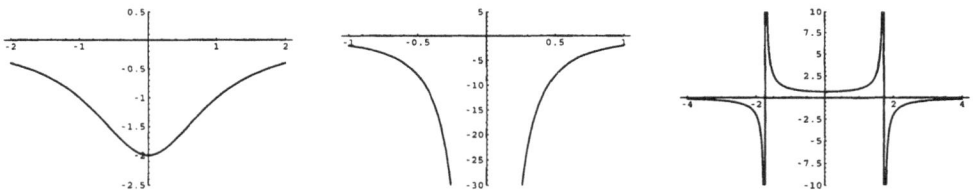

Bild 1.2: *Die Funktionen:* $y_2(x) = \dfrac{2}{c - x^2}$ *bei c < 0 (links), c = 0 (Mitte) und c > 0 (rechts)*

Es gilt:

$$y_2'(x) = \frac{4\,x}{(c - x^2)^2} = x\,(y_2(x))^2$$

und somit

$$y_2'(x) - x\,(y_2(x))^2 = 0\,,$$

aber

$$y_2'(x) - x^2\, y_2(x) = x\, y_2(x)\,(y_2(x) - x)\,.$$

Die zweite Differenzialgleichung wird also von y_2 erfüllt, während die erste Differenzialgleichung nicht für alle x aus dem jeweiligen Definitionsbereich gelten kann.

Mathematica:

$$\mathbf{y1[x\_] := c\ exp\left[\frac{x^3}{3}\right]}$$

$$y2[x\_] := \frac{2}{c - x^2}$$

$$\text{Simplify}\left[\partial_x y1[x] - x^2\, y1[x]\right]$$

$$0$$

$$\text{Simplify}\left[\partial_x y2[x] - x\, y2[x]^2\right]$$

$$0$$

Maple:

```
y1:=x->c*exp((1/3)*x^3);
```

$$y1 := x \rightarrow c\, e^{(1/3\, x^3)}$$

```
y2:=x->2/(c-x^2);
```

$$y2 := x \rightarrow 2\,\frac{1}{c - x^2}$$

```
simplify(diff(y1(x),x)-x^2*y1(x));
```

$$\text{Simplify}((\frac{\partial}{\partial x}\, c\, e^{(1/3\, x^3)}) - c\, x^2\, e^{(1/3\, x^3)}) = 0$$

```
simplify(diff(y2(x),x)-x*y2(x)^2);
```

$$\text{Simplify}((\frac{\partial}{\partial x}\, (2\,\frac{1}{c - x^2})) - 4\,\frac{x}{(c - x^2)^2}) = 0$$

Aufgabe 1.2: Funktionen in eine Differenzialgleichung einsetzen

Auf welchen Definitionsbereich müssen die Funktionen

$$y(x) = \frac{1}{4}\,(x - c)^2\,, \quad c \in \mathbb{R}\,,$$

eingeschränkt werden, damit sie Lösungen der folgenden Differenzialgleichung werden:

$$y' = \sqrt{y}\,, \quad y > 0\,?$$

Lösung

Das Definitionsgebiet der Differenzialgleichung ist die obere Halbebene ohne die x-Achse. Die gegebenen Funktionen $y(x)$ sind für jeden Parameterwert c für alle $x \in \mathbb{R}$ erklärt. Für $x = c$ verlassen sie jedoch wegen $y(c) = 0$ das Definitionsgebiet der Differenzialgleichung. Es gilt:

$$y'(x) = \frac{1}{2}(x - c) \begin{cases} > 0 & , \quad x > c, \\ < 0 & , \quad x < c, \end{cases}$$

und

$$\sqrt{y(x)} = \frac{1}{2}|x - c| = \begin{cases} y'(x) & , \quad x > c, \\ -y'(x) & , \quad x < c. \end{cases}$$

Also stellen nur die Funktionen

$$y(x) = \frac{1}{4}(x - c)^2, \quad x > c,$$

Lösungen dar.

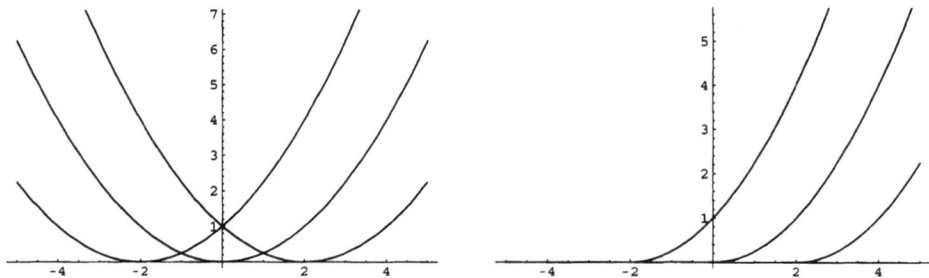

Bild 1.3: *Die Funktionen:* $y(x) = \frac{1}{4}(x - c)^2$ *auf $\mathbb{R}$ (links) und auf dem Strahl $x > c$ (rechts) jeweils für verschiedene Parameter c*

In jedem Punkt schreibt die Differenzialgleichung der durchgehenden Lösung die Richtung vor. Diesen Sachverhalt veranschaulicht man sich mit dem Richtungsfeld.

Richtungsfeld

Gegeben sei eine Differenzialgleichung

$$y' = g(x, y), \quad g : D \to \mathbb{R}.$$

Das Richtungsfeld kann graphisch dargestellt werden, indem man in jedem Punkt $(x_0, y_0) \in D$ ein kleines Stück der Gerade

$$y = y_0 + g(x_0, y_0)(x - x_0)$$

zeichnet. Diese Gerade stellt die Tangente im Punkt $(x_0, y_0) \in D$ an jede Lösung dar, die durch (x_0, y_0) geht.

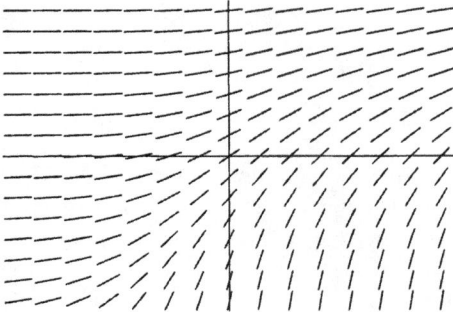

Bild 1.4: *Richtungsfeld einer Differenzialgleichung*

Aufgabe 1.3: Lösungskurven im Richtungsfeld zeichnen

Die Differenzialgleichung:

$$y' = x^2 y, \quad (x, y) \in \mathbb{R} \times \mathbb{R},$$

besitzt die Lösungen

$$y(x) = c\, e^{\frac{x^3}{3}}$$

mit beliebigen Konstanten $c \in \mathbb{R}$. Man zeichne einige Lösungen im Richtungsfeld.

Lösung

Das Richtungsfeld ergibt sich, indem man in jedem Punkt $(x_0, y_0) \in \mathbb{R} \times \mathbb{R}$ ein kleines Stück der folgenden Gerade zeichnet:

$$y = y_0 + x_0^2\, y_0\, (x - x_0).$$

Verläuft eine Lösungskurve durch den Punkt (x_0, y_0), dann stellt diese Gerade dort die Tangente an die Lösung dar.

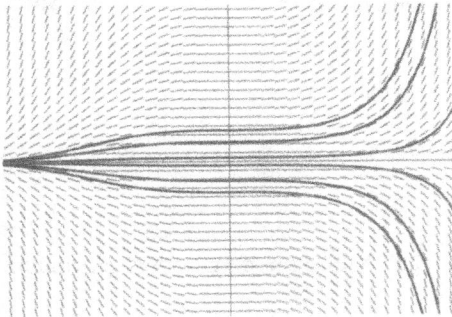

Bild 1.5: *Lösungen der Differenzialgleichung* $y' = x^2 y$ *im Richtungsfeld*

Man kann sich auch dadurch eine Vorstellung vom Richtungsfeld verschaffen, dass man die Höhenlinien der rechten Seite der Gleichung betrachtet. Man nennt solche Höhenlinien Isoklinen, weil sie Punkte mit gleicher Richtung zu Kurven vereinigen.

Isokline

Jede Kurve, welche die Gleichung

$$g(x, y) = c, \quad c \in \mathbb{R},$$

erfüllt, heißt Isokline der Differenzialgleichung $y' = g(x, y)$. Isoklinen bilden also gerade die Höhenlinien der Funktion $g(x, y)$. Wenn der Graph einer Lösung f in einem Punkt $(x_0, y_0) \in D$ eine Isokline schneidet, so stellt der Parameter c den Anstieg der Tangente an f im Schnittpunkt dar.

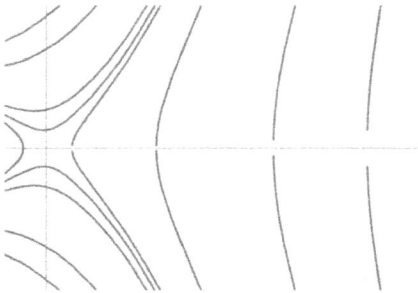

Bild 1.6: *Isoklinen einer Differenzialgleichung*

Aufgabe 1.4: Richtungsfeld und Isoklinen zeichnen

Man zeichne das Richtungsfeld und die Isoklinen der folgenden Differenzialgleichung:

$$y' = x^2 + y^2, \quad (x, y) \in \mathbb{R} \times \mathbb{R}.$$

Lösung

Das Richtungsfeld ergibt sich, indem man in jedem Punkt $(x_0, y_0) \in \mathbb{R} \times \mathbb{R}$ ein kleines Stück der folgenden Gerade zeichnet:

$$y = y_0 + (x_0^2 + y_0^2)(x - x_0).$$

Die Isoklinen ergeben sich als Höhenlinien der rechten Seite:

$$x^2 + y^2 = c.$$

Offenbar kommen nur Konstante $c \geq 0$ infrage. Man erhält Kreise mit dem Radius $\sqrt{c}$ und im Sonderfall $c = 0$ den Nullpunkt.

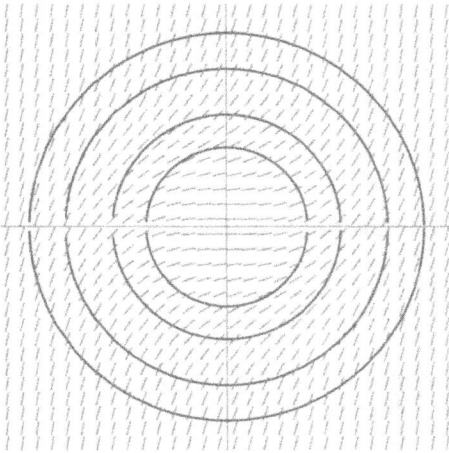

Bild 1.7: *Richtungsfeld und Isoklinen der Differenzialgleichung $y' = x^2 + y^2$. Auf jedem Kreis schreibt die Differenzialgleichung eine einzige Richtung vor.*

Aufgabe 1.5: Richtungsfeld und Isoklinen zeichnen

Man zeichne das Richtungsfeld und die Isoklinen der folgenden Differenzialgleichung:

$$y' = (x^2 - x)\, y, \quad (x, y) \in \mathbb{R} \times \mathbb{R}.$$

Lösung

Das Richtungsfeld ergibt sich, indem man in jedem Punkt $(x_0, y_0) \in \mathbb{R} \times \mathbb{R}$ ein kleines Stück der folgenden Gerade zeichnet:

$$y = y_0 + (x_0^2 - x_0)\, y_0^2\, (x - x_0).$$

Die Isoklinen ergeben sich als Höhenlinien der rechten Seite:

$$(x^2 - x)\, y = c.$$

Wir können die Isoklinen explizit als Funktionen schreiben,

$$y = \frac{c}{x\,(x - 1)}.$$

Diese Funktionen müssen allerdings auf drei Definitionsbereichen betrachtet werden: $x < 0$, $0 < x < 1$, $1 < x$. Als Ausnahmefälle erhält man die Isoklinen: $x = 0$, $x = 1$ jeweils mit den Tangentenanstiegen $g(0, y) = g(1, y) = 0$ sowie $y = 0$ ebenfalls mit dem Tangentenanstieg $g(x, 0) = 0$.

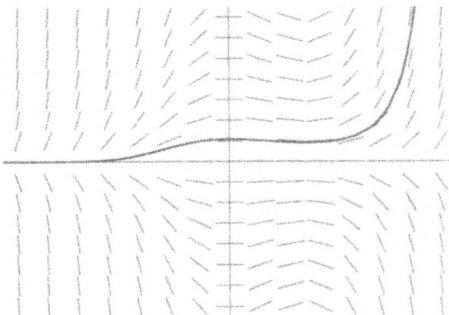

Bild 1.8: *Richtungsfeld der Differenzialgleichung $y' = (x^2 - x)\, y$ mit einer Lösung*

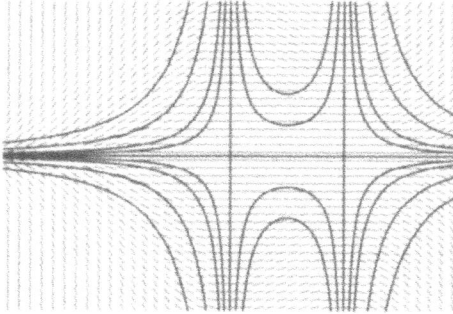

Bild 1.9: *Richtungsfeld und Isoklinen der Differenzialgleichung* $y' = (x^2 - x)\, y$

Man kann nach der Menge aller Lösungen einer gegebenen Differenzialgleichung erster Ordnung fragen oder nach einer Lösung, die durch einen bestimmten Punkt geht.

Allgemeine Lösung und Anfangswertproblem

Gegeben sei die Differenzialgleichung

$$y' = g(x, y)\,, \quad g : D \to \mathbb{R}\,.$$

Die Menge aller Lösungen heißt allgemeine Lösung der Differenzialgleichung. Gesucht werde nun eine Lösung, die durch den Punkt (x_0, y_0) geht:

$$y(x_0) = y_0\,.$$

Diese Bedingung wird als Anfangsbedingung und die Problemstellung als Anfangswertproblem bezeichnet.

Die Frage nach der Lösbarkeit des Anfangswertproblems beantwortet der Existenz-und Eindeutigkeitssatz.

Existenz-und Eindeutigkeitssatz

Gegeben sei die Differenzialgleichung:

$$y' = g(x, y)\,, \quad g : D \to \mathbb{R}\,.$$

mit einer partiell nach y differenzierbaren Funktion g. Die Funktionen g und $\dfrac{\partial}{\partial y} g(x, y)$ seien stetig. Dann besitzt das Anfangswertproblem $y' = g(x, y)$, $y(x_0) = x_0$, genau eine Lösung. Der Definitionsbereich dieser Lösung kann soweit erstreckt werden, bis die Lösungskurve den Rand des Gebiets D erreicht.

Aufgabe 1.6: Differenzialgleichung mit nur von x abhängiger rechter Seite lösen

Sei $g(x)$ eine auf einem Intervall I stetige Funktion. Man bestimme die allgemeine Lösung der Differenzialgleichung

$$y' = g(x)\,.$$

Welche besondere Eigenschaft besitzt das Richtungsfeld? Welche allgemeine Lösung ergibt sich im Fall $y' = \dfrac{1}{1 + x^2}$?

Lösung

Integriert man die Beziehung

$$y'(x) = g(x)$$

auf beiden Seiten mit einem beliebigen Anfangspunkt $x_0 \in I$:

$$\int\limits_{x_0}^{x} y'(t)\, dt = \int\limits_{x_0}^{x} g(t)\, dt\,,$$

so ergibt sich für eine Lösung $y(x)$:

$$y(x) = y(x_0) + \int\limits_{x_0}^{x} g(t)\, dt\,.$$

Offenbar stellt jede Lösung eine Stammfunktion von g dar, und zwei Lösungen können sich nur durch eine Konstante unterscheiden. Die allgemeine Lösung nimmt die Gestalt an:

$$y(x) = \int\limits_{x_0}^{x} g(t)\, dt + c = \int g(x)\, dx\,.$$

Richtungen, die auf einer Parallelen zur y-Achse $x = x_0$ abgetragen werden, sind parallel. Die Isoklinen werden also durch Parallelen zur y-Achse gegeben. Die Lösungen können in Richtung der x-Achse verschoben werden.

Im Fall $g(x) = \dfrac{1}{1 + x^2}$ ergibt sich die allgemeine Lösung

$$y(x) = \arctan(x) + c\,.$$

mit einer beliebigen Konstanten c. Alle Lösungen besitzen das gemeinsame Definitionsintervall $I = \mathbb{R}$.

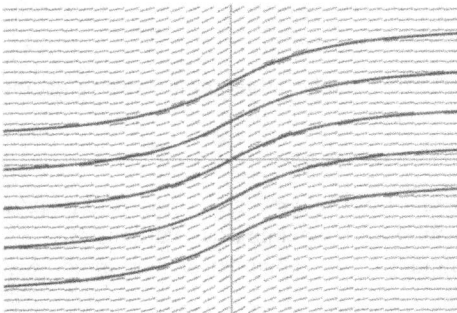

Bild 1.10: *Lösungen der Differenzialgleichung $y' = \dfrac{1}{1 + x^2}$ im Richtungsfeld*

Mathematica

Mit DSolve werden Differenzialgleichungen gelöst. Man gibt die Gleichung ein sowie die gesuchte Funktion und die unabhängige Variable.

$$\textbf{DSolve[y}'\textbf{[x]} == \textbf{g[x], y[x], x]}$$

$$\left\{\left\{y[x] \to \textbf{C}[1] + \int_0^x g[\textbf{DSolve't}]\text{d}\textbf{DSolve't}\right\}\right\}$$

$$\textbf{DSolve[y}'\textbf{[x]} == \frac{\textbf{1}}{\textbf{1} + \textbf{x}^2}, \textbf{y[x], x]}$$

$$\{\{y[x] \to \text{arctan}[x] + \textbf{C}[1]\}\}$$

Maple

Mit dsolve werden Differenzialgleichungen gelöst. Wenn aus dem Zusammenhang hervorgeht, welche Funktion gesucht wird, und von welcher Variablen sie abhängt, genügt es, die Gleichung einzugeben.

```
dsolve(diff(y(x),x)=g(x));
```

$$\text{Dsolve}(\frac{\partial}{\partial x}\, y(x) = \text{g}(x)) = (y(x) = \int \text{g}(x)\, dx + \_C1)$$

```
dsolve(diff(y(x),x)=1/(1+x^2));
```

$$\text{Dsolve}(\frac{\partial}{\partial x}\, y(x) = \frac{1}{1 + x^2}) = (y(x) = \text{arctan}(x) + \_C1)$$

Aufgabe 1.7: Differenzialgleichung mit nur von y abhängiger rechter Seite lösen

Sei $g(y)$ eine auf einem Intervall J stetige Funktion. Man bestimme die allgemeine Lösung der Differenzialgleichung

$$y' = g(y)\,.$$

Welche besondere Eigenschaft besitzt das Richtungsfeld? Welche allgemeine Lösung ergibt sich im Fall $y' = e^y$?

Lösung

Falls $g(y_0) = 0$ ist, dann stellt $y(x) = y_0$ eine konstante Lösung dar. Falls $g(y_0) \neq 0$ ist und $y(x)$ eine Lösung mit $y(x_0) = y_0$, dann können wir in einer Umgebung des Punktes (x_0, y_0) ihre Umkehrfunktion $x(y)$ betrachten. Mit der Ableitung der Umkehrfunktion bekommen wir zunächst:

$$\frac{dx}{dy}(y(x)) = \frac{1}{y'(x)} = \frac{1}{g(y(x))}\,.$$

Verwenden wir nun die gegebene Differenzialgleichung, so bekommen wir folgende Differenzialgleichung für die Umkehrfunktion:

$$\frac{dx}{dy} = \frac{1}{g(y)}.$$

Diese Differenzialgleichung wird dadurch gelöst, dass man eine Stammfunktion für die rechte Seite findet:

$$x(y) = x(y_0) + \int_{y_0}^{y} \frac{1}{g(s)}\, ds = x_0 + \int_{y_0}^{y} \frac{1}{g(s)}\, ds$$

bzw.

$$x(y) = \int_{y_0}^{y} \frac{1}{g(s)}\, ds + c$$

oder

$$x(y) = \int \frac{1}{g(y)}\, dy.$$

Richtungen, die auf einer Parallelen zur x-Achse $y = y_0$ abgetragen werden, sind parallel. Die Isoklinen werden also durch Parallelen zur x-Achse gegeben.
Im Fall

$$y' = e^y$$

wird man auf die Differenzialgleichung

$$\frac{dx}{dy} = e^{-y}$$

für die Umkehrfunktionen geführt, deren Lösungen

$$x(y) = x(y_0) - e^{-y} + e^{-y_0} = x_0 - e^{-y} + e^{-y_0}$$

lauten. Löst man nach y auf, so ergeben sich die folgenden Lösungen der Ausgangsgleichung:

$$y(x) = -\ln\left(x_0 + e^{-y_0} - x\right), \quad x < x_0 + e^{-y_0},$$

bzw.

$$y(x) = -\ln(c - x), \quad x < c.$$

Jede Lösung hat ihr eigenes Definitionsintervall $x < c$.

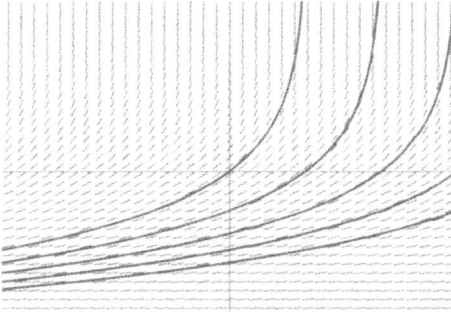

Bild 1.11: *Lösungen der Differenzialgleichung*
$$y' = e^y$$
im Richtungsfeld.
(Die graphische Auflösung ist nicht hoch genug. Stellenweise schneiden sich Lösungen und Richtungen).

Mathematica

$$\textbf{DSolve}[\textbf{y}'[\textbf{x}] == \textbf{g}[\textbf{y}[\textbf{x}]], \textbf{y}[\textbf{x}], \textbf{x}]$$

$$\text{Solve}\Big[-x + \int_{C_{[1]}}^{y[x]} \frac{1}{g[\text{K\$53}]} d\text{K\$53} == 0, y[x]\Big]$$

$$\textbf{DSolve}[\textbf{y}'[\textbf{x}] == \exp[\textbf{y}[\textbf{x}]], \textbf{y}[\textbf{x}], \textbf{x}]$$

$$\{\{y[x] \to -\log[-x + C[1]]\}\}$$

Maple

```
dsolve(diff(y(x),x)=g(y(x)));
```

$$\text{Dsolve}(\frac{\partial}{\partial x} y(x) = g(y(x))) = \left(x - \int^{y(x)} \frac{1}{g(\_a)} d\_a + \_C1 = 0\right)$$

```
dsolve(diff(y(x),x)=exp(y(x)));
```

$$\text{Dsolve}(\frac{\partial}{\partial x} y(x) = e^{y(x)}) = (y(x) = -\ln(-x - \_C1))$$

Aufgabe 1.8: Ein Anfangswertproblem mit beliebig vielen Lösungen betrachten

Gegeben sei das Anfangswertproblem:

$$y' = 3\sqrt[3]{y^2}, \quad y(x_0) = 0,$$

mit beliebigem $x_0 \in \mathbb{R}$. Man zeige, dass jede der Funktionen:

$$y(x) = \begin{cases} (x - (x_0 - \alpha))^3 & , \quad x \leq x_0 - \alpha \\ 0 & , \quad x_0 - \alpha < x \leq x_0 + \beta \\ (x - (x_0 + \beta))^3 & , \quad x_0 + \beta < x \end{cases}$$

mit beliebigen Konstanten α, $\beta > 0$ eine Lösung darstellt.

Lösung Die rechte Seite der Differenzialgleichung

$$g(x, y) = 3 \sqrt[3]{y^2}$$

stellt eine auf $\mathbb{R} \times \mathbb{R}$ stetige Funktion dar. Wenn man die Punkte $x = x_0 - \alpha$ und $x = x_0 + \beta$ aus dem Definitionsbereich entfernt, kann man ableiten:

$$y'(x) = \begin{cases} 3(x - (x_0 - \alpha))^2 & , \quad x < x_0 - \alpha \\ 0 & , \quad x_0 - \alpha < x < x_0 + \beta \\ 3(x - (x_0 + \beta))^2 & , \quad x_0 + \beta < x \end{cases}$$

Ferner sieht man leicht, dass in den Punkten $x = x_0 - \alpha$ und $x = x_0 + \beta$ jeweils eine rechts- und eine linksseitige Ableitung existiert, die beide Null ergeben. Damit haben wir stets eine differenzierbare Funktion $y(x)$. Einsetzen in die Differenzialgleichung zeigt schließlich, dass eine Lösung vorliegt:

$$y'(x) = \begin{cases} 3(x - (x_0 - \alpha))^2 & , \quad x \leq x_0 - \alpha \\ 0 & , \quad x_0 - \alpha \leq x \leq x_0 + \beta \\ 3(x - (x_0 + \beta))^2 & , \quad x_0 + \beta \leq x \end{cases}$$

$$= \begin{cases} 3\sqrt[3]{(x - (x_0 - \alpha))^6} & , \quad x < x_0 - \alpha \\ 3\sqrt[3]{0^6} & , \quad x_0 - \alpha < x < x_0 + \beta \\ 3\sqrt[3]{(x - (x_0 + \beta))^6} & , \quad x_0 + \beta < x \end{cases}$$

$$= 3\sqrt[3]{(y(x))^2}.$$

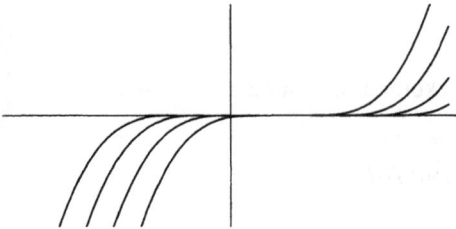

Bild 1.12: *Lösungen des Anfangswertproblems*
$$y' = 3\sqrt[3]{y^2}, \quad y(x_0) = 0$$

Auf der x-Achse sind die Voraussetzungen des Existenz- und Eindeutigkeitssatzes verletzt. Die partielle Ableitung der rechten Seite nach der Variablen y:

$$\frac{\partial}{\partial y} g(x, y) = \frac{d}{dy} 3\sqrt[3]{y^2} = \frac{2}{3\sqrt[3]{y}}$$

existiert nicht für $y = 0$.

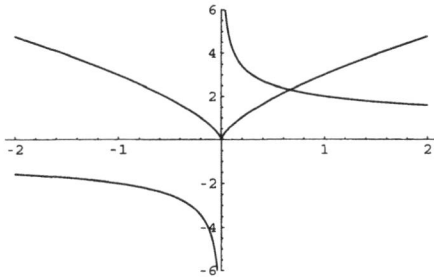

Bild 1.13: *Die Funktion*
$g(y) = 3\sqrt[3]{y^2}$ *und ihre*
Ableitungsfunktion für $y \neq 0$

Aufgabe 1.9: Eine Differenzialgleichung in eine Integralgleichung überführen

Gegeben sei das Anfangswertproblem

$$y' = g(x, y), \quad y(x_0) = y_0,$$

mit einer auf einem Gebiet $D \subset \mathbb{R} \times \mathbb{R}$ stetigen Funktion g. Bei der Picard-Iteration geht man zu folgender Intgralgleichung über

$$y(x) = y_0 + \int_{x_0}^{x} g(t, y(t)) \, dt$$

und berechnet Näherungslösungen durch die Iteration:

$$y_k(x) = y_0 + \int_{x_0}^{x} g(t, y_{k-1}(t)) \, dt, \quad y_0(x) = y_0, \quad k \geq 1.$$

Man zeige, dass jede Lösung des Anfangswertproblems eine Lösung der Integralgleichung liefert, und dass umgekehrt jede stetige Lösung der Integralgleichung eine Lösung des Anfangswertproblems liefert.

Lösung

Ist $y(x)$ eine Lösung des Anfangswertproblems, so bekommt man durch Integrieren:

$$\int_{x_0}^{x} y'(t) \, dt = \int_{x_0}^{x} g(t, y(t)) \, dt$$

bzw.

$$y(x) = y(x_0) + \int_{x_0}^{x} g(t, y(t)) \, dt,$$

also eine Lösung der Integralgleichung. Hat man umgekehrt eine stetige Lösung der Integralgleichung, so stellt man zuerst fest, dass diese Lösung differenzierbar sein muss. Durch Ableiten erhält man mit dem Hauptsatz:

$$y'(x) = \frac{d}{dx} \int_{x_0}^{x} g(t, y(t)) \, dt = g(x, y(x)).$$

Aufgabe 1.10: Eine Differenzialgleichung durch Picard-Iteration lösen

Man führe die Picard-Iteration für das folgende Anfangswertproblem durch:

$$y' = 2 x y, \quad y(0) = 1,$$

und zeige, dass die Iterierten gegen eine Lösung konvergieren.

Lösung

Die Picard-Iteration folgende Gestalt an:

$$y_k(x) = 1 + \int_0^x 2 t \, y_{k-1}(t) \, dt, \quad y_0(t) = 1.$$

Damit berechnen wir die ersten drei Iterierten zu:

$$y_1(x) = 1 + \int_0^x 2 t \, dt = 1 + x^2$$

$$y_2(x) = 1 + \int_0^x 2 t \, (1 + t^2) \, dt = 1 + x^2 + \frac{x^4}{2}$$

$$y_3(x) = 1 + \int_0^x 2 t \left(1 + t^2 + \frac{t^4}{2}\right) dt = 1 + x^2 + \frac{x^4}{2} + \frac{x^6}{6}.$$

Man bestätigt durch vollständige Induktion, dass gilt:

$$y_k(x) = \sum_{v=0}^{k} \frac{x^{2v}}{v!}.$$

Für $k = 0$ ist die Behauptung richtig. Nehmen wir an, sie gilt für irgendein k, dann ergibt sich für $k + 1$:

$$
\begin{aligned}
y_{k+1}(x) &= 1 + \int_0^x 2\,t\,y_k(t)\,dt = 1 + \int_0^x 2\,t\left(\sum_{\nu=0}^{k}\frac{t^{2\nu}}{\nu!}\right)dt \\
&= 1 + \sum_{\nu=0}^{k}\left(\int_0^x 2\,\frac{t^{2\nu+1}}{\nu!}\right)dt \\
&= 1 + \sum_{\nu=0}^{k} 2\,\frac{x^{2\nu+2}}{\nu!\,(2\nu+2)} = 1 + \sum_{\nu=0}^{k}\frac{x^{2\nu+2}}{\nu!\,(\nu+1)} \\
&= 1 + \sum_{\nu=0}^{k}\frac{x^{2(\nu+1)}}{(\nu+1)!} \\
&= \sum_{\nu=0}^{k+1}\frac{x^{2\nu}}{\nu!}
\end{aligned}
$$

Somit konvergieren die Picard-Iterierten $y_k(x)$ gleichmäßig auf ganz $\mathbb{R}$ gegen die Grenzfunktion

$$
\lim_{k\to\infty} y_k(x) = y(x) = \sum_{\nu=0}^{\infty}\frac{x^{2\nu}}{\nu!} = e^{x^2},
$$

die offenbar eine Lösung des Anfangswertproblems darstellt:

$$
y'(x) = 2\,x\,e^{x^2} = 2\,x\,y(x).
$$

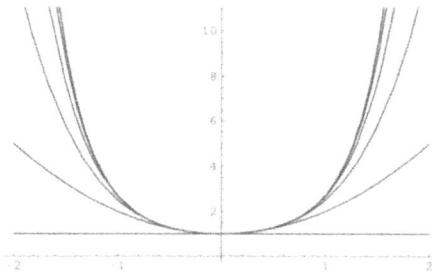

Bild 1.14: *Näherungsweise Lösung des Anfangswertproblems:* $y' = 2\,x\,y$, $y(0) = 1$ *durch Picard-Iteration*

1.2 Lineare Differenzialgleichungen

Eine Differenzialgleichung heißt linear, wenn die rechte Seite eine Funktion darstellt, die in der Variablen y linear ist. Wird die Variable x fest gehalten, so beschreibt die rechte Seite eine Gerade über der y-Achse.

> **Lineare Differenzialgleichung**
>
> Eine Differenzialgleichung der Gestalt
>
> $$y' = a(x)y + b(x)$$
>
> wird als lineare Differenzialgleichung bezeichnet. Die Funktionen a und b sind auf einem Intervall I stetig.
> Zu jeder Anfangsbedingung $y(x_0) = y_0$, gibt es genau eine Lösung mit dem Definitionsintervall I.

Aufgabe 1.11: Eigenschaften einer linearen Differenzialgleichung nachweisen

Das Richtungsfeld der linearen Differenzialgleichung

$$y' = a(x)\,y + b(x)\,, \quad a(x) \neq 0\,,$$

besitzt folgende Eigenschaft. Nimmt man alle Richtungen auf einer Parallelen zur y-Achse und verlängert sie zu Geraden, so schneiden sich diese Geraden in einem Punkt. Diese Schnittpunkte liegen auf der sogenannten Leitkurve. Welche Leitkurve ergibt sich bei den folgenden Differenzialgleichungen:

$$y' = y + x \quad \text{und} \quad y' = x\,y + x\,e^{\frac{x^2}{2}}\,, \quad x < 0\,?$$

Lösung

Wir betrachten die Tangente an eine Lösung durch den Punkt (x_0, y_0):

$$y = (a(x_0)\,y_0 + b(x_0))\,(x - x_0) + y_0\,.$$

Nun schneiden wir zwei Tangenten und bekommen:

$$(a(x_0)\,y_0 + b(x_0))\,(x - x_0) + y_0 = (a(x_0)\,\tilde{y}_0 + b(x_0))\,(x - x_0) + \tilde{y}_0$$

bzw.

$$a(x_0)\,(y_0 - \tilde{y}_0)\,(x - x_0) - (y_0 - \tilde{y}_0) = 0\,.$$

Falls $a(x_0) \neq 0$ ist, berechnet man folgenden Schnittpunkt:

$$(x_s(x_0),\, y_s(x_0)) = \left(x_0 - \frac{1}{a(x_0)},\, -\frac{b(x_0)}{a(x_0)} \right)\,.$$

Alle Schnittpunkte

$$(x_s(x_0),\, y_s(x_0))\,, \quad a(x_0) \neq 0\,,$$

können als Kurve mit dem Parameter x_0 betrachtet werden. (Falls $a(x_0) = 0$ ist, sind die auf der Geraden $x = x_0$ vorliegenden Richtungen parallel, und es gibt keinen Schnittpunkt).

Bei der Gleichung $y' = y + x$ ergibt sich die Leitkurve

$$(x_0 - 1, -x_0).$$

Setzt man $s = x_0 - 1$, so bekommt man die explizite Darstellung der Leitkurve

$$(s, -s - 1), \quad s \in \mathbb{R}.$$

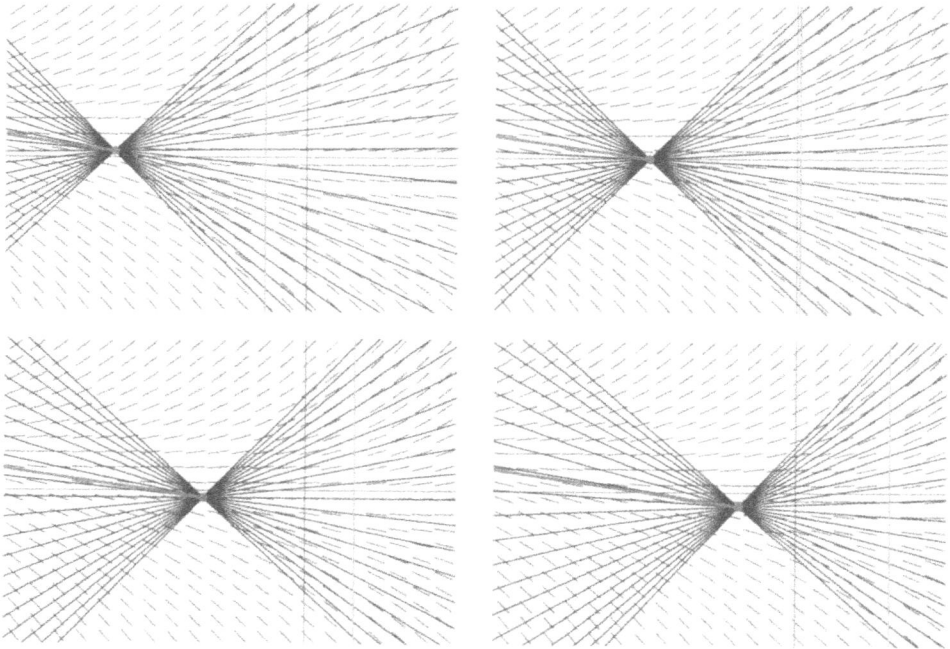

Bild 1.15: *Richtungsfeld und Leitkurve der Differenzialgleichung $y' = y + x$*

Bei der Gleichung $y' = x\,y + x\,e^{\frac{x^2}{2}}$, $x < 0$, ergibt sich die Leitkurve

$$\left(x_0 - \frac{1}{x_0}, -e^{\frac{x_0^2}{2}} \right).$$

Setzt man

$$s = -e^{\frac{x_0^2}{2}}, x_0 \in \mathbb{R} \quad \Longleftrightarrow \quad x_0 = \sqrt{\ln(s^2)}, \quad s < 0,$$

so bekommt man die explizite Darstellung der Leitkurve

$$\left(\sqrt{\ln(s^2)} - \frac{1}{\sqrt{\ln(s^2)}}, s \right), \quad s < 0.$$

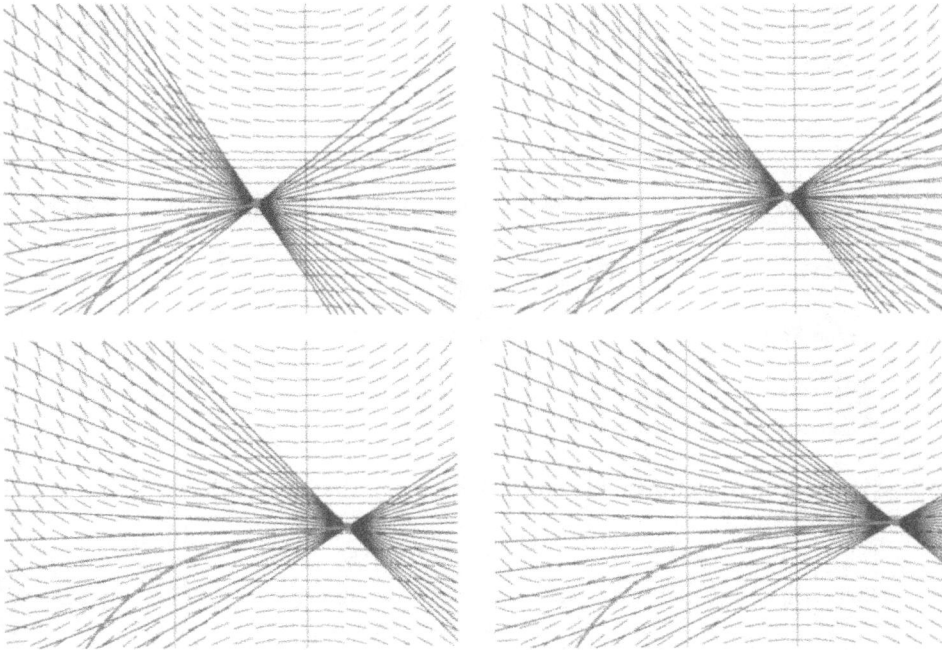

Bild 1.16: *Richtungsfeld und Leitkurve der Differenzialgleichung $y' = x\,y + x\,e^{\frac{x^2}{2}}$, $x < 0$*

Wir unterscheiden wie bei den linearen Gleichungssystemen homogene und inhomogene lineare Differenzialgleichungen.

Inhomogene Differenzialgleichung

Verschwindet die Funktion b identisch, so heißt die Differenzialgleichung homogen, andernfalls heißt sie inhomogen. Man nennt $y' = a(x)\,y$ auch die zu $y' = a(x)\,y + b(x)$ gehörige homogene Gleichung.

Analog zu den linearen Gleichungssystemen betrachten wir zuerst das homogene Problem. Zur Lösung einer homogenen Gleichung benötigt man lediglich eine Stammfunktion der Koeffizientenfunktion.

Allgemeine Lösung einer homogenen Differenzialgleichung

Die allgemeine Lösung der homogenen Gleichung

$$y' = a(x)\,y$$

lautet mit beliebigem $c \in \mathbb{R}$:

$$y(x) = c\,e^{\int a(x)\,dx} .$$

Aufgabe 1.12: Allgemeine Lösung einer homogenen Differenzialgleichung bestimmen

Man betrachte die folgenden Differenzialgleichungen

$$y' = \frac{1}{x}\,y\,, \quad y' = -\frac{1}{x}\,y\,,$$

jeweils in der linken Halbebene $x < 0$ sowie in der rechten Halbebene $x > 0$ und bestimme die allgemeine Lösung.

Lösung

Wir benötigen eine Stammfunktion von $\frac{1}{x}$ und können in beiden Halbebenen wählen:

$$\int \frac{1}{x}\,dx = \ln(|x|)\,.$$

Damit bekommen wir im ersten Fall die allgemeine Lösung (mit einer beliebigen Konstanten c)

$$y(x) = c\,x\,, \quad x < 0\,, \quad \text{bzw.} \quad x > 0\,,$$

in beiden Halbebenen. Da die Geraden $y(x) = c\,x$, $x \in \mathbb{R}$, überall stetig differenzierbar sind und der Grenzübergang $x \to 0$ keine Schwierigkeiten bereitet, betrachtet man die Ursprungsgeraden auch als Lösung der Differenzialgleichung auf ganz $\mathbb{R}$. Die Gerade $x = 0$ teilt die Ebene aber in zwei Gebiete ein, in denen die Differenzialgleichung sinnvoll ist. Es gibt keine Lösung, die stetig stetig in einen Punkt $(0, y_0)$ mit $y_0 \neq 0$ fortgesetzt werden könnte.

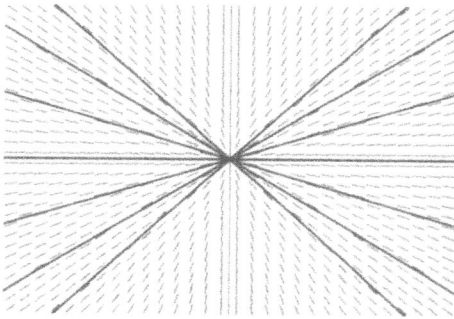

Bild 1.17: *Lösungen der Differenzialgleichung* $y' = \dfrac{1}{x}\,y$ *im Richtungsfeld*

Im zweiten Fall lautet die allgemeine Lösung (mit einer beliebigen Konstanten c):

$$y(x) = \frac{c}{x}\,, \quad x < 0\,, \quad \text{bzw.} \quad x > 0\,,$$

Genau wie die Koeffizientenfunktion haben alle Lösungen hier einen Pol bei $x = 0$.

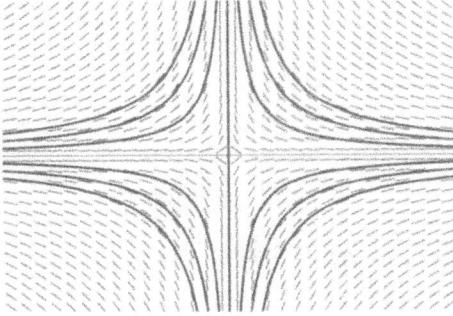

Bild 1.18: *Lösungen der Differenzialgleichung*
$$y' = -\frac{1}{x}\, y$$
im Richtungsfeld

Aufgabe 1.13: Allgemeine Lösung einer homogenen Differenzialgleichung bestimmen

Man bestimme die allgemeine Lösung von

$$y' = |x|\, y$$

und zeichne einige Lösungen im Richtungsfeld.

Lösung

Die Koeffizientenfunktion $a(x) = |x|$ ist stetig, aber nicht differenzierbar. Trotzdem sind die Lösungen differenzierbar. bei der Ermittlung einer Stammfunktion nehmen wir eine Fallunterscheidung vor. Wenn wir von der unteren Grenze $x_0 = 0$ integrieren, ergibt sich:

$$\tilde{a}(x) = \int\limits_0^x |t|\, dt = \begin{cases} \frac{x^2}{2} & , \quad x \geq 0 \\ -\frac{x^2}{2} & , \quad x < 0 \end{cases} = \frac{x\,|x|}{2}, \quad x \in \mathbb{R}.$$

Damit bekommt man auch die allgemeine Lösung:

$$y(x) = c\, e^{\tilde{a}(x)} = c\, e^{\frac{x\,|x|}{2}}, \quad x \in \mathbb{R}.$$

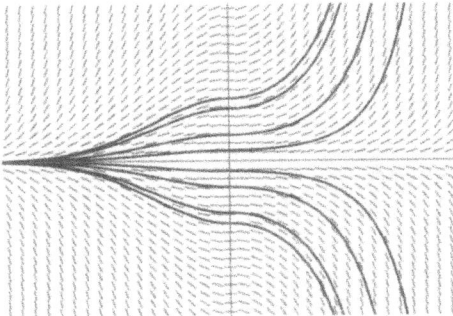

Bild 1.19: *Lösungen der Differenzialgleichung*
$$y' = |x|\, y$$
im Richtungsfeld

Mathematica

Der Betrag wird nicht vereinfacht.

```
DSolve[y'[x] == Abs[x] y[x], y[x], x]
```

$$\{\{y[x] \to e^{\frac{1}{2}x\sqrt{\mathbf{Im}[x]^2+\mathbf{Re}[x]^2}}\,\mathbf{C}[1]\}\}$$

Maple

```
dsolve(diff(y(x),x)=abs(x)*y(x));
```

$$\mathrm{Dsolve}(\frac{\partial}{\partial x}\,y(x) = |x|\,y(x)) = (y(x) = \_C1\,e^{(1/2\,|x|\,x)})$$

Aufgabe 1.14: Eigenschaften von Lösungen aus ihrer Differenzialgleichung herleiten

Sei $a : [-\alpha, \alpha] \to \mathbb{R}$, $(\alpha > 0)$, eine stetige Funktion und

$$y' = a(x)\,y\,.$$

Man zeige:
Falls a eine ungerade Funktion ist: $a(x) = -a(-x)$, dann ist jede Lösung gerade: $y(x) = y(-x)$ eine Lösung.
Falls a eine gerade Funktion ist: $a(x) = a(-x)$ und $y(x)$, $(y(x) \neq 0)$, eine Lösung, dann ist auch $\tilde{y}(x) = \dfrac{1}{y(-x)}$ eine Lösung.

Lösung

Wir überlegen uns zum ersten Teil: Ist $y(x)$ eine Lösung von $y' = a(x)y$, so ist $\tilde{y}(x) = y(-x)$ auch eine Lösung.

$$\tilde{y}'(x) = -y'(-x) = -a(-x)y(-x) = a(x)\tilde{y}(x)\,.$$

Da $y(x)$ und $\tilde{y}(x)$ in $x = 0$ denselben Anfangswert besitzen, müssen sie identisch sein. Und zum zweiten Teil:

$$\tilde{y}'(x) = \frac{y'(-x)}{y(-x)^2} = a(-x)\,\frac{1}{y(-x)} = a(x)\,\tilde{y}(x)\,.$$

Aufgabe 1.15: Eigenschaften der Exponentialfunktion herleiten

Man zeige, dass die Lösung des Anfangswertproblems

$$y' = y\,, \quad y(0) = 1\,,$$

der Funktionalgleichung

$$y(x + z) = y(x)\,y(z) \quad \text{für alle} \quad x, z \in \mathbb{R}$$

genügt, ohne dass man diese Lösung explizit benützt.

Lösung

Zunächst besitzt das Anfangswertproblem nach dem Existenz- und Eindeutigkeitssatz genau eine auf ganz $\mathbb{R}$ erklärte Lösung $y(x)$. Mit $y(x)$ ist auch $\tilde{y}(x) = y(x + z)$ eine Lösung, welche die Anfangsbedingung $\tilde{y}(0) = y(z)$ erfüllt. Da die Lösung $y(x)$ den ganzen Lösungsraum aufspannt, muss mit einer Konstanten c gelten: $\tilde{y}(x) = c y(x)$. Schließlich bekommt man $c = \tilde{y}(0) = y(z)$, wegen $y(0) = 1$, und damit die Behauptung.

Aufgabe 1.16: Lösung mit einer bestimmten Eigenschaft finden

Man bestimme diejenige Lösung $y(x)$ der Differenzialgleichung:

$$y' = -\frac{x}{x^2 + 1}\, y\,,$$

welche die Bedingung erfüllt: $\lim\limits_{x \to \infty} x\, y(x) = 1$. Man skizziere diese Lösung.

Lösung

Die allgemeine Lösung dieser linearen homogenen Differenzialgleichung hat die Gestalt:

$$y(x) = c\, e^{-\int \frac{x}{x^2+1}\, dx} = c\, e^{-\frac{1}{2}\, \ln(x^2+1)} = \frac{c}{\sqrt{x^2 + 1}}\,.$$

(Jede Lösung ist gerade). Mit der allgemeinen Lösung bekommt man folgenden Grenzwert:

$$\lim_{x \to \infty} x\, \frac{c}{\sqrt{x^2 + 1}} = \lim_{x \to \infty} \frac{c}{\sqrt{1 + \frac{1}{x^2}}} = c\,.$$

Die geforderte Grenzwertbeziehung wird also für $c = 1$ erfüllt. Die gesuchte Lösung lautet:

$$y(x) = \frac{1}{\sqrt{x^2 + 1}}\,.$$

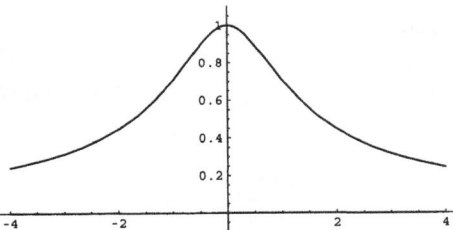

Bild 1.20: *Die Lösung*
$$y(x) = \frac{1}{\sqrt{x^2 + 1}}$$
der Differenzialgleichung
$$y' = -\frac{x}{x^2 + 1}\, y$$

Bei der Lösung eines Anfangswertproblems kann man von der allgemeinen Lösung ausgehen und die Konstante anpassen. Man kann aber auch bestimmt integrieren, dann ergibt sich die Lösung des Anfangswertproblems direkt.

Anfangswertproblem bei einer homogenen Differenzialgleichung

Die Lösung des Anfangswertproblems

$$y' = a(x)\, y\,, \quad y(x_0) = y_0\,,$$

lautet:

$$y(x) = y_0\, e^{\int_{x_0}^{x} a(t)\, dt}\,.$$

Aufgabe 1.17: Anfangswertproblem einer homogenen Gleichung lösen

Man bestimme die Lösung des Anfangswertproblems

$$y' = x\, \cos(x)\, y\,, \quad y(\pi) = y_0\,,$$

und zeichne die Lösung im Richtungsfeld.

Lösung

Es gibt zwei Möglichkeiten zur Lösung des Anfangswertproblems.

1.) Wir können die Lösungsformel (mit bestimmter Integration) übernehmen:

$$y(x) = 3\, e^{\int_{\pi}^{x} t\, \cos(t)\, dt}\,.$$

Mit der Stammfunktion

$$\int t\, \cos(t)\, dt = \cos(t) + t\, \sin(t)$$

ergibt sich zunächst

$$\int_{\pi}^{x} t\, \cos(t)\, dt = \cos(x) + x\, \sin(x) + 1$$

und

$$y(x) = y_0\, e^{\cos(x) + x\, \sin(x) + 1}\,.$$

2.) Wir können die allgemeine Lösung aufschreiben (mit unbestimmter Integration und einer beliebigen Konstante c):

$$y(x) = c\, e^{\int x\, \cos(x)\, dx} = c\, e^{\cos(x) + x\, \sin(x)}\,.$$

Nun muss die Konstante so gewählt werden, dass die Anfangsbedingung erfüllt wird:

$$y_0 = c\, e^{\cos(\pi) + \pi\, \sin(\pi)} = c\, e^{-1}\,.$$

Das heißt, für

$$c = y_0\, e$$

bekommt man diejenige Lösung, welche die Anfangsbedingung erfüllt.

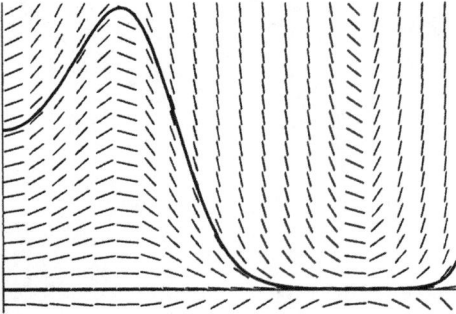

Bild 1.21: *Die Lösung des Anfangswertproblems*
$$y' = x \cos(x)\, y\, , \, y(\pi) = y_0\, ,$$
im Richtungsfeld

Mathematica

Mit DSolve kann man ein Anfangswertproblem lösen. Die Anfangsbedingung wird als weitere Gleichung eingegeben.

$$\textbf{DSolve}[\{\textbf{y}'[\textbf{x}] == \textbf{x} \ \cos[\textbf{x}]\ \textbf{y}[\textbf{x}], \textbf{y}[\pi] == \textbf{y}_0\}, \textbf{y}[\textbf{x}], \textbf{x}]$$

$$\{\{y[x] \to y_0\, e^{1+\cos[x]+x\ \sin[x]}\}\}$$

Maple

Mit DSolve kann man ein Anfangswertproblem lösen. Die Anfangsbedingung wird als weitere Gleichung eingegeben. Man muss nun aber auch die gesuchte Funktion eingeben.

```
dsolve({diff(y(x),x)=x*cos(x)*y(x),y(Pi)=y_0},y(x));
```

$$\text{Dsolve}(\{\frac{\partial}{\partial x}\, y(x) = x \cos(x)\, y(x),\ y(\pi) = y_0\},\ y(x))$$

$$= (y(x) = y_0\, \frac{e^{(\cos(x)+x\,\sin(x))}}{\cosh(1) - \sinh(1)})$$

```
convert(cosh(1)-sinh(1),exp);
```

$$\frac{1}{e}$$

Die Differenz zweier Lösungen der inhomogenen Gleichung ergibt eine Lösung der homogenen Gleichung. Dieser Grundgedanke ist wie bei den linearen Gleichungssytemen der Schlüssel zur Lösung des inhomogenen Problems.

Allgemeine Lösung einer inhomogenen Differenzialgleichung

Die allgemeine Lösung der inhomogenen Gleichung

$$y' = a(x)\,y + b(x)$$

hat die Gestalt:

$$y(x) = c\,e^{\int a(x)\,dx} + y_p(x)\,.$$

Hierbei ist $c \in \mathbb{R}$ eine beliebige Konstante und y_p eine beliebige partikuläre Lösung der inhomogenen Gleichung. Die allgemeine Lösung der inhomogenen Gleichung setzt sich additiv zusammen aus der allgemeinen Lösung der homogenen Gleichung und einer partikulären Lösung der inhomogenen Gleichung.

Zur Herstellung einer partikulären Lösung der inhomomogenen Gleichung dient die Methode der Variation der Konstanten.

Variation der Konstanten

Eine partikuläre Lösung der inhomogenen Gleichung
$y' = a(x)\,y + b(x)$ wird gegeben durch:

$$y_p(x) = c_p(x)\,e^{\int a(x)\,dx}\,, \qquad c_p(x) = \int b(x)\,e^{-\int a(x)\,dx}\,dx\,.$$

Man kann bei der Variation der Konstanten auch bestimmte Integrale verwenden. Dies empfiehlt sich häufig bei der Lösung eines Anfangswertproblems. Man erhält dann allerdings etwas unübersichtliche Formeln.

Anfangswertproblem bei einer inhomogenen Differenzialgleichung

Die Lösung des Anfangswertproblems

$$y' = a(x)\,y + b(x)\,, \quad y(x_0) = y_0\,.$$

lautet:

$$y(x) = \left(y_0 + \int_{t_0}^{x} b(t)\,e^{-\int_{t_0}^{t} a(s)\,ds}\,dt \right) e^{\int_{t_0}^{x} a(t)\,dt}\,.$$

Aufgabe 1.18: Partikuläre Lösung der inhomogenen Gleichung nachweisen

Gegeben sei die inhomogene Gleichung

$$y' = a(x)\,y + b(x)\,.$$

Man zeige, dass durch

$$y_p(x) = c_p(x)\, e^{\int a(x)\, dx}\,, \quad c_p(x) = \int b(x)\, e^{-\int a(x)\, dx}\, dx$$

eine partikuläre Lösung gegeben wird. Durch Differenzieren zeige man direkt, dass

$$\tilde{y}_p(x) = \left(\int\limits_{x_2}^{x} b(t)\, e^{-\int_{x_1}^{t} a(s)\, ds}\, dt \right) e^{\int_{x_1}^{x} a(t)\, dt}$$

sogar für beliebige $x_1, x_2 \in I$ eine Lösung darstellt.

Lösung

Die Funktion

$$y_h(x) = e^{\int a(x)\, dx}$$

stellt eine Lösung der homogenen Gleichung dar. Nun setzen wir

$$y_p(x) = c_p(x)\, y_h(x)$$

in die inhomogene Differenzialgleichung ein und bekommen

$$c_p'(x)\, y_h(x) + c_p(x)\, y_h'(x) = a(x)\, c_p(x)\, y_h(x) + b(x)\,.$$

Da y_h die homegene Gleichung löst, bleibt noch folgende Bedingung für c_p:

$$c_p'(x)\, y_h(x) = b(x)$$

bzw.

$$c_p'(x) = b(x)\, e^{-\int a(x)\, dx}\,.$$

Ist c_p also irgend eine Stammfunktion von $b(x) e^{-\int a(x)dx}$, so stellt y_p eine Lösung der inhomogenen Gleichung dar.

Differenziert man $\tilde{y}_p(x)$, so ergibt sich:

$$
\begin{aligned}
\tilde{y}_p'(x) &= b(x)\, e^{-\int_{x_1}^{x} a(s)\, ds}\, e^{\int_{x_1}^{x} a(t)\, dt} \\
&\quad + \left(\int\limits_{x_2}^{x} b(t)\, e^{-\int_{x_1}^{t} a(s)\, ds}\, dt \right) e^{\int_{x_1}^{x} a(t)\, dt}\, a(x) \\
&= b(x) + \tilde{y}_p(x)\, a(x)\,.
\end{aligned}
$$

Man muss also nicht $x_1 = x_2 = x_0$ wählen. Dies ist gleichbedeutend damit, dass man bei der von Stammfunktionen frei ist.

Aufgabe 1.19: Ein Anfangswertproblem für eine inhomogenene Gleichung lösen

Man löse das folgende Anfangswertproblem:

$$y' + \sin(x)\, y = \sin(x)\,, \quad y(0) = 3\,,$$

indem man erstens von der allgemeinen Lösung ausgeht und zweitens die Lösungsformel für Anfangswertprobleme benützt.

Lösung

Die homogene Gleichung lautet:

$$y' = -\sin(x)\, y$$

und besitzt die allgemeine Lösung

$$y_h(x) = c\, e^{\cos(x)}\,.$$

Eine partikuläre Lösung der inhomogenen Gleichung ergibt sich durch Variation der Konstanten:

$$y_p(x) = c_p(x)\, e^{\cos(x)}$$

mit

$$c_p(x) = \int \sin(x)\, e^{-\cos(x)}\, dx = e^{-\cos(x)}\,.$$

Insgesamt bekommt man die allgemeine Lösung der inhomogenen Gleichung:

$$y(x) = \left(c + e^{-\cos(x)}\right) e^{\cos(x)} = c\, e^{\cos(x)} + 1$$

mit einer beliebigen Konstanten c. Damit die Anfangsbedingung erfüllt wird, muss gelten

$$3 = c\, e^1 + 1\,.$$

Setzt man also $c = 2\, e^{-1}$, so erhält man die Lösung des Anfangswertproblems:

$$y(x) = 2\, e^{\cos(x)-1} + 1\,.$$

Das Anfangswertproblem kann direkt gelöst werden:

$$
\begin{aligned}
y(x) &= \left(3 + \int_0^x \sin(t)\, e^{-\int_0^t (-\sin(s))\, ds}\, dt\right) e^{\int_0^x (-\sin(t))\, dt} \\
&= \left(3 + \int_0^x \sin(t)\, e^{-\cos(t)+1}\, dt\right) e^{\cos(x)-1} \\
&= \left(3 + e\left(e^{-\cos(x)} - e^{-1}\right)\right) e^{\cos(x)-1} \\
&= 2\, e^{\cos(x)-1} + 1\,.
\end{aligned}
$$

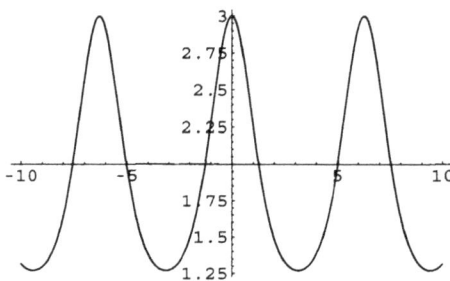

Bild 1.22: *Die Lösung des Anfangswertproblems* $y' + \sin(x)\, y = \sin(x)$, $y(0) = 3$,

Mathematica

$$\mathbf{DSolve[y'[x] + sin[x]\,y[x] == sin[x], y[x], x]}$$
$$\{\{y[x] \to 1 + e^{\cos[x]}\,\mathbf{C}[1]\}\}$$

$$\mathbf{DSolve[y'[x] + sin[x]\,y[x] == sin[x], y[0] == 3\}, y[x], x]}$$
$$\{\{y[x] \to 1 + 2\,e^{-1+\cos[x]}\}\}$$

Maple

```
dsolve(diff(y(x),x)+sin(x)*y(x)=sin(x));
```

$$\text{Dsolve}((\frac{\partial}{\partial x}\,y(x)) + \sin(x)\,y(x) = \sin(x)) = (y(x) = 1 + e^{\cos(x)}\,\_C1)$$

```
dsolve(diff(y(x),x)+sin(x)*y(x)=sin(x),y(0)=3,y(x));
```

$$\text{Dsolve}(\{(\frac{\partial}{\partial x}\,y(x)) + \sin(x)\,y(x) = \sin(x),\ y(0) = 3\},\ y(x))$$

$$= (y(x) = 1 + 2\,\frac{e^{\cos(x)}}{\cosh(1) + \sinh(1)})$$

Aufgabe 1.20: Ein Anfangswertproblem für eine inhomogene Gleichung lösen

Man löse das folgende Anfangswertproblem:

$$y' - \frac{2}{x}\,y = x^2\,\sin(3\,x)\,, \quad y(1) = 0\,,$$

indem man von der allgemeinen Lösung ausgeht.

Lösung

Die Differenzialgleichung kann in der rechten Halbebene $x > 0$ oder in der linken Halbebene $x < 0$ betrachtet werden. Da der Anfangspunkt in der rechten Halbebene liegt, suchen wir dort nach der allgemeinen Lösung. Die allgemeine Lösung der homogenen Gleichung lautet:

$$y_h(x) = c\,e^{\int \frac{2}{x}\,dx} = c\,e^{2\,\ln(x)} = c\,x^2\,.$$

Variation der Konstanten liefert eine partikuläre Lösung der inhomogenen Gleichung:

$$y_p(x) = \left(\int x^2\,\sin(3\,x)\,e^{-2\,\ln(x)}\,dx\right) x^2$$

$$= \left(\int \sin(3\,x)\,dx\right) x^2$$

$$= -\frac{1}{3}\,\cos(3\,x)\,x^2\,.$$

Damit lautet die allgemeine Lösung der inhomogenen Gleichung:

$$y(x) = c\,x^2 - \frac{1}{3}\,\cos(3\,x)\,x^2\,, \quad x > 0\,.$$

Die Anfangangsbedingung führt auf die Forderung:

$$0 = c - \frac{1}{3}\,\cos(3) \quad\Longleftrightarrow\quad c = \frac{1}{3}\,\cos(3)\,.$$

Die Lösung des Anfangswertproblems lautet somit:

$$y(x) = \frac{1}{3}\,(\cos(3) - \cos(3\,x))\,x^2\,, \quad x > 0\,.$$

Obwohl die Differenzialgleichung bei $x = 0$ nicht erklärt ist, sind ihre Lösungen für alle $x \in \mathbb{R}$ erklärt.

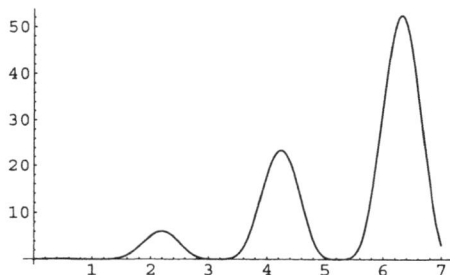

Bild 1.23: *Die Lösung des Anfangswertproblems*
$$y' - \frac{2}{x}\,y = x^2\,\sin(3\,x)$$
$$y(1) = 0$$

Aufgabe 1.21: Partikuläre Lösung bestimmen

Man bestimme eine partikuläre Lösung der inhomogenen Gleichung

$$y' = a\,y + \alpha\,\cos(x + \delta)\,.$$

(Dabei sind a, α, δ Konstante). Man führe zuerst Variation der Konstanten durch und bestimme dann eine partikuläre Lösung, indem man den Ansatz

$$y_p(x) = A\,\cos(x + \delta) + B\,\sin(x + \delta)$$

einsetzt.

Lösung

Die allgemeine Lösung der homogenen Gleichung ergibt sich sofort zu

$$y_h(x) = c\,e^{a\,x}\,.$$

Damit erhält man eine partikuläre Lösung durch Variation der Konstanten:

$$y_p(x) = c_p(x)\,e^{a\,x}$$

mit

$$c_p(x) = \int \alpha \, \cos(x + \delta) \, e^{-ax} \, dx$$

$$= \frac{\alpha}{1 + a^2} (-a \, \cos(x + \delta) + \sin(x + \delta)) \, e^{-ax} \,.$$

Insgesamt bekommen wir:

$$y_p(x) = \frac{\alpha}{1 + a^2} (-a \, \cos(x + \delta) + \sin(x + \delta)) \,.$$

Nun setzen wir den Ansatz $y_p(x) = A \, \cos(x + \delta) + B \, \sin(x + \delta)$ in die Gleichung ein:

$$-A \, \sin(x + \delta) + B \, \cos(x + \delta) = a \, (A \, \cos(x + \delta) + B \, \sin(x + \delta)) + \alpha \, \cos(x + \delta)$$

und fassen zusammen:

$$(-A - a \, B) \, \sin(x + \delta) + (B - a \, A - \alpha) \, \cos(x + \delta) = 0 \,.$$

Dies führt auf das folgende Gleichungssystem:

$$A + a \, B = 0, \quad -a \, A + B = \alpha \,,$$

mit der Lösung

$$A = -\alpha \, \frac{a}{1 + a^2} \,, \quad B = \alpha \, \frac{1}{1 + a^2} \,.$$

Maple

```
factor(int(alpha*cos(x+delta)*exp(-a*x),x));
```

$$\int \alpha \cos(x + \delta) \, e^{(-ax)} \, dx = -\frac{\alpha \, e^{(-ax)} \, (a \cos(x + \delta) - \sin(x + \delta))}{a^2 + 1}$$

Aufgabe 1.22: Verhalten der Lösungen im Unendlichen betrachten

Sei $a < 0$ und $b : \mathbb{R} \longrightarrow \mathbb{R}$ eine stetige Funktion mit dem Grenzwert:

$$\lim_{x \to \infty} b(x) = \bar{b} \,.$$

Man zeige, dass jede Lösung $y(x)$ der Differenzialgleichung

$$y' = a \, y + b(x)$$

den folgenden Grenzwert besitzt:

$$\lim_{x \to \infty} y(x) = -\frac{\bar{b}}{a} \,.$$

Lösung

Die allgemeine Lösung ergibt sich durch Variation der Konstanten:

$$y(x) = c\,e^{a\,x} + \left(\int_{x_0}^{x} b(t)\,e^{-a\,t}\,dt\right)e^{a\,x}\,.$$

Der erste Summand strebt gegen Null bei $x \longrightarrow \infty$. Der grenzwert des zweiten Summanden kann mit der Regel von de l'Hospital berechnet werden:

$$\lim_{x\to\infty}\left(\int_{x_0}^{x} b(t)\,e^{-a\,t}\,dt\right)e^{a\,x} = \lim_{x\to\infty}\frac{\int_{x_0}^{x} b(t)\,e^{-a\,t}\,dt}{e^{-a\,x}}$$

$$= \lim_{x\to\infty}\frac{\frac{d}{dx}\left(\int_{x_0}^{x} b(t)\,e^{-a\,t}\,dt\right)}{\frac{d}{dx}\left(e^{-a\,x}\right)}$$

$$= \lim_{x\to\infty}\frac{b(x)\,e^{-a\,x}}{-a\,e^{-a\,x}} = -\frac{\bar{b}}{a}\,.$$

Aufgabe 1.23: Verhalten im Unendlichen und partikuläre Lösung bestimmen

Man bestimme die allgemeine Lösung der Differenzialgleichung

$$y' = -y + x^3\,e^{-x} + 2$$

und ihren Grenzwert für $x \to \infty$. Man bestimme eine partikuläre Lösung, indem man die folgenden Differenzialgleichungen betrachtet:

$$y' = -y + x^3\,e^{-x} \quad \text{und} \quad y' = -y + 2\,.$$

Lösung

Die allgemeine Lösung der homogenen Gleichung lautet

$$y_h(x) = c\,e^{-x}\,.$$

Durch Variation der Konstanten ergibt sich folgende partikuläre Lösung:

$$y_p(x) = \left(\int\left(x^3\,e^{-x} + 2\right)e^{x}\,dx\right)e^{-x}$$

$$= \left(\int(x^3 + 2\,e^{x})\,dx\right)e^{-x}$$

$$= \frac{x^4}{4}\,e^{-x} + 2\,.$$

Die allgemeine Lösung der inhomogenen Gleichung lautet somit:

$$y(x) = c\,e^{-x} + \frac{x^4}{4}\,e^{-x} + 2\,.$$

Für alle Lösungen gilt:

$$\lim_{x \to \infty} y(x) = 1\,.$$

Ist y_{p1} eine partikuläre Lösung von

$$y' = -y + x^3\,e^{-x}$$

und y_{p2} eine partikuläre Lösung von

$$y' = -y + 1\,,$$

so stellt ihre Summe eine Lösung der Ausgangsgleichung dar:

$$y'_{p1}(x) + y'_{p2}(x) = -(y_{p1}(x) + y_{p2}(x)) + x^3\,e^{-x} + 2\,.$$

Durch Variation der Konstanten erhält man:

$$\begin{aligned}
y_{p1}(x) &= \left(\int x^3\,e^{-x}\,e^x\,dx \right) e^{-x} \\
&= \left(\int x^3\,dx \right) e^{-x} \\
&= \frac{x^4}{4}\,e^{-x}\,.
\end{aligned}$$

Die partikuläre Lösung $y_{p2}(x) = 2$ sieht man sofort.

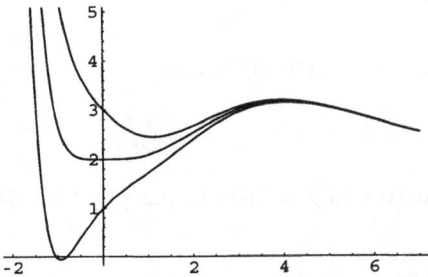

Bild 1.24: *Lösungen der Differenzialgleichung*
$$y' + y = x^3\,e^{-x} + 2$$

Mathematica

$$\mathbf{DSolve[y'[x] + y[x] == x^3\,e^{-x} + 1,\ y[x],\ x]}$$

$$\left\{ \left\{ y[x] \to \frac{1}{4}\,e^{-x}\,(4\,e^x + x^4) + e^{-x}\,C[1] \right\} \right\}$$

Maple

```
dsolve(diff(y(x),x)+y(x)=x^3*exp(-x)+1,y(x));
```

$$\text{Dsolve}((\frac{\partial}{\partial x} \, y(x)) + y(x) = x^3 \, e^{(-x)} + 1, \, y(x))$$

$$= (y(x) = \frac{1}{4} \, e^{(-x)} \, x^4 + 1 + e^{(-x)} \, \_C1)$$

Aufgabe 1.24: Eine nichtlineare Differenzialgleichung auf eine lineare zurückführen

Im Quadranten $x > 0$, $y > 0$, werde folgende Differenzialgleichung gegeben:

$$y' = \frac{2\,y^2 + 4\,x^2}{x\,y}\,.$$

Man bestimme die allgemeine Lösung $y(x)$, indem man $u(x) = y(x)^2$ setzt und eine Differenzialgleichung für $u(x)$ herleitet.

Lösung

Sei $y(x)$ Lösung der gegebenen Gleichung, dann gilt für $u(x) = y(x)^2$:

$$
\begin{aligned}
u'(x) &= 2\,y(x)\,y'(x) \\
&= 2\,y(x)\,\frac{2\,y(x)^2 + 4\,x^2}{x\,y(x)} \\
&= 2\,\frac{2\,y(x)^2 + 4\,x^2}{x} \\
&= \frac{4}{x}\,u(x) + 8\,x\,.
\end{aligned}
$$

Für die Funktion $u(x)$ ergibt sich die folgende lineare, inhomogene Gleichung:

$$u' = \frac{4}{x}\,u + 8\,x\,, \quad x > 0\,.$$

Eine Einschränkung an u wird nicht an die neue Differenzialgleichung weiter gegeben. Die allgemeine Lösung der homogenen Gleichung lautet:

$$u_h(x) = c\,e^{\int 4\,\frac{1}{x}\,dx} = c\,e^{4\,\ln(x)} = c\,x^4\,.$$

Durch Variation der Konstanten erhaltenen wir eine partikuläre Lösung der inhomogenen Gleichung:

$$
\begin{aligned}
u_p(x) &= \left(\int 8\,x\,e^{-4\,\ln(x)}\,dx\right) x^4 \\
&= \left(\int 8\,\frac{1}{x^3}\,dx\right) x^4 \\
&= -4\,\frac{1}{x^2}\,x^4 = -4\,x^2
\end{aligned}
$$

und schließlich die allgemeine Lösung:

$$u(x) = c\,x^4 - 4\,x^2\,.$$

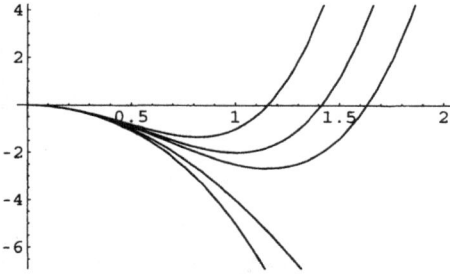

Bild 1.25: *Lösungen der Differenzialgleichung*
$$u' = \frac{4}{x}\,u + 8\,x\,, x > 0\,.$$
im Richtungsfeld

Die allgemeine Lösung der gegebenen Gleichung ergibt sich hieraus (mit Konstanten $c > 0$) zu:

$$y(x) = x\,\sqrt{c\,x^2 - 4}\,, \quad x > \frac{2}{\sqrt{c}}\,.$$

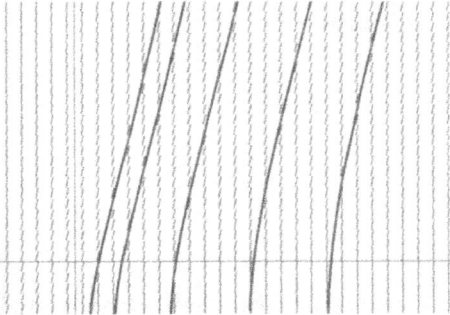

Bild 1.26: *Lösungen der Differenzialgleichung*
$$y' = \frac{2\,y^2 + 4\,x^2}{x\,y}$$
im Richtungsfeld

1.3 Separierbare Differenzialgleichungen

Wir verallgemeinern die rechte Seite der linearen, homogenen Differenzialgleichung und lassen nicht nur die identische Funktion als zweiten Faktor zu.

Separierbare Differenzialgleichung

Eine Differenzialgleichung der Gestalt

$$y' = a(x)\,b(y)$$

mit einer stetigen Funktion a und einer stetig differenzierbaren Funktion b heißt separierbar.

Die Lösung des Anfangswertproblems erhält man durch Trennung der Veränderlichen (Separation der Variablen). Man trennt abhängige und unabhängige Variablen in der Gleichung und integriert dann auf beiden Seiten. Die Lösung erhält man aber noch nicht explizit.

Separation der Variablen, Lösung des Anfangswertproblems

Sei $b(y_0) \neq 0$, dann ergibt sich die Lösung des Anfangswertproblems:

$$y' = a(x)\, b(y)\,, \quad y(x_0) = y_0\,,$$

als eindeutige Auflösung der Gleichung

$$\int_{y_0}^{y} \frac{1}{b(s)}\, ds = \int_{x_0}^{x} a(t)\, dt$$

mit $y(x_0) = y_0$. Ist $b(y_0) = 0$, so wird die Lösung des Anfangswertproblems durch die konstante Funktion $y(x) = y_0$ gegeben.

Aufgabe 1.25: Trennung der Veränderlichen begründen

Sei $y(x)$ die Lösung des Anfangswertproblems

$$y' = a(x)\, b(y)\,, \quad y(x_0) = y_0\,,$$

und es gelte $b(y_0) \neq 0$. Man zeige, dass gilt

$$\int_{y_0}^{y} \frac{1}{b(s)}\, ds = \int_{x_0}^{x} a(t)\, dt\,.$$

Lösung

Aus $b(y_0) \neq 0$ folgt $b(y(x)) \neq 0$ für x nahe bei x_0. Trennung der Veränderlichen (Division) ergibt:

$$\frac{y'(x)}{b(y(x))} = a(x)\,.$$

Integriert man auf beiden Seiten, so erhält man die Beziehung:

$$\int_{x_0}^{x} \frac{1}{b(y(t))}\, y'(t)\, dt = \int_{x_0}^{x} a(t)\, dt\,.$$

Substitution von $s = y(t)$ ergibt nun:

$$\int_{y(x_0)}^{y(x)} \frac{1}{b(s)}\, ds = \int_{x_0}^{x} a(t)\, dt\,.$$

Unbestimmte Integration führt auf die allgemeine Lösung, wenn man die konstanten Lösungen, die durch Nullstellen von b gegeben werden, noch hinzu nimmt. Nach der Integration muss man nach der Variablen y auflösen.

Separation der Variablen, allgemeine Lösung

Jede Kurve $y(x)$, die man als lokale Auflösung aus der Gleichung

$$\int \frac{1}{b(y)}\, dy = \int a(x)\, dx + c$$

erhält, stellt eine Lösung dar. Durch Anpassen der Konstanten an die Anfangsbedingung löst man das Anfangswertproblem.

Aufgabe 1.26: Veränderliche trennen, allgemeine Lösung bestimmen

Man bestimme die allgemeine Lösung der Differenzialgleichung:

$$y' = \frac{e^x}{y}, \quad y < 0.$$

Lösung

Die allgemeine Lösung ergibt sich aus der Gleichung

$$\int y\, dy = \int e^x\, dy + c$$

bzw.

$$\frac{y^2}{2} = e^x + c$$

durch Auflösen nach y. Eine konstante Lösung existiert nicht. Berücksichtigt man $y < 0$, so ergeben sich folgende Lösungen:

$$y(x) = -\sqrt{2\,e^x + d}, \quad d = 2\,c.$$

Ist die Konstante $d \geq 0$, so existiert die Lösung für alle alle $x \in \mathbb{R}$. Ist $d < 0$, so existiert die Lösung nur für $x > \ln\left(-\dfrac{d}{2}\right)$.

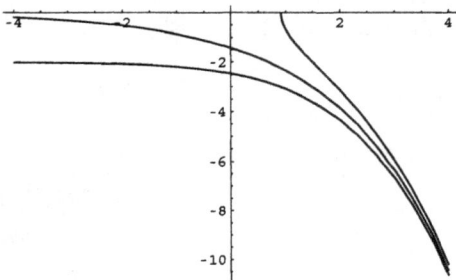

Bild 1.27: *Lösungen*
$y(x) = -\sqrt{2\,e^x + d}$
für $d > 0$, $d = 0$ und $d < 0$
der Differenzialgleichung
$y' = \dfrac{e^x}{y}$.

Mathematica

```
DSolve[y[x] y[x] == eˣ, y[x], x]
```

$$\left\{\left\{y[x] \to -\sqrt{2\,e^x + \mathbf{C}[1]}\right\}, \left\{y[x] \to \sqrt{2\,e^x + \mathbf{C}[1]}\right\}\right\}$$

Maple

```
dsolve(diff(y(x),x)*y(x)=exp(x),y(x));
```

$$\text{Dsolve}((\frac{\partial}{\partial x}\,y(x))\,y(x) = e^x,\ y(x)) =$$

$$(y(x) = \sqrt{2\,e^x + \_C1},\ y(x) = -\sqrt{2\,e^x + \_C1})$$

Aufgabe 1.27: Veränderliche trennen, allgemeine Lösung bestimmen

Man bestimme die allgemeine Lösung der Differenzialgleichung:

$$y' = x\,y^3\,.$$

Lösung

Die rechte Seite der Differenzialgleichung ist für alle $(x, y) \in \mathbb{R} \times \mathbb{R}$ erklärt. Durch Separation und unbestimmte Integation bekommen wir

$$\int \frac{1}{y^3}\,dy = \int x\,dx + c\,,$$

also

$$-\frac{1}{2\,y^2} = \frac{x^2}{2} + c\,.$$

Die letzte Gleichung enthält alle Lösungen bis auf die konstante Lösung $y(x) = 0$. Durch Auflösen bekommen wir für $c < 0$ die Kurven

$$y(x) = \pm\frac{1}{\sqrt{-2\,c - x^2}}\,,\quad -\sqrt{-2\,c} < x < \sqrt{-2\,c}\,.$$

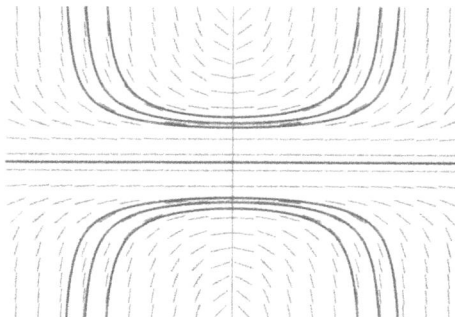

Bild 1.28: *Lösungen der Differenzialgleichung*
$y' = x\,y^3$
im Richtungsfeld

Aufgabe 1.28: Veränderliche trennen, allgemeine Lösung bestimmen

Man bestimme die allgemeine Lösung der Differenzialgleichung in impliziter Form:

$$y' = \frac{1}{1 + y^2} .$$

Lösung

Trennung der Veränderlichen führt auf die Gleichung

$$\int (1 + y^2)\, dy = \int dx + c$$

bzw.

$$\frac{1}{3} y^3 + y = x + c$$

zur Bestimmung der allgemeinen Lösung. Die Auflösung dieser kubischen Gleichung nach y ist sehr kompliziert. Die Auflösung nach x ist einfach, liefert aber jeweils die Umkehrfunktion der gesuchten Lösungen.

Wir können auch zu einer Differenzialgleichung für die Umkehrfunktion übergehen. Für jede Lösung $y(x)$ gilt an jeder Stelle x: $y'(x) \geq 1$. Deshalb ist $y(x)$ monoton wachsend und besitzt eine Umkehrfunktion $x(y)$. Die Umkehrfunktion erfüllt die Differenzialgleichung

$$\frac{dx}{dy} = 1 + y^2$$

mit der Lösung

$$x(y) = \frac{1}{3} y^3 + y + c .$$

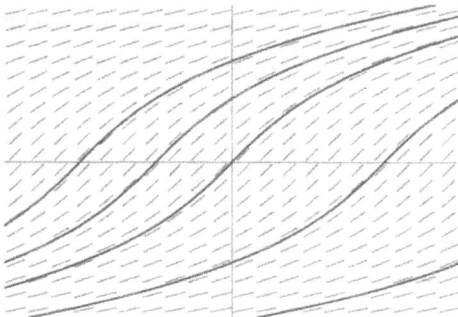

Bild 1.29: *Lösungen der Differenzialgleichung*
$$y' = \frac{1}{1 + y^2}$$
im Richtungsfeld

Aufgabe 1.29: Veränderliche trennen, Anfangswertproblem lösen

Man bestimme die allgemeine Lösung des Differenzialgleichung:

$$y' = 1 + x + y^2 + x\, y^2 .$$

Lösung

Wir trennen die Veränderlichen und schreiben die Differenzialgleichung in der Form $y' = (1 + x)(1 + y^2)$. Die allgemeine Lösung ergibt sich aus der Gleichung:

$$\int \frac{1}{1 + y^2}\, dy = \int (1 + x)\, dx\,.$$

Integration auf beiden Seiten führt auf die Beziehung:

$$\arctan(y) = \frac{x^2}{2} + x + c\,,$$

bzw.

$$y(x) = \tan\left(\frac{x^2}{2} + x + c\right)\,.$$

Betrachten wir die nach oben geöffnete Parabeln:

$$p(x) = \frac{x^2}{2} + x + c\,.$$

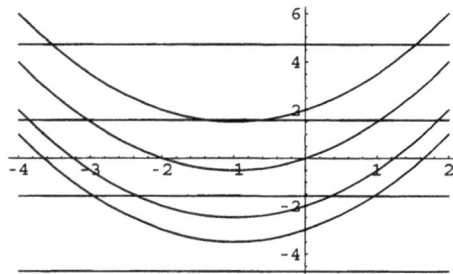

Bild 1.30: *Parabeln*
$$p(x) = \frac{x^2}{2} + x + c$$
(für verschiedene c) mit den Geraden
$$y = \pm k\,\frac{\pi}{2}$$

Eine Lösung ist also stets solange erklärt, wie die Parabel $p(x)$ in einem offenen Intervall $k\,\frac{\pi}{2}$, $(k + 1)\,\frac{\pi}{2}$ verläuft. Erreicht die Parabel einen Randpunkt eines solchen Intervalls, dann hört die Lösung auf zu existieren.

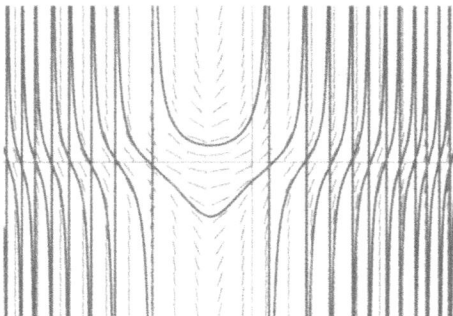

Bild 1.31: *Lösungen der Differenzialgleichung*
$$y' = (1 + x)(1 + y^2)$$
im Richtungsfeld

Aufgabe 1.30: Anfangswertproblem mithilfe der allgemeinen Lösung lösen

Man bestimme zunächst die allgemeine Lösung der Differenzialgleichung

$$y' = \cos(x)\, e^y$$

und anschließend diejenige Lösung, die folgende Anfangsbedingung erfüllt:

$$y\left(-\frac{\pi}{2}\right) = -\ln(2)\,.$$

Lösung

Die allgemeine Lösung ergibt sich aus der Gleichung:

$$\int e^{-y}\, dy = \int \cos(x)\, dx\,,$$

d.h.

$$-e^{-y} = \sin(x) + c\,.$$

Durch Auflösen dieser Gleichung bekommt man:

$$y(x) = -\ln(-c - \sin(x))\,.$$

Jede dieser Lösungen ist solange erklärt, wie $\sin(x) < -c$ gilt. Für $c \geq 1$ bekommen wir keine Lösung. Für $c < -1$ ist existiert die Lösung für alle $x \in \mathbb{R}$. Bei $-1 \leq c < 1$ wird jeweils zwischen zwei benachbarten Stellen mit $\sin(x) = -c$ eine Lösung erklärt. Diese Lösung strebt gegen Unendlich, wenn $\sin(x)$ gegen $-c$ geht.
Damit die Anfangsbedingung $y\left(-\dfrac{\pi}{2}\right) = -\ln(2)$ erfüllt wird, müssen wir $c = -1$ wählen.
Diese Lösung existiert im Intervall $\left(-3\,\dfrac{\pi}{2}, \dfrac{\pi}{2}\right)$.

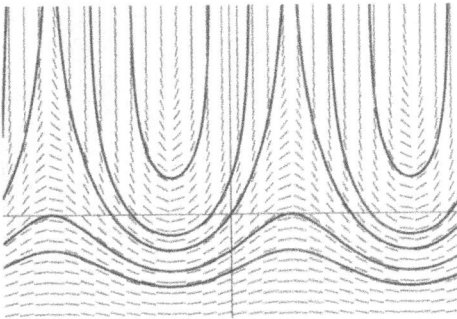

Bild 1.32: *Lösungen der Differenzialgleichung* $y' = \cos(x)\, e^y$ *im Richtungsfeld*

Aufgabe 1.31: Eigenschaften von Lösungen aus der Differenzialgleichung herleiten

Gegeben sei die Differenzialgleichung:

$$y' = y^2 - \delta^2\,, \quad (\delta > 0)\,,$$

im Streifen $-\delta < y(x) < \delta$. Man zeige, dass jede Lösung einen Wendepunkt, aber keine Extremalstelle besitzt.

Lösung

Zunächst gilt

$$-\delta < y < \delta \quad \Longleftrightarrow \quad y^2 - \delta^2 < 0,$$

und wir können separieren. Die allgemeine Lösung ergibt sich aus der Gleichung

$$\int \frac{1}{y^2 - \delta^2}\, dy = \int dx + c.$$

Mit der Partialbruchzerlegung

$$\frac{1}{y^2 - \delta^2} = \frac{1}{2\,\delta} \left(\frac{1}{y - \delta} - \frac{1}{y + \delta} \right)$$

bekommen wir :

$$\frac{1}{2\,\delta}\, \ln(\delta - y) - \frac{1}{2\,\delta}\, \ln(y + \delta) = x + c.$$

Durch Umformen erhalten wir die Auflösung:

$$\frac{1}{2\,\delta}\, \ln\left(\frac{\delta - y}{y + \delta} \right) = x + c$$

$$\Updownarrow$$

$$\frac{\delta - y}{y + \delta} = e^{2\,\delta\,(x+c)}$$

$$\Updownarrow$$

$$y(x) = \delta\, \frac{1 - e^{2\,\delta\,(x+c)}}{1 + e^{2\,\delta\,(x+c)}}.$$

Nun gilt

$$y(x) = 0 \quad \Longleftrightarrow \quad x = -c.$$

Für $x < -c$ gilt:

$$0 < 1 - e^{2\,\delta\,(x+c)} < 1 + e^{2\,\delta\,(x+c)}$$

und für $x > -c$:

$$0 < -1 + e^{2\,\delta\,(x+c)} < 1 + e^{2\,\delta\,(x+c)},$$

also für alle $x \in \mathbb{R}$: $-\delta < y(x) < \delta$. Schließlich ist:

$$\lim_{x \to -\infty} y(x) = \lim_{x \to -\infty} \delta\, \frac{1 - e^{2\,\delta\,(x+c)}}{1 + e^{2\,\delta\,(x+c)}} = \delta$$

und

$$\lim_{x \to \infty} y(x) = \lim_{x \to -\infty} \delta\, \frac{\frac{1}{e^{2\,\delta\,(x+c)}} - 1}{\frac{1}{e^{2\,\delta\,(x+c)}} + 1} = -\delta.$$

Somit sind alle Lösungen in dem zu Grunde gelegten Bereich auf ganz $\mathbb{R}$ erklärt.

Wegen $y'(x) = (y(x))^2 - \delta^2 < 0$ kann $y'(x)$ nirgends verschwinden. Eine Nullstelle der zweiten Ableitung $y''(x) = 2y(x)y'(x)$ kann also genau dort vorliegen, wo y eine Nullstelle besitzt, d. h. bei $x = -c$. Mit $y'''(x) = 2(y'(x))^2 + 2y(x)y''(x)$ bekommt man $y'''(-c) = 2(y'(-c))^2 > 0$. Also ist $x = -c$ die einzige Minimalstelle von y' und somit die einzige Wendestelle von y.

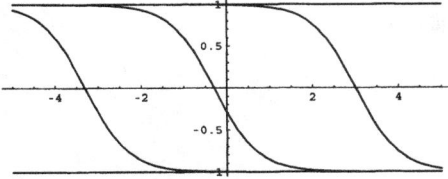

Bild 1.33: *Lösungen*
$$y(x) = \delta \frac{1 - e^{2\delta(x+c)}}{1 + e^{2\delta(x+c)}}$$
(bei $\delta = 1$) für verschiedene c der Differenzialgleichung
$$y' = y^2 - \delta^2$$

Aufgabe 1.32: Veränderliche trennen, Anfangswertproblem lösen

Man bestimme die Lösung des Anfangswertproblems:
$$y' = 2\cos\left(\frac{x}{2}\right)\sin\left(\frac{y}{2}\right), \quad y(0) = 3\pi.$$

Lösung

Da
$$\sin\left(\frac{3}{2}\pi\right) = -1 \neq 0$$

ist, ergibt sich die Lösung des Anfangswertproblems aus der Gleichung:
$$\int_{3\pi}^{y} \frac{1}{2\sin\left(\frac{s}{2}\right)}\,ds = \int_{0}^{x} \cos\left(\frac{t}{2}\right)\,dt.$$

Wegen
$$\frac{d}{dy}\ln\left(\tan\left(\frac{y}{4}\right)\right) = \frac{1}{4}\frac{1 + \tan\left(\frac{y}{4}\right)^2}{\tan\left(\frac{y}{4}\right)} = \frac{1}{4}\frac{1}{\sin\left(\frac{y}{4}\right)\cos\left(\frac{y}{4}\right)}$$
$$= \frac{1}{2\sin\left(\frac{y}{2}\right)}$$

und
$$\tan\left(\frac{3}{4}\pi\right) = -1, \quad \tan\left(-\frac{3}{4}\pi\right) = 1$$

bekommen wir folgende Beziehung:
$$\ln\left(-\tan\left(\frac{y}{4}\right)\right) = 2\sin\left(\frac{x}{2}\right).$$

Zur Auflösung dieser Gleichung benötigen wir die Umkehrfunktion des Tangens
$$\tan : \left(-3\frac{\pi}{2}, -\frac{\pi}{2}\right) \to \mathbb{R}.$$

Diese Umkehrfunktion lautet:

$$\arctan(x) - \pi$$

wenn wir die Umkehrfunktion $\arctan : \mathbb{R} \to \left(-\dfrac{\pi}{2}, \dfrac{\pi}{2}\right)$ des Tangens $\tan : \left(-\dfrac{\pi}{2}, \dfrac{\pi}{2}\right) \to \mathbb{R}$ benutzen. Insgesamt ergibt sich folgende Lösung des Anfangswertproblems:

$$y(x) = -4 \arctan\left(e^{2\,\sin\left(\frac{x}{2}\right)}\right) + 4\pi \ .$$

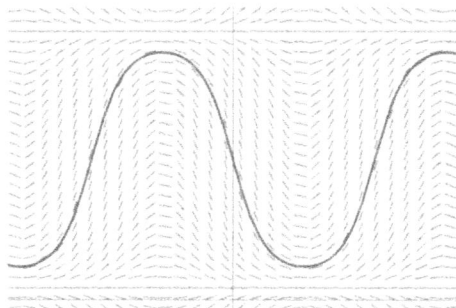

Bild 1.34: *Die Lösung*
$y(x) = -4 \arctan\left(e^{2\,\sin\left(\frac{x}{2}\right)}\right) + 4\pi$
des Anfangswertproblems
$y' = 2\cos\left(\dfrac{x}{2}\right)\sin\left(\dfrac{y}{2}\right), y(0) = 3\pi$
mit den konstanten Lösungen
$y(x) = 2\pi$ *und* $y(x) = 4\pi$
im Richtungsfeld

Mathematica

Das Anfangswertproblem wird zurückgegeben. Man erhält aber folgende allgemeine Lösung.

$$\mathbf{DSolve}\Big[\mathbf{y'[x]} == \mathbf{2}\cos\Big[\dfrac{\mathbf{x}}{\mathbf{2}}\Big]\sin\Big[\dfrac{\mathbf{y[x]}}{\mathbf{2}}\Big], \mathbf{y[x], x}\Big]$$

$$\Big\{\Big\{y[x] \to 4\arctan\Big[e^{\mathbf{C}[1]+2\,\sin\left[\frac{x}{2}\right]}\Big]\Big\}\Big\}$$

Maple

Das Anfangswertproblem wird zurückgegeben. Man erhält folgende allgemeine Lösung.

```
dsolve(diff(y(x),x)=2*cos(x/2)*sin(y(x)/2),y(x));
```

$$y(x) = 2\arctan\left(2\,\frac{e^{(2\sin(1/2\,x)+\_C1)}}{1+e^{(4\sin(1/2\,x)+2\_C1)}}, \; -\frac{e^{(4\sin(1/2\,x)+2\_C1)}-1}{1+e^{(4\sin(1/2\,x)+2\_C1)}}\right)$$

Aufgabe 1.33: Eine nichtlineare Gleichung auf eine separierbare zurückführen

Man bestimme die allgemeine Lösung der Differenzialgleichung:

$$y' = (2x + y)^2 \ .$$

Lösung

Wir führen neue Funktionen ein:

$$u(x) = 2x + y(x).$$

Damit bekommen wir zunächst

$$y'(x) = u'(x) - 2,$$

sodass die Funktionen u die Differenzialgleichung erfüllen müssen:

$$u' = u^2 + 2.$$

Diese Gleichung kann sofort durch Trennung der Veränderlichen gelöst werden:

$$\int \frac{1}{u^2 + 2}\, du = x + c,$$

bzw.

$$\frac{\sqrt{2}}{2} \arctan\left(\frac{\sqrt{2}}{2} u\right) = x + c.$$

Die allgemeine Lösung der Ausgangsgleichung lautet dann

$$y(x) = \sqrt{2} \tan(\sqrt{2}(x + c)) - 2x, \quad -\frac{\sqrt{2}}{4}\pi - c < x < \frac{\sqrt{2}}{4}\pi - c.$$

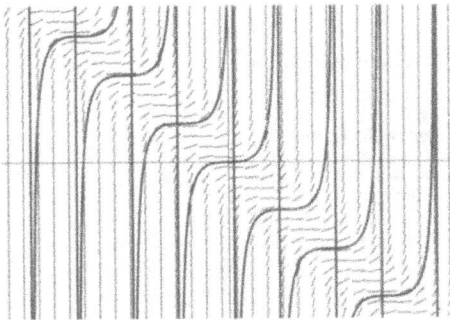

Bild 1.35: *Lösungen der Differenzialgleichung $y' = (2x + y)^2$ im Richtungsfeld*

Aufgabe 1.34: Eine nichtlineare Gleichung auf eine separierbare zurückführen

Man bestimme die Lösung des Anfangswertproblems:

$$y' = \sin(x + y), \quad y(0) = 0.$$

Hinweis: Man benutze die Stammfunktion:

$$\int \frac{1}{\sin(u) + 1}\, du = -\frac{2}{\tan\left(\frac{u}{2}\right) + 1}.$$

Lösung

Wir führen neue Funktionen ein: $u(x) = x + y(x)$. Damit bekommen wir zunächst $y'(x) = u'(x) - 1$, sodass die Funktionen u die Differenzialgleichung erfüllen müssen:

$$u' = \sin(u) + 1 \,.$$

Diese Gleichung kann sofort durch Trennung der Veränderlichen gelöst werden:

$$\int \frac{1}{\sin(u) + 1} \, du = x + c \,.$$

Die Anfangsbedingung $y(0) = 0$ ergibt die Anfangsbedingung:

$$u(0) = 0 \,.$$

Die Differenzialgleichung für u besitzt konstante Lösungen, wenn $\sin(u) - 1 = 0$ gilt. Die Lösung des Anfangswertproblems $u(0) = 0$ kann den Streifeb, der von den konstanten Lösungen

$$u(x) = -\frac{\pi}{2} \quad \text{und} \quad u(x) = \frac{3\,\pi}{2}$$

begrenzt wird, nicht verlassen. In diesem Streifen haben wir die Stammfunktion:

$$\int \frac{1}{\sin(u) + 1} \, du = -\frac{2}{\tan\left(\frac{u}{2}\right) + 1} = g(u) \,.$$

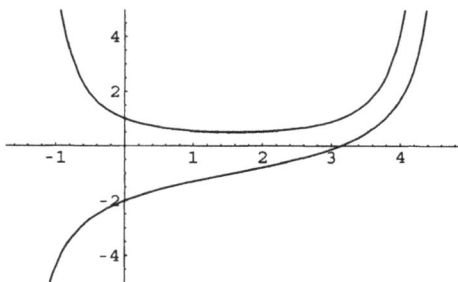

Bild 1.36: *Die Funktion*
$$\frac{1}{\sin(u) + 1}$$
und die Stammfunktion
$$g(u) = -\frac{2}{\tan\left(\frac{u}{2}\right) + 1}$$
für $-\dfrac{\pi}{2} < u < \dfrac{3\,\pi}{2}$

Die Umkehrfunktion der Stammfunktion wird gegeben durch:

$$g^{-1}(u) = \begin{cases} 2 \arctan\left(\frac{-2-u}{u}\right) & , \quad \text{für} \quad u < 0 \\ 2\,\pi + 2 \arctan\left(\frac{-2-u}{u}\right) & , \quad \text{für} \quad u > 0 \end{cases}$$

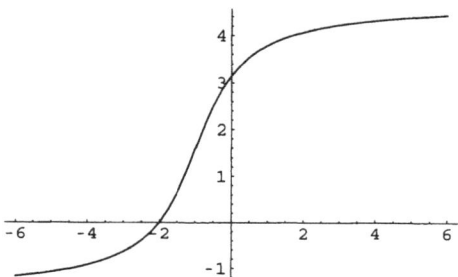

Bild 1.37: *Die Umkehrfunktion*
$g^{-1}(u)$ *der Stammfunktion*
$$g(u) = -\frac{2}{\tan\left(\frac{u}{2}\right) + 1}$$

Nun erhalten wir die Lösung des Anfangswertproblems für u aus der Gleichung:

$$g(u) = x + c.$$

Wegen $\tan(0) = 0$ folgt $c = -2$ und somit:

$$u(x) = g^{-1}(x - 2).$$

Schließlich ergibt sich die Lösung der gegebenen Anfangswertproblems zu:

$$y(x) = \begin{cases} -x - 2 \arctan\left(\frac{x}{x-2}\right) & , \quad \text{für} \quad x < 2 \\[2mm] & , \\[2mm] -x - 2\pi + 2 \arctan\left(\frac{x}{x-2}\right) & , \quad \text{für} \quad x > 2 \end{cases}$$

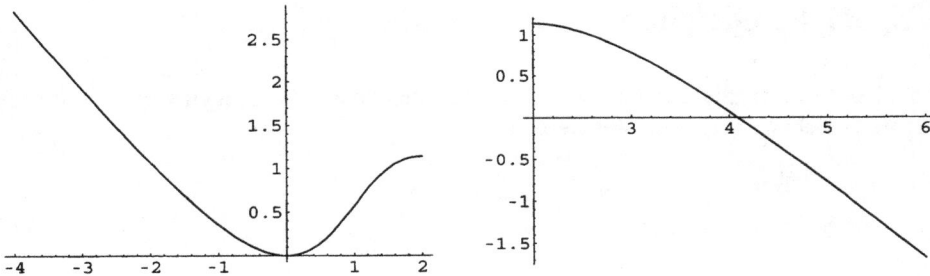

Bild 1.38: *Die beiden Definitionsteile der Lösung des Anfangswertproblems $y' = \sin(x + y)$, $y(0) = 0$*

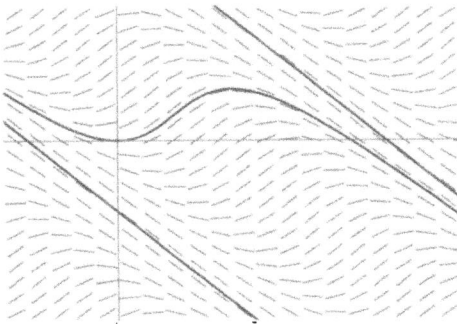

Bild 1.39: *Lösung des Anfangswertproblems $y' = \sin(x + y)$, $y(0) = 0$ im Richtungsfeld mit den Lösungen $y(x) = -x - \dfrac{\pi}{2}$, $y(x) = -x + \dfrac{3\pi}{2}$*

Mathematica

$$\mathbf{DSolve[y'[x] == \sin[x + y[x]], y[0] == 0\}, y[x], x]}$$

$$\left\{\left\{y[x] \to -x - \arccos\left[-\frac{2(-1+x)}{2 - 2x + x^2}\right]\right\}\right.$$

$$\left.\left\{y[x] \to -x + \arccos\left[-\frac{2(-1+x)}{2 - 2x + x^2}\right]\right\}\right\}$$

Maple

```
dsolve({diff(y(x),x)=sin(x+y(x)),y(0)=0},y(x));
```

$$\mathrm{Dsolve}(\{\mathrm{y}(0) = 0, \ \frac{\partial}{\partial x} \, \mathrm{y}(x) = \sin(x + \mathrm{y}(x))\}, \ \mathrm{y}(x))$$

$$= (\mathrm{y}(x) = -x - 2\arctan(-\frac{x}{-x+2}))$$

1.4   Spezielle Gleichungen erster Ordnung

Die Ähnlichkeitsdifferenzialgleichung kann mithilfe einer neuen abhängigen Variablen auf eine separierbare Gleichung zurückgeführt werden.

Aehnlichkeitsdifferenzialgleichung

Ist $g(u)$ eine stetig differenzierbare Funktion, so bezeichnen wir die Differenzialgleichung

$$y' = g\left(\frac{y}{x}\right), \quad x \neq 0$$

als Ähnlichkeitsdifferenzialgleichung. Für die Funktionen

$$u(x) = \frac{y(x)}{x}$$

erhalten wir die separierbare Differenzialgleichung:

$$u' = \frac{g(u) - u}{x}.$$

Aufgabe 1.35: Lösungen der Ähnlichkeitsdifferenzialgleichung durch Ähnlichkeitstransformation ineinander überführen

Gegeben sei die Ähnlichkeitsdifferenzialgleichung:

$$y'(x) = g\left(\frac{y}{x}\right).$$

Man zeige, dass mit $y(x)$ auch $\tilde{y}(x) = \lambda \, y\left(\frac{x}{\lambda}\right)$ Lösung ist. (Die Lösungskurven der Ähnlichkeitsdifferenzialgleichung gehen mit einer Ähnlichkeitstransformation auseinander hervor).Entsprec

gilt für die Differenzialgleichung $u' = \frac{g(u)-u}{x}$: mit $u(x)$ ist auch $\tilde{u}(x) = u\left(\frac{x}{\lambda}\right)$ Lösung.

Lösung

Sei $y(x)$ eine Lösung. Dann gilt:

$$
\begin{aligned}
\tilde{y}'(x) &= y'\left(\frac{x}{\lambda}\right) = g\left(\frac{y\left(\frac{x}{\lambda}\right)}{\frac{x}{\lambda}}\right) \\
&= g\left(\frac{\lambda\, y\left(\frac{x}{\lambda}\right)}{x}\right) \\
&= g\left(\frac{\tilde{y}(x)}{x}\right).
\end{aligned}
$$

Man muss noch die Veränderung des Definitionsbereichs beachten. Ist zum Beispiel $y(x)$ für $a < x < b$ erklärt und $\lambda > 0$, so ist $\tilde{y}(x)$ für $a\lambda < x < b\lambda$ erklärt. Analog zeigt man:

$$
\begin{aligned}
\tilde{u}'(x) &= \frac{1}{\lambda}u'\left(\frac{x}{\lambda}\right) = \frac{1}{\lambda}\frac{g\left(u\left(\frac{x}{\lambda}\right)\right) - u\left(\frac{x}{\lambda}\right)}{\frac{x}{\lambda}} \\
&= \frac{g\left(u\left(\frac{x}{\lambda}\right)\right) - u\left(\frac{x}{\lambda}\right)}{x} \\
&= \frac{g(\tilde{u}(x)) - \tilde{u}(x)}{x}.
\end{aligned}
$$

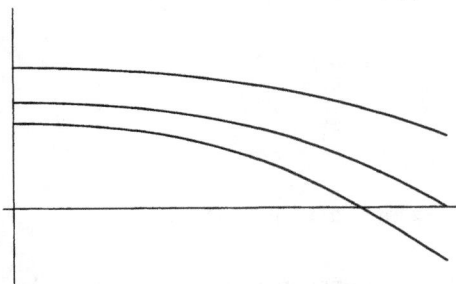

Bild 1.40: *Ähnliche Funktionen*

Aufgabe 1.36: Allgemeine Lösung einer Ähnlichkeitsdifferenzialgleichung bestimmen

Man bestimme die allgemeine Lösung der Differenzialgleichung:

$$
y' = \frac{y}{x} + e^{\frac{y}{x}}, \quad x > 0.
$$

Lösung

Setzt man

$$
u(x) = \frac{y(x)}{x},
$$

so ergibt sich für u die Differenzialgleichung

$$
e^{-u}u' = \frac{1}{x}, \quad x > 0.
$$

Die allgemeine Lösung dieser Gleichung ist implizit in der folgenden Beziehung enthalten:

$$\int e^{-u}\,du = \int \frac{1}{x}\,du + c\,,$$

bzw.

$$-e^{-u} = \ln(x) + c\,, \quad x > 0\,.$$

Durch Auflösen bekommt man:

$$u(x) = -\ln(-\ln(x) - c)\,, \quad 0 < x < e^{-c}\,.$$

Damit ergibt sich die allgemeine Lösung der Ähnlichkeitsdifferenzialgleichung

$$y(x) = -x\,\ln(-\ln(x) - c)\,, \quad 0 < x < e^{-c}\,.$$

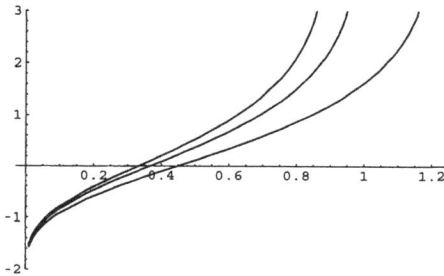

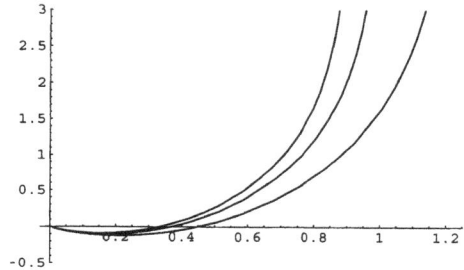

Bild 1.41: *Lösungen* $u(x) = -\ln(-\ln(x) - c)$, $0 < x < e^{-c}$ *(links) und* $y(x) = -x\ln(-\ln(x) - c)$, $0 < x < e^{-c}$ *(rechts)*

Mit $\lambda > 0$ gilt:

$$\lambda\, y\left(\frac{x}{\lambda}\right) = -\lambda\,\frac{x}{\lambda}\,\ln\left(-\ln\left(\frac{x}{\lambda}\right) - c\right) = -x\ln(-\ln(x) + \ln(\lambda) - c)\,.$$

Die Ähnlichkeitstransformation führt eine Kurve aus der Lösungsschar in eine Kurve aus derselben Schar über.

Aufgabe 1.37: Allgemeine Lösung einer Ähnlichkeitsdifferenzialgleichung bestimmen

Man bestimme die allgemeine Lösung der Differenzialgleichung:

$$y' = \frac{y^2 - x^2}{x\,y}\,, \quad x > 0, y > 0\,.$$

Lösung

Man sieht unmittelbar, dass die Gleichung in die Gestalt einer Ähnlichkeitsdifferenzialgleichung gebracht werden kann:

$$y' = \frac{y}{x} - \frac{x}{y} = \frac{y}{x} - \frac{1}{\frac{y}{x}}\,.$$

Mit $u = \dfrac{y}{x}$ und $g(u) = u - \dfrac{1}{u}$ finden wir die Gleichung

$$u\,u' = -\frac{1}{x}\,, \quad x \neq 0\,, u \neq 0\,,$$

und daraus

$$u(x)^2 = -2\,\ln(|x|) + c\,, \quad \ln(|x|) < \frac{c}{2}\,.$$

Diese Gleichung beinhaltet die allgemeine Lösung der Differenzialgleichung sogar in allen vier Quadranten. Offenbar ergeben sich folgende Lösungskurven für die Ausgangsgleichung:

$$y(x) = \begin{cases} x\,\sqrt{c - 2\,\ln(x)}\,, & \text{1. Quadrant,} \\ -x\,\sqrt{c - 2\,\ln(-x)}\,, & \text{2. Quadrant,} \\ -x\,\sqrt{c - 2\,\ln(x)}\,, & \text{3. Quadrant,} \\ x\,\sqrt{c - 2\,\ln(-x)}\,, & \text{4. Quadrant.} \end{cases}$$

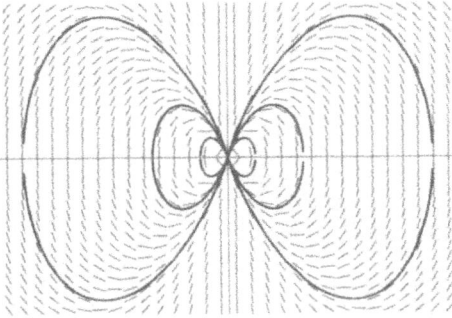

Bild 1.42: *Lösungen der Differenzialgleichung*
$$y' = \frac{y}{x} - \frac{x}{y}$$
im Richtungsfeld

Mathematica

$$\mathbf{DSolve\big[y'[x]} == \frac{\mathbf{y[x]^2 - x^2}}{\mathbf{x\,y[x]}}, \mathbf{y[x], x\big]}$$

$$\big\{\{y[x] \to -\sqrt{x^2\,\mathbf{C}[1] - 2\,x^2\,\log[x]}\},$$
$$\{y[x] \to \sqrt{x^2\,\mathbf{C}[1] - 2\,x^2\,\log[x]}\}\big\}$$

Maple

```
dsolve(diff(y(x),x)=(y(x)^2-x^2)/(x*y(x)),y(x));
```

$$\text{Dsolve}(\frac{\partial}{\partial x}\,y(x) = \frac{y(x)^2 - x^2}{x\,y(x)},\ y(x)) =$$

$$(y(x) = \sqrt{-2\ln(x) + \_C1}\,x,\ y(x) = -\sqrt{-2\ln(x) + \_C1}\,x)$$

Aufgabe 1.38: Eine Klasse von Ähnlichkeitsdifferenzialgleichung betrachten

Sei $f(u)$ eine umkehrbare Funktion mit $f'(u) \neq 0$ für alle u und

$$g(u) = u + \frac{f(u)}{f'(u)}.$$

Man löse die Differenzialgleichung:

$$y' = g\left(\frac{y}{x}\right).$$

Wie muss man f wählen, damit sich die folgende Gleichung ergibt

$$y' = \frac{y}{x} - \frac{x}{y} = \frac{y}{x} - \frac{1}{\frac{y}{x}}.$$

Lösung

Für die Funktionen $u(x) = \dfrac{y(x)}{x}$ erhalten wir die separierbare Differenzialgleichung

$$u' = \frac{g(u) - u}{x} = \frac{1}{x} \frac{f(u)}{f'(u)}.$$

Trennung der Veränderlichen ergibt:

$$\int \frac{f'(u)}{f(u)} \, du = \pm \int \frac{1}{x} \, dx + c.$$

Hieraus folgt:

$$\ln(|f(u)|) = |\ln(x)| + c,$$

bzw.

$$|f(u)| = e^c \, e^{|\ln(x)|}$$

und wir bekommen die Lösungen aus der Gleichung:

$$f(u) = \pm e^c \, x = C \, x.$$

Mit der Umkehrfunktion f^{-1} nehmen die Lösungen der Gestalt an:

$$y(x) = x \, f^{-1}\left(e^c \, x\right).$$

Damit wir auf die angegebene Form der Differenzialgleichung kommen, muss gelten:

$$\frac{f(u)}{f'(u)} = -\frac{1}{u}$$

bzw.

$$\frac{f'(u)}{f(u)} = -u.$$

Eine Lösung dieser Gleichung lautet:

$$f(u) = e^{-\frac{u^2}{2}}\,.$$

Die Bernoullische Differenzialgleichung kann als Verallgemeinerung der linearen Differenzialgleichung aufgefasst werden. Sie beinhaltet sowohl die homogene Gleichung als auch die inhomogene Gleichung.

Bernoullische Differenzialgleichung

Seien a und b in stetige Funktionen und $\alpha \in \mathbb{R}$. Eine Differenzialgleichung der folgenden Gestalt heißt Bernoullische Differenzialgleichung.

$$y' + a(x)\,y = b(x)\,y^\alpha\,.$$

Für $\alpha = 0$ und $\alpha = 1$ ergeben sich lineare Differenzialgleichungen. In den anderen Fällen geht man zu den Funktionen über

$$u(x) = (y(x))^{1-\alpha}$$

und erhält die lineare Differenzialgleichung

$$u' + (1 - \alpha)\,a(x)\,u = (1 - \alpha)\,b(x)\,.$$

Aufgabe 1.39: Allgemeine Lösung einer Bernoulli- Gleichung bestimmen

Man bestimme die allgemeine Lösung der Bernoullischen Differenzialgleichung:

$$y' = \sin(x)\,y + \sin(x)\,y^2\,.$$

Lösung

Die rechte Seite dieser Differenzialgleichung ist in $\mathbb{R} \times \mathbb{R}$ erklärt. Offensichtlich stellt $y(x) = 0$ eine Lösung dar. Andere Lösungen können (wegen des Existenz- und Eindeutigkeitssatzes) die x-Achse nicht schneiden. Außerdem ist $y(x) = -1$ eine weitere konstante Lösung. Für $y > 0$ bzw. $y < 0$ führen wir neue Funktionen ein:

$$u(x) = \frac{1}{y(x)} \quad \Longleftrightarrow \quad y(x) = \frac{1}{u(x)}\,.$$

Setzt man $y(x)$ mit $y'(x) = -\dfrac{u'(x)}{(u(x))^2}$ ein, so ergibt sich folgende Differenzialgleichung für $u(x)$:

$$u' = -\sin(x)\,u - \sin(x)\,.$$

Die allgemeine Lösung dieser Gleichung lautet:

$$u(x) = c\,e^{\cos(x)} - \left(\int \sin(x)\,e^{-\cos(x)}\,dx \right) e^{\cos(x)} = c\,e^{\cos(x)} - 1\,.$$

Man hätte auch ohne Variation der Konstanten durch Addition der partikulären Lösung $u(x) = -1$ vorgehen können. Damit nehmen die Lösungen $y(x)$ der Ausgangsgleichung die Gestalt an:

$$y(x) = \frac{1}{c\,e^{\cos(x)} - 1}\,.$$

Für $c \le 0$ existiert $y(x)\,(u(x))$ für alle $x \in \mathbb{R}$ und es gilt $y(x) < 0$.

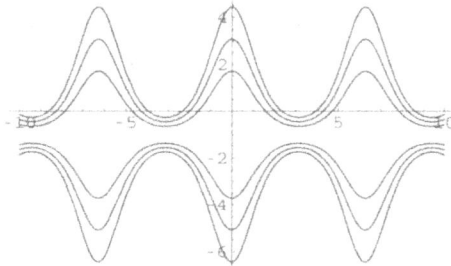

Bild 1.43: *Lösungen*
der Differenzialgleichung
$u' = -\sin(x)\,u - \sin(x)$

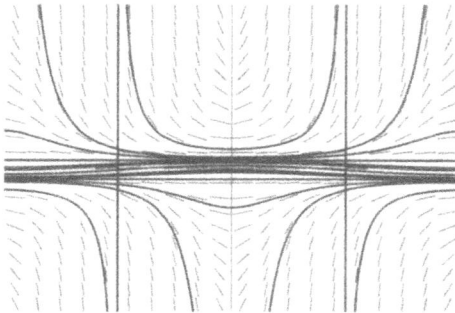

Bild 1.44: *Lösungen*
der Differenzialgleichung
$y' = \sin(x)\,y + \sin(x)\,y^2$
im Richtungsfeld

Aufgabe 1.40: Allgemeine Lösung einer Bernoulli- Gleichung bestimmen

Man bestimme die allgemeine Lösung der Bernoullischen Differenzialgleichung:

$$y' = -\frac{3}{2\,x}\,y + \frac{1}{y}\,, \quad x > 0\,,\, y \ne 0\,.$$

Lösung

Hier liegen zwei Differenzialgleichung vor, eine für den ersten und eine für den vierten Quadranten. In beiden Fällen ($y > 0$ bzw. $y < 0$) führen wir neue Funktionen ein:

$$u(x) = (y(x))^2 \quad \Longleftrightarrow \quad y(x) = \sqrt{u(x)} \quad \text{bzw.} \quad y(x) = -\sqrt{u(x)} \quad .$$

Setzt man $y(x)$ mit $y'(x) = \pm \dfrac{u'(x)}{2\,\sqrt{u(x)}}$ ein, so ergibt sich in beiden Fällen folgende Differenzialgleichung für $u(x)$:

$$u' = -\frac{3}{x}\,u + 2\,.$$

Die allgemeine Lösung dieser Gleichung lautet:

$$u(x) = c\,\frac{1}{x^3} + \left(\int 2\,x^3\,dx \right) \frac{1}{x^3} = c\,\frac{1}{x^3} + \frac{1}{2}\,x\,.$$

Damit nehmen die Lösungen $y(x)$ der Ausgangsgleichung die Gestalt an:

$$y(x) = \pm\sqrt{c\,\frac{1}{x^3} + \frac{1}{2}\,x}\,.$$

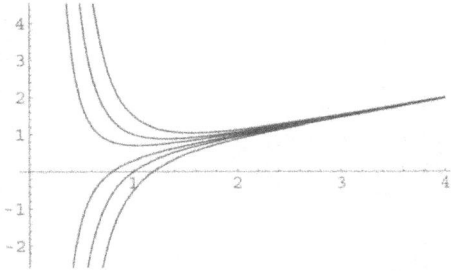

Bild 1.45: *Lösungen der Differenzialgleichung*
$$u' = -\frac{3}{x}\,u + 2$$
im Richtungsfeld

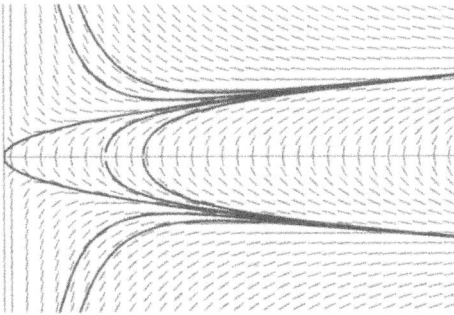

Bild 1.46: *Lösungen der Differenzialgleichung*
$$y' = -\frac{3}{2\,x}\,y + \frac{1}{y}$$
im Richtungsfeld

Aufgabe 1.41: Allgemeine Lösung einer Bernoulli-Gleichung bestimmen

Man bestimme die allgemeine Lösung der Bernoullischen Differenzialgleichung:

$$y' = -2\,y + 2\,x\,\sqrt{y}\,, \quad y > 0\,.$$

Lösung

Mit $u(x) = \sqrt{y(x)}$ bekommen folgende lineare homogene Differenzialgleichung:

$$u' = -u + x\,.$$

Die allgemeine Lösung dieser Gleichung lautet:

$$u(x) = c\,e^{-x} + \left(\int x\,e^x\,dx\right)e^{-x} = c\,e^{-x} + x - 1\,.$$

Damit $u(x) > 0$ wird, schränken wir den Definitionsbereich ein:

$$u(x) = c\,e^{-x} + x - 1\,, \quad c\,e^{-x} + x - 1 > 0$$

und

$$y(x) = \sqrt{c\,e^{-x} + x - 1}\,, \quad c\,e^{-x} + x - 1 > 0\,.$$

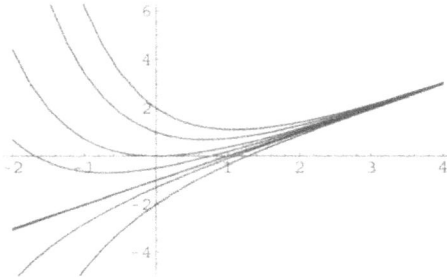

Bild 1.47: *Lösungen der Differenzialgleichung* $u' = -u + x$

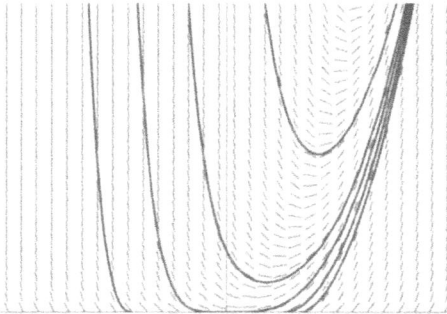

Bild 1.48: *Lösungen der Differenzialgleichung* $y' = -2\,y + 2\,x\,\sqrt{y}$ *im Richtungsfeld*

Mathematica:

$$\textbf{DSolve}\big[y'[x] == -2\,y[x] + 2\,x\,\sqrt{y[x]},\, y[x], \quad x\big]$$

$$\{\{y[x] \to E^{-2x}\,(-E^x + E^x\,x + \mathbf{C}[1])^2\}\}$$

Maple:

```
dsolve(diff(y(x),x)=-2*y(x)+2*x*sqrt(y(x)),y(x));
```

$$\text{Dsolve}(\frac{\partial}{\partial x}\,y(x) = -2\,y(x) + 2\,x\,\sqrt{y(x)},\, y(x)) = (\sqrt{y(x)} - x + 1 - e^{(-x)}\,\_C1 = 0)$$

Man kann eine Differenzialgleichung oft auch dadurch lösen, dass man zu einer Differenzialform übergeht. Man gibt dabei den Unterschied zwischen der unabhängigen und abhängigen Variablen auf.

Exakte Differenzialform

Sei D ein Teilgebiet des $\mathbb{R}^2$. Seien $A : D \longrightarrow \mathbb{R}$ und $B : D \longrightarrow \mathbb{R}$ stetig differenzierbare Funktionen mit $A^2(x, y) + B^2(x, y) > 0$ für $(x, y) \in D$. Die Differenzialform

$$A(x, y) \, dx + B(x, y) \, dy = 0$$

heißt exakt, wenn für alle alle $(x, y) \in D$ gilt:

$$\frac{\partial}{\partial y} A(x, y) = \frac{\partial}{\partial x} B(x, y).$$

Die Exaktheit ist eine notwendige Bedingung für die Existenz einer Stammfunktion einer Differenzialform. Unter geeigneten Bedingungen besitzen exakte Differenzialformen Stammfunktionen, die sich nur durch eine additive Konstante unterscheiden können.

Stammfunktion einer exakten Differenzialform

Sei D ein einfach zusammenhängendes Gebiet und

$$A(x, y) \, dx + B(x, y) \, dy = 0$$

eine exakte Form auf D. Eine Funktion $G : D \longrightarrow \mathbb{R}$ mit

$$\frac{\partial}{\partial x} G(x, y) = A(x, y) \quad \text{und} \quad \frac{\partial}{\partial y} G(x, y) = B(x, y)$$

heißt Stammfunktion der exakten Form. Die Stammfunktionen sind eindeutig bestimmt bis auf eine additive Konstante.

Aufgabe 1.42: Stammfunktion einer exakten Differenzialform durch ein Kurvenintegral bestimmen

Gegeben sei eine exakte Differenzialform

$$A(x, y) \, dx + B(x, y) \, dy = 0,$$

die auf einem kreisförmigen Gebiet

$$D = \{(x, y) \mid (x - x_0)^2 + (y - y_0)^2 < r, \, r > 0\}$$

erklärt ist. Man zeige, dass durch das folgende Kurvenintegral eine Stammfunktion gegeben wird:

$$G(x, y) = \int_{x_0}^{x} A(\xi, y_0) \, d\xi + \int_{y_0}^{y} B(x, \eta) \, d\eta.$$

Lösung

Wir benötigen die Regel zur Ableitung von Integralen nach einem Parameter sowie den Hauptsatz:

$$\frac{\partial}{\partial x} G(x, y) = A(x, y_0) + \int_{y_0}^{y} \frac{\partial}{\partial x} B(x, \eta) \, d\eta$$

$$= A(x, y_0) + \int_{y_0}^{y} \frac{\partial}{\partial \eta} A(x, \eta) \, d\eta$$

$$= A(x, y_0) + A(x, y) - A(x, y_0)$$

$$= A(x, y) \, .$$

Wesentlich hierbei war noch die Exaktheitsbedingung. Der zweite Teil ergibt sich leicht:

$$\frac{\partial}{\partial y} G(x, y) = B(x, y) \, .$$

Exakte Differenzialgleichungen kann man mithilfe einer Stammfunktion der entsprechenden exakten Form lösen.

Exakte Differenzialgleichung

Sei G eine Stammfunktion der exakten Form:

$$A(x, y) \, dx + B(x, y) \, dy = 0 \, , \quad B(x, y) \neq 0 \, .$$

Dann ergibt sich die allgemeine Lösung der exakten Differenzialgleichung

$$y' = -\frac{A(x, y)}{B(x, y)}$$

durch Auflösen der Gleichung

$$G(x, y) = c \, .$$

Aufgabe 1.43: Allgemeine Lösung einer exakten Differenzialgleichung bestimmen

Man bestimme die allgemeine Lösung der Differenzialgleichung

$$y' = \frac{e^{-y}}{x \, e^{-y} - 1} \, ,$$

indem man zu einer exakten Form übergeht und eine Stammfunktion ermittelt.

Lösung

Wir können die Differenzialgleichung für $x < e^y$ bzw. für $x > e^y$ betrachten. Wir gehen zur Differenzialform über

$$e^{-y} \, dx + \left(1 - x \, e^{-y}\right) dy = 0 \, ,$$

die wegen

$$\frac{\partial}{\partial y} e^{-y} = \frac{\partial}{\partial x} \left(1 - x\, e^{-y}\right) = -e^{-y}$$

exakt ist. (Im Gegensatz zur Differenzialgleichung ist die Differenzialform auf $\mathbb{R} \times \mathbb{R}$ erklärt). Zunächst liefert die Bedingung

$$\frac{\partial}{\partial x} G(x, y) = e^{-y}$$

folgende Gestalt der Stammfunktion:

$$G(x, y) = x\, e^{-y} + a(y)$$

mit einer freien Funktion $a(y)$. Setzt man in die zweite Bedingung ein

$$\frac{\partial}{\partial y} G(x, y) = 1 - x\, e^{-y},$$

so erhält man eine Forderung an Funktion $a(y)$:

$$\frac{d}{dy} a(y) = 1.$$

Die Funktion $a(y)$ wird dadurch nur bis auf eine Konstante festgelegt. Wir wählen die folgende Stammfunktion:

$$G(x, y) = x\, e^{-y} + y,$$

die auf ganz $\mathbb{R} \times \mathbb{R}$ erklärt ist. Die allgemeine Lösung der Differenzialgleichung bekommt man aus der Gleichung:

$$x\, e^{-y} + y = c.$$

Eine Auflösung nach y ist nicht möglich. Wir können aber die Umkehrfunktionen der gesuchten Lösungen angeben:

$$x(y) = e^y (c - y).$$

Eine solche Kurve ist für alle $y \in \mathbb{R}$ erklärt. Wir bekommen zwei Auflösungen nach y, eine im Gebiet $x < e^y$ und eine im Gebiet $x > e^y$. Denn es gilt

$$\frac{d}{dy} x(y) = 0$$

genau dann, wenn $y = c - 1 \quad \Longleftrightarrow \quad x = e^y$.

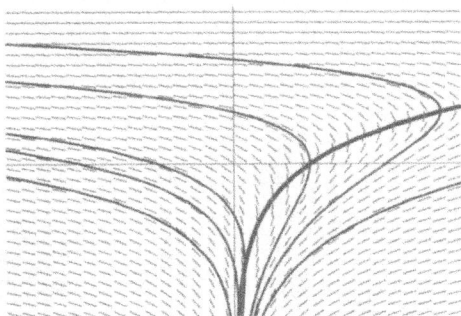

Bild 1.49: *Lösungen der Differenzialgleichung* $y' = \dfrac{e^{-y}}{x\, e^{-y} - 1}$ *im Richtungsfeld. Die stärker gezeichnete Kurve $x = e^y$ trennt die beiden Definitionsgebiete.*

Aufgabe 1.44: Allgemeine Lösung einer exakten Differenzialgleichung bestimmen

Man bestimme die allgemeine Lösung der Differenzialgleichung

$$y' = -\frac{\cos(x\,y)\,y + e^x}{\cos(x\,y)\,x}\,,$$

indem man zu einer exakten Form übergeht und eine Stammfunktion ermittelt.

Lösung

Die Differenzialgleichung ist in Gebieten erklärt, die von $x = 0$ und je zwei benachbarten Kurven aus der Schar

$$y = \pm \left(k + \frac{1}{2}\right) \frac{\pi}{x}\,, \quad k = 0, 1, 2, \ldots\,,$$

begrenzt werden. Wir gehen zur Differenzialform über

$$\left(\cos(x\,y)\,y + e^x\right) dx + \cos(x\,y)\,x\,dy = 0\,,$$

die wegen

$$\frac{\partial}{\partial y}\left(\cos(x\,y)\,y + e^x\right) = \frac{\partial}{\partial x}\left(\cos(x\,y)\,x\right) = -\sin(x\,y)\,x\,y + \cos(x\,y)$$

exakt ist. (Im Gegensatz zur Differenzialgleichung ist die Differenzialform auf $\mathbb{R} \times \mathbb{R}$ erklärt). Wir bestimmen nun eine Stammfunktion. Wir wählen $(x_0, y_0) = (0, 0)$ und integrieren:

$$\int\limits_0^x A(\xi, 0)\,d\xi + \int\limits_0^y B(x, \eta)\,d\eta = \int\limits_0^x e^\xi\,d\xi + \int\limits_0^y \cos(x\,\eta)\,x\,d\eta$$

$$= e^x - 1 + \sin(x\,y)\,.$$

Daraus entnehmen wir folgende Stammfunktion der Differenzialform:

$$G(x, y) = \sin(x\,y) + e^x\,,$$

die auf ganz $\mathbb{R} \times \mathbb{R}$ erklärt ist. Die allgemeine Lösung der Differenzialgleichung ergibt sich aus der Gleichung:

$$\sin(x\,y) + e^x = c\,, \quad c - 1 < e^x < c + 1\,.$$

Eine Auflösung nach y ist möglich. Man bekommt zunächst für

$$-\frac{1}{2}\frac{\pi}{x} < y < \frac{1}{2}\frac{\pi}{x}$$

die Auflösung:

$$y(x) = \frac{1}{x}\arcsin(c - e^x)\,, \quad x \neq 0\,.$$

Hierbei wird die Umkehrfunktion

$$\arcsin : [-1, 1] \longrightarrow \left[-\frac{\pi}{2}, \frac{\pi}{2}\right]$$

von

$$\sin : \left[-\frac{\pi}{2}, \frac{\pi}{2}\right] \longrightarrow [-1, 1]$$

benutzt. Im Gebiet

$$\frac{1}{2}\frac{\pi}{x} < y < \frac{3}{2}\frac{\pi}{x}$$

wird die Umkehrfunktion $-\arcsin(x) + \pi$ von

$$\sin : \left[\frac{\pi}{2}, \frac{3\pi}{2}\right] \longrightarrow [-1, 1]$$

genommen. Man erhält dann die Auflösung:

$$y(x) = \frac{1}{x}\left(-\arcsin(c - e^x) + \pi\right), \quad x \neq 0.$$

Analog verfährt man in den anderen Definitionsgebieten.

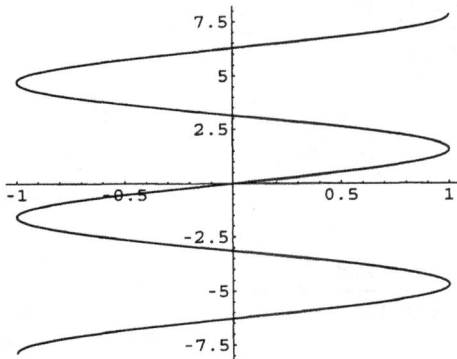

Bild 1.50: *Zweige der Arcussinusfunktion*

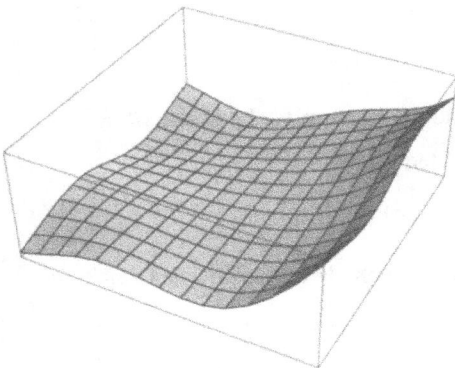

Bild 1.51: *Die Funktion* $G(x, y) = \sin(x\, y) + e^x$

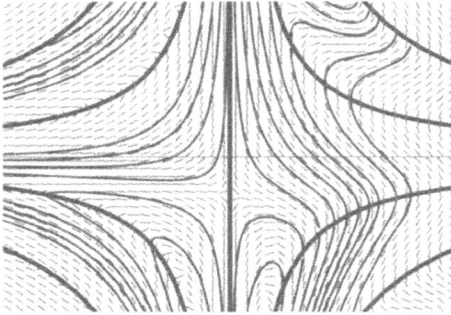

Bild 1.52: *Lösungen*
der Differenzialgleichung
$$y' = -\frac{\cos(x\,y)\,y + e^x}{\cos(x\,y)\,x}$$
im Richtungsfeld
Die stärker gezeichneten Kurven
$$x = 0 \text{ und } y = \pm\left(k + \frac{1}{2}\right)\frac{\pi}{x}$$
trennen die Definitionsgebiete.

Mathematica

$$\mathbf{DSolve}\left[\mathbf{y'[x]} == -\frac{\cos[\mathbf{x\,y[x]}]\,\mathbf{y[x]} + \mathbf{e^x}}{\cos[\mathbf{x\,y[x]}]\,\mathbf{x}}, \mathbf{y[x]}, \mathbf{x}\right]$$

$$\left\{\left\{y[x] \to -\frac{\arcsin[e^x + \mathbf{C}[1]]}{x}\right\}\right\}$$

Maple

```
dsolve(diff(y(x),x)=-(cos(x*y(x))*y(x)+exp(x))
                 /(cos(x*y(x))*x),y(x));
```

$$\mathrm{Dsolve}(\frac{\partial}{\partial x}\,\mathrm{y}(x) = -\frac{\cos(x\,\mathrm{y}(x))\,\mathrm{y}(x) + e^x}{\cos(x\,\mathrm{y}(x))\,x}, \mathrm{y}(x)) =$$

$$(\mathrm{y}(x) = \frac{\arcsin(-\_C1 - e^x)}{x})$$

Aufgabe 1.45: Differenzialgleichung als exakte und als Bernoullische betrachten

Welche Differenzialgleichung ergibt sich aus der exakten Form:

$$(2\,x - x^2 - y^2)\,e^{-x}\,dx + 2\,y\,e^{-x}\,dy = 0\,?$$

Man bestimme ihre allgemeine Lösung und behandle sie auch als Bernoullische Gleichung.

Lösung

Wir bekommen die Differenzialgleichung:

$$y' = -\frac{2\,x - x^2 - y^2}{2\,y}, \quad y \neq 0,$$

die man in der oberen bzw. in der unteren Halbebene betrachten kann. Wir bestimmen eine Stammfunktion für die exakte Differenzialform. Die Bedingung

$$\frac{\partial}{\partial y} G(x, y) = e^{-x} 2y$$

führt auf die Gestalt

$$G(x, y) = e^{-x} y^2 + b(x)$$

mit einer freien Funktion $b(x)$, die durch die Bedingung

$$\frac{\partial}{\partial x} G(x, y) = e^{-x} (2x - x^2 - y^2)$$

festlegt wird. Einsetzen ergibt:

$$b'(x) = e^{-x} (2x - x^2),$$

also

$$b(x) = x^2 e^{-x}$$

und

$$G(x, y) = e^{-x} (x^2 + y^2).$$

Die Lösungskurven ergeben sich demnach aus der Gleichung:

$$e^{-x} (x^2 + y^2) = c, \quad c > 0.$$

Man kann auflösen und erhält in der oberen Halbebene:

$$y(x) = \sqrt{c\, e^x - x^2}$$

in der unteren Halbebene:

$$y(x) = -\sqrt{c\, e^x - x^2}.$$

In beiden Fällen existiert die Lösung nur dort, wo $c\, e^x - x^2 > 0$ ist.

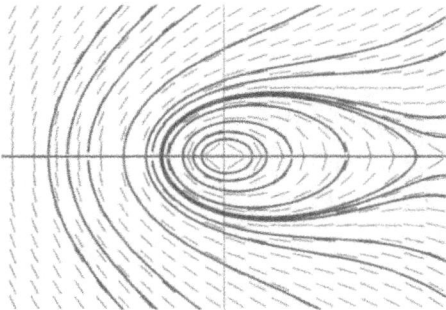

Bild 1.53: *Lösungen der Differenzialgleichung*
$$y' = -\frac{2x - x^2 - y^2}{2y}$$
im Richtungsfeld

Wir schreiben die gegebene Differenzialgleichung um und bekommen wir folgende Bernoullische Gleichung:

$$y' = \frac{1}{2} y - \frac{2x - x^2}{2} \frac{1}{y}.$$

Mit

$$u(x) = (y(x))^2$$

ergibt sich die lineare Differenzialgleichung:

$$u' = u - 2x + x^2.$$

Die allgemeine Lösung dieser Gleichung lautet:

$$u(x) = c\,e^x + \left(\int (-2x + x^2)\,e^{-x}\,dx \right) e^x = c\,e^x - x^2.$$

Dies liefert wieder die oben erhaltenen Lösungen.

Mathematica:

$$\mathbf{DSolve}\Big[\mathbf{y'[x]} == -\frac{\mathbf{2\,x - x^2 - y[x]^2}}{\mathbf{2\,y[x]}}, \mathbf{y[x], x}\Big]$$

$$\{\{y[x] \to -\sqrt{-x^2 + E^x\,\mathbf{C}[1]}\},$$
$$\{y[x] \to \sqrt{-x^2 + E^x\,\mathbf{C}[1]}\}\}$$

Maple:

```
dsolve(diff(y(x),x)=-(2*x-x^2-y(x)^2)/(2*y(x)),y(x));
```

$$\mathrm{Dsolve}(\frac{\partial}{\partial x}\,y(x) = -\frac{1}{2}\frac{2\,x - x^2 - y(x)^2}{y(x)}, y(x)) =$$

$$(y(x) = \sqrt{-x^2 + e^x\,\_C1}, \; y(x) = -\sqrt{-x^2 + e^x\,\_C1}$$

Aufgabe 1.46: Eulerschen Multiplikator finden

Die Differenzialform

$$A(x, y)\,dx + B(x, y)\,dy = 0$$

sei nicht exakt. Ferner gelte eine der beiden folgenden Bedingungen:

$$\frac{\partial}{\partial y}\left(\frac{\frac{\partial}{\partial y}A(x, y) - \frac{\partial}{\partial x}B(x, y)}{B(x, y)} \right) = 0,$$

$$\frac{\partial}{\partial x}\left(\frac{\frac{\partial}{\partial y}A(x, y) - \frac{\partial}{\partial x}B(x, y)}{A(x, y)} \right) = 0.$$

Dann gibt es im ersten Fall Funktionen $M(x, y) = M(x)$ und im zweiten Fall Funktionen $M(x, y) = M(y)$, sodass die folgende Differenzialform exakt wird:

$$M(x, y)\, A(x, y)\, dx + M(x, y)\, B(x, y)\, dy = 0\,.$$

Lösung

Durch Multiplikation mit einer Funktion $M(x, y)$ soll eine exakte Differenzialgleichung

$$M(x, y)\, A(x, y)\, dx + M(x, y)\, B(x, y)\, dy = 0$$

hergestellt werden. Damit muss gelten:

$$\frac{\partial}{\partial y}(M(x, y)\, A(x, y)) = \frac{\partial}{\partial x}(M(x, y)\, B(x, y))$$

bzw.

$$B(x, y)\frac{\partial}{\partial x} M(x, y) - A(x, y)\frac{\partial}{\partial y} M(x, y)$$

$$= M(x, y)\left(\frac{\partial}{\partial y} A(x, y) - \frac{\partial}{\partial x} B(x, y)\right)\,.$$

Im ersten Fall kann ein nur von x abhängiger Multiplikator $M(x)$ genommen werden. Wegen $\dfrac{\partial M(x)}{\partial y} = 0$ bekommt man $M(x)$ aus der Differenzialgleichung

$$\frac{d}{dx} M(x) = M(x)\frac{\frac{\partial}{\partial y} A(x, y) - \frac{\partial}{\partial x} B(x, y)}{B(x, y)}\,.$$

Im zweiten Fall kann ein nur von y abhängiger Multiplikator $M(y)$ genommen werden. Wegen $\dfrac{\partial M(y)}{\partial x} = 0$ bekommt man $M(y)$ aus der Differenzialgleichung

$$\frac{d}{dy} M(y) = -M(y)\frac{\frac{\partial}{\partial y} A(x, y) - \frac{\partial}{\partial x} B(x, y)}{A(x, y)}\,.$$

Aufgabe 1.47: Eulerschen Multiplikator finden, exakte Differenzialgleichung lösen

Man bestimme die allgemeine Lösung der Differenzialgleichung

$$y' = \frac{(y - x)\, y^2}{1 - x\, y^2}\,,$$

indem man zu einer Differenzialform übergeht und einen nur von y abhängigen Eulerschen Multiplikator ermittelt.

Lösung

Die Differenzialgleichung kann in den folgenden drei Gebieten betrachtet werden:

$$x < \frac{1}{y^2}\,, \quad x > \frac{1}{y^2}\,, y > 0\,, \quad x > \frac{1}{y^2}\,, y < 0\,.$$

Wir gehen von der Differenzialgleichung zu der Differenzialform über:

$$(y - x) y^2 \, dx - (1 - x y^2) \, dy = 0 \, .$$

Diese Differenzialform ist jedoch nicht exakt, wie die Rechnung

$$\frac{\partial}{\partial y} ((y - x) y^2) = y^2 + (y - x) 2 y \, , \qquad \frac{\partial}{\partial x} (-(1 - x y^2)) = y^2$$

zeigt. Wir versuchen einen von y alleine abhängigen Multiplikator zu bestimmen. Die Gleichung

$$\frac{\partial}{\partial y} (M(y) ((y - x) y^2)) = \frac{\partial}{\partial x} (M(y) (-(1 - x y^2)))$$

vereinfacht man sofort zu:

$$(y - x) y^2 \frac{\partial}{\partial y} M(y) + (y^2 + (y - x) 2 y) M(y) = M(y) y^2 \, ,$$

bzw.

$$\frac{\partial}{\partial y} M(y) = -\frac{2}{y} M(y) \, .$$

Wir können $M(y) = \dfrac{1}{y^2}$ wählen und bekommen eine exakte Differenzialform:

$$(y - x) \, dx + \left(\frac{1}{y^2} - 1 \right) dy = 0 \, .$$

Diese Differenzialform ist nun für $y > 0$ oder für $y < 0$ erklärt. Sie entspricht in beiden Halbebenen der Ausgangsdifferenzialgleichung. Die konstante Lösung $y = 0$ der Ausgangsgleichung tritt jedoch bei der Differenzialform nicht auf.

Nun bestimmen wir eine Stammfunktion für die exakte Differenzialform. Die Bedingung

$$\frac{\partial}{\partial x} G(x, y) = y - x$$

führt auf die Gestalt

$$G(x, y) = y x - \frac{x^2}{2} + a(y)$$

mit einer noch zu bestimmenden Funktion $a(y)$, die wir durch die Bedingung

$$\frac{\partial}{\partial y} G(x, y) = x + \frac{d}{dy} a(y)$$

festlegen. Einsetzen ergibt:

$$\frac{d}{dy} a(y) = -\frac{1}{y^2} \, ,$$

also

$$a(y) = \frac{1}{y}$$

und

$$G(x, y) = y\,x - \frac{x^2}{2} + \frac{1}{y}\,.$$

Die Lösungskurven ergeben sich demnach aus der Gleichung:

$$y\,x - \frac{x^2}{2} + \frac{1}{y} = c\,.$$

Man kann auflösen und erhält

$$y(x) = \frac{2\,c + x^2 \pm \sqrt{(2\,c + x^2)^2 - 16\,x}}{4\,x}\,.$$

In beiden Fällen existiert die Lösung nur dort, wo der Radikand größer als Null ist.

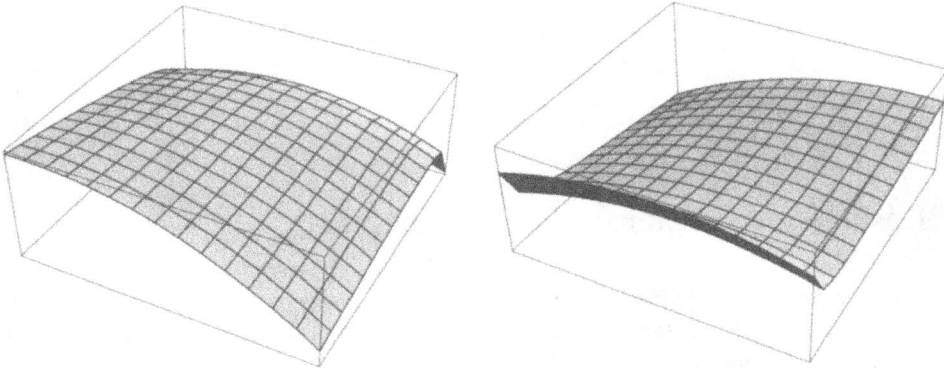

Bild 1.54: *Die Funktion $G(x, y) = x\,y - \dfrac{x^2}{2} + \dfrac{1}{y}$ in der unteren Halbebene (links) und in der oberen Halbebene (rechts)*

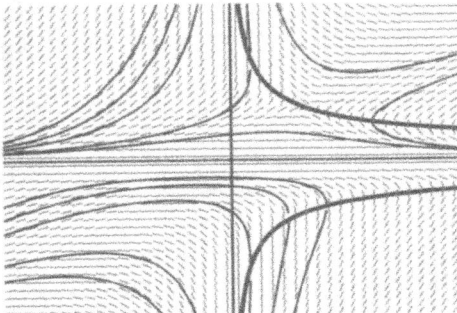

Bild 1.55: *Lösungen der Differenzialgleichung*
$$y' = \frac{(y - x)\,y^2}{1 - x\,y^2}$$
im Richtungsfeld. Die stärker gezeichneten Kurven
$$y = \pm\frac{1}{\sqrt{x}}$$
trennen die Definitiongebiete.

Mathematica

$$\mathbf{DSolve[y'[x]} == \frac{(\mathbf{y[x]} - \mathbf{x})\,\mathbf{y[x]}^2}{1 - \mathbf{x}\,\mathbf{y[x]}^2}, \mathbf{y[x], x]}$$

$$\{\{y[x] \to \frac{x^2 - \sqrt{-16x + (-x^2 - \mathbf{C}[1])^2} + \mathbf{C}[1]}{4x}\},$$

$$\{y[x] \to \frac{x^2 + \sqrt{-16x + (-x^2 - \mathbf{C}[1])^2} + \mathbf{C}[1]}{4x}\}\}$$

Maple

```
dsolve(diff(y(x),x)=((y(x)-x)*y(x)^2)/(1-x*y(x)^2),y(x));
```

$$\mathrm{Dsolve}(\frac{\partial}{\partial x}\,y(x) = \frac{(y(x) - x)\,y(x)^2}{1 - x\,y(x)^2}, y(x)) =$$

$$y(x) = \frac{1}{4}\,\frac{x^2 - 2\_C1 + \sqrt{x^4 - 4x^2\_C1 + 4\_C1^2 - 16x}}{x},$$

$$y(x) = \frac{1}{4}\,\frac{x^2 - 2\_C1 - \sqrt{x^4 - 4x^2\_C1 + 4\_C1^2 - 16x}}{x})$$

1.5   Lösung durch Potenzreihenentwicklung

Wenn die rechte Seite einer Differenzialgleichung in eine Doppelpotenzreihe um einen bestimmten Punkt entwickelt werden kann, dann kann die Lösung durch diesen Punkt ebenfalls (lokal) in eine Potenzreihe entwickeln werden.

Lösung des Anfangswertproblems durch Potenzreihenentwicklung

Kann die rechte Seite einer Differenzialgleichung in eine absolut konvergente Potenzreihe entwickelt werden:

$$y' = \sum_{j,k=0}^{\infty} a_{jk}\,(x - x_0)^j\,(y - y_0)^k$$

dann kann die Lösung des Anfangswertproblems $y(x_0) = y_0$ in einer hinreichend kleinen Umgebung von x_0 ebenfalls in eine absolut konvergente Potenzreihe entwickelt werden:

$$y(x) = \sum_{j=0}^{\infty} c_j\,(x - x_0)^j\,.$$

Aufgabe 1.48: Eine separierbare Gleichung durch Potenzreihenentwicklung lösen

Man bestimme die Entwicklungskoeffizienten der Potenzreihenentwicklung der Lösung des Anfangswertproblems

$$y' = x\,y^2\,, \quad y(0) = 1\,.$$

Man vergleiche mit der durch Trennung der Veränderlichen gewonnenen Lösung.

Lösung

Die Lösung des Anfangswertproblems kann lokal in eine Potenzreihe entwickelt werden:

$$y(x) = \sum_{j=0}^{\infty} c_j\,x^j\,, \quad c_0 = 1\,.$$

Hieraus ergibt sich:

$$y'(x) = \sum_{j=0}^{\infty} (j+1)\,c_{j+1}\,x^j$$

und

$$(y(x))^2 = \sum_{j=0}^{\infty} \left(\sum_{k=0}^{j} c_k\,c_{j-k} \right) x^j\,.$$

Setzt man nun in die Differenzialgleichung ein, so bekommt man folgende Bedingungen:

$$
\begin{aligned}
x^0 &: \quad c_1 = 0\,, \\
x^1 &: \quad 2\,c_2 = c_0^2\,, \\
x^2 &: \quad 3\,c_3 = 2\,c_0\,c_1\,, \\
x^3 &: \quad 4\,c_4 = 2\,c_0\,c_2 + c_1^2\,, \\
x^4 &: \quad 5\,c_5 = 2\,c_0\,c_3 + 2\,c_1\,c_2\,, \\
&\quad\vdots \\
x^{n-1} &: \quad n\,c_n = \sum_{k=0}^{n-2} c_k\,c_{n-2-k}\,.
\end{aligned}
$$

Man erhält hieraus:

$$c_0 = 1\,, c_1 = 0\,, c_2 = \frac{1}{2}\,, c_3 = 0\,, c_4 = \frac{1}{4}\,, \ldots$$

Durch vollständige Induktion ergibt sich:

$$c_{2n+1} = 0\,, \quad c_{2n} = \frac{1}{2^n}\,, \quad n \geq 0\,.$$

Wir bekommen also durch Potenzreihenentwicklung folgende Lösung:

$$y(x) = \sum_{j=0}^{\infty} \frac{x^{2j}}{2^j}, \quad |x| < \sqrt{2},$$

Diese Potenzreihe konvergiert absolut für $|x| \le \rho < \sqrt{2}$. Mit der geometrischen Reihe erhält man:

$$y(x) = \sum_{j=0}^{\infty} \left(\frac{x^2}{2}\right)^j = \frac{1}{1 - \frac{x^2}{2}}.$$

Durch Trennung der Veränderlichen bekommt man sofort:

$$\int_{1}^{y} \frac{1}{s^2}\, ds = \int_{0}^{x} t\, dt$$

bzw.

$$-\frac{1}{y} + 1 = \frac{x^2}{2}$$

und

$$y(x) = \frac{1}{1 - \frac{x^2}{2}}, \quad |x| < \sqrt{2}.$$

Der Definitionsbereich beider Lösungen stimmt überein.

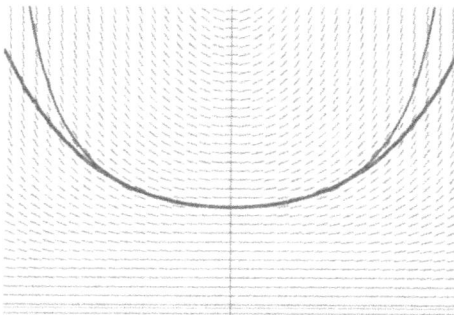

Bild 1.56: *Die Lösung des Anfangswertproblems $y' = x\, y^2$, $y(0) = 1$ im Richtungsfeld. Die Potenzreihenentwicklung der Lösung wird nach den ersten fünf Gliedern abgebrochen und stärker gezeichnet.*

Aufgabe 1.49: Lineare, homogenen Gleichung durch Potenzreihenentwicklung lösen

Man bestimme die Entwicklungskoeffizienten der Potenzreihenentwicklung der Lösung des Anfangswertproblems

$$y' = x^2 y, \quad y(0) = y_0.$$

Man gehe zuerst direkt vor und entwickle die Lösung. Danach ermittle man die Koeffizienten durch Einsetzen einer Potenzreihe in die Differenzialgleichung.

Lösung

Die Lösung des Anfangswertproblems ergibt sich sofort zu:

$$y(x) = y_0 \, e^{\frac{x^3}{3}} \, .$$

Nun entwickeln wir die Lösung in eine Potenzreihe:

$$y(x) = y_0 \sum_{j=0}^{\infty} \frac{1}{j!} \left(\frac{x^3}{3}\right)^j = \sum_{j=0}^{\infty} \frac{2}{3^j \, j!} x^{3j} \, .$$

Setzt man andererseits die Potenzreihe

$$y(x) = \sum_{j=0}^{\infty} c_j \, x^j \, , \quad c_0 = y_0 \, ,$$

in die Differenzialgleichung ein, so erhält man folgende Identität von Potenzreihen:

$$\sum_{j=0}^{\infty} (j+1) \, c_{j+1} \, x^j = x^2 \sum_{j=0}^{\infty} c_j \, x^j = \sum_{j=2}^{\infty} c_{j-2} \, x^j \, .$$

Ein Koeffizientenvergleich liefert die Bedingungen:

$$c_0 = y_0 \, , \quad c_1 = 0 \, , \quad c_2 = 0 \, ,$$

und

$$(j+1) \, c_{j+1} = c_{j-2} \, , \quad j \geq 2 \, .$$

Man kann dies auch so schreiben:

$$c_j = \frac{c_{j-3}}{j} \, , \quad j \geq 3 \, ,$$

und hieraus ergeben sich unmittelbar die obigen Koeffizienten.

Aufgabe 1.50: Riccatische Gleichung durch Potenzreihenentwicklung lösen

Gegeben sei ein Anfangswertproblem für folgende Differenzialgleichung vom Riccatischen Typ:

$$y'(x) = y^2 + x^2 \, , \quad y(x_0) = y_0 \, .$$

Man bestimme die ersten drei Glieder der Potenzreihenentwicklung der Lösung. Im Fall $y(0) = 0$ bestimme man die ersten acht Glieder.

Lösung

Die Lösung des Anfangswertproblems kann lokal in eine Potenzreihe entwickelt werden:

$$y(x) = \sum_{j=0}^{\infty} c_j \, (x - x_0)^j \, , \quad c_0 = y_0 \, .$$

Hieraus ergibt sich:

$$y'(x) = \sum_{j=0}^{\infty} (j+1)\, c_{j+1}\, (x-x_0)^j \,,$$

$$(y(x))^2 = \sum_{j=0}^{\infty} \left(\sum_{k=0}^{j} c_k\, c_{j-k} \right) (x-x_0)^j \,.$$

Für den Term x^2 erhält man die Entwicklung:

$$x^2 = (x-x_0)^2 + 2\,x_0\,(x-x_0) + x_0^2 \,.$$

Setzt man nun in die Differenzialgleichung ein, so bekommt man folgende Bedingungen:

$$
\begin{aligned}
x^0 : \quad & c_1 = c_0^2 + x_0^2 \,, \\
x^1 : \quad & 2\,c_2 = 2\,c_0\,c_1 + 2\,x_0 \,, \\
x^2 : \quad & 3\,c_3 = 2\,c_0\,c_2 + c_1^2 + 1 \,, \\
x^3 : \quad & 4\,c_4 = 2\,c_0\,c_3 + 2\,c_1\,c_2 \,, \\
x^4 : \quad & 5\,c_5 = 2\,c_0\,c_4 + 2\,c_1\,c_3 + c_2^2 \,, \\
x^5 : \quad & 6\,c_6 = 2\,c_0\,c_5 + 2\,c_1\,c_4 + 2\,c_2\,c_3 \,, \\
x^6 : \quad & 7\,c_7 = 2\,c_0\,c_6 + 2\,c_1\,c_5 + 2\,c_2\,c_4 + c_3^2 \,, \\
& \vdots
\end{aligned}
$$

Hieraus ergeben sich die Koeffizienten c_j sukzessive:

$$
\begin{aligned}
c_0 &= y_0 \,, \\
c_1 &= x_0^2 + y_0^2 \,, \\
c_2 &= x_0 + y_0\,x_0^2 + y_0^3 \,, \\
&\vdots
\end{aligned}
$$

Die Potenzreihenentwicklung der Lösung des Anfangswertproblems $y(x_0) = y_0$ lautet:

$$y(x) = y_0 + (x_0^2 + y_0^2)\,(x-x_0) + (x_0 + y_0\,x_0^2 + y_0^3)\,(x-x_0)^2 + \cdots \,.$$

Für das Anfangswertproblem $y(0) = 0$ bekommt man folgende Entwicklung:

$$y(x) = \frac{x^3}{3} + \frac{x^7}{63} + \cdots \,.$$

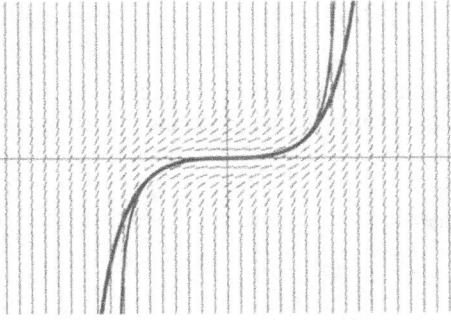

Bild 1.57: *Die von Maple gefundene exakte Lösung des Anfangswertproblems*
$$y' = y^2 + x^2 \,,\ y(0) = 0$$
im Richtungsfeld. Die Potenzreihenentwicklung der Lösung wird nach den ersten acht Gliedern abgebrochen und stärker gezeichnet.

Mathematica

Mathematica bearbeitet das Anfangswertproblem nicht.

$$\textbf{DSolve[y}'\textbf{[x]} == \textbf{x}^2 + \textbf{y[x]}^2, \textbf{y[x], x]}$$

$$\{y[x] \to \left(x^2\, \textbf{BesselJ}\big[-\tfrac{3}{4}, \tfrac{x^2}{2} \big] + \textbf{BesselJ}\big[\tfrac{1}{4}, \tfrac{x^2}{2}\big] -\right.$$

$$x^2\, \textbf{BesselJ}\big[\tfrac{5}{4}, \tfrac{x^2}{2}\big] + x^2\, \textbf{BesselJ}\big[-\tfrac{5}{4}, \tfrac{x^2}{2}\big]\, \textbf{C[1]} +$$

$$\textbf{BesselJ}\big[-\tfrac{1}{4}, \tfrac{x^2}{2}\big]\, \textbf{C[1]} - x^2\, \textbf{BesselJ}\big[\tfrac{3}{4}, \tfrac{x^2}{2}\big]\, \textbf{C[1]}\big) \Big/$$

$$\left(-2x\, \textbf{BesselJ}\big[\tfrac{1}{4}, \tfrac{x^2}{2}\big] - 2x\, \textbf{BesselJ}\big[-\tfrac{1}{4}, \tfrac{x^2}{2}\big]\, \textbf{C[1]}\right)\}$$

Maple

Mit der Option Series kann man die Potenzreihenentwicklung direkt ausgeben lassen.

```
Order:=20;
dsolve({diff(y(x),x)=x^2+y(x)^2,y(0)=0},y(x),series);
```

$$\text{Dsolve}(\{y(0) = 0,\ \frac{\partial}{\partial x}\, y(x) = x^2 + y(x)^2\},\ y(x),\ series) =$$

$$(y(x) = \frac{1}{3} x^3 + \frac{1}{63} x^7 + \frac{2}{2079} x^{11} + \frac{13}{218295} x^{15} + \frac{46}{12442815} x^{19} + O(x^{20}))$$

```
dsolve({diff(y(x),x)=x^2+y(x)^2,y(0)=0},y(x));
```

$$\text{Dsolve}(\{y(0) = 0,\ \frac{\partial}{\partial x}\, y(x) = x^2 + y(x)^2\},\ y(x)) =$$

$$\left(y(x) = -\frac{x\left(-\text{BesselJ}(\dfrac{-3}{4}, \dfrac{1}{2} x^2) + \text{BesselY}(\dfrac{-3}{4}, \dfrac{1}{2} x^2)\right)}{-\text{BesselJ}(\dfrac{1}{4}, \dfrac{1}{2} x^2) + \text{BesselY}(\dfrac{1}{4}, \dfrac{1}{2} x^2)} \right)$$

1.6   Gleichungen höherer Ordnung und Systeme

Wir erweitern das Problem der Differenzialgleichungen und betrachten n Gleichungen für n gesuchte Funktionen anstelle einer Einzeldifferenzialgleichung für eine gesuchte Funktion.

Differenzialgleichungssystem erster Ordnung

Sei $D \subseteq \mathbb{R} \times \mathbb{R}^n$ ein Gebiet und $G : D \longrightarrow \mathbb{R}^n$ eine stetige Funktion. Die Gleichung

$$Y' = G(x, Y)$$

wird als Differenzialgleichungssystem erster Ordnung bezeichnet. Eine (vektorwertige) stetig differenzierbaren Funktion $Y(x)$ heißt Lösung des Differenzialgleichungssystems, wenn für alle x gilt:

$$Y'(x) = G(x, Y(x)).$$

Als Nächstes geben wir ein Differenzialgleichungssystem und seine Lösungen in Komponentenschreibweise an. Man spricht auch von gekoppelten Differenzialgleichungen. Im Spezialfall kann die Kopplung teilweise oder ganz entfallen und die Gleichungen können nacheinander wie Einzelgleichungen gelöst werden.

Komponentenschreibweise eines Differenzialgleichungssystems

Benützt man Koordinaten bzw. Komponenten

$$Y = \begin{pmatrix} y_1 \\ \vdots \\ y_n \end{pmatrix} \quad \text{bzw.} \quad G = \begin{pmatrix} g^1 \\ \vdots \\ g^n \end{pmatrix}$$

für die Punkte aus $\mathbb{R}^n$ bzw. für die Funktion G, so lautet das Differenzialgleichungssystem $Y' = G(x, Y)$ ausgeschrieben:

$$\begin{aligned}
y_1' &= g^1(x, y_1, \dots, y_n), \\
y_2' &= g^2(x, y_1, \dots, y_n), \\
&\vdots \\
y_n' &= g^n(x, y_1, \dots, y_n).
\end{aligned}$$

Aufgabe 1.51: Ein entkoppeltes System lösen

Man bestimme die allgemeine Lösung des Systems:

$$y_1' = y_1 + y_2, \quad y_2' = y_2 - x.$$

Lösung

Offenbar ist die zweite Gleichung unabhängig von y_1 und kann für sich gelöst werden. Ist y_2 als Funktion bekannt, so setzt man in die erste Gleichung ein und erhält eine lineare, inhomogene Differenzialgleichung erster Ordnung für y_2. Die Variable y_2 übt Einfluss auf y_1 aus, aber nicht umgekehrt.

Die allgemeine Lösung der Gleichung für y_2 ergibt:

$$y_2(x) = c_2 e^x + x + 1 \, .$$

Damit muss y_1 folgende Gleichung erfüllen:

$$y_1' = y_1 + c_2 e^x + x + 1 \, .$$

Durch Variation der Konstanten bekommen wir die allgemeine Lösung dieser Gleichung:

$$y_1(x) = c_1 e^x + c_2 x e^x - x - 2 \, .$$

Die allgemeine Lösung des Systems lautet somit:

$$\begin{pmatrix} y_1(x) \\ y_2(x) \end{pmatrix} = \begin{pmatrix} c_1 e^x + c_2 x e^x - x - 2 \\ c_2 e^x + x + 1 \end{pmatrix} \, .$$

Mathematica

Mit DSolve können Systeme gelöst werden.

$$\textbf{DSolve[y1}'\textbf{[x]} == \textbf{y1[x]} + \textbf{y2[x], y2}'\textbf{[x]} == \textbf{y2[x]} - \textbf{x}, \{\textbf{y1[x], y2[x]}\}, \textbf{x}]$$

$$\{\{\textbf{y1}[x] \to -2 - x + e^x\, \textbf{C[1]} + e^x\, x\, \textbf{C[2]}, \textbf{y2}[x] \to 1 + x + e^x\, \textbf{C[2]}\}\}$$

Maple

```
dsolve({diff(y1(x),x)=y1(x)+y2(x),
diff(y2(x),x)=y2(x)-x},{y1(x),y2(x)});
```

$$\text{Dsolve}(\{\frac{\partial}{\partial x}\, y1(x) = y1(x) + y2(x),$$

$$\frac{\partial}{\partial x}\, y2(x) = y2(x) - x\}, \{y1(x), y2(x)\})$$

$$= \{y2(x) = e^x\, \_C2 + x + 1,\ y1(x) = e^x\, \_C1 + x\, e^x\, \_C2 - x - 2\}$$

Aufgabe 1.52: Eigenschaften eines Systems nachweisen

Sei $Y(x) = \begin{pmatrix} y_1(x) \\ y_2(x) \\ y_3(x) \end{pmatrix}$ eine Lösung des Systems:

$$y_1' = -y_2\, y_3\,,$$
$$y_2' = -y_1\, y_3\,,$$
$$y_3' = -y_1\, y_2\,.$$

Man zeige, dass gilt:

$$\frac{d}{dx}\left(y_1(x)^2 + y_2(x)^2\right) = 0 \quad \text{und} \quad \frac{d}{dx}\left(y_1(x)^2 + y_3(x)^2\right) = 0\,.$$

Wie kann man dies geometrisch interpretieren?

Lösung

Differenziert man und benutzt die Differenzialgleichungen, so folgt:

$$
\begin{aligned}
\frac{d}{dx}\left(y_1(x)^2 + y_2(x)^2\right) &= 2\, y_1(x)\, y_1'(x) + 2\, y_2(x)\, y_2'(x) \\
&= -2\, y_1(x)\, y_2(x)\, y_3(x) - 2\, y_2(x)\, y_1(x)\, y_3(x) \\
&= 0\,, \\
\frac{d}{dx}\left(y_1(x)^2 + y_3(x)^2\right) &= 2\, y_1(x)\, y_1'(x) + 2\, y_3(x)\, y_3'(x) \\
&= -2\, y_1(x)\, y_2(x)\, y_3(x) - 2\, y_3(x)\, y_1(x)\, y_2(x) \\
&= 0\,.
\end{aligned}
$$

Geometrisch bedeutet dies, dass jede Lösungskurve $Y(x) = \begin{pmatrix} y_1(x) \\ y_2(x) \\ y_3(x) \end{pmatrix}$ auf dem Schnitt zweier

Zylinderflächen

$$y_1^2 + y_2^2 = c_1 \quad \text{und} \quad y_1^2 + y_3^2 = c_2$$

verlaufen muss.

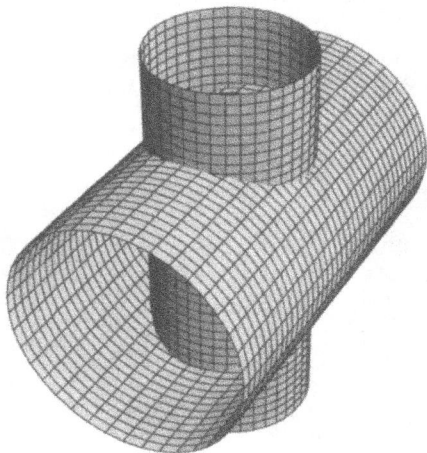

Bild 1.58: *Zylinderflächen*
$y_1^2 + y_2^2 = c_1$, $y_1^2 + y_3^2 = c_2$
im (y_1, y_2, y_3)-Raum

Durch den Begriff des Differenzialgleichungssystems werden Einzelgleichungen mit erfasst, die neben der gesuchten Funktion und ihrer Ableitung auch höhere Ableitungen beinhalten. Dies ist die zweite Möglichkeit, das Problem der Gleichung erster Ordnung allgemeiner zu fassen.

Differenzialgleichung n-ter Ordnung

Sei $D \subseteq \mathbb{R} \times \mathbb{R}^n$ ein Gebiet und $g : D \longrightarrow \mathbb{R}$ eine stetige Funktion. Die Gleichung

$$y^{(n)} = g(x, y, y', y'', \dots, y^{(n-1)})$$

wird als Differenzialgleichung n-ter Ordnung bezeichnet. Eine eine n-mal stetig differenzierbare Funktion $y(x)$ heißt Lösung der Differenzialgleichung, wenn für jedes x gilt:

$$y^{(n)}(x) = g(x, y(x), y'(x), y''(x), \dots, y^{(n-1)}(x)).$$

Jede Gleichung n-ter Ordnung kann auf einfache Weise als System erster Ordnung aufgefasst werden.

Umwandlung einer Differenzialgleichung höherer Ordnung in ein System

Die Gleichung n-ter Ordnung

$$y^{(n)} = g(x, y, y', y'', \dots, y^{(n-1)})$$

ist äquivalent mit dem System erster Ordnung:

$$y_1' = y_2, \quad y_2' = y_3, \quad \cdots, \quad y_{n-1}' = y_n,$$
$$y_n' = g(x, y_1, y_2, \dots, y_n).$$

Jede Lösung $y(x)$ der Gleichung n-ter Ordnung führt über die Festsetzung

$$y_1(x) = y(x), \, y_2(x) = y'(x), \dots, y_n(x) = y^{(n-1)}(x)$$

zu einer Lösung $Y(x) = \begin{pmatrix} y_1(x) \\ y_2(x) \\ y_3(x) \\ \vdots \\ y_n(x) \end{pmatrix} = \begin{pmatrix} y(x) \\ y'(x) \\ y''(x) \\ \vdots \\ y^{(n-1)}(x) \end{pmatrix}$ des Systems. Umgekehrt erhält man

stets mit $y(x) = y_1(x)$ eine Lösung der Gleichung n-ter Ordnung.

Aufgabe 1.53: Gleichung höherer Ordnung als System schreiben

Man schreibe folgende Einzeldifferenzialgleichungen jeweils als Systeme:

$$y'' + y' - 2y = x^3,$$

$$y''' + \sin(x + y') + (y'')^2 - \cos(x\,y) = 0.$$

Lösung

Im ersten Fall führen wir neue Variable y_1, y_2 ein und bekommen:

$$
\begin{aligned}
y_1' &= y_2, \\
y_2' &= 2y_1 - y_2 + x^3.
\end{aligned}
$$

Im zweiten Fall führen wir neue Variable y_1, y_2, y_3 ein und bekommen:

$$
\begin{aligned}
y_1' &= y_2, \\
y_2' &= y_3, \\
y_3' &= \cos(x\,y_1) - \sin(x + y_2) - y_3^2.
\end{aligned}
$$

Aufgabe 1.54: Gleichung zweiter Ordnung auf Gleichung erster Ordnung reduzieren

Von der Gleichung zweiter Ordnung

$$y'' + a_1(x)\,y' + a_0(x)\,y = 0$$

sei eine Lösung $\tilde{y}(x)$ bekannt. Mit dem Reduktionsansatz von d' Alembert $y(x) = \tilde{y}(x)\,u(x)$ führe man die gegebene Gleichung auf eine Gleichung erster Ordnung für $u(x)$ zurück. Man wende das Reduktionsverfahren auf die folgende Gleichung an:

$$y'' + x\,y' + y = 0 \quad \text{mit} \quad \tilde{y}(x) = e^{-\frac{x^2}{2}}.$$

Lösung

Zunächst ergeben sich die Ableitungen:

$$
\begin{aligned}
y'(x) &= \tilde{y}'(x)\,u(x) + \tilde{y}(x)\,u'(x), \\
y''(x) &= \tilde{y}''(x)\,u(x) + 2\,\tilde{y}'(x)\,u'(x) + \tilde{y}(x)\,u''(x),
\end{aligned}
$$

und damit

$$
\begin{aligned}
&\tilde{y}''(x)\,u(x) + 2\,\tilde{y}'(x)\,u'(x) + \tilde{y}(x)\,u''(x) \\
&+ a_1(x)\,(\tilde{y}'(x)\,u(x) + \tilde{y}(x)\,u'(x)) \\
&+ a_0(x)\,\tilde{y}(x)\,u(x) = 0
\end{aligned}
$$

bzw.

$$
\begin{aligned}
&u(x)\,(\tilde{y}''(x) + a_1(x)\,\tilde{y}'(x) + a_0(x)\,\tilde{y}(x)) \\
&+ \tilde{y}(x)\,u''(x) + (a_1(x)\,\tilde{y}(x) + 2\,\tilde{y}'(x))\,u'(x) = 0.
\end{aligned}
$$

Da $\tilde{y}(x)$ eine Lösung der Ausgangsgleichung darstellt, bekommen wir für die neue Funktion $u(x)$ die Gleichung:

$$\tilde{y}(x)\,u'' + (a_1(x)\,\tilde{y}(x) + 2\,\tilde{y}'(x))\,u' = 0,$$

die als Gleichung erster Ordnung für u' aufgefasst werden kann.

Im Fall $a_1(x) = x$, $a_0(x) = 1$ und $\tilde{y}(x) = e^{-\frac{x^2}{2}}$ ergibt sich die Gleichung:

$$e^{-\frac{x^2}{2}}\,(u'' - x\,u') = 0,$$

bzw.

$$u'' - x\,u' = 0.$$

Die allgemeine Lösung lautet:

$$u(x) = c_1 \int\limits_0^x e^{\frac{t^2}{2}}\,dt + c_2.$$

Die allgemeine Lösung der Ausgangsgleichung nimmt dann folgende Gestalt an:

$$y(x) = e^{-\frac{x^2}{2}} \left(c_1 \int\limits_0^x e^{\frac{t^2}{2}} \, dt + c_2 \right).$$

Aufgabe 1.55: Riccatische Gleichung auf eine Gleichung zweiter Ordnung zurückführen

Gegeben sei die Riccatische Gleichung

$$y' = y^2 + a_1(x)\, y + a_0(x).$$

Mit dem Ansatz $y(x) = -\frac{u'(x)}{u(x)}$ leite man eine Gleichung zweiter Ordnung für $u(x)$ her. Welche Gleichung zweiter Ordnung ergibt sich für:

$$y' = y^2.$$

Lösung

Durch Einsetzen von

$$y'(x) = -\frac{u''(x)}{u(x)} + \frac{(u'(x))^2}{(u(x))^2}$$

ergibt sich:

$$-\frac{u''(x)}{u(x)} + \frac{(u'(x))^2}{(u(x))^2} = \frac{(u'(x))^2}{(u(x))^2} - a_1(x)\,\frac{u'(x)}{u(x)} + a_0(x)$$

bzw.

$$u''(x) - a_1(x)\, u'(x) + a_0(x)\, u(x) = 0.$$

Jede Lösung $u(x)$ dieser Gleichung, die nicht verschwindet, führt zu einer Lösung $y(x) = -\dfrac{u'(x)}{u(x)}$ der gegebenen Riccatischen Gleichung. Die allgemeine Lösung der Gleichung zweiter Ordnung enthält zwei frei wählbare Konstanten, während die allgemeine Lösung der Riccatischen Gleichung nur eine freie Konstante enthalten kann. Offenbar muss bei der Bildung des Quotienten eine dieser Konstanten herausfallen.

Im Fall der gegebenen Differenzialgleichung bekommen wir folgende Differenzialgleichung für u:

$$u'' = 0$$

mit der allgemeinen Lösung:

$$u(x) = c_1\, x + c_2.$$

Der Quotient

$$y(x) = -\frac{u'(x)}{u(x)} = -\frac{c_1}{c_1\, x + c_2} = -\frac{1}{x + \frac{c_2}{c_1}}$$

liefert die allgemeine Lösung der Ausgangsgleichung.

Das Anfangswertproblem für Systeme wird analog zum Anfangswertproblem für Einzeldifferenzialgleichungen gestellt. Es gilt der folgende Existenz-und Eindeutigkeitssatz.

Anfangswertproblem bei Systemen, Existenz-und Eindeutigkeitssatz

Gegeben sei ein System von Differenzialgleichungen

$$Y' = G(x, Y), \quad G : D \longrightarrow \mathbb{R}^n, \quad D \subseteq \mathbb{R} \times \mathbb{R}^n.$$

Die Funktion $G = (g^1, \dots g^n)$ sowie die partiellen Ableitungen $\frac{\partial g^j}{\partial y_k}$, $(j, k = 1, \dots, n)$ seien in D stetige Funktionen. Dann besitzt das Anfangswertproblem

$$Y' = G(x, Y), \quad Y(x_0) = Y_0,$$

genau eine Lösung. Der Definitionsbereich dieser Lösung kann soweit erstreckt werden, bis die Lösungskurve $(x, Y(x))$ den Rand des Gebiets D erreicht.

Durch Umwandlung in ein System wird man auf das Anfangswertproblem bei Differenzialgleichungen höherer Ordnung geführt. Der folgende Existenz-und Eindeutigkeitssatz für Gleichungen höherer Ordnung lässt sich durch Übertragen von den Systemen gewinnen.

Anfangswertproblem bei Einzelgleichungen, Existenz-und Eindeutigkeitssatz

Die Funktion g besitze in dem Gebiet D stetige partielle Ableitungen nach den Variablen $y, y', y'', \dots, y^{(n-1)}$. Sei $(x_0, y_0, y_0', y_0'', \dots, y_0^{(n-1)})$ ein Punkt aus D. Dann besitzt das Anfangswertproblem

$$y^{(n)} = g(x, y, y', y'', \dots, y^{(n-1)}),$$

$$y(x_0) = y_0, \, y'(x_0) = y_0', \dots, y^{(n-1)}(x_0) = y_0^{(n-1)},$$

genau eine Lösung. Der Definitionsbereich dieser Lösung kann soweit erstreckt werden, bis die Lösungskurve $(x, y(x), y'(x), \dots, y^{(n-1)(x)})$ den Rand des Gebiets D erreicht.

Aufgabe 1.56: Eine einfache Gleichung zweiter Ordnung durch Integration lösen

Sei g eine stetige Funktion. Man bestimme die allgemeine Lösung der Differenzialgleichung:

$$y'' = g(x).$$

Wie lautet die Lösung des Anfangswertproblems (mit beliebigem Anfangspunkt x_0):

$$y(x_0) = y_0, \quad y'(x_0) = y_0'.$$

Welche Lösungen ergeben sich im Fall $g(x) = \sin(x)$?

Lösung

Aus der Differenzialgleichung $y''(x) = g(x)$ erhalten wir durch Integration:

$$y'(x) = y'(x_0) + \int_{x_0}^{x} g(t) \, dt = y_0 + \int_{x_0}^{x} g(t) \, dt.$$

In einem zweiten Integrationsschritt bekommen wir die Lösung des Anfangswertproblems:

$$
\begin{aligned}
y(x) &= y(x_0) + y'(x_0)\,(x - x_0) + \int\limits_{x_0}^{x} \left(\int\limits_{x_0}^{\tau} g(t)\,dt \right) d\tau \\
&= y_0 + y_0'\,(x - x_0) + \int\limits_{x_0}^{x} \left(\int\limits_{x_0}^{\tau} g(t)\,dt \right) d\tau\,.
\end{aligned}
$$

Da der Anfangspunkt (x_0, y_0, y_0') beliebig war, haben wir damit auch die allgemeine Lösung bekommen. Man kann die allgemeine Lösung aber auch mit unbestimmten Integralen schreiben:

$$
y(x) = \int \left(\int g(x)\,dx \right) dx + c_1\,x + c_2\,.
$$

Hierbei sind c_1 und c_2 zwei beliebige Konstante.

Für $g(x) = \sin(x)$ nimmt die allgemeine Lösung die Gestalt an:

$$
y(x) = -\sin(x) + c_1\,x + c_2\,.
$$

Mathematica

Mit DSolve werden Differenzialgleichungen höherer Ordnung gelöst.

$$\textbf{DSolve[y}''\textbf{[x]} == \textbf{g[x], y[x], x]}$$

$$\left\{ \left\{ y[x] \to \textbf{C}[1] + x\,\textbf{C}[2] + \int \left(\int g[x]dx \right) dx \right\} \right\}$$

$$\textbf{DSolve[y}''\textbf{[x]} == \sin\textbf{[x], y[x], x]}$$

$$\{\{y[x] \to \textbf{C}[1] + x\,\textbf{C}[2] - \sin[x]\}\}$$

Maple

```
dsolve(diff(y(x),x$2)=g(x),y(x));
```

$$
\text{Dsolve}(\frac{\partial^2}{\partial x^2}\,y(x) = g(x),\ y(x)) = (y(x) = \int\int g(x)\,dx + \_C1\,dx + \_C2)
$$

```
dsolve(diff(y(x),x$2)=sin(x),y(x));
```

$$
\text{Dsolve}(\frac{\partial^2}{\partial x^2}\,y(x) = \sin(x),\ y(x)) = (y(x) = -\sin(x) + \_C1\,x + \_C2)
$$

Aufgabe 1.57: Gleichungen zweiter auf Gleichungen erster Ordnung zurückführen

Sei g eine stetige Funktion. Man bestimme die allgemeine Lösung der Differenzialgleichung:

$$y'' = g(x, y'),$$

indem man zu einer Gleichung erster Ordnung übergeht. Welche Lösungen ergeben sich im Fall $y'' = y' - x$?

Lösung

Wir setzen $y'(x) = u(x)$ und erhalten folgende Gleichung erster Ordnung:

$$u' = g(x, u).$$

Ist ihre allgemeine Lösung $u(x, c_1)$ mit einer beliebigen Konstanten c_1 bestimmt, so ergibt sich die allgemeine Lösung der Ausgangsgleichung mit einer weiteren Konstanten c_2 durch Integration: $y(x) = \int u(x, c_1)\, dx + c_2$. Für $g(x, y') = y' - x$ betrachten wir zuerst die Differenzialgleichung

$$u' = u - x$$

mit der allgemeinen Lösung

$$u(x) = c_1\, e^x + x + 1.$$

Integration liefert dann die gesuchte allgemeine Lösung:

$$y(x) = c_1\, e^x + \frac{x^2}{2} + x + c_2.$$

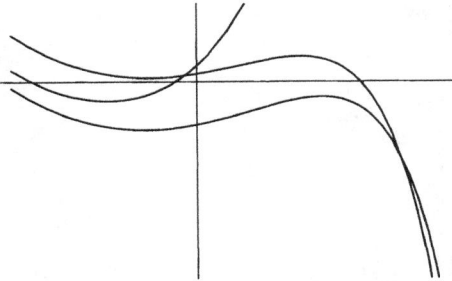

Bild 1.59: *Lösungen der Differenzialgleichung* $y'' = y' - x$

Mathematica

$$\mathbf{DSolve[y''[x] == y'[x] - x, y[x], x]}$$

$$\left\{\left\{y[x] \rightarrow x + \frac{x^2}{2} + e^x\, C[1] + C[2]\right\}\right\}$$

Maple

```
dsolve(diff(y(x),x$2)=diff(y(x),x)-x,y(x));
```

$$\text{Dsolve}(\frac{\partial^2}{\partial x^2}\, y(x) = (\frac{\partial}{\partial x}\, y(x)) - x,\, y(x)) =$$

$$(y(x) = x + \frac{1}{2}\, x^2 + \_C1 + \_C2\, e^x)$$

Aufgabe 1.58: Gleichungen zweiter auf Gleichungen erster Ordnung zurückführen

Sei g eine stetige Funktion. Man bestimme die allgemeine Lösung der Differenzialgleichung

$$y'' = g(y, y')\,,$$

indem man $u = y$ als neue unabhängige Variable einführt und eine Gleichung erster Ordnung für die Funktion

$$v(u) = y'\left(y^{-1}(u)\right)$$

in der $y - y'$-Ebene, der sogenannten Phasenebene herleitet.
Welche Gleichung ergibt sich in der Phasenebene im Fall der Gleichung:

$$y'' + \sin(y) = 0\,?$$

Lösung

Damit wir $u = y(x)$ als neue Variable einführen können, muss y eine umkehrbar eindeutige Funktion von x sein. Eine hinreichende Bedingung hierfür ist: $y'(x) \neq 0$. Sei nun $v(u) = y'\left(y^{-1}(u)\right)$, dann gilt:

$$
\begin{aligned}
\frac{dv}{du}(u) &= y''\left(y^{-1}(u)\right)\,\frac{dy^{-1}}{du}(u) \\
&= y''\left(y^{-1}(u)\right)\,\frac{1}{y'\left(y^{-1}(u)\right)} \\
&= y''\left(y^{-1}(u)\right)\,\frac{1}{v(u)} \\
&= g(u, v(u))\,\frac{1}{v(u)}\,.
\end{aligned}
$$

Das heißt, in der $u - v$- bzw. $y - y'$-Ebene ergibt sich die Differenzialgleichung erster Ordnung:

$$\frac{dv}{du} = \frac{g(u, v)}{v}\,.$$

Wegen

$$v(u) = y'\left(y^{-1}(u)\right) = \frac{1}{(y^{-1})'(u)}$$

folgt

$$(y^{-1})'(u) = \frac{1}{v(u)}.$$

Sei $v(u, c_1)$ die allgemeine Lösung der Differenzialgleichung für v, dann erhält man die allgemeine Lösung der Ausgangsgleichung durch Integration

$$\int_{y(x_0)}^{y(x)} (y^{-1})'(u)\, du = x - x_0 = \int_{y(x_0)}^{y(x)} \frac{1}{v(u, c_1)}\, du.$$

Insgesamt wird die gegebene Differenzialgleichung in zwei Schritten gelöst:

$$\frac{dv}{du} = \frac{g(u, v)}{v}, \quad \int \frac{1}{v(y, c_1)}\, dy + c_2 = x.$$

Falls jedoch gilt:

$$g(y_0, 0) = 0,$$

so stellt $y(x) = y_0$ eine konstante Lösung der Ausgangsgleichung dar.
Im Fall der Gleichung:

$$y'' + \sin(y) = 0$$

ergeben sich folgende konstante Lösungen:

$$y(x) = \pm k\,\pi, \quad k \in \mathbb{Z},$$

die sich in der Phasenebene als Punkte

$$(u, v) = (\pm k\,\pi, 0)$$

darstellen. Andere Lösungen bekommt man aus der Gleichung

$$\frac{dv}{du} = -\frac{\sin(u)}{v}.$$

Trennung der Veränderlichen ergibt folgende implizite Gleichung zur Bestimmung von $v(u)$:

$$\int v\, dv = -\int \sin(u)\, du + c \quad \Longleftrightarrow \quad \frac{v^2}{2} = \cos(u) + c.$$

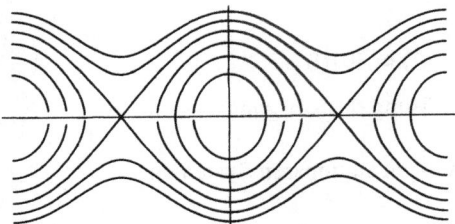

Bild 1.60: *Lösungskurven der Differenzialgleichung*
$y'' + \sin(y) = 0$
in der Phasenebene

Aufgabe 1.59: Autonome Systeme auf Gleichungen erster Ordnung zurückführen

Seien g_1, g_2 stetige Funktionen mit $g_1(y_1, y_2) \neq 0$. Man bestimme die allgemeine Lösung des autonomen (nur von den gesuchten Funktionen abhängigen) Systems

$$y_1' = g_1(y_1, y_2), \quad y_2' = g_2(y_1, y_2),$$

indem man $u = y_1$ als neue unabhängige Variable einführt und eine Gleichung erster Ordnung für die Funktion

$$v(u) = y_2\left(y_1^{-1}(u)\right)$$

in der $y_1 - y_2$-Ebene, der Phasenebene, herleitet.

Lösung

Wieder fordern wir $y_1'(x) \neq 0$ damit y_1 eine umkehrbar eindeutige Funktion von x wird und $u = y_1(x)$ als neue Variable eingeführt werden kann. Sei nun $v(u) = y_2\left(y_1^{-1}(u)\right)$, dann gilt:

$$
\begin{aligned}
\frac{dv}{du}(u) &= y_2'\left(y_1^{-1}(u)\right) \frac{dy^{-1}}{du}(u) \\
&= y_2'\left(y_1^{-1}(u)\right) \frac{1}{y_1'\left(y^{-1}(u)\right)} \\
&= \frac{g_2(u, v(u))}{g_1(u, v(u))}.
\end{aligned}
$$

Das heißt, in der $u - v$- bzw. $y - y'$-Ebene ergibt sich die Differenzialgleichung erster Ordnung:

$$\frac{dv}{du} = \frac{g_2(u, v)}{g_1(u, v)}.$$

Sei $v(u, c_1)$ die allgemeine Lösung der Differenzialgleichung für v. Mit $v(y_1(x)) = y_2(x)$ sieht man sofort, dass sich $y_1(x)$ als Lösung folgender Gleichung erster Ordnung ergibt:

$$y_1'(x) = g_1(y_1, v(y_1, c)).$$

Insgesamt haben wir zwei Gleichungen erster Ordnung zu bearbeiten:

$$\frac{dv}{du}(u) = \frac{g_2(u, v(u))}{g_1(u, v(u))}, \quad y_1' = g_1(y_1, v(y_1, c)).$$

Falls jedoch gilt:

$$(g_1(y_{1,0}, y_{2,0}), g_2(y_{1,0}, y_{2,0})) = (0, 0),$$

so stellt $(y_1(x), y_2(x)) = (y_{1,0}, y_{2,0})$ eine konstante Lösung des Ausgangssystems dar.

Wir verallgemeinern lineare Einzeldifferenzialgleichungen zu linearen Systemen.

Lineares System erster Ordnung

Seien $a_{i,j}(x)$ und $b_i(x)$, $i, j = 1, \ldots, n$ stetige Funktionen und

$$A(x) = \begin{pmatrix} a_{11}(x) & \cdots & a_{1n}(x) \\ \vdots & \vdots & \vdots \\ a_{n1}(x) & \cdots & a_{nn}(x) \end{pmatrix}, \quad B(x) = \begin{pmatrix} b_1(x) \\ \vdots \\ b_n(x) \end{pmatrix}.$$

Die Gleichung

$$Y' = A(x)\,Y + B(x)$$

wird als lineares, inhomogenes Differenzialgleichungssystem bezeichnet. Das System

$$Y' = A(x)\,Y$$

wird als zugehöriges homogenes System bezeichnet. Allgemein heißt ein lineares System homogen, wenn die Funktion $B(x)$ identisch verschwindet.

Wir können lineare Einzelgleichungen erster Ordnung auch zu linearen Einzelgleichungen höherer Ordnung verallgemeinern.

Lineare Gleichung n-ter Ordnung

Eine Differenzialgleichung n-ter Ordnung der Gestalt

$$y^{(n)} + a_{n-1}(x)\,y^{(n-1)} + \cdots + a_1(x)\,y' + a_0(x)\,y = r(x)$$

mit stetigen Funktionen $a_{n-1}(x), \ldots, a_0(x)$ und $r(x)$ wird als lineare, inhomogene Gleichung n-ter Ordnung bezeichnet. Die Differenzialgleichung

$$y^{(n)} + a_{n-1}(x)\,y^{(n-1)} + \cdots + a_1(x)\,y' + a_0(x)\,y = 0$$

heißt die zugehörige homogene Gleichung. Allgemein bezeichnen wir eine lineare Differenzialgleichung als homogen, wenn die Funktion $r(x)$ auf I identisch verschwindet.

Aufgabe 1.60: Eine lineare, inhomogene Differenzialgleichung als System schreiben

Man schreibe die lineare, inhomogene Differenzialgleichung

$$y^{(n)} + a_{n-1}(x)\,y^{(n-1)} + \cdots + a_1(x)\,y' + a_0(x)\,y = r(x)$$

als System von Differenzialgleichungen erster Ordnung

$$Y' = A(x)\,Y + B(x).$$

Was ergibt sich im Fall

$$y^{(4)} - x\,y' = \sin(x).$$

Lösung

Sei $y(x)$ eine Lösung der Differenzialgleichung n-ter Ordnung. Wir erweitern sie zu einem Lösungsvektor:

$$Y(x) = \begin{pmatrix} y(x) \\ y'(x) \\ \vdots \\ y^{(n-1)}(x) \end{pmatrix} = \begin{pmatrix} y_1(x) \\ y_2(x) \\ \vdots \\ y_n(x) \end{pmatrix}.$$

Die Differenzialgleichung n-ter Ordnung ist nun äquivalent mit dem System:

$$\begin{aligned} y_1' &= y_2, \\ y_2' &= y_3, \\ &\vdots \\ y_{n-1}' &= y_n, \\ y_n' &= -a_0(x)\, y_1 - a_1(x)\, y_2 - \cdots - a_{n-1}(x)\, y_n + r(x). \end{aligned}$$

Das System kann in Matrixform geschrieben werden $Y' = A(x)\, Y + B(x)$ mit

$$A(x) = \begin{pmatrix} 0 & 1 & \cdots & 0 & 0 \\ 0 & 0 & \cdots & 0 & 0 \\ \vdots & \vdots & \vdots & \vdots & \vdots \\ 0 & 0 & \cdots & 0 & 1 \\ -a_0(x) & -a_1(x) & \cdots & -a_{n-2}(x) & -a_{n-1}(x) \end{pmatrix}, \quad B(x) = \begin{pmatrix} 0 \\ 0 \\ \vdots \\ 0 \\ r(x) \end{pmatrix}.$$

Im Fall $y^{(4)} - x\, y' = \sin(x)$ ergibt sich das System $Y' = A(x)\, Y + B(x)$ mit

$$Y = \begin{pmatrix} y_1 \\ y_2 \\ y_3 \\ y_4 \end{pmatrix}, \quad A(x) = \begin{pmatrix} 0 & 1 & 0 & 0 \\ 0 & 0 & 1 & 0 \\ 0 & 0 & 0 & 1 \\ 0 & x & 0 & 0 \end{pmatrix}, \quad B(x) = \begin{pmatrix} 0 \\ 0 \\ 0 \\ \sin(x) \end{pmatrix}.$$

Aufgabe 1.61: Lineare Gleichung zweiter Ordnung reduzieren

Gegeben sei die Differenzialgleichung:

$$y'' + a_1(x)\, y' + a_0(x)\, y = 0.$$

Man bestimme die Konstante c so, dass für die neue Funktion

$$u(x) = e^{c \int a_1(x)\, dx}\, y(x)$$

eine Differenzialgleichung der folgenden Gestalt entsteht:

$$u'' + b(x)\, u = 0.$$

Lösung

Wir schreiben zur Abkürzung

$$f(x) = e^{-c \int a_1(x)\, dx}$$

und bekommen

$$y(x) = f(x)\, u(x).$$

Mit

$$
\begin{aligned}
y'(x) &= f(x)\, u'(x) + f'(x)\, u(x), \\
y''(x) &= f(x)\, u''(x) + 2\, f'(x)\, u'(x) + f''(x)\, u(x), \\
f'(x) &= -c\, a_1(x)\, f(x), \\
f''(x) &= \left(-c\, a_1'(x) + c^2\, (a_1(x))^2\right) f(x),
\end{aligned}
$$

können wir in die Ausgangsgleichung einsetzen:

$$
\begin{aligned}
&y''(x) + a_1(x)\, y'(x) + a_0(x)\, y(x) \\
=\ & f(x)\, u''(x) + 2\, f'(x)\, u'(x) + f''(x)\, u(x), \\
& + a_1(x)\, (f(x)\, u'(x) + f'(x)\, u(x)) + a_0(x)\, f(x)\, u(x) \\
=\ & f(x)\, u''(x) + (2\, f'(x) + a_1(x)\, f(x))\, u'(x) \\
& + (f''(x) + a_1(x)\, f'(x) + a_0(x)\, f(x))\, u(x) \\
=\ & f(x)\, u''(x) + (-2\, c\, a_1(x) + a_1(x))\, f(x)\, u'(x) \\
& + \left(-c\, a_1'(x) + c^2\, (a_1(x))^2 - c\, (a_1(x))^2 + a_0(x)\right) f(x)\, u(x) \\
=\ & 0.
\end{aligned}
$$

Im Fall $a_1(x) \equiv 0$ hat die gegebene Differenzialgleichung bereits die geforderte Gestalt. In den anderen Fällen bekommt man mit

$$c = \frac{1}{2}$$

folgende Differenzialgleichung für u:

$$u'' + b(x)\, u = 0, \quad b(x) = -\frac{1}{2}\, a_1'(x) - \frac{1}{4}\, (a_1(x))^2 + a_0(x).$$

Wir beschreiben zunächst den Lösungsraum linearer Differenzialgleichungen. Wenn man eine Lösung mit einem Skalar muktipliziert oder wenn man zwei Lösungen addiert, dann erhält man wieder eine Lösung. Die Lösung eines beliebigen Anfangswertproblems lässt sich aus der Lösung von Basisproblemen zusammensetzen.

Lösungsraum eines linearen Systems

Die Lösungen des homogenen Systems

$$Y' = A(x)\,Y$$

mit stetigen $n \times n$-Matrix A bilden einen Vektorraum der Dimension n.
Die Lösungen der Gleichung n-ter Ordnung:

$$y^{(n)} + a_{n-1}(x)y^{(n-1)} + \cdots + a_1(x)y' + a_0(x)y = 0$$

bilden ebenfalls einen Vektorraum der Dimension n.
Jeweils n linear unabhängige Lösungsvektoren bzw. Lösungen bilden ein Fundamentalsystem.

Ob ein Fundamentalsystem vorliegt, lässt sich mithilfe der Wronskischen Determinante entscheiden. Verschwindet sie an einer einzigen Stelle, so verschwindet sie gleich überall. Sind Lösungsvektoren in einem Punkt linear unabhängig, so sind in allen Punkten linear unabhängig. Daraus ergibt sich inbesondere ihre Unabhängigkeit im Lösungsraum.

Wronskische Matrix

Seien $Y_1(x), \ldots, Y_n(x)$ bzw. $y_1(x), \ldots, y_n(x)$ Lösungen eines linearen homogenen Systems mit n gesuchten Funktionen bzw. Lösungen einer linearen homogenen Gleichung n-ter Ordnung. Die Matrix

$$W(x) = (Y_1(x), \ldots, Y_n(x)) = \begin{pmatrix} y_{11}(x) & \cdots & y_{n1}(x) \\ \vdots & \cdots & \vdots \\ y_{1n}(x) & \cdots & y_{nn}(x) \end{pmatrix}$$

bzw.

$$W(x) = \begin{pmatrix} y_1(x) & \cdots & y_n(x) \\ y_1'(x) & \cdots & y_n'(x) \\ \vdots & \cdots & \vdots \\ y_1^{(n-1)}(x) & \cdots & y_n^{(n-1)}(x) \end{pmatrix}$$

heißt Wronskische Matrix und ihre Determinante $\det(W(x))$ Wronskische Determinante. Es gilt entweder $W(x) = 0$ für alle x oder $W(x) \neq 0$ für alle x. Genau dann liegt ein Fundamentalsystem vor, wenn $\det(W(x)) \neq 0$ gilt.

Aufgabe 1.62: Eine Eigenschaft der Wronskischen Determinante nachweisen

Man zeige, dass die Wronskische Determinante

$$\det(W(x)) = \det(Y_1(x), \ldots, Y_n(x))$$

von n Lösungen $Y_l(x)$, $l = 1, \ldots, n$ des homogenen Systems

$$Y' = A(x)\,Y$$

die folgende Differenzialgleichung erfüllt:

$$\det(W(x))' = \left(\sum_{j=1}^{n} a_{jj}(x) \right) \det(W(x)) \, .$$

Lösung

Mit $A(x) = (a_{kj}(x))$ und $Y = (y_1, \ldots, y_n)^T$ können wir das System explizit schreiben:

$$y_k' = \sum_{j=1}^{n} a_{kj}(x) \, y_j \, .$$

Mit bekannten Eigenschaften und der Regel über die Ableitung einer Determinante bekommen wir:

$$\frac{d}{dx}(\det(W(x))) = \sum_{l=1}^{n} \det \begin{pmatrix} y_{11}(x) & \cdots & y_{l1}'(x) & \cdots & y_{n1}(x) \\ \vdots & \vdots & \vdots & \vdots & \\ y_{1n}(x) & \cdots & y_{ln}'(x) & \cdots & y_{nn}(x) \end{pmatrix}$$

$$= \sum_{l=1}^{n} \det \begin{pmatrix} y_{11}(x) & \cdots & \sum_{j=1}^{n} a_{1j}(x) \, y_{lj}(x) & \cdots & y_{n1}(x) \\ \vdots & \vdots & \vdots & & \vdots \\ y_{1n}(x) & \cdots & \sum_{j=1}^{n} a_{nj}(x) \, y_{lj}(x) & \cdots & y_{nn}(x) \end{pmatrix}$$

$$= \left(\sum_{j=1}^{n} a_{jj}(x) \right) \det(W(x)) \, .$$

Hat man n Lösungen $y_1(x), \ldots, y_n(x)$ der linearen, homogenen Differenzialgleichung n-ter Ordnung

$$y^{(n)} + a_{n-1}(x) \, y^{(n-1)} + \cdots + a_1(x) \, y' + a_0(x) \, y = 0 \, ,$$

so gilt für ihre Wronskische Determinante

$$\det(W(x)) = \det \begin{pmatrix} y_1(x) & \cdots & y_n(x) \\ y_1'(x) & \cdots & y_n'(x) \\ \vdots & \cdots & \vdots \\ y_1^{(n-1)}(x) & \cdots & y_n^{(n-1)}(x) \end{pmatrix}$$

die Differenzialgleichung

$$\frac{d}{dx}(\det(W(x))) = -a_{n-1}(x) \, \det(W(x)) \, .$$

Aufgabe 1.63: Lösung des Anfangswertproblems mit der Wronskischen Matrix schreiben

Sei $Y_1(x), \ldots, Y_n(x)$ ein Fundamentalsystem des System von Differenzialgleichungen erster Ordnung

$$Y' = A(x)\, Y\,.$$

Man schreibe die Lösung des Anfangswertproblems

$$Y(x_0) = Y_0$$

mit der Wronskischen Matrix.

Sei $y_1(x), \ldots, y_n(x)$ ein Fundamentalsystem der Differenzialgleichungen n-ter Ordnung

$$y^{(n)} + a_{n-1}(x)\, y^{(n-1)} + \cdots + a_1(x)\, y' + a_0(x)\, y = 0\,.$$

Man schreibe die Lösung des Anfangswertproblems

$$y(x_0) = y_0\,,\, y'(x_0) = y_0'\,, \ldots\,, y^{(n-1)}(x_0) = y_0^{(n-1)}\,.$$

mit der Wronskischen Matrix.

Lösung

Die Wronskische Matrix

$$W(x) = (Y_1(x), \ldots, Y_n(x)) = \begin{pmatrix} y_{11}(x) & \cdots & y_{n1}(x) \\ \vdots & \cdots & \vdots \\ y_{1n}(x) & \cdots & y_{nn}(x) \end{pmatrix}$$

ist nichtsingulär. Die allgemeine Lösung des Systems ergibt sich als Linearkombination:

$$\begin{aligned} Y(x) &= c_1\, Y_1(x) + \cdots + c_n\, Y_n(x) \\ &= \begin{pmatrix} y_{11}(x) \\ \vdots \\ y_{1n}(x) \end{pmatrix} c_1 + \cdots + \begin{pmatrix} y_{n1}(x) \\ \vdots \\ y_{nn}(x) \end{pmatrix} c_n \\ &= W(x)\, C \end{aligned}$$

mit

$$C = \begin{pmatrix} c_1 \\ \vdots \\ c_n \end{pmatrix}\,.$$

Aus der Gleichung

$$Y_0 = W(x_0)\, C$$

erhält man

$$C = W(x_0)^{-1}\, Y_0\,.$$

Die Wronskische Matrix

$$W(x) = \begin{pmatrix} y_1(x) & \cdots & y_n(x) \\ y_1'(x) & \cdots & y_n'(x) \\ \vdots & \cdots & \vdots \\ y_1^{(n-1)}(x) & \cdots & y_n^{(n-1)}(x) \end{pmatrix}$$

ist nichtsingulär. Die allgemeine Lösung der Differenzialgleichung n-ter Ordnung ergibt sich als Linearkombination:

$$y(x) = c_1 \, y_1(x) + \cdots + c_n \, y_n(x) \,.$$

Durch Ableiten ergibt sich hieraus:

$$\begin{pmatrix} y(x) \\ y'(x) \\ \vdots \\ y^{(n-1)}(x) \end{pmatrix} = \begin{pmatrix} y_1(x) \\ y_1'(x) \\ \vdots \\ y_1^{(n-1)}(x) \end{pmatrix} c_1 + \cdots + \begin{pmatrix} y_n(x) \\ y_n'(x) \\ \vdots \\ y_n^{(n-1)}(x) \end{pmatrix} c_n$$

$$= W(x) \, C$$

mit

$$C = \begin{pmatrix} c_1 \\ \vdots \\ c_n \end{pmatrix} \,.$$

Aus der Gleichung

$$\begin{pmatrix} y_0 \\ y_0' \\ \vdots \\ y_0^{(n-1)} \end{pmatrix} = W(x_0) \, C$$

erhält man

$$C = W(x_0)^{-1} \begin{pmatrix} y_0 \\ y_0' \\ \vdots \\ y_0^{(n-1)} \end{pmatrix} \,.$$

Aufgabe 1.64: Eine lineare Gleichung dritter Ordnung für drei Funktionen angeben

Seien $y_1(x)$, $y_2(x)$, $y_3(x)$ dreimal stetig differenzierbare Funktionen, deren Wronskische Determinante nicht verschwindet:

$$\det(W(x)) = \det \begin{pmatrix} y_1(x) & y_1'(x) & y_1''(x) \\ y_2(x) & y_2'(x) & y_2''(x) \\ y_3(x) & y_3'(x) & y_3''(x) \end{pmatrix} \neq 0 \,.$$

Man gebe eine lineare, homogene Differenzialgleichung dritter Ordnung an

$$y''' + a_2(x) \, y'' + a_1(x) \, y'(x) + a_0(x) \, y = 0 \,,$$

die von jeder der Funktionen $y_1(x)$, $y_2(x)$, $y_3(x)$ erfüllt wird.

Lösung

Wir schreiben die gesuchte Differenzialgleichung in der Form:

$$y \, a_0(x) + y' \, a_1(x) + y'' \, a_2(x) = -y''' \,.$$

Wenn die Funktionen Lösungen darstellen sollen, muss gelten:

$$y_1(x)\,a_0(x) + y_1'(x)\,a_1(x) + y_1''(x)\,a_2(x) = -y_1'''(x)\,,$$
$$y_2(x)\,a_0(x) + y_2'(x)\,a_1(x) + y_2''(x)\,a_2(x) = -y_2'''(x)\,,$$
$$y_3(x)\,a_0(x) + y_3'(x)\,a_1(x) + y_3''(x)\,a_2(x) = -y_3'''(x)\,.$$

Dieses System lässt sich aber als lineares Gleichungssystem auffassen für die Unbekannten $a_0(x), a_1(x), a_2(x)$. Die Matrix des Systems ist gerade die Wronskische Matrix. Da die Determinante der Wronskischen Matrix nicht verschwindet, ist das System eindeutig lösbar. Mit der Cramerschen Regel bekommen wir folgende Lösung:

$$a_0(x) = \frac{\det\begin{pmatrix} -y_1'''(x) & y_1'(x) & y_1''(x) \\ -y_2'''(x) & y_2'(x) & y_2''(x) \\ -y_3'''(x) & y_3'(x) & y_3''(x) \end{pmatrix}}{\det(W(x))}\,,$$

$$a_1(x) = \frac{\det\begin{pmatrix} y_1(x) & -y_1'''(x) & y_1''(x) \\ y_2(x) & -y_2'''(x) & y_2''(x) \\ y_3(x) & -y_3'''(x) & y_3''(x) \end{pmatrix}}{\det(W(x))}\,,$$

$$a_2(x) = \frac{\det\begin{pmatrix} y_1(x) & y_1'(x) & -y_1'''(x) \\ y_2(x) & y_2'(x) & -y_2'''(x) \\ y_3(x) & y_3'(x) & -y_3'''(x) \end{pmatrix}}{\det(W(x))}\,.$$

Die Lösung des inhomogenen Systems setzt sich wie bei der Einzelgleichung additiv zusammen aus der allgemeinen Lösung des homogenen Systems und einer partikulären Lösung des inhomogenen Systems.

Allgemeine Lösung eines inhomogenen Systems von Differenzialgleichungen

Sei $Y_1(x), \ldots, Y_n(x)$ ein Fundamentalsystem des homogenen Systems $Y' = A(x)\,Y$. Die allgemeine Lösung des inhomogenen Systems

$$Y' = A(x)\,Y + B(x)$$

hat die Gestalt

$$Y(x) = c_1\,Y_1(x) + \cdots + c_n\,Y_n(x) + Y_p(x)\,.$$

Hierbei sind $c_1, \ldots c_n$ beliebige Konstante und $Y_p(x)$ eine partikuläre Lösung des inhomogenen Systems. Mit der Wronskischen Matrix des Fundamentalsystems $W(x)$ erhält man eine partikuläre Lösung durch Variation der Konstanten:

$$Y_p(x) = W(x)\,C_p(x)\,, \quad C_p(x) = \int_{x_0}^{x} (W(t))^{-1}\,B(t)\,dt\,.$$

Aufgabe 1.65: Variation der Konstanten bestätigen

Sei $Y_1(x), \dots, Y_n(x)$ ein Fundamentalsystem des homogenen Systems $Y' = A(x)\, Y$. Mit der Wronskischen Matrix $W(x)$ des Fundamentalsystems werde eine Funktion

$$C_p(x) = \int_{x_0}^{x} (W(t))^{-1}\, B(t)\, dt$$

gebildet. Man zeige, dass durch

$$Y_p(x) = W(x)\, C_p(x)$$

eine partikuläre Lösung des inhomogenen Systems gegeben wird.
Gegeben sei die inhomogene Differenzialgleichung n-ter Ordnung

$$y^{(n)} + a_{n-1}(x)\, y^{(n-1)} + \dots + a_1(x)\, y' + a_0(x)\, y = r(x)\,.$$

Sei $y_1(x), \dots, y_n(x)$ ein Fundamentalsystem der zugehörigen homogenen Gleichung. Man gehe von der Gleichung n-ter Ordnung zu einem System über und leite eine entsprechende Formel zur Herstellung einer partikulären Lösung der inhomogenen Gleichung her.

Lösung

Mit einem Fundamentalsystem des homogenen Systems $Y_l(x)$, $l = 1, \dots, n$, und bilden wir die Wronskische Matrix:

$$W(x) = (Y_1(x), \dots, Y_n(x))\,.$$

Dann multiplizieren wir die Matrix $W(x)$ mit einer vektorwertigen Funktion

$$C_p(x) = \begin{pmatrix} c_{p1}(x) \\ \vdots \\ c_{pn}(x) \end{pmatrix}$$

und machen folgenden Ansatz für eine partikuläre Lösung des inhomogenen Systems:

$$Y_p(x) = W(x)\, C_p(x)\,.$$

Einsetzen in das system ergibt:

$$W'(x)\, C_p(x) + W(x)\, C_p'(x) = A(x)\, W(x)\, C_p(x) + B(x)\,.$$

Die Wronskische Matrix stellt eine Matrixlösung des homogenen Systems dar, d. h.

$$W'(x) = A(x)\, W(x)\,.$$

Somit bleibt folgende Beziehung zu erfüllen:

$$W(x)\, C_p'(x) = B(x)\,.$$

Da die Wronskische Matrix nirgends singulär ist, können wir auflösen nach $C_p'(x)$:

$$C'_p(x) = (W(x))^{-1} \, B(x) \,,$$

Jede Stammfunktion liefert nun eine partikuläre Lösung. Wir wählen:

$$C_p(x) = \int\limits_{x_0}^{x} (W(t))^{-1} \, B(t) \, dt \,.$$

Bei der Gleichung n-ter Ordnung gehen wir mit neuen Variablen:

$$Y(x) = \begin{pmatrix} y(x) \\ y'(x) \\ \vdots \\ y^{(n-1)}(x) \end{pmatrix} = \begin{pmatrix} y_1(x) \\ y_2(x) \\ \vdots \\ y_n(x) \end{pmatrix}$$

zu einem System über:

$$Y' = A(x) \, Y + B(x)$$

mit

$$A(x) = \begin{pmatrix} 0 & 1 & \cdots & 0 & 0 \\ 0 & 0 & \cdots & 0 & 0 \\ \vdots & \vdots & \vdots & \vdots & \vdots \\ 0 & 0 & \cdots & 0 & 1 \\ -a_0(x) & -a_1(x) & \cdots & -a_{n-2}(x) & -a_{n-1}(x) \end{pmatrix}$$

und

$$B(x) = \begin{pmatrix} 0 \\ 0 \\ \vdots \\ 0 \\ r(x) \end{pmatrix} \,.$$

Variation der Konstanten liefert nun eine partikuläre Lösung des Systems:

$$Y_p(x) = W(x) \, C_p(x) \,, \quad C_p(x) = \int\limits_{x_0}^{x} (W(t))^{-1} \, B(t) dt$$

mit

$$W(x) = \begin{pmatrix} y_1(x) & y_2(x) & \cdots & y_n(x) \\ y'_1(x) & y'_2(x) & \cdots & y'_n(x) \\ y''_1(x) & y''_2(x) & \cdots & y''_n(x) \\ \vdots & \vdots & \cdots & \vdots \\ y_1^{(n-1)}(x) & y_2^{(n-1)}(x) & \cdots & y_n^{(n-1)}(x) \end{pmatrix} \,.$$

Von dieser partikulären Lösung benötigen wir nur die erste Komponente $y_p(x) = y_1(x)$ und erhalten wegen

$$Y_p(x) = \begin{pmatrix} y_1(x) \\ y_2(x) \\ y_3(x) \\ \vdots \\ y_{n-1}(x) \\ y_n(x) \end{pmatrix} = \begin{pmatrix} y_p(x) \\ y_p'(x) \\ y_p''(x) \\ \vdots \\ y_p^{(n-2)}(x) \\ y_p^{(n-1)}(x) \end{pmatrix}$$

eine partikuläre Lösung der inhomogenen Gleichung n-ter Ordnung.

Aufgabe 1.66: Variation der Konstanten durchführen

Gegeben sei die inhomogene Differenzialgleichung zweiter Ordnung

$$y'' + a_1(x)\, y' + a_0(x)\, y = r(x)\,.$$

Sei $y_1(x)$, $y_2(x)$ ein Fundamentalsystem der zugehörigen homogenen Gleichung. Welche Bedingung ergibt sich für die Funktionen $c_{p1}(x)$, $c_{p2}(x)$ aus folgendem Ansatz für eine partikuläre Lösung:

$$\begin{aligned} y_p(x) &= c_{p1}(x)\, y_1(x) + c_{p2}(x)\, y_2(x)\,, \\ y_p'(x) &= c_{p1}(x)\, y_1'(x) + c_{p2}(x)\, y_2'(x)\,. \end{aligned}$$

Gegeben sei die inhomogene Differenzialgleichung dritter Ordnung

$$y''' + a_2(x)\, y'' + a_1(x)\, y' + a_0(x)\, y = r(x)\,.$$

Sei $y_1(x)$, $y_2(x)$, $y_3(x)$ ein Fundamentalsystem der zugehörigen homogenen Gleichung. Welche Bedingung ergibt sich für die Funktionen $c_{p1}(x)$, $c_{p2}(x)$, $c_{p3}(x)$ aus folgendem Ansatz für eine partikuläre Lösung:

$$\begin{aligned} y_p(x) &= c_{p1}(x)\, y_1(x) + c_{p2}(x)\, y_2(x) + c_{p3}(x)\, y_3(x) \\ y_p'(x) &= c_{p1}(x)\, y_1'(x) + c_{p2}(x)\, y_2'(x) + c_{p3}(x)\, y_3'(x) \\ y_p''(x) &= c_{p1}(x)\, y_1''(x) + c_{p2}(x)\, y_2''(x) + c_{p3}(x)\, y_3''(x)\,. \end{aligned}$$

Lösung
Der Ansatz

$$\begin{aligned} y_p(x) &= c_{p1}(x)\, y_1(x) + c_{p2}(x)\, y_2(x)\,, \\ y_p'(x) &= c_{p1}(x)\, y_1'(x) + c_{p2}(x)\, y_2'(x)\,, \end{aligned}$$

zieht die Forderung

$$c_{p1}'(x)\, y_1(x) + c_{p2}'(x)\, y_2(x) = 0$$

nach sich. Dies ergibt sich sofort, wenn man $y_p(x)$ differenziert und die Vorgabe für $y_p'(x)$ berücksichtigt. Setzen wir nun $y_p(x)$ in die inhomogene Differenzialgleichung ein, so bekommen wir:

$$c_{p1}(x)\, y_1''(x) + c_{p2}(x)\, y_2''(x) + c_{p1}'(x)\, y_1'(x) + c_{p2}'(x)\, y_2'(x)$$
$$+ a_1(x)\, (c_{p1}(x)\, y_1'(x) + c_{p2}(x)\, y_2'(x))$$
$$+ a_0(x)\, (c_{p1}(x)\, y_1(x) + c_{p2}(x)\, y_2(x))$$
$$= r(x)$$

bzw.

$$c_{p1}(x)\, (y_1''(x) + a_1(x)\, y_1'(x) + a_0(x)\, y_1(x))$$
$$+ c_{p2}(x)\, (y_2''(x) + a_2(x)\, y_2'(x) + a_0(x)\, y_2(x))$$
$$+ c_{p1}'(x)\, y_1'(x) + c_{p2}'(x)\, y_2'(x)$$
$$= r(x)\,.$$

Da $y_1(x)$ und $y_2(x)$ Lösungen der homogenen Gleichung darstellen, bleibt die Bedingung:

$$c_{p1}'(x)\, y_1'(x) + c_{p2}'(x)\, y_2'(x) = r(x)\,.$$

Zusammen mit der ersten Forderung an die Koeffizienten $c_{p1}(x)$ und $c_{p2}(x)$ ergibt sich das folgende Gleichungssystem:

$$
\begin{aligned}
y_1(x)\, c_{p1}'(x) + y_2(x)\, c_{p2}'(x) &= 0 \\
y_1'(x)\, c_{p1}'(x) + y_2'(x)\, c_{p2}'(x) &= r(x)\,.
\end{aligned}
$$

Im Fall $n = 3$ ergibt sich mit analogen Überlegungen das folgende Gleichungssystem

$$
\begin{aligned}
y_1(x)\, c_{p1}'(x) + y_2(x)\, c_{p2}'(x) + y_3(x)\, c_{p3}'(x) &= 0 \\
y_1'(x)\, c_{p1}'(x) + y_2'(x)\, c_{p2}'(x) + y_3'(x)\, c_{p3}'(x) &= 0 \\
y_1''(x)\, c_{p1}'(x) + y_2''(x)\, c_{p2}'(x) + y_3''(x)\, c_{p3}'(x) &= r(x)
\end{aligned}
$$

Aufgabe 1.67: Eine Differenzialgleichung in Real-und Imaginärteil zerlegen

Seien $a_1, \dots, a_n$ reelle Konstante und $b(x)$ eine komplexwertige Funktion der reellen Variablen x. Die komplexwertige Funktion $y(x)$ der reellen Variablen x erfülle die Differenzialgleichung

$$y^{(n)} + a_{n-1}\, y^{(n-1)} + \cdots + a_0\, y = b(x)\,.$$

Man überlege sich, dass dann gilt:

$$\frac{d^n \Re(y(x))}{dx^n} + a_{n-1} \frac{d^{n-1} \Re(y(x))}{dx^{n-1}} + \cdots + a_0\, \Re(y(x)) = \Re(b(x))\,,$$

$$\frac{d^n \Im(y(x))}{dx^n} + a_{n-1} \frac{d^{n-1} \Im(y(x))}{dx^{n-1}} + \cdots + a_0\, \Im(y(x)) = \Im(b(x))\,,$$

und formuliere eine analoge Aussage für Systeme.

Lösung

Eine komplexwertige Funktion einer reellen Variablen können wir in Real- und Imaginärteil zerlegen:

$$y(x) = \Re(y(x)) + \Im(y(x)).$$

Man differenziert $y(x)$, indem man jeweils Realteil und Imaginärteil differenziert. Beispielsweise gilt mit reellem ω:

$$f(x) = e^{\omega x i} = \cos(\omega x) + \sin(\omega x) i$$

und

$$\frac{df(x)}{dx} = -\omega \sin(\omega x) + \omega \cos(\omega x) i = -\omega i \, e^{\omega x i}.$$

Nun führen wir den Differenzialoperator ein

$$L = \frac{d^n}{dx^n} + a_{n-1} \frac{d^{n-1}}{dx^{n-1}} + \cdots + a_0.$$

Offensichtlich ist eine Funktion $y(x)$ genau dann Lösung der Differenzialgleichung, wenn gilt

$$L(y(x)) = b(x).$$

Da die Koeffizienten a_j reell sind, gilt

$$
\begin{aligned}
L(y(x)) &= L(\Re(y(x))) + L(\Im(y(x))) i, \\
&= \Re(b(x)) + \Im(b(x)) i.
\end{aligned}
$$

Hat man also eine komplexwertige Lösung einer homogenen, linearen Differenzialgleichung mit konstanten Koeffizienten, dann bildet ihr Realteil und ihr Imaginärteil jeweils eine Lösung. Bei einem System

$$Y' = A Y + B(x)$$

mit konstanten, reellen Systemmatix A und einer komplexwertigen Vektorfunktion $B(x)$ einer reellen Variablen x gilt folgendes. Ist $Y(x)$ ein komplexwertiger Lösungsvektor, so bekommen wir mit dem Realteil von $Y(x)$:

$$\frac{d\Re(Y(x))}{dx} = A \, \Re(Y(x)) + \Re(B(x))$$

und mit dem Imaginärteil von $Y(x)$:

$$\frac{d\Im(Y(x))}{dx} = A \, \Im(Y(x)) + \Im(B(x)).$$

1.7   Gleichungen mit konstanten Koeffizienten

Wir betrachten nun lineare Differenzialgleichungen, deren Koeffizientenfunktionen konstant sind. Bei linearen, homogenen Differenzialgleichungen mit konstanten Koeffizienten kann man auf algebraischem Wege ein Fundamentalsystem bestimmen. Wir führen zuerst das charakteristische Polynom ein.

Lineare Differenzialgleichung mit konstanten Koeffizienten, Charakteristisches Polynom

Eine lineare, homogene Differenzialgleichung n-ter Ordnung mit rellen, konstanten Koeffizienten hat die Gestalt:

$$y^{(n)} + a_{n-1}\, y^{(n-1)} + \cdots + a_1 y' + a_0 y = 0\,.$$

Das Polynom

$$P(\lambda) = \lambda^n + a_{n-1}\lambda^{n-1} + \cdots + a_1\lambda + a_0$$

heißt charakteristisches Polynom der Gleichung.

Mithilfe der Nullstellen des charakteristischen Polynoms kann ein Fundamentalsystem aufgestellt werden.

Herstellung eines Fundamentalsystems einer linearen, homogenen Differenzialgleichung mit konstanten Koeffizienten

Eine reelle m-fache Nullstelle μ des charakteristischen Polynoms liefert m reelle Lösungen

$$y_k(x) = x^{k-1}\, e^{\mu x}\,, \quad k = 1, \ldots, m\,.$$

Eine komplexe m-fache Nullstelle $\mu = p + iq$ des charakteristischen Polynoms liefert $2m$ reelle Lösungen

$$y_k(x) = x^{k-1}\, e^{p x}\, \cos(qx)\,, \quad k = 1, \ldots, m\,,$$

$$y_{m+k}(x) = x^{k-1}\, e^{p x}\, \sin(qx)\,, \quad k = 1, \ldots, m\,.$$

Die Beiträge aller Nullstellen zusammen genommen ergeben ein Fundamentalsystem. (Die konjugiert komplexe einer Nullstelle muss dabei übergangen werden).

Aufgabe 1.68: Beiträge zu einem Fundamentalsystem nachweisen

Die charakteristische Gleichung

$$P(\lambda) = \lambda^2 + a_1\,\lambda + a_0 = 0$$

besitze (a) zwei reelle verschiedene Nullstellen λ_1, λ_2, (b) eine doppelte reelle Nullstelle λ_1, (c) zwei konjugiert komplexe Nullstellen $\lambda_{1/2} = p \pm q\,i, q \neq 0$.

Durch Einsetzen in die Differenzialgleichung

$$y'' + a_1 y' + a_0 y = 0$$

bestätige man folgende Lösungen:

(a): $y_1(x) = e^{\lambda_1 x}$, $\quad y_2(x) = e^{\lambda_2 x}$,

(b): $y_1(x) = e^{\lambda_1 x}$, $\quad y_2(x) = x e^{\lambda_1 x}$,

(c): $y_1(x) = e^{p x} \cos(q x)$, $\quad y_2(x) = e^{p x} \sin(q x)$.

Lösung

Wir setzen zunächst für beliebiges λ die Funktion $y(x) = e^{\lambda x}$ in die Differenzialgleichung ein und bekommen:

$$\lambda^2 e^{\lambda x} + a_1 \lambda e^{\lambda x} + a_0 e^{\lambda x} = P(\lambda) e^{\lambda x}.$$

Hieraus entnimmt man sofort, dass $e^{\lambda x}$ eine Lösung darstellt, wenn λ eine Nullstelle von P ist. Der Fall (a) und der erste Teil von (b) gezeigt. Setzen wir im Fall (b) $y_2(x)$ ein, so ergibt sich:

$$\left(\lambda_1^2 x + 2\lambda_1\right) e^{\lambda_1 x} + a_1 \left(\lambda_1 x + 1\right) e^{\lambda_1 x} + a_0 x e^{\lambda_1 x}$$

$$= \left(\lambda_1^2 x + 2\lambda_1 + a_1 (\lambda_1 x + 1) + a_0 x\right) e^{\lambda_1 x}$$

$$= \left((\lambda_1^2 + a_1 \lambda_1 + a_0) x + 2\lambda_1 + a_1\right) e^{\lambda_1 x}$$

$$= \left(P(\lambda_1) x + \frac{d}{d\lambda} P(\lambda)\bigg|_{\lambda=\lambda_1}\right) e^{\lambda_1 x}$$

$$= \left(P(\lambda_1) x + P'(\lambda_1)\right) e^{\lambda_1 x}$$

$$= 0.$$

(Da λ_1 eine doppelte Nullstelle ist, muss nicht nur P sondern auch $\dfrac{d}{d\lambda} P$ verschwinden). Im Fall (c) führen wir den Nachweis für $y_1(x)$. (Der Nachweis für $y_2(x)$ verläuft analog).

$$\left(p^2 \cos(q x) - 2 p q \sin(q x) - q^2 \cos(q x)\right) e^{p x}$$

$$+ a_1 \left(p \cos(q x) - q \sin(q x)\right) e^{p x}$$

$$+ a_0 \cos(q x) e^{p x}$$

$$= \left(p^2 \cos(q x) - 2 p q \sin(q x) - q^2 \cos(q x)\right.$$

$$\left. + a_1 \left(p \cos(q x) - q \sin(q x)\right) + a_0 \cos(q x)\right) e^{p x}$$

$$= \left(p^2 - q^2 + a_1 p + a_0\right) \cos(q x) e^{p x}$$

$$+ (-2 p q + a_1 q) \sin(q x) e^{p x}$$

$$= 0.$$

Dass $p + q i$ eine Nullstelle des charakteristischen Polynoms ist, bedeutet nämlich:

$$(p + q\,i)^2 + a_1\,(p + q\,i) + a_0$$
$$= p^2 - q^2 + a_1\,p + a_0 + (-2\,p\,q + a_1)\,q\,i = 0$$
$$\Updownarrow$$
$$p^2 - q^2 + a_1\,p + a_0 = 0 \quad \text{und} \quad -2\,p + a_1 = 0\,.$$

Aufgabe 1.69: Beiträge zu einem Fundamentalsystem nachweisen

Durch Einsetzen in die Differenzialgleichung

$$y^{(n)} + a_{n-1}\,y^{(n-1)} + \cdots + a_1\,y' + a_0\,y = 0$$

bestätige man, dass eine m-fache Nullstelle μ des charakteristischen Polynoms

$$P(\lambda) = \sum_{j=0}^{n} a_j\,\lambda^j\,, \quad a_n = 1\,,$$

folgende m (komplexwertige) Lösungen liefert:

$$y_k(x) = x^{k-1}\,e^{\mu\,x}\,, \quad k = 1, \dots, m\,.$$

Hinweis: Man benutze die Beziehung $x^l\,e^{\lambda\,x} = \dfrac{\partial^l}{\partial\lambda^l}\left(e^{\lambda\,x}\right)$.

Lösung

Wir verallgemeinern die angegebene Beziehung zu:

$$\frac{\partial^j}{\partial x^j}\frac{\partial^l}{\partial\lambda^l}\left(e^{\lambda\,x}\right) = \lambda^j\,x^l\,e^{\lambda\,x} = x^l\,\lambda^j\,e^{\lambda\,x} = \frac{\partial^l}{\partial\lambda^l}\frac{\partial^j}{\partial x^j}\left(e^{\lambda\,x}\right)$$

Damit erhalten wir:

$$\begin{aligned}
\sum_{j=0}^{n} a_j\,\frac{d^j}{dx^j}\left(x^l\,e^{\lambda\,x}\right) &= \sum_{j=0}^{n} a_j\,\frac{\partial^j}{\partial x^j}\left(\frac{\partial^l}{\partial\lambda^l}\left(e^{\lambda\,x}\right)\right) \\
&= \sum_{j=0}^{n} a_j\,\frac{\partial^l}{\partial\lambda^l}\left(\frac{\partial^j}{\partial x^j}\left(e^{\lambda\,x}\right)\right) \\
&= \frac{\partial^l}{\partial\lambda^l}\left(\sum_{j=0}^{n} a_j\,\frac{\partial^j}{\partial x^j}e^{\lambda\,x}\right) \\
&= \frac{\partial^l}{\partial\lambda^l}\left(\sum_{j=0}^{n} a_j\,\lambda^j\,e^{\lambda\,x}\right) \\
&= \frac{\partial^l}{\partial\lambda^l}\left(P(\lambda)\,e^{\lambda\,x}\right)\,.
\end{aligned}$$

Mit der Leibnizschen Regel folgt nun:

$$\sum_{j=0}^{n} a_j \frac{d^j}{dx^j} \left(x^l e^{\lambda x} \right) = \sum_{\nu=0}^{l} \binom{l}{\nu} \frac{\partial^\nu}{\partial \lambda^\nu} \left(P(\lambda) \right) x^{l-\nu} e^{\lambda x} .$$

Ist eine komplexe Zahl μ eine m-fache Nullstelle des Polynoms $P(\lambda)$, so verschwinden auch die ersten $m - 1$ Ableitungen an der Stelle λ, d. h.

$$\frac{\partial^\nu P}{\partial \lambda^\nu}(\mu) = 0 , \quad \nu = 0, \ldots , m - 1$$

und die Behauptung folgt. Jede komplexwertige Lösung liefert mit ihrem Real- und Imaginärteil zwei reellwertige Lösungen.

Aufgabe 1.70: Fundamentalsystem aufstellen

Man gebe jeweils ein Fundamentalsystem der folgenden Differenzialgleichungen an:

$$y''' + 3\,y'' + 3\,y' + y = 0, \quad y^{(4)} + y = 0, \quad y^{(4)} - y = 0 .$$

Lösung

Die charakteristische Gleichung lautet im ersten Fall:

$$\lambda^3 + 3\lambda^2 + 3\lambda + 1 = (\lambda + 1)^3 = 0 .$$

Die charakteristische Gleichung besitzt somit die dreifache reelle Nullstelle $\lambda = -1$, und es ergibt sich folgendes Fundamentalsystem:

$$y_1(x) = e^{-x} , \quad y_2(x) = x\,e^{-x} , \quad y_3(x) = x^2\,e^{-x} .$$

Die charakteristische Gleichung lautet im zweiten Fall:

$$\lambda^4 + 1 = 0 .$$

Die Gleichung

$$\lambda^4 = -1 = e^{\pi i}$$

besitzt vier Lösungen in der komplexen Ebene:

$$\lambda_k = e^{\left(\frac{\pi}{4} + \frac{2\pi}{4} (k-1) \right) i} , \quad k = 0, 1, 2, 3 .$$

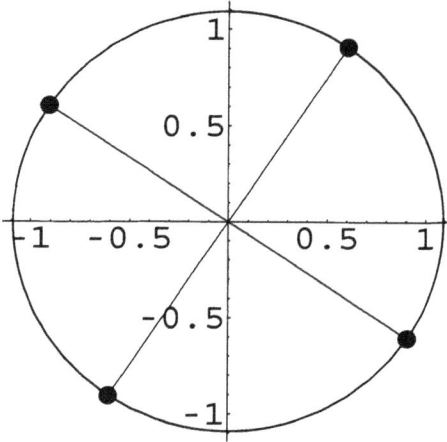

Bild 1.61: *Die Wurzeln der Gleichung* $\lambda^4 = -1$

Wir haben also vier Nullstellen, jeweils zwei sind konjugiert komplex:

$$\frac{1+i}{\sqrt{2}}, \quad \frac{1-i}{\sqrt{2}}, \quad -\frac{1+i}{\sqrt{2}}, \quad -\frac{1-i}{\sqrt{2}}$$

und das Fundamentalsystem:

$$y_1(x) = e^{\frac{1}{\sqrt{2}}x} \cos\left(\frac{1}{\sqrt{2}}x\right), \quad y_2(x) = e^{\frac{1}{\sqrt{2}}x} \sin\left(\frac{1}{\sqrt{2}}x\right),$$

$$y_3(x) = e^{-\frac{1}{\sqrt{2}}x} \cos\left(\frac{1}{\sqrt{2}}x\right), \quad y_4(x) = -e^{-\frac{1}{\sqrt{2}}x} \sin\left(\frac{1}{\sqrt{2}}x\right).$$

Die charakteristische Gleichung lautet im dritten Fall:

$$\lambda^4 - 1 = 0.$$

Die Gleichung

$$\lambda^4 = 1 = e^{0i}$$

besitzt vier Lösungen in der komplexen Ebene:

$$\lambda_k = e^{\left(\frac{2\pi}{4}(k-1)\right)i}, \quad k = 0, 1, 2, 3.$$

Wir haben also vier Nullstellen:

$$1, \quad i, \quad -1, \quad -i$$

und das Fundamentalsystem:

$$y_1(x) = e^x, \quad y_2(x) = \cos(x), \quad y_3(x) = e^{-x}, \quad y_4(x) = \sin(x).$$

Mathematica

$$\textbf{DSolve}[\mathbf{y'''[x] + 3\,y''[x] + 3\,y'[x] + y[x] == 0, y[x], x}]$$

$$\{\{y[x] \to e^{-x}\,\mathbf{C}[1] + e^{-x}\,x\,\mathbf{C}[2] + e^{-x}\,x^2\,\mathbf{C}[3]\}\}$$

$$\textbf{DSolve}[\mathbf{y^{(4)} + y[x] == 0, y[x], x}]$$

$$\{\{y[x] \to e^{-(-1)^{1/4}\,x}\,\mathbf{C}[1] + e^{(-1)^{1/4}\,x}\,\mathbf{C}[2] + e^{-(-1)^{3/4}\,x}\,\mathbf{C}[3] + e^{(-1)^{3/4}\,x}\,\mathbf{C}[4]\}\}$$

Maple

```
dsolve(diff(y(x),x$3)+3*diff(y(x),x$2)
+3*diff(y(x),x)+y(x)=0,y(x));
```

$$\text{Dsolve}(\frac{\partial^3}{\partial x^3}\,y(x) + 3\,\frac{\partial^2}{\partial x^2}\,y(x) + 3\,\frac{\partial}{\partial x}\,y(x) + y(x) = 0,\ y(x))$$

$$= (y(x) = \_C1\,e^{(-x)} + \_C2\,e^{(-x)}\,x^2 + \_C3\,e^{(-x)}\,x)$$

```
dsolve(diff(y(x),x$4)+y(x)=0,y(x));
```

$$\text{Dsolve}(\frac{\partial^4}{\partial x^4}\,y(x) + y(x) = 0,\ y(x)) = (y(x)$$

$$= \_C1\,e^{(-1/2\,\sqrt{2}\,x)}\sin(\frac{1}{2}\,\sqrt{2}\,x) + \_C2\,e^{(1/2\,\sqrt{2}\,x)}\sin(\frac{1}{2}\,\sqrt{2}\,x)$$

$$+ \_C3\,e^{(-1/2\,\sqrt{2}\,x)}\cos(\frac{1}{2}\,\sqrt{2}\,x)$$

$$+ \_C4\,e^{(1/2\,\sqrt{2}\,x)}\cos(\frac{1}{2}\,\sqrt{2}\,x))$$

Aufgabe 1.71: Eine Differenzialgleichung mit gegebenen Lösungen finden

Gegeben seien die Funktionen

$$y_1(x) = 2\,e^{-3x}\cos(x), \quad y_2(x) = x\,e^{-3x}\cos(x),$$

$$y_3(x) = e^{-3x}\sin(x), \quad y_4(x) = 4\,x\,e^{-3x}\sin(x),$$

$$y_5(x) = 7\,.$$

Man gebe eine lineare, homogene Differenzialgleichung fünfter Ordnung mit konstanten Koeffizienten an, welche die fünf Funktionen als Lösungen besitzt.

Lösung

Da $y_5(x) = 7$ eine Lösung ist, muss auch $y(x) = 1$ eine Lösung sein und damit $\lambda_1 = 0$ eine Nullstelle des charakteristischen Polynoms. Mit $y_1(x)$, $y_2(x)$, $y_3(x)$, $y_4(x)$ haben wir folgende Lösungen

$$e^{-3x} \cos(x), \quad x\, e^{-3x} \cos(x),$$

$$e^{-3x} \sin(x), \quad x\, e^{-3x} \sin(x),$$

sodass $\lambda_2 = -3 + i$ und $\lambda_3 = -3 - i$ jeweils eine doppelte Nullstelle des charakterischen Polynoms darstellen muss. Das charakterischen Polynom der gesuchten Differenzialgleichung wird somit wie folgt faktorisiert:

$$\begin{aligned}
P(\lambda) &= \lambda\,(\lambda - (-3+i))^2\,(\lambda - (-3-i))^2 \\
&= \lambda\,((\lambda + 3)^2 + 1)^2 \\
&= \lambda^5 + 12\,\lambda^4 + 56\,\lambda^3 + 120\,\lambda^2 + 100\,\lambda.
\end{aligned}$$

Die gesuchte Differenzialgleichung lautet:

$$y^{(5)} + 12\,y^{(4)} + 56\,y''' + 120\,y'' + 100\,y' = 0.$$

Aufgabe 1.72: Allgemeine Lösung und Anfangswertproblem betrachten

Man bestimme die allgemeine Lösung der Differenzialgleichung:

$$y''' - 2\,y'' + 10\,y' = 0$$

und gebe die Lösung des Anfangswertproblems:

$$y(2) = y'(2) = y''(2) = 0.$$

Man bestimme die allgemeine Lösung der Differenzialgleichung:

$$y''' + 3\,y'' + 7\,y' = 0.$$

Wie lautet die Lösung des Anfangswertproblems:

$$y(\pi) = \frac{\sqrt{17}}{3}, \quad y'(\pi) = 0, \quad y''(\pi) = 0\,?$$

Lösung

Die charakteristische Gleichung lautet im ersten Fall:

$$\lambda^3 - 2\lambda^2 + 10\lambda = 0.$$

Spaltet man die offensichtliche Lösung $\lambda_1 = 0$ ab, so bleibt noch die Gleichung

$$\lambda^2 - 2\lambda + 10 = 0$$

zu lösen, aus der sich die weiteren Lösungen $\lambda_{2,3} = 1 \pm 3\,i$ ergeben. Wir stellen damit folgendes Fundamentalsystem auf

$$y_1(x) = 1\,, \quad y_2(x) = e^x \sin(3\,x)\,, \quad y_3(x) = e^x \cos(3\,x)$$

und bekommen die allgemeine Lösung:

$$y(x) = c_1 + c_2\,e^x\,\sin(3\,x) + c_3\,e^x\,\cos(3\,x)\,.$$

Offenbar löst $y(x) = 0$ die Differenzialgleichung mitsamt den Anfangsbedingungen $y(2) = y'(2) = y''(2) = 0$. Damit ist die einzige Lösung des Anfangswertproblems bestimmt. Wir können natürlich auch das Gleichungssystem:

$$\begin{pmatrix} y_1(0) & y_2(0) & y_3(0) \\ y_1'(0) & y_2'(0) & y_3'(0) \\ y_1''(0) & y_2''(0) & y_3''(0) \end{pmatrix} \begin{pmatrix} c_1 \\ c_2 \\ c_3 \end{pmatrix} = \begin{pmatrix} 0 \\ 0 \\ 0 \end{pmatrix}$$

betrachten und feststellen, dass $c_1 = c_2 = c_3 = 0$ die einzige Lösung darstellt. Die charakteristische Gleichung lautet im zweiten Fall:

$$\lambda^3 + 3\lambda^2 + 7\lambda = 0\,.$$

Offenbar ist $\lambda_1 = 0$ eine Nullstelle und zwei weitere Nullstellen ergeben sich aus der Gleichung:

$$\lambda^2 + 3\lambda + 7 = 0\,,$$

d.h.

$$\lambda_{2/3} = -\frac{3}{2} + \frac{\sqrt{19}}{2}\,i\,.$$

Damit bekommen wir die allgemeine Lösung:

$$y(x) = c_1 + e^{-\frac{3}{2}x} \left(c_2 \sin\left(\frac{\sqrt{19}}{2}\,x \right) + c_3 \cos\left(\frac{\sqrt{19}}{2}\,x \right) \right)\,.$$

Nun könnte man die Konstanten wiederum durch Ausrechnen so bestimmen, dass die gegebenen Anfangsbedingungen erfüllt werden. Da aber jede Konstante Funktion eine Lösung der Differenzialgleichung darstellt ($\lambda_1 = 0$), nehmen wir die Lösung

$$y(x) = \frac{\sqrt{17}}{3}\,.$$

Offenbar werden die geforderten Anfangsbedingungen erfüllt.

Mathematica

$$\textbf{DSolve}[\{y'''[x] + 3y''[x] + 7y'[x] == 0,$$
$$y[\pi] == \sqrt{17}/3\,, y'[\pi] == 0\,, y''[\pi] == 0\}, y[x], x]$$

$$\{\{y[x] \to \frac{\sqrt{17}}{3}\}\}$$

Maple

```
dsolve({diff(y(x),x$3)+3*diff(y(x),x$2)+7*diff(y(x),x)=0,
y(Pi)=sqrt(17/3),D(y)(Pi)=0,(D@@2)(y)(Pi)=1},y(x));
```

$$\text{Dsolve}(\{(\frac{\partial^3}{\partial x^3} y(x)) + 3\,(\frac{\partial^2}{\partial x^2} y(x)) + 7\,(\frac{\partial}{\partial x} y(x)) = 0,$$

$$D(y)(\pi) = 0,\ (D^{(2)})(y)(\pi) = 0,\ y(\pi) = \frac{1}{3}\sqrt{17}\},$$

$$y(x)) = (y(x) = \frac{1}{3}\sqrt{17})$$

Aufgabe 1.73: Fundamentalsystem aufstellen und Anfangswertproblem lösen

Man bestimme ein Fundamentalsystem der Differenzialgleichung:

$$y''' + 3\,y'' + 3\,y' + 2\,y = 0$$

und gebe die Lösung des Anfangswertproblems:

$$y(0) = 1\,, \quad y'(0) = 0\,, \quad y''(0) = 1\,.$$

Hinweis: Eine Lösung lautet $y_1(x) = e^{-2x}$.

Lösung

Wir erhalten die folgende charakteristische Gleichung:

$$\lambda^3 + 3\,\lambda^2 + 3\,\lambda + 2 = 0\,.$$

Da $y_1(x) = e^{-2x}$ eine Lösung darstellt, muss $\lambda_1 = -2$ eine Wurzel der charakteristischen Gleichung sein, und wir können faktorisieren:

$$\lambda^3 + 3\,\lambda^2 + 3\,\lambda + 2 = (\lambda + 2)\,(\lambda^2 + \lambda + 1)\,.$$

Hieraus ergeben sich zwei weitere Nullstellen der charakteristischen Gleichung:

$$\lambda_{2/3} = -\frac{1}{2} \pm \frac{1}{2}\sqrt{3}\,i\,,$$

und ein Fundamentalsystem wird gegeben durch:

$$y_1(x) = e^{-2x}\,, \quad y_2(x) = e^{-\frac{1}{2}x} \sin\left(\frac{1}{2}\sqrt{3}\,x\right)\,,$$

$$y_3(x) = e^{-\frac{1}{2}x} \cos\left(\frac{1}{2}\sqrt{3}\,x\right) .$$

Die Wronskische Matrix dieses Fundamentalsystems nimmt an der Stelle $x_0 = 0$ folgende Gestalt an:

$$W(0) = \begin{pmatrix} y_1(0) & y_2(0) & y_3(0) \\ y_1'(0) & y_2'(0) & y_3'(0) \\ y_1''(0) & y_2''(0) & y_3''(0) \end{pmatrix} = \begin{pmatrix} 1 & 0 & 1 \\ -2 & \frac{\sqrt{3}}{2} & -\frac{1}{2} \\ 4 & -\frac{\sqrt{3}}{2} & -\frac{1}{2} \end{pmatrix} .$$

Das lineare Gleichungssystem

$$W(0) \begin{pmatrix} c_1 \\ c_2 \\ c_3 \end{pmatrix} = \begin{pmatrix} 1 \\ 0 \\ 1 \end{pmatrix}$$

besitzt die Lösung:

$$c_1 = \frac{2}{3}, \quad c_2 = \sqrt{3}, \quad c_3 = \frac{1}{3} .$$

Die Lösung des Anfangswertproblems lautet also:

$$y(x) = \frac{2}{3} e^{-2x} + \sqrt{3}\, e^{-\frac{1}{2}x} \sin\left(\frac{1}{2}\sqrt{3}\,x\right) + \frac{1}{3} e^{-\frac{1}{2}x} \cos\left(\frac{1}{2}\sqrt{3}\,x\right) .$$

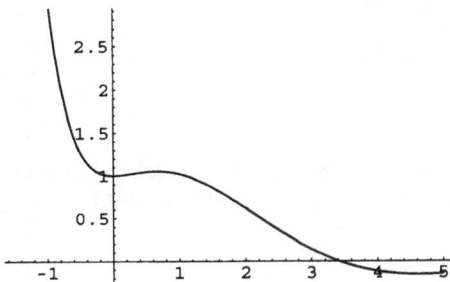

Bild 1.62: *Die Lösung des Anfangswertproblems*
$y''' + 3y'' + 3y' + 2y = 0$,
$y(0) = 1$, $y'(0) = 0$, $y''(0) = 1$

Mathematica

DSolve$[\{y'''[x] + 3\,y''[x] + 3\,y'[x] + 2\,y[x] == 0,$
$y[0] == 1, y'[0] == 0, y[0] == 1\}, y[x], x]$

$\{\{y[x] \to e^{-2x-(-1)^{1/3}x}$

$\left(\frac{I\left(2I+\sqrt{3}\right)e^{2x}}{(1+(-1)^{1/3})^2} + \frac{2}{3} e^{(-1)^{1/3}x}\right.$

$\left. + \frac{1}{6}\left(1 - 3I\sqrt{3}\right) e^{2x+(-1)^{1/3}x+(-1)^{2/3}x}\right)\}\}$

Maple

```
dsolve({diff(y(x),x$3)+3*diff(y(x),x$2)+3*diff(y(x),x)
+2*y(x)=0,y(0)=1,D(y)(0)=0,(D@@2)(y)(0)=1},y(x));
```

$$\text{Dsolve}(\{y(0) = 1, \, D(y)(0) = 0, \, (D^{(2)})(y)(0) = 1,$$

$$(\frac{\partial^3}{\partial x^3} y(x)) + 3 (\frac{\partial^2}{\partial x^2} y(x)) + 3 (\frac{\partial}{\partial x} y(x)) + 2 y(x) = 0\}, \, y(x)) =$$

$$(y(x) = \frac{2}{3} e^{(-2x)} + \sqrt{3} e^{(-1/2 x)} \sin(\frac{1}{2} \sqrt{3} x)$$

$$+ \frac{1}{3} e^{(-1/2 x)} \cos(\frac{1}{2} \sqrt{3} x))$$

Aufgabe 1.74: Eulersche Differenzialgleichung auf eine lineare zurückführen

Gegeben sei die Eulersche Differenzialgleichung

$$x^2 y'' + a_1 x y' + a_0 y = 0, \quad x > 0,$$

mit Konstanten $a_0, a_1 \in \mathbb{R}$. Die Gleichung

$$\lambda^2 + (a_1 - 1) \lambda + a_0 = 0$$

besitze zwei reelle Nullstellen. Man bestimme die allgemeine Lösung der Eulerschen Differen-zialgleichung, indem man von einer Lösung $y(x)$ zur Funktion $u(t) = y(e^t)$ übergeht.

Lösung

Mit der Beziehung:

$$y(x) = u(\ln(x))$$

erhalten wir zunächst die Ableitungen:

$$\frac{d}{dx} y(x) = \frac{d}{dt} u(t) \Big|_{t=\ln(x)} \frac{d}{dx} \ln(x)$$

$$= \frac{1}{x} \frac{d}{dt} u(t) \Big|_{t=\ln(x)},$$

$$\frac{d^2}{dx^2} y(x) = -\frac{1}{x^2} \frac{d}{dt} u(t) \Big|_{t=\ln(x)} + \frac{1}{x} \frac{d^2}{dt^2} u(t) \Big|_{t=\ln(x)} \frac{d}{dx} \ln(x)$$

$$= \frac{1}{x^2} \left(\frac{d^2}{dt^2} u(t) \Big|_{t=\ln(x)} - \frac{d}{dt} u(t) \Big|_{t=\ln(x)} \right).$$

Setzt man in die Eulersche Differenzialgleichung ein, so ergibt sich folgende lineare, homogene Differenzialgleichung mit konstanten Koeffizienten für u:

$$\frac{d^2u}{dt^2} + (a_1 - 1)\frac{du}{dt} + a_0 u = 0.$$

Die charakteristische Gleichung lautet

$$\lambda^2 + (a_1 - 1)\lambda + a_0 = 0$$

und besitzt (a) zwei reelle und verschiedene Nullstelle λ_1, λ_2 oder (b) eine reelle Doppelnullstelle λ_1. Im Fall (a) ergibt sich die folgende allgemeine Lösung:

$$u(t) = c_1 e^{\lambda_1 t} + c_2 e^{\lambda_2 t},$$

d.h.

$$y(x) = c_1 x^{\lambda_1} + c_2 x^{\lambda_2}.$$

Im Fall (b) ergibt sich die folgende allgemeine Lösung:

$$u(t) = (c_1 + c_2 t) e^{\lambda_1 t},$$

d.h.

$$y(x) = (c_1 + c_2 \ln(x)) x^{\lambda_1}.$$

Aufgabe 1.75: Eine partikuläre Lösung durch Variation der Konstanten herstellen

Man bestimme eine partikuläre Lösung der inhomogenen Differenzialgleichung:

$$y'' + y = \cos(x).$$

Lösung

Ein Fundamentalsystem des homogenen Systems lautet:

$$y_1(x) = \cos(x), \quad y_2(x) = \sin(x).$$

Eine partikuläre Lösung

$$y_p(x) = c_{p,1}(x)y_1(x) + c_{p,2}(x)y_2(x)$$

ergibt sich mit Funktionen $c_{p,1}(x), c_{p,2}(x)$ aus

$$\begin{pmatrix} y_1(x) & y_2(x) \\ y_1'(x) & y_2'(x) \end{pmatrix} \begin{pmatrix} c_{p,1}'(x) \\ c_{p,2}'(x) \end{pmatrix} = \begin{pmatrix} 0 \\ \cos(x) \end{pmatrix}.$$

Das lineare Gleichungssystem besitzt die Lösung:

$$c_{p,1}'(x) = -\sin(x)\cos(x), \quad c_{p,2}'(x) = (\cos(x))^2.$$

Als Stammfunktionen wählen wir:

$$c_{p,1}(x) = \frac{1}{2}\left(\cos(x)\right)^2, \quad c_{p,2}(x) = \frac{x}{2} + \frac{\sin(2x)}{4}.$$

Damit ergibt sich folgende partikuläre Lösung:

$$y_p(x) = \frac{1}{2}\left(\cos(x)\right)^3 + \left(\frac{x}{2} + \frac{\sin(2x)}{4}\right)\sin(x).$$

Mathematica

$$\textbf{DSolve}\big[\textbf{y}''[\textbf{x}] + \textbf{y}[\textbf{x}] == \cos[\textbf{x}], \textbf{y}[\textbf{x}], \textbf{x}\big]$$

$$\Big\{\big\{y[x] \rightarrow C[1]\cos[x] + C[2]\sin[x] + \tfrac{1}{4}$$
$$(2\cos[x]^3 + 2x\,\sin[x] + \sin[x]\,\sin[2x])\big\}\Big\}$$

Maple

```
dsolve(diff(y(x),x$2)+y(x)=cos(x),y(x));
```

$$\text{Dsolve}((\frac{\partial^2}{\partial x^2}y(x)) + y(x) = \cos(x),\ y(x)) =$$

$$(y(x) = \sin(x)\,\_C2 + \cos(x)\,\_C1 + \frac{1}{2}\cos(x) + \frac{1}{2}\sin(x)\,x)$$

Aufgabe 1.76: Ansatzmethode bestätigen

Seien a_j reellen Konstante, $r(x)$ ein Polynom mit reellen Koeffizienten vom Grad m und ω eine komplexen Konstante. Man bestätige, dass der Ansatz

$$y_p(x) = x^k R(x) e^{\omega x}.$$

zur Herstellung einer partikulären Lösung der folgenden Differenzialgleichung sinnvoll ist:

$$y^{(n)} + a_{n-1}y^{(n-1)} + \cdots + a_1 y' + a_0 y = r(x)\,e^{\omega x}$$

Das Polynom R besitzt im Allgemeinen komplexe Koeffizienten und ist vom Grad m.

Lösung

Wir berechnen mit der Leibnizschen Regel und $Q(x) = x^k R(x)$ sowie $a_n = 1$:

$$\sum_{j=0}^{n} a_j \frac{d^j}{dx^j} \left(Q(x) e^{\omega x} \right)$$

$$= \sum_{j=0}^{n} a_j \sum_{l=0}^{j} \binom{j}{l} Q^{(l)}(x) \frac{d^{j-l}}{dx^{j-l}} \left(e^{\omega x} \right)$$

$$= \sum_{j=0}^{n} a_j \sum_{l=0}^{j} \binom{j}{l} Q^{(l)}(x) \omega^{j-l} e^{\omega x}$$

$$= \left(\sum_{l=0}^{n} \sum_{j=l}^{n} a_j \binom{j}{l} \omega^{j-l} Q^{(l)}(x) \right) e^{\omega x}$$

$$= \left(\sum_{l=0}^{n} \left(\sum_{j=l}^{n} \binom{j}{l} a_j \omega^{j-l} \right) Q^{(l)}(x) \right) e^{\omega x}$$

$$= \left(\sum_{l=0}^{n} \left(\sum_{j=l}^{n} \frac{j(j-1)\cdots(j-l+1)}{l!} a_j \omega^{j-l} \right) Q^{(l)}(x) \right) e^{\omega x}$$

$$= \left(\sum_{l=0}^{n} \frac{1}{l!} \frac{d^l}{d\omega^l} \left(P(\omega) \right) Q^{(l)}(x) \right) e^{\omega x} .$$

Hierbei ist

$$P(\omega) = \sum_{j=0}^{n} a_j \omega^j$$

das charakteristische Polynom. Nun sei ω nun eine k-fache Nullstelle von P. Als Bedingung dafür, dass $Q(x)e^{\omega x}$ eine Lösung der Differenzialgleichung darstellt, bekommt man:

$$\sum_{l=k}^{n} \frac{1}{l!} \frac{d^l}{d\omega^l} \left(P(\omega) \right) Q^{(l)}(x) = r(x) .$$

Die Polynome in der Summe besitzen einen Grad $m + k - k, m + k - (k+1), \ldots, m + k - n$. Durch Koeffizientenvergleich kann das Polynom R festgelegt werden.

Aufgabe 1.77: Partikuläre Lösung mit der Ansatzmethode bestimmen

Man bestimme mit der Ansatzmethode eine partikuläre Lösung der Differenzialgleichung:

$$y'' + a_1 y' + a_0 y = \sin(\omega x) .$$

Lösung

Wir schreiben die Differenzialgleichung als

$$\Im(y)'' + a_1 \Im(y)' + a_0 \Im(y) = \Im \left(e^{\omega i x} \right) .$$

Für die komplexe Differenzialgleichung

$$y'' + a_1 y' + a_0 y = e^{\omega i x}$$

machen wir den Ansatz:

$$y_p(x) = \begin{cases} c\, e^{\omega x i} & , \quad \text{falls} \quad P(\omega i) \neq 0 \\ c\, x\, e^{\omega x i} & , \quad \text{falls} \quad P(\omega i) = 0 \end{cases}$$

wobei

$$P(\lambda) = \lambda^2 + a_1 \lambda + a_0$$

das charakteristische Polynom darstellt. Im zweiten Fall nimmt dann das charakteristische Polynom die einfache Gestalt an:

$$P(\lambda) = \lambda^2 + \omega^2 .$$

Einsetzen in die komplexe Differenzialgleichung ergibt im ersten Fall:

$$\left((\omega i)^2 + a_1 (\omega i) + a_0 \right) c e^{\omega x i} = e^{\omega i x} ,$$

bzw:

$$c = \frac{1}{P(\omega i)} .$$

Also bekommen wir die partikuläre Lösung

$$y_p(x) = \frac{r_0(a_0 - \omega^2)}{(a_1 \omega)^2 + (a_0 - \omega^2)^2} \sin(\omega x) \\ - \frac{a_1 r_0 \omega}{(a_1 \omega)^2 + (a_0 - \omega^2)^2} \cos(\omega x) .$$

Im zweiten Fall ergibt sich durch Einsetzen:

$$(x P(\omega i) + P'(\omega i)) c e^{\omega i x} = e^{\omega i x} ,$$

also

$$c = \frac{1}{2 \omega i} .$$

Damit bekommen wir die partikuläre Lösung

$$y_p(x) = -x \frac{1}{2\omega} \cos(\omega x) .$$

Aufgabe 1.78: Partikuläre Lösung mit der Ansatzmethode bestimmen

Mit der Ansatzmethode bestimme man eine partikuläre Lösung der Differenzialgleichung:

$$y^{(4)} + 2\,y = x^3\,\cos(x)\,.$$

Lösung

Wir berechnen eine Lösung $y_p(x)$ der inhomogenen komplexen Gleichung

$$y^{(4)} + 2\,y = x^3\,e^{i\,x}\,,$$

und nehmen ihren Realteil. Wir machen den Ansatz

$$y_p(x) = (a\,x^3 + b\,x^2 + c\,x + d)\,e^{i\,x}$$

und bekommen zunächst die vierte Ableitung:

$$y_{p,1}^{(4)}(x) \;=\; \Big(a\,x^3 + (b - 12\,a\,i)\,x^2 + (-36\,a - 8\,b\,i + c)\,x$$
$$+24\,a\,i - 12\,b - 4\,c\,i + d)\,e^{i\,x}\,.$$

Einsetzen in die erste Teildifferenzialgleichung ergibt nach Dividieren des Exponentialfaktors:

$$3\,a\,x^3 + (-12\,a\,i + 3\,b)\,x^2 + (-36\,a - 8\,b\,i + 3\,c)\,x$$
$$+\,24\,a\,i - 12\,b - 4\,c\,i + 3\,d$$
$$=\,x^3\,.$$

Die Koeffizenten bestimmt man nun aus dem Koeffizientenvergleich:

$$
\begin{aligned}
3\,a &= 1\,, \\
-12\,a\,i + 3\,b &= 0\,, \\
-36\,a - 8\,b\,i + 3\,c &= 0\,, \\
24\,a\,i - 12\,b - 4\,c\,i + 3\,d &= 0\,.
\end{aligned}
$$

Die Lösung dieses Systems lautet:

$$a = \frac{1}{3}\,, \quad b = \frac{4}{3}\,i\,, \quad c = \frac{4}{9}\,, d = \frac{88}{27}\,i\,.$$

Der Realteil von

$$y_p(x) = \left(\frac{1}{3}\,x^3 + \frac{4}{3}\,i\,x^2 + \frac{4}{9}\,x + \frac{88}{27}\,i\right)\,e^{i\,x}$$

lautet

$$\Re(y_p(x)) = \left(\frac{1}{3}\,x^3 + \frac{4}{9}\,x\right)\,\cos(x) - \left(\frac{4}{3}\,x^2 + \frac{88}{27}\,x\right)\,\sin(x)$$

und stellt eine Lösung der Ausgangsgleichung dar.

Aufgabe 1.79: Partikuläre Lösung auf verschiedene Arten herstellen

Gegeben sei die inhomogene Differenzialgleichung:

$$y'' + 4y = \sin(3x).$$

Man bestimme eine partikuläre Lösung auf zwei verschieden Arten: (a) Variation der Konstanten, (b) Ansatzmethode.

Lösung

(a) Wir benötigen zunächst ein Fundamentalsystem der homogenen Gleichung. Die charakteristische Gleichung

$$\lambda^2 + 4 = 0$$

besitzt die Lösungen $\lambda_{1,2} = \pm 2i$. Hieraus ergibt sich das Fundamentalsystem für die homogene Gleichung

$$y_1(x) = \sin(2x), \quad y_2(x) = \cos(2x).$$

Eine partikuläre Lösung

$$y_p(x) = c_{p,1}(x)\, y_1(x) + c_{p,2}(x)\, y_2(x)$$

bekommt man durch Bestimmung der Koeffizientenfunktionen $c_{p,1}(x), c_{p,2}(x)$ aus dem System:

$$
\begin{aligned}
c'_{p,1}(x)\, y_1(x) + c'_{p,2}(x)\, y_2(x) &= 0, \\
c'_{p,1}(x)\, y'_1(x) + c'_{p,2}(x)\, y'_2(x) &= \sin(3x),
\end{aligned}
$$

d.h.

$$
\begin{aligned}
c'_{p,1}(x) &= \frac{1}{2}\cos(2x)\sin(3x), \\
c'_{p,2}(x) &= -\frac{1}{2}\sin(2x)\sin(3x).
\end{aligned}
$$

Integrieren ergibt folgende Koeffizientenfunktionen:

$$
\begin{aligned}
c_{p,1}(x) &= \frac{1}{4}\left(-\cos(x) - \frac{1}{5}\cos(5x)\right), \\
c_{p,2}(x) &= -\frac{1}{4}\left(\sin(x) - \frac{1}{5}\sin(5x)\right).
\end{aligned}
$$

Schließlich erhält man folgende partikuläre Lösung:

$$
\begin{aligned}
y_p(x) &= \frac{1}{4}\left(-\cos(x) - \frac{1}{5}\cos(5x)\right)\sin(2x) \\
&\quad - \frac{1}{4}\left(\sin(x) - \frac{1}{5}\sin(5x)\right)\cos(2x).
\end{aligned}
$$

(b) Die Differenzialgleichung

$$y'' + 4\,y = \Im\left(e^{3\,i\,x}\right)$$

wird als Imaginärteil der Differenzialgleichung

$$y'' + 4\,y = e^{3\,i\,x}$$

für komplexwertige Funktionen aufgefasst. Mit dem Ansatz

$$y_p(x) = c\,e^{3\,i\,x}$$

ergibt sich durch Einsetzen:

$$-c\,3^2 + 4\,c = 1\,.$$

Damit erhalten wir die komplexwertige partikuläre Lösung:

$$y_p(x) = -\frac{1}{5}\,e^{3\,i\,x}\,.$$

Schließlich ergibt sich die reellwertige Lösung der Ausgangsgleichung:

$$\Im(y_p(x)) = -\frac{1}{5}\,\sin(3\,x)\,.$$

Mathematica

$$y''[x] + 4\,y[x] == \sin[3\,x],\, y[x],\, x$$

$$\{\{y[x] \to$$
$$C[2]\,\cos[2\,x] - C[1]\,\sin[2\,x] - \tfrac{1}{2}\left(\tfrac{\cos[x]}{2} + \tfrac{1}{10}\,\cos[5\,x]\right)\sin[2\,x]+$$
$$\tfrac{1}{2}\,\cos[2\,x]\left(-\tfrac{\sin[x]}{2} + \tfrac{1}{10}\,\sin[5\,x]\right)\}\}$$

Maple

```
dsolve(diff(y(x),x$2)+4*y(x)=sin(3*x),y(x));
```

$$\text{Dsolve}((\frac{\partial^2}{\partial x^2}\,y(x)) + 4\,y(x) = \sin(3\,x),\, y(x)) =$$

$$(y(x) = -\frac{1}{5}\,\sin(3\,x) + \_C1\,\cos(2\,x) + \_C2\,\sin(2\,x))$$

Aufgabe 1.80: Partikuläre Lösung auf verschiedene Arten herstellen

Gegeben sei die inhomogene Differenzialgleichung mit einer beliebige Konstante $a \in \mathbb{R}$:

$$y'' + 2\,y = \sin(a\,x)\,.$$

Man bestimme eine partikuläre Lösung auf zwei verschieden Arten: (a) Ansatzmethode, (b) Variation der Konstanten.

Lösung

(a) Wir gehen zuerst nach der Ansatzmethode vor. Die Differenzialgleichung

$$y'' + 2y = \Im\left(e^{aix}\right)$$

wird dabei als Imaginärteil der Differenzialgleichung

$$y'' + 2y = e^{aix}$$

für komplexwertige Funktionen aufgefasst. Mit dem Ansatz

$$y_p(x) = c\, e^{aix}$$

ergibt sich durch Einsetzen:

$$-c\,a^2 + 2c = 1\,.$$

Das heißt, für $a \neq \pm\sqrt{2}$ erhalten wir die komplexwertige partikuläre Lösung:

$$y_p(x) = \frac{1}{2-a^2}\, e^{aix}\,.$$

Schließlich ergibt sich die reellwertige Lösung der Ausgangsgleichung:

$$\Im(y_p(x)) = \frac{1}{2-a^2}\, \sin(a\,x)\,.$$

Im Resonanzfall $a = \pm\sqrt{2}$ macht man den Ansatz:

$$y_p(x) = c\,x\, e^{aix}$$

und bekommt durch Einsetzen:

$$c\,(2\,a\,i - a^2\,x) + 2\,c\,x = 1\,,$$

bzw.

$$2\,a\,i\,c = 1\,,$$

da $2 - a^2 = 0$. Die komplexwertige partikuläre Lösung lautet also in diesem Fall:

$$y_p(x) = -\frac{1}{2\,a}\, i\,x\, e^{aix}$$

und die entsprechende reellwertige Lösung der Ausgangsgleichung:

$$\Im(y_p(x)) = -\frac{1}{2\,a}\, x\, \cos(a\,x)\,.$$

(b) Geht man nach der Methode der Variation der Konstanten vor, so muss man zunächst ein Fundamentalsystem der homogenen Gleichung finden. Die charakteristische Gleichung lautet

$$\lambda^2 + 2 = 0$$

und besitzt die Lösungen: $\lambda_{1,2} = \pm\sqrt{2}\,i$. Damit ergibt sich folgendes Fundamentalsystem:

$$y_1(x) = \sin(\sqrt{2}\,x), \quad y_2(x) = \cos(\sqrt{2}\,x).$$

Eine partikuläre Lösung

$$y_p(x) = c_{p,1}(x)\,y_1(x) + c_{p,2}(x)\,y_2(x)$$

bekommt man durch Bestimmung der Koeffizientenfunktionen $c_{p,1}(x), c_{p,2}(x)$ aus dem System:

$$\begin{aligned}
c'_{p,1}(x)\,y_1(x) + c'_{p,2}(x)\,y_2(x) &= 0, \\
c'_{p,1}(x)\,y'_1(x) + c'_{p,2}(x)\,y'_2(x) &= \sin(a\,x),
\end{aligned}$$

d.h.

$$\begin{aligned}
c'_{p,1}(x) &= \frac{\sqrt{2}}{2}\,\sin(a\,x)\,\cos(\sqrt{2}\,x), \\
c'_{p,2}(x) &= -\frac{\sqrt{2}}{2}\,\sin(a\,x)\,\sin(\sqrt{2}\,x).
\end{aligned}$$

bzw.

$$\begin{aligned}
c'_{p,1}(x) &= \frac{\sqrt{2}}{4}\left(\sin((a-\sqrt{2})\,x) + \sin((a+\sqrt{2})\,x)\right), \\
c'_{p,2}(x) &= \frac{\sqrt{2}}{4}\left(\cos((a-\sqrt{2})\,x) - \cos((a+\sqrt{2})\,x)\right).
\end{aligned}$$

Im Fall $a = \sqrt{2}$ bekommen wir:

$$\begin{aligned}
c_{p,1}(x) &= -\frac{1}{8}\,\cos(2\sqrt{2}\,x), \\
c_{p,2}(x) &= \frac{\sqrt{2}}{4}\,x - \frac{1}{8}\,\sin(2\sqrt{2}\,x).
\end{aligned}$$

Im Fall $a = -\sqrt{2}$ bekommen wir:

$$\begin{aligned}
c_{p,1}(x) &= -\frac{1}{8}\,\cos(2\sqrt{2}\,x), \\
c_{p,2}(x) &= -\frac{\sqrt{2}}{4}\,x + \frac{1}{8}\,\sin(2\sqrt{2}\,x).
\end{aligned}$$

Im Fall $a \neq \pm\sqrt{2}$ ergibt sich:

$$\begin{aligned}
c_{p,1}(x) &= \frac{\sqrt{2}}{4}\left(-\frac{1}{a-\sqrt{2}}\,\cos((a-\sqrt{2})\,x) - \frac{1}{a+\sqrt{2}}\,\cos((a+\sqrt{2})\,x)\right), \\
c_{p,2}(x) &= \frac{\sqrt{2}}{4}\left(\frac{1}{a-\sqrt{2}}\,\sin((a-\sqrt{2})\,x) - \frac{1}{a+\sqrt{2}}\,\sin((a+\sqrt{2})\,x)\right).
\end{aligned}$$

Die Ansatzmethode kommt offenkundig in diesem Beispiel erheblich schneller zum Ziel.

Aufgabe 1.81: Grundlösungsverfahren bestätigen

Sei $y_g(x)$ diejenige Lösung der homogenen Gleichung:

$$y^{(n)} + a_{n-1} y^{(n-1)} + \ldots + a_1 y' + a_0 y = 0,$$

welche die Anfangsbedingungen

$$y_g(0) = y_g'(0) = \cdots = y_g^{(n-2)}(0) = 0, \, y_g^{(n-1)}(0) = 1$$

erfüllt. Dann wird durch

$$y_p(x) = \int_0^x y_g(x - t)\, r(t)\, dt$$

eine partikuläre Lösung der inhomogenen Gleichung

$$y^{(n)} + a_{n-1} y^{(n-1)} + \ldots + a_1 y' + a_0 y = r(x)$$

gegeben.

Lösung

Durch Differenzieren und berücksichtigen der Anfangsbedingungen bekommen wir zunächst:

$$
\begin{aligned}
y_p'(x) &= \int_0^x y_g'(x - t)\, r(t)\, dt + y_g(x - x)\, r(x) \\
&= \int_0^x y_g'(x - t)\, r(t)\, dt + y_g(0)\, r(x) \\
&= \int_0^x y_g'(x - t)\, r(t)\, dt \, .
\end{aligned}
$$

Genauso folgt:

$$y_p'(x) = \int_0^x y_g'(x-t)\,r(t)\,dt$$

$$y_p''(x) = \int_0^x y_g''(x-t)\,r(t)\,dt$$

$$\vdots$$

$$y_p^{(n-2)}(x) = \int_0^x y_g^{(n-2)}(x-t)\,r(t)\,dt$$

$$y_p^{(n-1)}(x) = \int_0^x y_g^{(n-1)}(x-t)\,r(t)\,dt\,.$$

Schließlich ergibt sich:

$$y_p^{(n)}(x) = \int_0^x y_g^{(n)}(x-t)\,r(t)\,dt + y_g^{(n-1)}(x-x)\,r(x)$$

$$= \int_0^x y_g^{(n)}(x-t)\,r(t)\,dt + r(x)\,.$$

Da $y_g(x)$ eine Lösung der homogenen Gleichung war, sieht man sofort durch Einsetzen, dass y_p die inhomogene Gleichung löst.

Aufgabe 1.82: Operatormethode bestätigen

Seien λ_1 und λ_2 zwei reelle Zahlen oder zwei konjugiert komplexe Zahlen. Man zeige, dass

$$y_p(x) = e^{\lambda_1 x} \int_{x_0}^x e^{(\lambda_2-\lambda_1)\xi} \left(\int_{x_0}^\xi e^{-\lambda_2 \eta}\,r(\eta)\,d\eta \right) d\xi$$

diejenige Lösung der Differenzialgleichung

$$y'' - (\lambda_1 + \lambda_2)\,y' + \lambda_1 \lambda_2\,y = r(x)$$

darstellt, welche die Anfangsbedingungen $y(x_0) = y'(x_0) = 0$ erfüllt.

Lösung

Wir faktorisieren die Differenzialgleichung:

$$y'' - (\lambda_1 + \lambda_2)\,y' + \lambda_1 \lambda_2\,y = \left(\left(\frac{d}{dx} - \lambda_1 \right) \left(\frac{d}{dx} - \lambda_2 \right) \right)(y) = r(x)\,.$$

Mit der Hilfsfunktion u ergibt sich dann ein System von Differenzialgleichungen:

$$\left(\frac{d}{dx} - \lambda_2\right) y(x) = y'(x) - \lambda_2\, y(x) = u(x)\,,$$

$$\left(\frac{d}{dx} - \lambda_1\right) u(x) = u'(x) - \lambda_1\, u(x) = r(x)\,.$$

Wir wählen folgende Lösung für die zweite Gleichung:

$$u_p(x) = e^{\lambda_2 x} \int\limits_{x_0}^{x} e^{-\lambda_2 \eta}\, r(\eta)\, d\eta$$

und für die erste Gleichung:

$$y_p(x) = e^{\lambda_1 x} \int\limits_{x_0}^{x} e^{-\lambda_1 \xi}\, u_p(x)\, d\xi$$

$$= e^{\lambda_1 x} \int\limits_{x_0}^{x} e^{(\lambda_2 - \lambda_1)\xi} \left(\int\limits_{x_0}^{\xi} e^{-\lambda_2 \eta}\, r(\eta)\, d\eta\right) d\xi\,.$$

Man könnte natürlich auch die erste und zweite Ableitung von y_p bilden und in die Differenzialgleichung einsetzen.
Zum Nachweis der Anfangsbedingungen benötigen wir ebenfalls:

$$y_p'(x) = \lambda_1\, y_p(x) + e^{\lambda_1 x}\, e^{(\lambda_2 - \lambda_1)x} \int\limits_{x_0}^{x} e^{-\lambda_2 \eta}\, r(\eta)\, d\eta\,.$$

Da das Integral von x_0 bis x_0 verschwindet, gilt $y(x_0) = 0$ und $y'(x_0) = 0$.

Bei einem linearen, homogenen System mit konstanter Systemmatrix lässt sich ebenfalls mit algebraischen Mitteln ein Fundamentalsystem herstellen.

Lineares, homogenes System mit konstanten Koeffizienten

Ein lineares, homogenes Differenzialgleichungssystem

$$Y' = A\, Y\,, \qquad A = \begin{pmatrix} a_{11} & \cdots & a_{1n} \\ \vdots & \vdots & \vdots \\ a_{n1} & \cdots & a_{nn} \end{pmatrix}$$

mit Matrixelementen $a_{k,j} \in \mathbb{R}$ heißt System mit konstanten Koeffizienten.

Die Matrix-Exponentialfunktion hat überwiegend analoge Eigenschaften wie die Exponentialreihe. Man kann sie problemlos für Matrizen mit Elementen aus $\mathbb{C}$ erklären. Wir beginnen mit der Exponentialreihe.

Matrix-Exponentialreihe

Für eine beliebige konstante $n \times n$ Matrix A mit Elementen aus $\mathbb{C}$ konvergiert die Exponentialreihe

$$e^A = \sum_{k=0}^{\infty} \frac{A^k}{k!}$$

in der Matrixnorm $\|A\| = \max_{1 \leq i \leq n} \sum_{k=1}^{n} |a_{jk}|$.

Falls die Matrizen A_1 und A_2 kommutieren $A_1 A_2 = A_2 A_1$, so besitzt die Exponentialreihe die Eigenschaft

$$e^{A_1 + A_2} = e^{A_1} e^{A_2} = e^{A_2} e^{A_1}.$$

Analog zum 1×1-System $y' = ay$, dessen Lösung durch die Exponentialfunktion gegeben wird, bekommen wir die Lösung eines $n \times n$-Systems durch die Matrix-Exponentialfunktion. Für eine Matrix mit komplexen Elementen erhält man komplexwertige Lösungen (mit reellem Argument) des Systems $Y' = AY$.

Matrix-Exponentialfunktion

Die Matrix-Exponentialfunktion

$$e^{Ax} = \sum_{k=0}^{\infty} \frac{A^k x^k}{k!}$$

stellt die Lösung des folgenden Anfangswertproblems einer Matrix-Differenzialgleichung dar:

$$M' = AM, \quad M(0) = E.$$

Die Spaltenvektoren der Matrix-Exponentialfunktion liefern ein Fundamentalsystem des linearen, homogenen Systems mit konstanten Koeffizienten $Y' = AY$.

Aufgabe 1.83: Matrix-Exponentialfunktion der Einheitsmatrix und ähnlicher Matrizen

Sei E die $n \times n$-Matrix, A eine beliebige $n \times n$-Matrix und T eine invertierbare $n \times n$-Matrix. Man zeige für reelle μ und x:

$$e^{\mu E x} = e^{\mu x} E$$

und

$$e^{T^{-1} A T x} = T^{-1} e^{Ax} T^{-1}.$$

Lösung

Wegen $E^k = E$ ergibt sich:

$$e^{\mu E x} = \sum_{k=0}^{\infty} \frac{(\mu E^k) x^k}{k!} = \sum_{k=0}^{\infty} \frac{(\mu x)^k}{k!} E = e^{\mu x} E.$$

Ferner gilt

$$(T^{-1} A T)^2 = T^{-1} A T T^{-1} A T = T^{-1} A^2 T$$

und allgemein

$$(T^{-1} A T)^k = T^{-1} A^k T .$$

Damit erhalten wir:

$$
\begin{aligned}
e^{T^{-1} A T x} &= \sum_{k=0}^{\infty} \frac{(T^{-1} A T)^k x^k}{k!} = \sum_{k=0}^{\infty} \frac{T^{-1} (A x)^k T}{k!} \\
&= T^{-1} e^{A x} T .
\end{aligned}
$$

Aufgabe 1.84: Matrix-Exponentialfunktion bestimmen, Fundamentalssystem entnehmen

Sei μ eine reelle Konstante und

$$
A = \begin{pmatrix} \mu & 1 & 0 \\ 0 & \mu & 1 \\ 0 & 0 & \mu \end{pmatrix} .
$$

Man berechne die Matrix-Exponentialfunktion $e^{A x}$, und gebe ein Fundamentalsystem des Systems: $Y' = A Y$.

Lösung

Wir schreiben die Matrix A als Summe:

$$
A = \mu E + \tilde{A} = \mu \begin{pmatrix} \mu & 1 & 0 \\ 0 & 1 & 0 \\ 0 & 0 & 1 \end{pmatrix} + \begin{pmatrix} 0 & 1 & 0 \\ 0 & 0 & 1 \\ 0 & 0 & 0 \end{pmatrix} .
$$

Da die Einheitsmatrix mit allen Matrizen vertauschbar ist, gilt:

$$
e^{A x} = e^{\mu E x + \tilde{A} x} = e^{\mu E x} e^{\tilde{A} x} = e^{\mu x} E e^{\tilde{A} x} = e^{\mu x} e^{\tilde{A} x} .
$$

Für die Matrix $\tilde{A}$ berechnen wir die Potenzen:

$$
\tilde{A}^2 = \begin{pmatrix} 0 & 1 & 0 \\ 0 & 0 & 1 \\ 0 & 0 & 0 \end{pmatrix} \begin{pmatrix} 0 & 1 & 0 \\ 0 & 0 & 1 \\ 0 & 0 & 0 \end{pmatrix} = \begin{pmatrix} 0 & 0 & 1 \\ 0 & 0 & 0 \\ 0 & 0 & 0 \end{pmatrix}
$$

und

$$
\tilde{A}^3 = \begin{pmatrix} 0 & 0 & 1 \\ 0 & 0 & 0 \\ 0 & 0 & 0 \end{pmatrix} \begin{pmatrix} 0 & 1 & 0 \\ 0 & 0 & 1 \\ 0 & 0 & 0 \end{pmatrix} = \begin{pmatrix} 0 & 0 & 0 \\ 0 & 0 & 0 \\ 0 & 0 & 0 \end{pmatrix} .
$$

Hieraus folgt

$$
e^{\tilde{A} x} = E + \begin{pmatrix} 0 & 1 & 0 \\ 0 & 0 & 1 \\ 0 & 0 & 0 \end{pmatrix} x + \begin{pmatrix} 0 & 0 & 1 \\ 0 & 0 & 0 \\ 0 & 0 & 0 \end{pmatrix} \frac{x^2}{2} = \begin{pmatrix} 1 & x & \frac{x^2}{2} \\ 0 & 1 & x \\ 0 & 0 & 1 \end{pmatrix}
$$

und

$$e^{Ax} = e^{\mu x}\begin{pmatrix} 1 & x & \frac{x^2}{2} \\ 0 & 1 & x \\ 0 & 0 & 1 \end{pmatrix} = \begin{pmatrix} e^{\mu x} & x e^{\mu x} & \frac{x^2}{2} e^{\mu x} \\ 0 & e^{\mu x} & x e^{\mu x} \\ 0 & 0 & e^{\mu x} \end{pmatrix}.$$

Die Spaltenvektoren der Matrix-Exponentialfunktion liefern das folgende Fundamentalsystem:

$$Y_1(x) = \begin{pmatrix} e^{\mu x} \\ 0 \\ 0 \end{pmatrix}, \quad Y_2(x) = \begin{pmatrix} x e^{\mu x} \\ e^{\mu x} \\ 0 \end{pmatrix}, \quad Y_3(x) = \begin{pmatrix} \frac{x^2}{2} e^{\mu x} \\ x e^{\mu x} \\ e^{\mu x} \end{pmatrix}.$$

Mathematica

Die Matrix-Exponentialfunktion einer Matrix A wird mit MatrixExp berechnet.

$$A := \{\{\mu, 1, 0\}, \{0, \mu, 1\}, \{0, 0, \mu\}\};$$

MatrixExp[A x]//MatrixForm

$$\begin{pmatrix} e^{x\mu} & e^{x\mu} x & \frac{1}{2} e^{x\mu} x^2 \\ 0 & e^{x\mu} & e^{x\mu} x \\ 0 & 0 & e^{x\mu} \end{pmatrix}$$

Maple

Die Matrix-Exponentialfunktion einer Matrix A wird mit Exponential berechnet. Die Matrix-Exponentialfunktion e^{Ax} kann ebenfalls mit Exponential und der Angabe der Variablen berechnet werden.

```
with(linalg):

A:=matrix(3,3,[mu,1,0,0,mu,1,0,0,mu]);
exponential(A,x);
```

$$A := \begin{bmatrix} \mu & 1 & 0 \\ 0 & \mu & 1 \\ 0 & 0 & \mu \end{bmatrix}$$

$$\text{Exponential}(A, x) = \begin{bmatrix} e^{(\mu x)} & x e^{(\mu x)} & \frac{1}{2} x^2 e^{(\mu x)} \\ 0 & e^{(\mu x)} & x e^{(\mu x)} \\ 0 & 0 & e^{(\mu x)} \end{bmatrix}$$

Das Berechnen der Potenzen einer Matrix kann man sich mit dem Satz von Cayley-Hamilton erleichtern.

Satz von Caley-Hamilton

Die $n \times n$ Matrix $A = \begin{pmatrix} a_{11} & \cdots & a_{1n} \\ \vdots & \vdots & \vdots \\ a_{n1} & \cdots & a_{nn} \end{pmatrix}$ stellt eine Matrixlösung ihres charakteristischen

Polynoms

$$\chi_A(\lambda) = \det(A - \lambda E)$$

mit der $n \times n$-Einheitsmatrix E dar. Die Matrizenoperation $\chi_A(A)$ liefert die $n \times n$ Nullmatrix.

Aufgabe 1.85: Satz von Cayley-Hamilton benutzen

Mit dem Satz von Cayley-Hamilton berechne die Matrix-Eponentialfunktion e^{Ax} der Matrix

$$A = \begin{pmatrix} 0 & \omega_3 & -\omega_2 \\ -\omega_3 & 0 & \omega_1 \\ \omega_2 & -\omega_1 & 0 \end{pmatrix}.$$

Lösung

Wir berechnen zuerst das charakteristische Polynom:

$$\det(A - \lambda E) = \det \begin{pmatrix} -\lambda & \omega_3 & -\omega_2 \\ -\omega_3 & -\lambda & \omega_1 \\ \omega_2 & -\omega_1 & -\lambda \end{pmatrix} = -\lambda^3 - \Omega^2 \lambda = 0,$$

mit

$$\Omega^2 = \omega_1^2 + \omega_2^2 + \omega_3^2.$$

Der Satz von Cayley-Hamilton besagt nun:

$$A^3 + \Omega^2 A = O_{3 \times 3}.$$

Wir berechnen A^2 und bekommen:

$$A^2 = \begin{pmatrix} -\omega_2^2 - \omega_3^2 & \omega_1 \, \omega_2 & \omega_1 \, \omega_3 \\ \omega_1 \, \omega_2 & -\omega_1^2 - \omega_3^2 & \omega_2 \, \omega_3 \\ \omega_1 \, \omega_3 & \omega_2 \, \omega_3 & -\omega_1^2 - \omega_2^2 \end{pmatrix}.$$

Die höheren Potenzen von A ergeben sich aus dem charakteristischen Polynom:

$$A^3 = -\Omega^2 A,$$
$$A^4 = -\Omega^2 A^2,$$

$$A^5 = -(\Omega^2)^2 A^3$$
$$= (\Omega^2)^2 A,$$
$$A^6 = (\Omega^2)^2 A^2,$$

$$A^7 = (\Omega^2)^2 A^3$$
$$= -(\Omega^2)^3 A,$$
$$A^8 = -(\Omega^2)^3 A^2.$$

Durch vollständige Induktion zeigt man:

$$A^{2k+1} = (-1)^k \Omega^{2k} A,$$
$$A^{2k+2} = (-1)^k \Omega^{2k} A^2.$$

Dies ergibt schließlich folgende Matrix-Exponentialfunktion:

$$e^{Ax} = E + A x^1 + A^2 \frac{x^2}{2!}$$
$$+A \frac{1}{\Omega} \left(-\frac{(\Omega x)^3}{3!} + \frac{(\Omega x)^5}{5!} - \cdots \right)$$
$$+A^2 \frac{1}{\Omega^2} \left(-\frac{(\Omega x)^4}{4!} + \frac{(\Omega x)^6}{6!} - \cdots \right)$$
$$= E + \frac{1}{\Omega} \sin(\Omega x) A - \frac{1}{\Omega^2}(-1 + \cos(\Omega x)) A^2.$$

Aufgabe 1.86: Matrix-Exponentialfunktion mit der zugeordneten Gleichung bestimmen

Jede Komponente $Y(x) = \begin{pmatrix} y_1(x) \\ \vdots \\ y_n(x) \end{pmatrix}$ eines Lösungsvektors des Systems:

$$Y' = A Y, \quad A = \begin{pmatrix} a_{11} & \cdots & a_{1n} \\ \vdots & \vdots & \vdots \\ a_{n1} & \cdots & a_{nn} \end{pmatrix}$$

erfüllt die Gleichung n-ter Ordnung:

$$\chi_A \left(\frac{d}{dx} \right) (y) = 0$$

mit dem charakteristischen Polynom χ_A von A.
Sei $\tilde{y}_j, j = 1, \ldots, n$ die Lösung der Differenzialgleichung

$$\chi_A \left(\frac{d}{dx} \right) (y) = \det \left(A - \frac{d}{dx} E \right) (y) = 0,$$

welche die Anfangsbedingungen $\tilde{y}_j^{(k)} = \delta_{k,j-1}, k = 0, \ldots, n-1$, erfüllt.
Man zeige, dass die Matrix-Exponentialfunktion die Gestalt annimmt:

$$e^{Ax} = \sum_{j=1}^{n} A^{j-1} \, \tilde{y}_j(x) \, .$$

Lösung

Multiplizieren wir $\chi_A(\lambda) = \sum_{j=1}^{n} \alpha_j \, A^j = 0$ auf beiden Seiten mit e^{Ax} und berücksichtigen die Eigenschaft der Matrix-Exponentialfunktion:

$$\frac{d^j}{d\,x^j} \left(e^{Ax} \right) = A^j \, e^{Ax} \, ,$$

so ergibt sich:

$$\chi_A \left(\frac{d}{dx} \right) (e^{Ax}) = 0 \, .$$

Da die Matrix-Exponentialfunktion ein Fundamentalsystem bildet, sieht man, dass jede Komponente eines Lösungsvektors $Y(x)$ die Gleichung $\chi_A \left(\frac{d}{dx} \right) (y) = 0$ erfüllt. Sei $Y(x)$ ein beliebiger Lösungsvektor des Systems:

$$Y' = A \, Y \, .$$

Jede Komponente y_j besitzt nun eine Darstellung mit dem Fundamentalsystem $\tilde{y}_j \, , j = 1 \, , \dots \, , n$:

$$Y(x) = \begin{pmatrix} \sum_{j=1}^{n} y_1^{(j-1)}(0) \, \tilde{y}_j \\ \vdots \\ \sum_{j=1}^{n} y_n^{(j-1)}(0) \, \tilde{y}_j \end{pmatrix} \, .$$

In Vektorschreibweise bedeutet dies:

$$Y(x) = \sum_{j=1}^{n} Y^{(j-1)}(0) \, \tilde{y}_j \, .$$

Andererseits gilt:

$$Y(x) = e^{Ax} Y(0)$$

und

$$Y^{(j)}(x) = A^j e^{Ax} Y(0) \, ,$$

also:

$$Y^{(j)}(0) = A^j \, Y(0) \, .$$

Dies ergibt schließlich die Behauptung:

$$e^{Ax} Y(0) = \left(\sum_{j=1}^{n} A^{j-1} \, \tilde{y}_j(x) \right) Y(0) .$$

Aufgabe 1.87: Matrix-Exponentialfunktion mit der zugeordneten Gleichung bestimmen

Gegeben sei die Matrix

$$A = \begin{pmatrix} 1 & 3 \\ 2 & 2 \end{pmatrix} .$$

Man berechne die Matrix-Exponentialfunktion e^{Ax}, indem man zu einer Differenzialgleichung zweiter Ordnung übergeht.

Lösung

Aus der Gleichung

$$\det(A - \lambda E) = \det \begin{pmatrix} 1 - \lambda & 3 \\ 2 & 2 - \lambda \end{pmatrix} = \lambda^2 - 3\lambda - 4 = 0$$

ergeben sich die beiden Eigenwerte der Matrix A:

$$\lambda_1 = -1 , \quad \lambda_2 = 4 .$$

Die Differenzialgleichung

$$\det \left(A - \frac{d}{dx} E \right) (y) = y'' - 3 y' - 4 y = 0$$

besitzt somit folgendes Fundamentalsystem:

$$y_1(x) = e^{-x} , \quad y_1(x) = e^{4x} .$$

Wir bestimmen nun jeweils die Lösungen der Anfangswertprobleme:

$$\tilde{y}_1(0) = 1 , \quad \tilde{y}_1'(0) = 0 ,$$

und

$$\tilde{y}_2(0) = 0 , \quad \tilde{y}_2'(0) = 1 .$$

Mit

$$\tilde{y}_1(x) = c_{11} e^{-x} + c_{12} e^{4x} ,$$
$$\tilde{y}_2(x) = c_{21} e^{-x} + c_{22} e^{4x} ,$$

ergeben sich folgende Gleichungssysteme für die Koeffizienten:

$$c_{11} + c_{12} = 1 , \quad -c_{11} + 4 c_{12} = 0 ,$$

$$c_{21} + c_{22} = 0, \quad -c_{21} + 4c_{22} = 1,$$

mit den Lösungen:

$$c_{11} = \frac{4}{5}, \quad c_{12} = \frac{1}{5},$$

$$c_{21} = -\frac{1}{5}, \quad c_{22} = \frac{1}{5}.$$

Schließlich bekommen wir:

$$
\begin{aligned}
e^{Ax} &= E\,\tilde{y}_1(x) + A\,\tilde{y}_2(x) \\
&= \begin{pmatrix} 1 & 0 \\ 0 & 1 \end{pmatrix}\left(\frac{4}{5}e^{-x} + \frac{1}{5}e^{4x}\right) + \begin{pmatrix} 1 & 3 \\ 2 & 2 \end{pmatrix}\left(-\frac{1}{5}e^{-x} + \frac{1}{5}e^{4x}\right) \\
&= \begin{pmatrix} \frac{3}{5}e^{-x} + \frac{2}{5}e^{4x} & -\frac{3}{5}e^{-x} + \frac{3}{5}e^{4x} \\ -\frac{2}{5}e^{-x} + \frac{2}{5}e^{4x} & \frac{2}{5}e^{-x} + \frac{3}{5}e^{4x} \end{pmatrix}.
\end{aligned}
$$

Mathematica

$$A := \{\{1, 3\}, \{2, 2\}\};$$

MatrixExp[$A\,x$]//MatrixForm

$$
\begin{pmatrix}
\frac{3e^{-x}}{5} + \frac{2e^{4x}}{5} & -\frac{3e^{-x}}{5} + \frac{3e^{4x}}{5} \\
-\frac{2e^{-x}}{5} + \frac{2e^{4x}}{5} & \frac{2e^{-x}}{5} + \frac{3e^{4x}}{5}
\end{pmatrix}
$$

Maple

```
with(linalg):

A:=matrix(2,2,[1,3,2,2]);
exponential(A,x);
```

$$A := \begin{bmatrix} 1 & 3 \\ 2 & 2 \end{bmatrix}$$

$$
\text{Exponential}(A,\,x) = \begin{bmatrix}
\frac{3}{5}e^{(-x)} + \frac{2}{5}e^{(4x)} & \frac{3}{5}e^{(4x)} - \frac{3}{5}e^{(-x)} \\
\frac{2}{5}e^{(4x)} - \frac{2}{5}e^{(-x)} & \frac{2}{5}e^{(-x)} + \frac{3}{5}e^{(4x)}
\end{bmatrix}
$$

Aufgabe 1.88: Fundamentalsystem auf verschiedene Arten berechnen

Gegeben sei das System:

$$Y' = AY, \quad A = \begin{pmatrix} 2 & 1 \\ 0 & 2 \end{pmatrix}.$$

Man bestimme ein Fundamentalsystem, indem man (a) zu Einzeldifferenzialgleichungen über-geht und (b) die Matrix-Exponentialfunktion e^{Ax} berechnet.

Lösung

(a) Das System lautet in Gleichungsform:

$$\begin{aligned} y_1' &= 2\,y_1 + y_2\,, \\ y_2' &= 2\,y_2\,. \end{aligned}$$

Die zweite Gleichung kann unabhängig von der ersten sofort gelöst werden:

$$y_2(x) = c_2\,e^{2x}\,.$$

Damit muss $y_1(x)$ die folgende inhomogene Gleichung erfüllen:

$$y_1' = 2\,y_1 + c_2\,e^{2x}\,.$$

Die allgemeine Lösung der homogenen Gleichung sieht man sofort:

$$y_{1h}(x) = c_1\,e^{2x}\,.$$

Durch Variation der Konstanten erhalten wir eine partikuläre Lösung der inhomogenen Glei-chung:

$$y_{1p}(x) = c_2\,x\,e^{2x}\,.$$

Die allgemeine Lösung der Gleichung für y_1 lautet somit:

$$y_1(x) = (c_1 + c_2\,x)\,e^{2x}$$

und die allgemeine Lösung des Systems ergibt sich zu:

$$Y(x) = \begin{pmatrix} y_1(x) \\ y_2(x) \end{pmatrix} = \begin{pmatrix} (c_1 + c_2\,x)\,e^{2x} \\ c_2\,e^{2x} \end{pmatrix} = c_1 \begin{pmatrix} 1 \\ 0 \end{pmatrix} e^{2x} + c_2 \begin{pmatrix} x \\ 1 \end{pmatrix} e^{2x}\,.$$

Daraus lässt sich leicht das folgende Fundamentalsystem entnehmen:

$$Y_1(x) = \begin{pmatrix} 1 \\ 0 \end{pmatrix} e^{2x}, \quad Y_2(x) = \begin{pmatrix} x \\ 1 \end{pmatrix} e^{2x}\,.$$

(b) Wir berechnen die Matrix-Exponentialfunktion, indem wir A zunächst als Summe zweier Matrizen schreiben:

$$A = 2 \begin{pmatrix} 1 & 0 \\ 0 & 1 \end{pmatrix} + \begin{pmatrix} 0 & 1 \\ 0 & 0 \end{pmatrix} = 2\,E + \tilde{A}\,,$$

sodass sich ergibt:

$$e^{Ax} = e^{2Ex} e^{\tilde{A}x} = e^{2x} e^{\tilde{A}x} \, .$$

Mit

$$\tilde{A}^2 = \begin{pmatrix} 0 & 1 \\ 0 & 0 \end{pmatrix} \begin{pmatrix} 0 & 1 \\ 0 & 0 \end{pmatrix} = \begin{pmatrix} 0 & 0 \\ 0 & 0 \end{pmatrix}$$

folgt

$$e^{\tilde{A}x} = E + \begin{pmatrix} 0 & 1 \\ 0 & 0 \end{pmatrix} x$$

und man bekommt schließlich:

$$e^{Ax} = E \left(E + \begin{pmatrix} 0 & 1 \\ 0 & 0 \end{pmatrix} x \right) e^{2x} = \begin{pmatrix} 1 & x \\ 0 & 1 \end{pmatrix} e^{2x} \, .$$

Hieraus entnimmt man wieder das Fundamentalsystem $Y_1(x)$ und $Y_2(x)$ aus (a). Man kann auch zuerst das charakteristische Polynom von A bestimmen:

$$\det(A - \lambda E) = (\lambda - 2)^2 = \lambda^2 - 4\lambda + 4 \, .$$

Anschließend betrachtet man die Gleichung zweiter Ordnung:

$$y'' - 4y' + 4 = 0$$

mit der allgemeinen Lösung:

$$y(x) = (c_1 + c_2 x) e^{2x} \, .$$

Die Lösung

$$\tilde{y}_1(x) = (1 - 2x) e^{2x}$$

genügt den Anfangsbedingungen $\tilde{y}_1(0) = 1$, $\tilde{y}_1'(0) = 0$ und die Lösung

$$\tilde{y}_2(x) = x e^{2x}$$

genügt den Anfangsbedingungen $\tilde{y}_2(0) = 0$, $\tilde{y}_2'(0) = 1$. Damit bekommt man wieder die Matrix-Exponentialfunktion:

$$\begin{aligned} e^{Ax} &= \tilde{y}_1(x) E + \tilde{y}_2(x) A \\ &= (1 - 2x) e^{2x} \begin{pmatrix} 1 & 0 \\ 0 & 1 \end{pmatrix} + x e^{2x} \begin{pmatrix} 2 & 1 \\ 0 & 2 \end{pmatrix} \\ &= \begin{pmatrix} 1 & x \\ 0 & 1 \end{pmatrix} e^{2x} \, . \end{aligned}$$

Mathematica

$$A := \{\{2, 1\}, \{0, 2\}\};$$

MatrixExp[A x]//MatrixForm

$$\begin{pmatrix} e^{2x} & e^{2x} x \\ 0 & e^{2x} \end{pmatrix}$$

Maple

```
with(linalg):

A:=matrix(2,2,[2,1,0,2]);
exponential(A,x);
```

$$A := \left[\begin{array}{cc} 2 & 1 \\ 0 & 2 \end{array} \right]$$

$$\text{Exponential}(A,\ x) = \left[\begin{array}{cc} e^{(2x)} & x\,e^{(2x)} \\ 0 & e^{(2x)} \end{array} \right]$$

Häufig ist es einfacher, das Produkt aus der Exponentialmatrix und Hauptvektoren zu berechnen als die Exponentialmatrix selbst. Da das Produkt aus der Exponentialmatrix und einem konstanten Vektor stets eine Lösung des vorliegenden Systems von Differenzialgleichungen liefert, kann man aus den Hauptvektoren ein Fundamentalsystem aufbauen.

Herstellung eines Fundamentalssystems mit Hauptvektoren

Sei $U^{(l)}$ ein Hauptvektor der Stufe l, $(l \geq 1)$ zum Eigenwert λ der Matrix A:

$$(A - \lambda E)^l \, U^{(l)} = \vec{0}, \quad (A - \lambda E)^{l-1} \, U^{(l)} \neq \vec{0}.$$

(Hauptvektoren der Stufe 1 heißen Eigenvektoren). Dann gilt:

$$e^{Ax}\,U^{(l)} = \left(U^{(l)} + (A - \lambda E)\,U^{(l)}\,x + (A - \lambda E)^2\,U^{(l)}\,\frac{x^2}{2!} \right.$$

$$\left. + \ldots + (A - \lambda E)^{l-1}\,U^{(l)}\,\frac{x^{l-1}}{(l-1)!} \right) e^{\lambda x}.$$

Sei λ ein k-facher Eigenwert der Matrix A und U_j, $j = 1, \ldots, k$, linear unabhängige Lösungen aus $\mathbb{C}^n$ des linearen Gleichungssystems $(A - \lambda E)^k\,U = 0$. Ist $U_j \in \mathbb{R}^n$, so bilden wir die reelle Lösung des Systems $Y' = A\,Y$:

$$e^{Ax}\,U_j$$

Ist $U_j \in \mathbb{C}^n$, so bilden wir die reellen Lösungen des Systems $Y' = A\,Y$:

$$\Re\left(e^{Ax}\,U_j \right), \quad \Im\left(e^{Ax}\,U_j \right).$$

Zieht man alle Eigenwerte in Betracht (und übergeht jeweils die konjugiert komplexen), so erhält man ein Fundamentalsystem.

Aufgabe 1.89: Fundamentalsystem mit Eigenvektoren bestimmen

Gegeben sei das System: $Y' = AY$ mit

$$\text{(a)}\quad A = \begin{pmatrix} 1 & 1 \\ 1 & 2 \end{pmatrix} \quad\text{und}\quad \text{(b)}\quad A = \begin{pmatrix} 2 & 1 \\ -3 & 2 \end{pmatrix}.$$

Man bestimme ein Fundamentalsystem, indem man Eigenwerte und Eigenvektoren von A berechnet.

Lösung

(a) Wir stellen zuerst die charakteristische Gleichung auf:

$$\det(A - \lambda E) = \begin{vmatrix} 1 - \lambda & 1 \\ 1 & 2 - \lambda \end{vmatrix} = (1 - \lambda)(2 - \lambda) - 1 = 0.$$

Durch Ausmultiplizieren ergibt sich die quadratische Gleichung:

$$\lambda^2 - 3\lambda + 1 = 0,$$

deren Lösungen

$$\lambda_{1,2} = \frac{3}{2} \pm \frac{1}{2}\sqrt{5}$$

die Eigenwerte von A darstellen. Da zwei verschiedene, reelle Eigenwerte vorliegen, bekommt man ein Fundamentalsystem, indem man jeweils einen Eigenvektor bestimmt. Die Eigensysteme

$$(A - \lambda_1 E)\begin{pmatrix} u_{11} \\ u_{12} \end{pmatrix} = \begin{pmatrix} 0 \\ 0 \end{pmatrix}, \quad (A - \lambda_2 E)\begin{pmatrix} u_{21} \\ u_{22} \end{pmatrix} = \begin{pmatrix} 0 \\ 0 \end{pmatrix},$$

sind jeweils äquivalent mit den Einzelgleichungen:

$$(1 - \lambda_1)u_{11} + u_{12} = 0, \quad (1 - \lambda_2)u_{21} + u_{22} = 0.$$

(Die zweite Gleichung des Systems ist von der ersten linear abhängig und wird mit erfüllt). Wir setzen $u_{11} = 1$ und $u_{21} = 1$ und bekommen jeweils einen Eigenvektor:

$$\begin{pmatrix} u_{11} \\ u_{12} \end{pmatrix} = \begin{pmatrix} 1 \\ \frac{1}{2} + \frac{1}{2}\sqrt{5} \end{pmatrix}, \quad \begin{pmatrix} u_{21} \\ u_{22} \end{pmatrix} = \begin{pmatrix} 1 \\ \frac{1}{2} - \frac{1}{2}\sqrt{5} \end{pmatrix}.$$

Schließlich erhalten wir das folgende Fundamentalsystem:

$$\begin{pmatrix} 1 \\ \frac{1}{2} + \frac{1}{2}\sqrt{5} \end{pmatrix} e^{\left(\frac{3}{2} + \frac{1}{2}\sqrt{5}\right)x}, \quad \begin{pmatrix} 1 \\ \frac{1}{2} - \frac{1}{2}\sqrt{5} \end{pmatrix} e^{\left(\frac{3}{2} - \frac{1}{2}\sqrt{5}\right)x}.$$

(b) Es gilt

$$\det(A - \lambda E) = \det\begin{pmatrix} 2 - \lambda & 1 \\ -3 & 2 - \lambda \end{pmatrix} = (2 - \lambda)^2 + 3 = 0.$$

Damit ergeben sich folgende Eigenwerte:

$$\lambda_1 = 2 + \sqrt{3}\,i, \quad \lambda_2 = 2 - \sqrt{3}\,i.$$

Wir suchen einen Eigenvektor zum Eigenwert λ_1:

$$\begin{pmatrix} 2-\lambda_1 & 1 \\ -3 & 2-\lambda_1 \end{pmatrix}\begin{pmatrix} u_1 \\ u_2 \end{pmatrix} = \begin{pmatrix} -\sqrt{3}\,i & 1 \\ -3 & -\sqrt{3}\,i \end{pmatrix}\begin{pmatrix} u_1 \\ u_2 \end{pmatrix} = \begin{pmatrix} 0 \\ 0 \end{pmatrix}.$$

Dieses homogene System besitzt einen Lösungsraum der Dimension eins. Eine Basislösung ergibt sich aus der Gleichung:

$$-\sqrt{3}\,i\,u_1 + u_2 = 0.$$

Setzen wir $u_1 = 1$, so ergibt sich $u_2 = \sqrt{3}\,i$. Eine komplexwertige Lösung des Differenzialgleichungsystems lautet damit:

$$Y(x) = \begin{pmatrix} 1 \\ \sqrt{3}\,i \end{pmatrix} e^{(2+\sqrt{3}\,i)\,x}.$$

Um ein Fundamentalsystem aus zwei reellwertigen Lösungen zu bekommen, bestimmen wir Real- und Imaginärteil von $Y(x)$:

$$Y_1(x) = \Re(Y(x)) = \begin{pmatrix} \cos(\sqrt{3}\,x) \\ -\sqrt{3}\,\sin(\sqrt{3}\,x) \end{pmatrix} e^{2x},$$

$$Y_2(x) = \Im(Y(x)) = \begin{pmatrix} \sin(\sqrt{3}\,x) \\ \sqrt{3}\,\cos(\sqrt{3}\,x) \end{pmatrix} e^{2x}.$$

Aufgabe 1.90: Fundamentalsystem auf verschiedene Arten bestimmen

Ein Fundamentalsystem von

$$Y' = A\,Y, \quad A = \begin{pmatrix} 0 & 1 \\ -1 & 0 \end{pmatrix}$$

soll auf verschiedene Arten bestimmt werden: (a) mithilfe von Eigenvektoren, (b) durch berechnen der Matrix-Exponentialfunktion mit dem Satz von Cayley-Hamilton, (c) durch eine Ansatz für die Matrix-Exponentialfunktion.

Lösung

(a) Wir bestimmen Eigenwerte und Eigenvektoren. Die charakteristische Gleichung

$$\det(A - \lambda E) = \lambda^2 + 1 = 0$$

ergibt zwei verschiedene (konjugiert) komplexe Eigenwerte i, $-i$. Wir berechnen einen Eigenvektor zu $\lambda_1 = i$:

$$\begin{pmatrix} 1 \\ i \end{pmatrix}$$

und bekommen einen komplexwertigen Lösungsvektor

$$Y(x) = \begin{pmatrix} 1 \\ i \end{pmatrix} e^{ix} = \begin{pmatrix} 1 \\ i \end{pmatrix} (\cos(x) + i \sin(x)).$$

Aufspalten in Realteil und Imaginärteil ergibt das reelle Fundamentalsystem:

$$Y_1(x) = \begin{pmatrix} \cos(x) \\ -\sin(x) \end{pmatrix}, \quad Y_2(x) = \begin{pmatrix} \sin(x) \\ \cos(x) \end{pmatrix}.$$

(b) Wir berechnen e^{Ax} direkt. Mit dem Satz von Cayley-Hamilton gilt:

$$A^2 + E = 0.$$

Also:

$$
\begin{aligned}
e^{Ax} &= E + Ax + A^2 \frac{x^2}{2!} + A^3 \frac{x^3}{3!} + \cdots \\
&= E \left(1 - \frac{x^2}{2!} + \frac{x^4}{4!} - \frac{x^6}{6!} + \cdots \right) \\
&\quad + A \left(x - \frac{x^3}{3!} + \frac{x^5}{5!} - \cdots \right) \\
&= \cos(x) E + \sin(x) A.
\end{aligned}
$$

Dies ergibt:

$$e^{Ax} = \begin{pmatrix} \cos(x) & \sin(x) \\ -\sin(x) & \cos(x) \end{pmatrix}.$$

Außerdem erkennt man leicht, dass $y_1(x) = \cos(x)$ und $y_2(x) = \sin(x)$ ein Fundamentalsystem von

$$y'' + y = 0$$

darstellt mit $y_1(0) = 1$, $y_1'(0) = 0$ und $y_2(0) = 0$, $y_2'(0) = 1$.

(c) Wir haben die einfachen Eigenwerte $-i$, i mit Eigenvektoren

$$U_1 = \begin{pmatrix} -i \\ 1 \end{pmatrix} \quad \text{und} \quad U_2 = \begin{pmatrix} i \\ 1 \end{pmatrix}.$$

Ausgehend von der Darstellung

$$e^{Ax} = a_0(x) E + a_1(x) A$$

bekommen durch Anwendung auf die Eigenvektoren die Gleichungen

$$
\begin{aligned}
e^{-ix} U_1 &= (a_0(x) - a_1(x) i) U_1 \\
e^{ix} U_2 &= (a_0(x) + a_1(x) i) U_2
\end{aligned}
$$

und daraus ein System zur Bestimmung der Funktionen a_0 und a_1:

$$a_0(x) - i\,a_1(x) \;=\; e^{-i\,x}$$
$$a_0(x) + i\,a_1(x) \;=\; e^{i\,x}\,,$$

mit der Lösung:

$$a_0(x) = \cos(x)\,, \quad a_1(x) = \sin(x)\,.$$

Aufgabe 1.91: Partikuläre Lösung mit der Matrix-Exponentialfunktion erzeugen

Man zeige, dass das System

$$Y' = A\,Y + B(x)$$

mit der $n \times n$-Systemmatrix A eine partikuläre Lösung der folgende Gestalt besitzt.

$$Y_p(x) = e^{A\,x} \int\limits_0^x e^{-A\,t}\,B(t)\,dt = \int\limits_0^x e^{A\,(x-t)}\,B(t)\,dt\,.$$

Welche partikuläre Lösung bekommt man bei dem System

$$Y' = A\,Y + B(x)\,, \quad A = \begin{pmatrix} 0 & 1 \\ -1 & 0 \end{pmatrix}\,, \quad B(x) = \begin{pmatrix} \cos(x) \\ 1 \end{pmatrix}\,?$$

Lösung

Die Matrix-Exponentialfunktion $e^{A\,x}$ stellt die Wronskische Matrix eines Fundamentalsystems dar. Variation der Konstanten führt auf den Ansatz:

$$Y_p(x) = e^{A\,x}\,C_p(x)\,.$$

Für die unbekannte Funktion ergibt sich die Bedingung:

$$C_p'(x) = e^{-A\,x}\,B(x)\,.$$

Daraus folgt:

$$Y_p(x) = e^{A\,x} \int\limits_0^x e^{-A\,t}\,B(t)\,dt = \int\limits_0^x e^{A\,(x-t)}\,B(t)\,dt\,.$$

Mit der Matrix-Exponentialfunktion

$$e^{A\,x} = \begin{pmatrix} \cos(x) & \sin(x) \\ -\sin(x) & \cos(x) \end{pmatrix}$$

erhalten wir:

$$Y_p(x) = \begin{pmatrix} \cos(x) & \sin(x) \\ -\sin(x) & \cos(x) \end{pmatrix} \int\limits_0^x \begin{pmatrix} \cos(t) & \sin(t) \\ -\sin(t) & \cos(t) \end{pmatrix} \begin{pmatrix} \cos(t) \\ 1 \end{pmatrix} dt$$

$$= \begin{pmatrix} \cos(x) & \sin(x) \\ -\sin(x) & \cos(x) \end{pmatrix} \int\limits_0^x \begin{pmatrix} (\cos(t))^2 + \sin(t) \\ -\sin(t)\cos(t) + \cos(t) \end{pmatrix} dt$$

$$= \begin{pmatrix} \cos(x) & \sin(x) \\ -\sin(x) & \cos(x) \end{pmatrix} \begin{pmatrix} 1 + \frac{x}{2} - \cos(x) - \frac{1}{4}\sin(2x) \\ -\frac{1}{4} - \cos(x) + \frac{1}{4}\cos(2x) + \sin(x) \end{pmatrix}.$$

Aufgabe 1.92: Fundamentalsystem mit Eigenvektoren bestimmen

Man bestimme ein Fundamentalsystem des Systems:

$$Y' = AY = \begin{pmatrix} 0 & 1 & 0 \\ 0 & 0 & 1 \\ -2 & -2 & -1 \end{pmatrix} Y.$$

Lösung

Aus dem charakteristische Polynom:

$$\det(A - \lambda E) = -\lambda^3 - \lambda^2 - 2\lambda - 2 = 0$$

bekommen wir drei verschiedene Eigenwerte:

$$\lambda_1 = -1, \quad \lambda_2 = -\sqrt{2}\,i, \quad \lambda_3 = \sqrt{2}\,i.$$

Das System

$$(A - \lambda_1 E) \begin{pmatrix} u_1 \\ u_2 \\ u_3 \end{pmatrix} = \begin{pmatrix} 1 & 1 & 0 \\ 0 & 1 & 1 \\ -2 & -2 & 0 \end{pmatrix} \begin{pmatrix} u_1 \\ u_2 \\ u_3 \end{pmatrix} = \begin{pmatrix} 0 \\ 0 \\ 0 \end{pmatrix}$$

liefert den Eigenvektor

$$\begin{pmatrix} u_1 \\ u_2 \\ u_3 \end{pmatrix} = \begin{pmatrix} 1 \\ -1 \\ 1 \end{pmatrix}.$$

Dies ergibt folgenden reellen Beitrag zum Fundamentalsystem:

$$Y_1(x) = \begin{pmatrix} 1 \\ -1 \\ 1 \end{pmatrix} e^{-x}.$$

Das System

$$(A - \lambda_2 E) \begin{pmatrix} u_1 \\ u_2 \\ u_3 \end{pmatrix} = \begin{pmatrix} \sqrt{2}\,i & 1 & 0 \\ 0 & \sqrt{2}\,i & 1 \\ -2 & -2 & -1 + \sqrt{2}\,i \end{pmatrix} \begin{pmatrix} u_1 \\ u_2 \\ u_3 \end{pmatrix} = \begin{pmatrix} 0 \\ 0 \\ 0 \end{pmatrix}$$

liefert den Eigenvektor

$$\begin{pmatrix} u_1 \\ u_2 \\ u_3 \end{pmatrix} = \begin{pmatrix} -\frac{1}{2} \\ \frac{i}{\sqrt{2}} \\ 1 \end{pmatrix}.$$

Dies ergibt den folgenden komplexwertigen Beitrag zum Fundamentalsystem:

$$Y(x) = \begin{pmatrix} -\frac{1}{2} \\ \frac{i}{\sqrt{2}} \\ 1 \end{pmatrix} e^{-\sqrt{2}\,i\,x},$$

der in zwei reellwertige Beiträge zerlegt werden kann:

$$Y_2(x) = \begin{pmatrix} -\frac{1}{2} \cos\left(\sqrt{2}x\right) \\ \frac{1}{\sqrt{2}} \sin\left(\sqrt{2}\,x\right) \\ \cos\left(\sqrt{2}\,x\right) \end{pmatrix}$$

und

$$Y_3(x) = \begin{pmatrix} \frac{1}{2} \sin\left(\sqrt{2}\,x\right) \\ \frac{1}{\sqrt{2}} \cos\left(\sqrt{2}x\right) \\ -\sin\left(\sqrt{2}\,x\right) \end{pmatrix}.$$

Aufgabe 1.93: Fundamentalsystem mit Eigen-und Hauptvektoren herstellen

Mithilfe von Eigen-und Hauptvektoren bestimme man ein Fundamentalsystem von:

$$Y' = A\,Y, \quad A = \begin{pmatrix} 3 & -1 & 1 \\ 2 & 0 & 1 \\ 1 & -1 & 2 \end{pmatrix}.$$

Man gebe ferner die Matrix-Exponentialfunktion $e^{A\,x}$ an.

Lösung

Das charakteristische Polynom hat die Gestalt:

$$\det(A - \lambda E) = \det \begin{pmatrix} 3-\lambda & -1 & 1 \\ 2 & -\lambda & 1 \\ 1 & -1 & 2-\lambda \end{pmatrix}$$

$$= -\lambda^3 + 5\lambda^2 - 8\lambda + 4 = -(\lambda - 1)(\lambda - 2)^2 = 0$$

und liefert den einfachen Eigenwert $\lambda_1 = 1$ sowie den zweifachen Eigenwert $\lambda_2 = 2$. Eigenvektoren des einfachen Eigenwerts λ_1 ergeben sich aus dem System:

$$(A - E) \begin{pmatrix} u_1 \\ u_2 \\ u_3 \end{pmatrix} = \begin{pmatrix} 2 & -1 & 1 \\ 2 & -1 & 1 \\ 1 & -1 & 1 \end{pmatrix} \begin{pmatrix} u_1 \\ u_2 \\ u_3 \end{pmatrix} = \begin{pmatrix} 0 \\ 0 \\ 0 \end{pmatrix}.$$

Eine Basislösung dieses Systems lautet:

$$U_1 = \begin{pmatrix} 0 \\ 1 \\ 1 \end{pmatrix}.$$

Sie liefert den folgenden Beitrag zu einem Fundamentalsystem:

$$Y_1(x) = \begin{pmatrix} 0 \\ 1 \\ 1 \end{pmatrix} e^x.$$

Hauptvektoren der Stufe zwei des zweifachen Eigenwerts λ_2 ergeben sich aus dem System:

$$(A - 2E)^2 \begin{pmatrix} u_1 \\ u_2 \\ u_3 \end{pmatrix} = \begin{pmatrix} 0 & 0 & 0 \\ -1 & 1 & 0 \\ -1 & 1 & 0 \end{pmatrix} \begin{pmatrix} u_1 \\ u_2 \\ u_3 \end{pmatrix} = \begin{pmatrix} 0 \\ 0 \\ 0 \end{pmatrix}.$$

Wir bekommen folgende Basislösungen dieses Systems:

$$U_2 = \begin{pmatrix} 1 \\ 1 \\ 0 \end{pmatrix}, \quad U_3 = \begin{pmatrix} 0 \\ 0 \\ 1 \end{pmatrix}.$$

Wegen

$$(A - 2E) U_2 = \begin{pmatrix} 1 & -1 & 1 \\ 2 & -2 & 1 \\ 1 & -1 & 0 \end{pmatrix} \begin{pmatrix} 1 \\ 1 \\ 0 \end{pmatrix} = \begin{pmatrix} 0 \\ 0 \\ 0 \end{pmatrix}$$

stellt U_2 einen Eigenvektor zum Eigenwert $\lambda_2 = 2$ dar und liefert den folgenden Beitrag zu einem Fundamentalsystem:

$$Y_2(x) = \begin{pmatrix} 1 \\ 1 \\ 0 \end{pmatrix} e^{2x}.$$

Wegen

$$(A - 2E)\,U_3 = \begin{pmatrix} 1 & -1 & 1 \\ 2 & -2 & 1 \\ 1 & -1 & 0 \end{pmatrix} \begin{pmatrix} 0 \\ 0 \\ 1 \end{pmatrix} = \begin{pmatrix} 1 \\ 1 \\ 0 \end{pmatrix}$$

stellt U_3 einen Hauptvektor zweiter Stufe zum Eigenwert $\lambda_2 = 2$ dar und liefert den folgenden Beitrag zu einem Fundamentalsystem:

$$Y_3(x) = \left(\begin{pmatrix} 0 \\ 0 \\ 1 \end{pmatrix} + \begin{pmatrix} 1 \\ 1 \\ 0 \end{pmatrix} x \right) e^{2x}.$$

Die Wronskische Matrix $W(x) = (Y_1(x), Y_2(x), Y_3(x))$ stellt eine Lösung der Matrix-Differenzialgleichung $W' = A\,W$ dar. Offenbar gilt

$$W(0) = \begin{pmatrix} 0 & 1 & 0 \\ 1 & 1 & 0 \\ 1 & 0 & 1 \end{pmatrix}.$$

Die Inverse dieser Matrix lautet:

$$W(0)^{-1} = \begin{pmatrix} -1 & 1 & 0 \\ 1 & 0 & 0 \\ 1 & -1 & 1 \end{pmatrix}.$$

Damit wird:

$$e^{Ax} = (Y_1(x), Y_2(x), Y_3(x))\,W(0)^{-1} = \begin{pmatrix} (1+x)\,e^{2x} & -x\,e^{2x} & x\,e^{2x} \\ -e^x + (1+x)\,e^{2x} & e^x - x\,e^{2x} & x\,e^{2x} \\ -e^x + x\,e^{2x} & e^x - e^{2x} & e^{2x} \end{pmatrix}.$$

Mathematica

$$A := \{\{3, -1, 1\}, \{2, 0, 1\}, \{1, -1, 2\}\};$$

MatrixForm[MatrixExp[$A\,x$]]

$$\begin{pmatrix} e^{2x} + e^{2x} x & -e^{2x} x & e^{2x} x \\ -e^x + e^{2x} + e^{2x} x & e^x - e^{2x} x & e^{2x} x \\ -e^x + e^{2x} & e^x - e^{2x} & e^{2x} \end{pmatrix}$$

Maple

```
with(linalg):

A:=matrix(3,3,[3,-1,1,2,0,1,1,-1,2]);
exponential(A,x);
```

$$A := \begin{bmatrix} 3 & -1 & 1 \\ 2 & 0 & 1 \\ 1 & -1 & 2 \end{bmatrix}$$

Exponential$(A, x) =$

$$\begin{bmatrix} e^{(2x)} + x\,e^{(2x)} & -x\,e^{(2x)} & x\,e^{(2x)} \\ e^{(2x)} - e^x + x\,e^{(2x)} & e^x - x\,e^{(2x)} & x\,e^{(2x)} \\ e^{(2x)} - e^x & -e^{(2x)} + e^x & e^{(2x)} \end{bmatrix}$$

2 Numerische Methoden

2.1 Fehleranalyse

Zur Darstellung einer Zahl mit einem Rechner steht nur eine endliche Anzahl von Stellen zur Verfügung.

Festpunktdarstellung von Dezimalzahlen

Bei der Festpunktdarstellung wird die Anzahl der Stellen vor dem Dezimalpunkt n_1 sowie die Anzahl der der Stellen nach dem Punkt n_2 festgelegt. Man kann dann Zahlen der Gestalt erfassen:

$$x = \pm \sum_{k=1}^{n_1} a_{n_1-k}\, 10^{n_1-k} + \sum_{k=1}^{n_2} a_{-k}\, 10^{-k},$$

mit Ziffern a_k, $k = -n_2, \ldots, n_1 - 1$.

Aufgabe 2.1: Zahlen in Festpunktdarstellung angeben

Festgelegt werde die Stellenzahl vor dem Dezimalpunkt und nach dem Dezimalpunkt $n_1=4$ bzw. $n_2 = 5$. Welche Dezimalzahlen können dargestellt werden? Wie muss man die Dezimalzahlen -27.4021 und 10.00242 in der vorgegeben Darstellung ausdrücken? Kann die Dezimalzahl 3.0030303 dargestellt werden? Wie stellt sich die Dezimalzahl 10.00242 dar, wenn $n_1=3$ und $n_2 = 7$ vorgeschrieben wird.

Lösung

Es können Zahlen der Form dargestellt werden:

$$
\begin{aligned}
x &= \pm \sum_{k=1}^{4} a_{4-k}\, 10^{4-k} + \sum_{k=1}^{5} a_{-k}\, 10^{-k} \\
&= \pm a_3\, a_2\, a_1\, a_0 \,.\, a_{-1}\, a_{-2}\, a_{-3}\, a_{-4}\, a_{-5}
\end{aligned}
$$

mit Ziffern a_k, $k = -5, -4, -3, -2, -1, 0, 1, 2, 3$. Wir können folgendes Schema angeben:

$$\pm \boxed{a_3} \boxed{a_2} \boxed{a_1} \boxed{a_0} \,.\, \boxed{a_{-1}} \boxed{a_{-2}} \boxed{a_{-3}} \boxed{a_{-4}} \boxed{a_{-5}}$$

Die gegebenen Zahlen gehen in die Gestalt über:

$$-27.4021 \quad \Longleftrightarrow \quad -0027.40210$$

bzw.

$$10.00242 \quad \Longleftrightarrow \quad 0010.00242 \,.$$

Die Dezimalzahl 3.0030303 kann nicht dargestellt werden.
Wird schließlich $n_1 = 3$ und $n_2 = 7$ vorgeschrieben, dann ergibt sich die Darstellung:

$$10.00242 \quad \Longleftrightarrow \quad 010.0024200 \,.$$

Die Festpunktdarstellung ist übersichtlich bei einfachen Rechnungen und Anzeigen auf Displays. Bei wissenschaftlichen Rechnungen ist die Festpunktdarstellung zu unflexibel.

Gleitpunktdarstellung von Dezimalzahlen

Bei der Gleitpunktdarstellung wird die Stellenzahl n einer Mantisse a festgelegt und ein ganzzahliger Exponent $b \in [\underline{b}, \overline{b}]$ eingeschränkt. Man kann dann Zahlen der Gestalt erfassen:

$$x = \pm a \, 10^b \,, \quad a = a_0 + \sum_{k=1}^{n-1} a_{-k} \, 10^{-k} \,,$$

mit Ziffern a_k, $k = 0, \ldots, -n+1$, $a_0 \neq 0$. Die Zahl 0 hat die Darstellung

$\left(0 + \sum\limits_{k=1}^{n-1} 0 \cdot 10^{-k} \right) 10^0$. Der Dezimalpunkt wird hier durch den Exponenten festgelegt.

Aufgabe 2.2: Zahlen in Gleitpunktdarstellung angeben

Festgelegt werde die Stellenzahl 3 der Mantisse a und ein ganzzahliger Exponent b auf ein Intervall $-4 \leq b \leq 4$ eingeschränkt. Welche Dezimalzahlen können in Gleitpunktdarstellung erfasst werden. Wie lautet die Gleitpunktdarstellung der Zahlen 2, 0.02 und -0.312? Kann die Zahl 0.00005 dargestellt werden?

Lösung

Man kann dann Zahlen der Gestalt erfassen:

$$x = \pm a \, 10^b \,, \quad a = a_0 + a_{-1} \, 10^{-1} + a_{-2} \, 10^{-2} = a_0 . a_{-1} a_{-2} \,,$$

mit Ziffern $a_0 \neq 0$, a_{-1}, a_{-2}, und $-4 \leq b \leq 4$.
Die gegebenen Zahlen gehen in die Gestalt über:

$$2 \quad \Longleftrightarrow \quad 2.00 \cdot 10^0 \,,$$

$$0.02 \quad \Longleftrightarrow \quad 2.00 \cdot 10^{-2} \,,$$

$$-0.312 \quad \Longleftrightarrow \quad -3.12 \cdot 10^{-1} \,.$$

Die Dezimalzahl 0.00005 kann nicht dargestellt werden. Man müsste den Bereich des Exponenten erweitern:

$$0.00005 \quad \Longleftrightarrow \quad 5.00 \cdot 10^{-5} \,.$$

Aufgabe 2.3: Unterschiedliche Gleitpunktdarstellungen betrachten

Man kann die Stellenzahl n einer Mantisse a festlegen und Zahlen der Gestalt erfassen:

$$x = \pm a\, 10^b, \quad a = a_0 + \sum_{k=1}^{n-1} a_{-k}\, 10^{-k},$$

mit Ziffern a_k, $k = 0, \ldots, -n + 1$, $a_0 \neq 0$.

Man kann aber auch folgende Zahlen erfassen:

$$x = \pm a\, 10^b, \quad a = \sum_{k=1}^{n} a_{-k}\, 10^{-k},$$

mit Ziffern a_k, $k = 1, \ldots, -n$, $a_{-1} \neq 0$.

Wie lauten die Zahlen 510.003422 bzw. $510.003422 \cdot 10^{23}$ bei der Mantissenlänge $n = 9$ in beiden Darstellungen?

Lösung

Es gilt in der ersten Darstellung:

$$510.003422 \quad \Longleftrightarrow \quad 5.10003422 \cdot 10^2$$

und in der zweiten:

$$510.003422 \quad \Longleftrightarrow \quad 0.510003422 \cdot 10^3.$$

Es gilt in der ersten Darstellung:

$$510.003422 \cdot 10^{23} \quad \Longleftrightarrow \quad 5.10003422 \cdot 10^{25}$$

und in der zweiten:

$$510.003422 \quad \Longleftrightarrow \quad 0.510003422 \cdot 10^{26}.$$

Mathematica

Mathematica benutzt die erste Darstellung. Mit dem Befehl N kann man die Mantissenlänge eingeben.

$$\textbf{N[510.003422, 9]}$$

$$510.003422$$

$$\textbf{N[510.00342210}^{23}\textbf{, 9]}$$

$$5.10003422 \times 10^{25}$$

Maple

Maple benutzt die zweite Darstellung. Mit dem Befehl evalf kann man die Mantissenlänge eingeben.

```
evalf(510.003422,9)
```

$$510.003422$$

```
evalf(510.003422*10^23,9);
```

$$.510003422 \, 10^{26}$$

Für eine Zahl, die auf einem Rechner nicht dargestellt werden kann, ermittelt man im Allgemeinen durch Rundung eine geeignete Näherung.

Approximation durch Maschinenzahlen

Sei $\mathbb{A}$ die Menge aller Zahlen, die durch eine Maschine in Gleitpunktdarstellung erfassbar sind. Ist x eine Zahl, die nicht in der endlichen Menge $\mathbb{A}$ liegt, so approximiert man x durch eine Maschinenzahl $rd(x)$ nach der Vorschrift:

$$|rd(x) - x| \leq |y - x| \quad \text{für alle} \quad y \in \mathbb{A}.$$

Aufgabe 2.4: Aufrunden und Abrunden

Die Menge $\mathbb{A}$ der auf einer Maschine darstellbaren Zahlen bestehe aus den Gleitpunktzahlen mit n-stelliger Mantisse:

$$\pm a_0 . a_{-1} a_{-2} \cdots a_{-n+1} \cdot 10^b.$$

Für reelle Zahlen

$$x = \pm a_0 . a_{-1} \cdots a_{-n+1} a_{-n} \cdots \cdot 10^b \notin \mathbb{A}$$

runden wir ab bzw. auf und bilden:

$$rd(x) = \begin{cases} \pm a_0 . a_{-1} \cdots a_{-n+1} \cdot 10^b, 0 \leq a_{-n} \leq 4, \\ \pm \left(a_0 . a_{-1} \cdots a_{-n+1} + 10^{-n+1}\right) \cdot 10^b, a_{-n} \geq 5. \end{cases}$$

Im Fall $n = 4$ gebe man folgende Maschinenzahlen an:

$$rd(555.239), \quad rd(101.099),$$

$$rd\left(-2700.88 \cdot 10^{17}\right), \quad rd\left(99.999 \cdot 10^{-12}\right).$$

Lösung

Offensichtlich stellt die gerundete Zahl im vorliegenden Fall gerade die beste Approximation durch Maschinenzahlen dar.
Es gilt:

$$rd(555.239) = rd\left(5.55239 \cdot 10^2\right)$$
$$= 5.552 \cdot 10^2,$$
$$rd(101.099) = rd\left(1.01099 \cdot 10^2\right) = \left(1.010 + 10^{-3}\right) \cdot 10^2$$
$$= 1.011 \cdot 10^2,$$
$$rd\left(-2700.88 \cdot 10^{17}\right) = rd\left(-2.70088 \cdot 10^{20}\right) = -\left(2.700 + 10^{-3}\right) \cdot 10^{20}$$
$$= -2.701 \cdot 10^{20},$$
$$rd\left(99.999 \cdot 10^{-12}\right) = rd\left(9.9999 \cdot 10^{-11}\right) = \left(9.999 + 10^{-3}\right) \cdot 10^{-11}$$
$$= 10.000 \cdot 10^{-11} = 1.000 \cdot 10^{-10}.$$

Mathematica

$$N[555.239, 4]$$
$$555.2$$

$$N[101.099, 4]$$
$$101.1$$

$$N[-2700.8810^{17}, 4]$$
$$-2.701 \times 10^{20}$$

$$N[99.99910^{-12}, 4]$$
$$1. \times 10^{-10}$$

Maple

```
evalf(555.239,4);
```

$$555.2$$

```
evalf(101.099,4);
```

$$101.1$$

```
evalf(-2700.88*10^17,4);
```

$$-.2701\,10^{21}$$

```
evalf(99.999*10^(-12),4);
```

$$.1000\ 10^{-9}$$

Die Abweichung einer Näherung von der echten Größe ist oft weniger aufschlussreich als das Verhältnis der Abweichung zur Größe.

Absoluter und relativer Fehler

Sei x eine reelle Zahl und $\tilde{x}$ eine Näherung. Als absoluten Fehler der Näherung bezeichnet man die Differenz:

$$\triangle x = \tilde{x} - x \,.$$

Als relativen Fehler der Näherung bezeichnet man den Quotienten (bei $x \neq 0$):

$$\varepsilon_x = \frac{\triangle x}{x} \,.$$

Aufgabe 2.5: Relativen Rundungsfehler durch die Maschinengenauigkeit abschätzen

Auf einer Maschine seien Zahlen mit n-stelliger Mantisse darstellbar:

$$\pm a_0 . a_{-1} a_{-2} \cdots a_{-n+1} \cdot 10^b \,.$$

Die Zahl

$$\tau = \frac{1}{2} 10^{-n+1}$$

heißt Maschinengenauigkeit. Für den relativen Rundungsfehler zeige man:

$$\left| \frac{rd(x) - x}{x} \right| \leq \tau \,.$$

Lösung

Sei x eine beliebige, von Null verschiedene reelle Zahl:

$$x = \pm a_0 . a_{-1} \cdots a_{-n+1} a_{-n} \cdots \cdot 10^b \,.$$

Für den absoluten Fehler gilt:

$$|rd(x) - x| \leq \frac{1}{2} 10^{-n+1} 10^b \,.$$

Division ergibt:

$$\left| \frac{rd(x) - x}{x} \right| \leq \frac{1}{2} 10^{-n+1} \frac{1}{a_0 . a_{-1} \cdots a_{-n+1} a_{-n} \cdots} \,.$$

Da die Ziffer $a_0 \geq 1$ ist, folgt:

$$\left| \frac{rd(x) - x}{x} \right| \leq \frac{1}{2} 10^{-n+1} .$$

Sind bei einem Algorithmus Eingabedaten mit einem Fehler behaftet, so pflanzt sich dieser Fehler auf die Ergebnisse fort.

Differenzielle Fehleranalyse

Sei $f : D \longrightarrow \mathbb{R}, D \subset \mathbb{R}^m, x \rightarrow y = f(x) = f(x_1, \dots, x_m)$ eine stetig differenzierbare Funktion. Aus der abgebrochenen Taylorentwicklung:

$$f(\tilde{x}) \approx f(x) + \sum_{k=1}^{m} \frac{\partial f}{\partial x_k}(x) \, (\tilde{x}_k - x_k)$$

ergibt sich die Fortpflanzung der absoluten Fehlers $\triangle y = \tilde{y} - y$ zu:

$$\triangle y \approx \sum_{k=1}^{m} \frac{\partial f}{\partial x_k}(x) \, \triangle x_k .$$

Bei $y \neq 0$ pflanzt sich der relative Fehler nach der folgenden Formel fort:

$$\varepsilon_y \approx \sum_{k=1}^{m} \frac{x_k}{y} \frac{\partial f}{\partial x_k}(x) \, \varepsilon_{x_k} .$$

Aufgabe 2.6: Fehlerfortpflanzung bei arithmetischen Operationen

Man leite folgende Fehlerforpflanzungsformeln her:

$$y = f(x_1, x_2) = x_1 \pm x_2 \implies \varepsilon_y \approx \frac{x_1}{y} \varepsilon_{x_1} \pm \frac{x_2}{y} \varepsilon_{x_2} ,$$

$$y = f(x_1, x_2) = x_1 \cdot x_2 \implies \varepsilon_y \approx \varepsilon_{x_1} + \varepsilon_{x_2} ,$$

$$y = f(x_1, x_2) = \frac{x_1}{x_2} \implies \varepsilon_y \approx \varepsilon_{x_1} - \varepsilon_{x_2} .$$

Lösung

Wir gehen von der Formel aus:

$$\varepsilon_y \approx \frac{x_1}{y} \frac{\partial f}{\partial x_1}(x) \, \varepsilon_{x_1} + \frac{x_2}{y} \frac{\partial f}{\partial x_2}(x) \, \varepsilon_{x_2} .$$

Bei der Addition (Subtraktion) gilt:

$$\frac{\partial f}{\partial x_1}(x) = 1 , \qquad \frac{\partial f}{\partial x_2}(x) = \pm 1 .$$

Bei der Multiplikation gilt:

$$\frac{\partial f}{\partial x_1}(x) = x_2, \quad \frac{\partial f}{\partial x_2}(x) = x_1$$

und bei der Division:

$$\frac{\partial f}{\partial x_1}(x) = \frac{1}{x_2}, \quad \frac{\partial f}{\partial x_2}(x) = -\frac{x_1}{x_2^2}.$$

Setzt man die Ableitungen in die Fehlerformel ein, so ergibt sich die Behauptung. Im Fall der Addition (Subtraktion) gilt exakt:

$$\triangle y = ((x_1 + \triangle x_1) \pm (x_2 + \triangle x_2)) - (x_1 \pm x_2) = \triangle x_1 \pm \triangle x_2$$

und

$$\frac{\triangle y}{y} = \frac{x_1}{y} \frac{\triangle x_1}{x_1} \pm \frac{x_2}{y} \frac{\triangle x_2}{x_2}.$$

Betrachtet man die Multiplikation analog, so muss der quadratische Fehlerterm vernachlässigt werden:

$$\begin{aligned}
\triangle y &= ((x_1 + \triangle x_1) \cdot (x_2 + \triangle x_2)) - (x_1 \cdot x_2) \\
&= \triangle x_1 \cdot x_2 + \triangle x_2 \cdot x_1 + \triangle x_1 \cdot \triangle x_2 \\
&\approx \triangle x_1 \cdot x_2 + \triangle x_2 \cdot x_1.
\end{aligned}$$

Division durch $y = x_1 \cdot x_2$ führt nun wieder zu der Fehlerfortpflanzungsformel.

Aufgabe 2.7: Rundungsfehler bei Auswertung von Funktionen

Sei $f : D \longrightarrow \mathbb{R}, D \subset \mathbb{R}^m$, stetig differenzierbar. Wir nehmen an, dass eine Maschine diese Funktion exakt ohne Verfahrensfehler bearbeiten kann. Bei der Darstellung von Dezimalzahlen arbeite die Maschine mit der Genauigkeit τ. Durch Rundung oder andere Einflüsse seien Fehler der Eingaben entstanden. Man gebe eine Abschätzung des relativen und absoluten Fehlers bei der Auswertung von $y = f(x)$.

Lösung

Für den relativen Rundungsfehler

$$\tau_z = \frac{rd(z) - z}{z}$$

haben wir die Abschätzung:

$$|\tau_z| \leq \tau.$$

Für den relativen Rundungsfehler folgt hieraus:

$$|rd(z) - z| \leq |z| \tau.$$

Sind nun Eingaben x_k mit Fehlern $\triangle x_k$ behaftet, so werden diese zunächst vererbt nach der Regel:

$$\triangle y \approx \sum_{k=1}^{m} \frac{\partial f}{\partial x_k}(x) \triangle x_k \quad \text{bzw.} \quad \epsilon_y \approx \sum_{k=1}^{m} \frac{x_k}{y} \frac{\partial f}{\partial x_k}(x) \, \epsilon_{x_k}.$$

Hinzu kommt noch der Fehler bei der Rundung des Ergebnisses. Die Überlegung:

$$rd(y + \Delta y) = y + \Delta y + (y + \Delta y) \tau_{(y+\Delta y)} \approx y + \Delta y + y \tau_y$$

liefert folgenden Gesamtfehler:

$$\Delta y_r \approx \sum_{k=1}^{m} \frac{\partial f}{\partial x_k}(x) \Delta x_k + y \tau_y \quad \text{bzw.} \quad \varepsilon_{y_r} \approx \sum_{k=1}^{m} \frac{x_k}{y} \frac{\partial f}{\partial x_k}(x) \varepsilon_{x_k} + \tau_y$$

und die Abschätzungen:

$$|\Delta y_r| \approx \sum_{k=1}^{m} \left| \frac{\partial f}{\partial x_k}(x) \right| |\Delta x_k| + |y| \tau \quad \text{bzw.} \quad |\varepsilon_{y_r}| \approx \sum_{k=1}^{m} \frac{|x_k|}{|y|} \left| \frac{\partial f}{\partial x_k}(x) \right| |\varepsilon_{x_k}| + \tau .$$

Aufgabe 2.8: Rundungsfehlereinfluss betrachten

Man verfolge den Rundungsfehlereinfluss bei der Auswertung:

$$y = \sin(x_1) - \sin(x_2) .$$

Die Maschinengenauigkeit betrage τ und die trigonometrischen Funktionen sollen ohne Fehler bearbeitet werden.

Lösung

Bei den Funktionen $x_1 \rightarrow \sin(x_1)$ bzw. $x_2 \rightarrow \sin(x_2)$ ergeben sich folgende Gesamtfehler:

$$\varepsilon_{(\sin(x_1))_r} \approx \frac{x_1}{\sin(x_1)} \cos(x_1) \varepsilon_{x_1} + \tau_{\sin(x_1)}$$

bzw.

$$\varepsilon_{(\sin(x_2))_r} \approx \frac{x_2}{\sin(x_2)} \cos(x_1) \varepsilon_{x_2} + \tau_{\sin(x_2)} .$$

Bei der Subtraktion $y = \sin(x_1) - \sin(x_2)$ entsteht der Gesamtfehler:

$$\begin{aligned}
\varepsilon_{y_r} &\approx \frac{\sin(x_1)}{y} \varepsilon_{(\sin(x_1))_r} - \frac{\sin(x_2)}{y} \varepsilon_{(\sin(x_2))_r} + \tau_y \\
&\approx \frac{x_1}{y} \cos(x_1) \varepsilon_{x_1} - \frac{x_2}{y} \cos(x_2) \varepsilon_{x_2} \\
&\quad + \frac{\sin(x_1)}{y} \tau_{\sin(x_1)} - \frac{\sin(x_2)}{y} \tau_{\sin(x_2)} + \tau_y .
\end{aligned}$$

Der relative Rundungsfehlereinfluss, der sich während der Rechnung ergibt, kann mit der Maschinengenauigkeit abgeschätzt werden durch:

$$\frac{2}{|y|} \tau + \tau .$$

Der relative Rundungsfehler wird also besonders groß, wenn y gegen Null strebt.

Aufgabe 2.9: Rundungsfehlereinfluss bei verschiedenen Rechenverfahren vergleichen

Durch die mathematisch identischen Ausdrücke $y = x_1^2 - x_2^2$ und $y = (x_1 - x_2)(x_1 + x_2)$ werden zwei verschiedene Rechenverfahren gegeben. Man vergleiche den Rundungsfehlereinfluss bei beiden Verfahren, wenn die Maschinengenauigkeit τ beträgt.

Lösung

1) Bei den Funktionen $x_1 \to x_1^2$ bzw. $x_2 \to x_2^2$ ergeben sich folgende Gesamtfehler:

$$\varepsilon_{(x_1^2)_r} \approx 2\varepsilon_{x_1} + \tau_{x_1^2} \quad \text{bzw.} \quad \varepsilon_{(x_2^2)_r} \approx 2\varepsilon_{x_2} + \tau_{x_2^2}.$$

Bei der Subtraktion $y = x_1^2 - x_2^2$ entsteht der Gesamtfehler:

$$\begin{aligned}
\varepsilon_{y_r} &\approx \frac{x_1^2}{y}\varepsilon_{(x_1^2)_r} - \frac{x_2^2}{y}\varepsilon_{(x_2^2)_r} + \tau_y \\
&\approx 2\frac{x_1^2}{y}\varepsilon_{x_1} - 2\frac{x_2^2}{y}\varepsilon_{x_2} + \frac{x_1^2}{y}\tau_{x_1^2} - \frac{x_2^2}{y}\tau_{x_2^2} + \tau_y.
\end{aligned}$$

Mit der Maschinengenauigkeit können wir den Gesamtfehler abschätzen:

$$|\varepsilon_{y_r}| \le 2\frac{x_1^2}{|y|}|\varepsilon_{x_1}| + 2\frac{x_2^2}{|y|}|\varepsilon_{x_2}| + \left(\frac{x_1^2}{|y|} + \frac{x_2^2}{|y|}\right)\tau + \tau.$$

Der Einfluss der Rundungsfehler durch die Rechnung kann also abgeschätzt werden durch:

$$\frac{1}{|y|}\left(x_1^2 + x_2^2 + |y|\right)\tau.$$

2.) Bei der Subtraktion bzw. Addition $x_1 - x_2$ bzw. $x_1 + x_2$ ergeben sich folgende Gesamtfehler:

$$\varepsilon_{(x_1 - x_2)_r} \approx \frac{x_1}{x_1 - x_2}\varepsilon_{x_1} - \frac{x_2}{x_1 - x_2}\varepsilon_{x_2} + \tau_{x_1 - x_2}$$

bzw.

$$\varepsilon_{(x_1 + x_2)_r} \approx \frac{x_1}{x_1 + x_2}\varepsilon_{x_1} + \frac{x_2}{x_1 + x_2}\varepsilon_{x_2} + \tau_{x_1 + x_2}.$$

Bei der Multiplikation $y = (x_1 - x_2)(x_1 + x_2)$ entsteht der Gesamtfehler:

$$\begin{aligned}
\varepsilon_{y_r} &\approx \left(\frac{x_1}{x_1 - x_2} + \frac{x_1}{x_1 + x_2}\right)\varepsilon_{x_1} + \left(-\frac{x_2}{x_1 - x_2} + \frac{x_2}{x_1 + x_2}\right)\varepsilon_{x_2} \\
&\quad + \tau_{x_1 - x_2} + \tau_{x_1 + x_2} + \tau_y \\
&\approx 2\frac{x_1^2}{y}\varepsilon_{x_1} - 2\frac{x_2^2}{y}\varepsilon_{x_2} + \tau_{x_1 - x_2} + \tau_{x_1 + x_2} + \tau_y.
\end{aligned}$$

Mit der Maschinengenauigkeit können wir den Gesamtfehler abschätzen:

$$|\varepsilon_{y_r}| \le 2\frac{x_1^2}{|y|}|\varepsilon_{x_1}| + 2\frac{x_2^2}{|y|}|\varepsilon_{x_2}| + 3\tau.$$

Der Einfluss der Rundungsfehler durch die Rechnung kann also abgeschätzt werden durch:

$$\frac{1}{|y|} \, 3 \, |y| \, \tau \, .$$

Nun gilt:

$$3 \, |x_1^2 - x_2^2| \leq x_1^2 + x_2^2 + |x_1^2 - x_2^2| \quad \Longleftrightarrow \quad \frac{1}{3} \leq \left| \frac{x_1}{x_2} \right| \leq 3 \, .$$

Das heißt, beim zweiten Rechenverfahren haben wir genau dann kleinere Rundungsfehler-schranken, wenn $\frac{1}{3} \leq \left| \frac{x_1}{x_2} \right| \leq 3$.

2.2   Horner-Schema

Mit dem Horner-Schema lässt sich ein Polynom vom Grad n rekursiv durch n Multiplikationen und n Additionen auswerten.

Einfaches Horner-Schema

Sei $p_n(x) = a_n^{(0)} x^n + a_{n-1}^{(0)} x^{n-1} + \ldots + a_1^{(0)} x + a_0^{(0)}$

ein Polynom n-ten Grades. Den Funktionswert $p_n(x_0) = a_0^{(1)}$ erhalten wir mit der Rekursion:

$$\begin{aligned} a_n^{(1)} &= a_n^{(0)}, \\ a_k^{(1)} &= a_{k+1}^{(1)} x_0 + a_k^{(0)}, \quad k = n-1, n-2, \ldots, 0, \end{aligned}$$

Schematisch rechnet man folgendermaßen:

p_n	$a_n^{(0)}$	$a_{n-1}^{(0)}$	$a_{n-2}^{(0)}$	$\ldots$	$a_1^{(0)}$	$a_0^{(0)}$
$x = x_0$	0	$a_n^{(1)} x_0$	$a_{n-1}^{(1)} x_0$	$\ldots$	$a_2^{(1)} x_0$	$a_1^{(1)} x_0$
	$a_n^{(1)}$	$a_{n-1}^{(1)}$	$a_{n-2}^{(1)}$	$\ldots$	$a_1^{(1)}$	$a_0^{(1)} = p_n(x_0)$

Aufgabe 2.10: Einfaches Horner-Schema begründen

Mit den Koeffizienten des Polynoms

$$p_n(x) = a_n^{(0)} x^n + a_{n-1}^{(0)} x^{n-1} + \ldots + a_1^{(0)} x + a_0^{(0)}$$

berechnen wir rekursiv die Koeffizienten:

$$\begin{aligned} a_n^{(1)} &= a_n^{(0)}, \\ a_k^{(1)} &= a_{k+1}^{(1)} x_0 + a_k^{(0)}, \quad k = n-1, n-2, \ldots, 0 \, . \end{aligned}$$

Man begründe, dass gilt $p_n(x_0) = a_0^{(1)}$.

Lösung

Durch sukzessives Ausklammern schreiben wir den Ausdruck $p_n(x_0)$ in der Form:

$$
\begin{aligned}
p_n(x_0) \\
&= \left(a_n^{(0)} x^{n-1} + a_{n-1}^{(0)} x^{n-2} + \ldots + a_2^{(0)} x + a_1^{(0)} \right) x + a_0^{(0)} \\
&= \left(\left(a_n^{(0)} x^{n-2} + a_{n-1}^{(0)} x^{n-3} + \ldots + a_2^{(0)} \right) x + a_1^{(0)} \right) x + a_0^{(0)} \\
&\;\;\vdots \\
&= \left(\ldots \left(\left(a_n^{(0)} x_0 + a_{n-1}^{(0)} \right) x_0 + a_{n-2}^{(0)} \right) x_0 + \ldots \right) x_0 + a_0^{(0)} .
\end{aligned}
$$

Die Behauptung ergibt sich nun sofort:

$$
p_n(x_0) = \left(\ldots \left(\left(\underbrace{\underbrace{a_n^{(0)} x_0 + a_{n-1}^{(0)}}_{a_n^{(1)}} x_0 + a_{n-2}^{(0)}}_{a_{n-1}^{(1)}} \right) x_0 + \ldots \right) x_0 + a_0^{(0)} \right) .
$$

Aufgabe 2.11: Polynomwerte mit dem Horner-Schema berechnen

Gegeben sei das Polynom

$$
p_3(x) = 4\,x^3 + 3\,x^2 - 12 .
$$

Man berechne die Werte $p_3(2)$ und $p_3(-3)$ mithilfe des Horner-Schemas.

Lösung

Wir können für beliebiges x_0 schreiben:

$$p_3(x_0) \; = \; \underbrace{4}_{a_3^{(0)}} \, x_0^3 + \underbrace{3}_{a_2^{(0)}} \, x_0^2 + \underbrace{0}_{a_1^{(0)}} \, x_0 - \underbrace{12}_{a_0^{(0)}}$$

$$= \; \left(4\,x_0^2 + 3\,x_0\right) x_0 - 12$$

$$= \; ((\,\underbrace{4}_{a_3^{(1)}} \, x_0 + 3)\,x_0) \, x_0 - 12$$

Das Horner-Schema lautet nun für $x_0 = 2$:

$$
\begin{array}{r|cccc}
p_3 & 4 & 3 & 0 & -12 \\
x_0 = 2 & 0 & 8 & 22 & 44 \\
\hline
 & 4 & 11 & 22 & 32 = p_3(2)
\end{array}
$$

Wir lesen ab: $p_3(2) = 32$.

Das Horner-Schema lautet für $x_0 = -3$:

$$
\begin{array}{r|cccc}
p_3 & 4 & 3 & 0 & -12 \\
x_0 = -3 & 0 & -12 & 27 & -81 \\
\hline
 & 4 & -9 & 27 & -93 = p_3(-3)
\end{array}
$$

Wir lesen ab: $p_3(-3) = -81$.

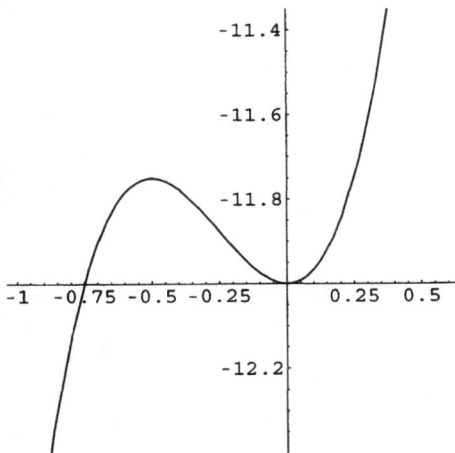

Bild 2.1: *Das Polynom*
$$p_3(x) = 4\,x^3 + 3\,x^2 - 12$$

Mathematica

$$\mathrm{p[x\_] := 4\,x^3 + 3\,x^2 - 12}$$

$$\mathrm{p[2]}$$

$$32$$

$$\mathbf{p[-3]}$$

$$-93$$

Maple

```
p:=x->4*x^3+3*x^2-12;
p(2);
```

$$32$$

```
p(-3);
```

$$-93$$

Die im Horner-Schema berechneten Koeffizienten liefern dasjenige Polynom, welches man beim Dividieren mit Rest durch einen Linearfaktor erhält. Das Horner-Schema, das alle Koeffizienten der Taylorentwicklung eines Polynoms bestimmt, heißt vollständiges Horner-Schema und lässt sich folgendermaßen veranschaulichen.

Vollständiges Horner-Schema

p_n	$a_n^{(0)}$	$a_{n-1}^{(0)}$	$\cdots$	$a_1^{(0)}$	$a_0^{(0)}$
$x=x_0$	0	$a_n^{(1)}x_0$	$\cdots$	$a_2^{(1)}x_0$	$a_1^{(1)}x_0$
p_{n-1}	$a_n^{(1)}$	$a_{n-1}^{(1)}$	$\cdots$	$a_1^{(1)}$	$a_0^{(1)}=p_n(x_0)$
$x=x_0$	0			$a_n^{(2)}x_0$	$a_2^{(2)}x_0$
p_{n-2}	$a_n^{(2)}$	$a_{n-1}^{(2)}$	$\cdots$	$a_1^{(2)}=p_{n-1}(x_0)$	

$$a_n^{(1)} \quad a_{n-1}^{(1)} \quad \cdots \quad a_1^{(1)} \quad \begin{array}{c} a_0^{(1)} \\ =p_n(x_0) \end{array}$$

$$\vdots \quad \vdots \quad \vdots \quad \cdots$$

p_1	$a_n^{(n-1)}$	$a_{n-1}^{(n-1)}$	
$x=x_0$	0	$a_n^{(n)}x_0$	
p_0	$a_n^{(n)}$	$a_{n-1}^{(n)}=p_1(x_0)$	
$x=x_0$	0		

$$\begin{array}{c} a_n^{(n)} \\ =p_0(x_0) \end{array}$$

Aufgabe 2.12: Vollständiges Horner-Schema begründen

Sei $p_n(x) = a_n^{(0)} x^n + a_{n-1}^{(0)} x^{n-1} + \ldots + a_1^{(0)} x + a_0^{(0)}$ ein Polynom n-ten Grades. Mit den Koeffizienten aus dem Horner-Schema an der Stelle x_0 werde folgendes Polynom gebildet:

$$p_{n-1}(x) = a_n^{(1)} x^{n-1} + a_{n-1}^{(1)} x^{n-2} + \ldots + a_2^{(1)} x + a_1^{(1)}.$$

Man zeige:

$$p_n(x) = (x - x_0) p_{n-1}(x) + p_n(x_0).$$

Durch weitere Anwendung erhält man Polynome:

$p_{n-1}(x) = (x - x_0)p_{n-2}(x) + p_{n-1}(x_0), \ldots,$

$p_1(x) = (x - x_0)p_0(x) + p_1(x_0).$

Man zeige:

$$p_{n-k}(x_0) = \frac{1}{k!} p_n^{(k)}(x_0), \quad k = 0, \ldots, n.$$

Lösung

Die erste Behauptung beweisen wir anhand der rekursiven Definition der Koeffizienten des Horner-Schemas:

$$
\begin{aligned}
(x - x_0) &p_{n-1}(x) + p_n(x_0) \\
&= (a_n^{(1)} x^{n-1} + a_{n-1}^{(1)} x^{n-2} + \ldots \\
&\quad + a_2^{(1)} x + a_1^{(1)})(x - x_0) + a_0^{(1)} \\
&= a_n^{(1)} x^n + (a_{n-1}^{(1)} - a_n^{(1)} x_0) x^{n-1} \\
&\quad + \ldots + (a_k^{(1)} - a_{k+1}^{(1)} x_0) x^k + \ldots \\
&\quad + (a_1^{(1)} - a_2^{(1)} x_0) x + (a_0^{(1)} - a_1^{(1)} x_0) \\
&= p_n(x).
\end{aligned}
$$

Durch sukzessives Einsetzen von $p_{n-k}(x)$ in $p_{n-k+1}(x)$ ergibt sich nun die folgende Darstellung für $p_n(x)$:

$$
\begin{aligned}
p_n(x) &= (x - x_0) p_{n-1}(x) + p_n(x_0) \\
&= (x - x_0)((x - x_0) p_{n-2}(x) + p_{n-1}(x_0)) + p_n(x_0) \\
&= (x - x_0)^2 p_{n-2}(x) + (x - x_0) p_{n-1} x_0) + p_n(x_0) \\
&\;\;\vdots \\
&= (x - x_0)^n p_0(x_0) + (x - x_0)^{n-1} p_1 x_0) \\
&\quad + \ldots + (x - x_0) p_{n-1}(x_0) + p_n(x_0).
\end{aligned}
$$

Aus der Taylorentwicklung von p_n um x_0:

$$p_n(x) = \sum_{k=0}^{n} \frac{1}{k!} p_n^{(k)}(x_0) (x - x_0)^k$$

folgt schließlich der zweite Teil der Behauptung durch Koeffizientenvergleich.

Aufgabe 2.13: Eine Nullstelle mithilfe des Horner-Schemas abdividieren

Gegeben sei das Polynom

$$p_3(x) = x^3 + \frac{1}{2}x^2 - \frac{3}{2}x + \frac{1}{2}$$

und die Nullstelle $x_1 = \frac{1}{2}$. Man bestimme die anderen beiden Nullstellen von p_3, indem man die Nullstelle $x_1 = \frac{1}{2}$ mithilfe des Horner-Schemas abdividiert.

Das Horner-Schema liefert die Koeffizienten des Polynoms $p_2(x)$ in der Darstellung

$$p_3(x) = p_2(x) \left(x - \frac{1}{2}\right) + p_3 \left(\frac{1}{2}\right) = p_2(x) \left(x - \frac{1}{2}\right).$$

Das Horner-Schema lautet für $x_1 = \frac{1}{2}$:

p_3	1	$\frac{1}{2}$	$-\frac{3}{2}$	$\frac{1}{2}$
$x_1 = \frac{1}{2}$	0	$\frac{1}{2}$	$\frac{1}{2}$	$-\frac{1}{2}$
p_3	1	1	-1	$0 = p_3(\frac{1}{2})$

Wir lesen ab: $p_2(x) = x^2 + x - 1$ und bekommen:

$$p_3(x) = \left(x - \frac{1}{2}\right) p_2(x) = \left(x - \frac{1}{2}\right) \left(x^2 + x - 1\right).$$

Die anderen beiden Nullstellen

$$x_{2,3} = \frac{1}{2}(-1 \pm \sqrt{5})$$

ergeben sich aus $p_2(x) = 0$.

Aufgabe 2.14: Nullstelle abdividieren und Ableitung aus dem Horner-Schema entnehmen

Das Polynom

$$p_4(x) = 2x^4 - 5x^3 + 3x^2 - \frac{1}{2}x + \frac{1}{2}$$

besitzt eine Nullstelle bei $x = 1$.
Mit dem Hornerschema soll eine Faktorisierung

$$p_4(x) = (x - 1)(\alpha x^3 + \beta x^2 + \gamma x + \delta)$$

angegeben sowie der Wert $p_4'(1)$ berechnet werden.

Lösung

Führen wir das Horner-Schema an der Stelle $x_0 = 1$ zweimal hintereinander aus, so ergibt sich:

p_4	2	-5	3	$-\frac{1}{2}$	$\frac{1}{2}$
$x_0 = 1$	0	2	-3	0	$-\frac{1}{2}$

p_3	2	-3	0	$-\frac{1}{2}$	$0 = p_4(0)$
$x_0 = 1$	0	2	-1	-1	

p_2	2	-1	-1	$-\frac{3}{2} = p_3(1)$

Hieraus entnehmen wir die Faktorisierung:

$$p_4(x) = (x - 1)\left(2x^3 - 3x^2 - \frac{1}{2}\right)$$

sowie den Wert der Ableitung an der Stelle $x_0 = 1$:

$$p_4'(1) = -\frac{3}{2}.$$

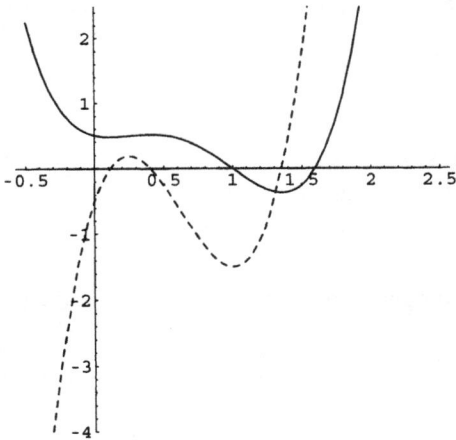

Bild 2.2: *Das Polynom*
$$p_4(x) = 2x^4 - 5x^3 + 3x^2 - \frac{1}{2}x + \frac{1}{2}$$
mit seiner Ableitung (gestrichelt)

Aufgabe 2.15: Taylorentwicklung mit dem vollständigen Horner-Schema bestimmen

Mit dem Horner-Schema bestimme man die Taylorentwicklung des folgenden Polynoms um $x_0 = 2$:

$$p_3(x) = x^3 + x + 1.$$

Lösung

Das vollständige Horner-Schema lautet für $x_0 = 2$:

p_3	1	0	1	1
$x_0 = 2$	0	2	4	10
p_2	1	2	5	$11 = p_3(2)$
$x_0 = 2$	0	2	8	
p_1	1	4	$13 = \frac{p_3'(2)}{1!}$	
$x_0 = 2$	0	2		
p_0	1	$6 = \frac{p_3''(2)}{2!}$		
$x_0 = 2$	0			
	$1 = \frac{p_3'''(2)}{3!}$			

Hieraus ergibt sich die Taylorentwicklung um $x_0 = 2$:

$$p_3(x) = 11 + 13\,(x - 2) + 6\,(x - 2)^2 + (x - 2)^3 \,.$$

Mathematica

Die Taylorentwicklung wird mit Series vorgenommen. Es wird ein Restglied ausgegeben, das aber verschwinden muss.

$$\mathbf{p[x\_] := x^3 + x + 1}$$

$$\mathbf{Series[p[x], \{x, 2, 4\}]}$$
$$11 + 13\,(x - 2) + 6\,(x - 2)^2 + (x - 2)^3 + \mathbf{O}[x - 2]^5$$

Maple

Die Taylorentwicklung wird mit Taylor oder Series vorgenommen. Es wird ein Restglied ausgegeben, das aber verschwinden muss.

```
p:=x->x^3+x+1;
```

$$p := x \rightarrow x^3 + x + 1$$

```
taylor(p(x),x=2,4);
```

$$11 + 13\,(x - 2) + 6\,(x - 2)^2 + (x - 2)^3$$

```
series(p(x),x=2,4);
```

$$11 + 13\,(x - 2) + 6\,(x - 2)^2 + (x - 2)^3$$

Aufgabe 2.16: Modifiziertes Horner-Schema begründen

Mit den Koeffizienten des Polynoms

$$p_n(x) = b_0^{(0)} + b_1^{(0)} (x - x_0) + b_2^{(0)} (x - x_0)(x - x_1)$$
$$+ \ldots + b_n^{(0)} (x - x_0) \cdots (x - x_{n-1})$$

berechnen wir rekursiv die Koeffizienten:

$$b_n^{(1)} = b_n^{(0)},$$
$$b_k^{(1)} = -b_{k+1}^{(1)} x_k + b_k^{(0)}, \quad k = n-1, n-2, \ldots, 0.$$

Man begründe, dass gilt $p_n(0) = b_0^{(1)}$. Man gebe ein Horner-ähnliches Rechenschema zur Berechnung der Koeffizienten an.

Lösung

Durch sukzessives Ausklammern schreiben wir das Polynom $p_n(x)$ in der Form:

$$p_n(x) = \left(\ldots \left(\left(b_n^{(0)} (x - x_{n-1}) + b_{n-1}^{(0)} \right) (x - x_{n-2}) \right. \right.$$
$$\left. \left. + b_{n-2}^{(0)} \right) (x - x_{n-3}) + \ldots \right) (x - x_0) + b_0^{(0)}.$$

Die Behauptung ergibt sich nun wieder sofort aus:

$$p_n(0) =$$

$$\left(\left(\left(\underbrace{\underbrace{b_n^{(0)} (-x_{n-1}) + b_{n-1}^{(0)}}_{b_n^{(1)}} }_{b_{n-1}^{(1)}} \right) (-x_{n-2}) + b_{n-2}^{(0)} }_{b_{n-2}^{(1)}} \right) (-x_{n-3}) + \ldots \right) (-x_0) + b_0^{(0)} }_{b_0^{(1)}} .$$

Man kann die Berechnung der Koeffizienten in folgendem Schema anordnen:

$b_n^{(0)}$	$b_{n-1}^{(0)}$	$b_{n-2}^{(0)}$	$\ldots$	$b_1^{(0)}$	$b_0^{(0)}$
0	$-b_n^{(1)} x_{n-1}$	$-b_{n-1}^{(1)} x_{n-2}$	$\ldots$	$-b_2^{(1)} x_1$	$-b_1^{(1)} x_0$
$b_n^{(1)}$	$b_{n-1}^{(1)}$	$b_{n-2}^{(1)}$	$\ldots$	$b_1^{(1)}$	$b_0^{(1)}$

Aufgabe 2.17: Modifiziertes vollständiges Horner-Schema begründen

Sei

$$\begin{aligned}
p_n(x) \;=\; & b_0^{(0)} + b_1^{(0)}\,(x - x_0) + b_2^{(0)}\,(x - x_0)\,(x - x_1) \\
& + \ldots + b_n^{(0)}\,(x - x_0)\cdots(x - x_{n-1})\,.
\end{aligned}$$

ein Polynom n-ten Grades. Das Polynom

$$\begin{aligned}
p_{n-1}(x) \;=\; & b_1^{(1)} + b_2^{(1)}\,(x - x_0) + b_3^{(1)}\,(x - x_0)\,(x - x_1) \\
& + \ldots + b_n^{(1)}\,(x - x_0)\cdots(x - x_{n-2})
\end{aligned}$$

werde mit den im modifizierten Horner-Schema auftretenden Koeffizienten gebildet.
Man zeige:

$$p_n(x) = x\,p_{n-1}(x) + p_n(x_0)\,.$$

Durch weitere Anwendung erhält man Polynome:
$p_{n-1}(x) = x\,p_{n-2}(x) + p_{n-1}(0)\,,\ldots,\ p_1(x) = x\,p_0(x) + p_1(0)\,.$
Man zeige:

$$p_{n-k}(0) = \frac{1}{k!}\,p_n^{(k)}(0), \quad k = 0, \ldots, n\,.$$

Man gebe ein Horner-ähnliches Rechenschema zur Berechnung der Koeffizienten an.

Lösung

Die erste Behauptung beweisen wir anhand der rekursiven Definition der Koeffizienten des modifizierten Horner-Schemas:

$$\begin{aligned}
& p_n(x_0) + x\,p_{n-1}(x) \\
=\; & b_0^{(1)} + x\,\Big(b_1^{(1)} + b_2^{(1)}\,(x - x_0) + b_3^{(1)}\,(x - x_0)\,(x - x_1) \\
& + \ldots + b_n^{(1)}\,(x - x_0)\cdots(x - x_{n-2})\Big) \\
=\; & b_0^{(1)} + b_1^{(1)}\,x_0 + (b_1^{(1)} + b_2^{(1)}\,x_1)\,(x - x_0) \\
& + (b_2^{(1)} + b_3^{(1)}\,x_2)\,(x - x_0)\,(x - x_1) + \cdots + \\
& + (b_{n-1}^{(1)} + b_n^{(1)}\,x_{n-1})\,(x - x_0)\,(x - x_1)\cdots(x - x_{n-2}) \\
=\; & b_1^{(1)} + b_2^{(1)}\,(x - x_0) + b_3^{(1)}\,(x - x_0)\,(x - x_1) \\
& + \ldots + b_n^{(1)}\,(x - x_0)\cdots(x - x_{n-2}) \\
=\; & p_n(x)\,.
\end{aligned}$$

Durch sukzessives Einsetzen von $p_{n-k}(x)$ in $p_{n-k+1}(x)$ ergibt sich wieder folgende Darstellung für $p_n(x)$:

$$p_n(x) = x^n\,p_0(0) + x^{n-1}\,p_1(0) + \ldots + x\,p_{n-1}(0) + p_n(0)$$

und aus der Taylorentwicklung von p_n um 0:

$$p_n(x) = \sum_{k=0}^{n} \frac{1}{k!} p_n^{(k)}(0)\, x^k$$

folgt der zweite Teil der Behauptung durch Koeffizientenvergleich. Man kann die Berechnung der Koeffizienten analog zum vollständigen Horner-Schema anordnen.

$b_n^{(0)}$	$b_{n-1}^{(0)}$	$\cdots$	$b_1^{(0)}$	$b_0^{(0)}$
0	$-b_n^{(1)} x_{n-1}$	$\cdots$	$-b_2^{(1)} x_1$	$-b_1^{(1)} x_0$
$b_n^{(1)}$	$b_{n-1}^{(1)}$	$\cdots$	$b_1^{(1)}$	$\left| b_0^{(1)} = p_n(0) \right.$
0	$-b_n^{(2)} x_{n-2}$	$\cdots$	$-b_2^{(2)} x_0$	
$b_n^{(2)}$	$b_{n-1}^{(2)}$	$\cdots$	$\left| b_1^{(2)} = p_{n-1}(x_0) \right.$	

$$\vdots \qquad \vdots \qquad \cdots$$

$b_n^{(n-1)}$	$b_{n-1}^{(n-1)}$
0	$-b_n^{(n)} x_0$
$b_n^{(n)}$	$\left| b_{n-1}^{(n)} = p_1(x_0) \right.$
0	

$$b_n^{(n)} = p_0(x_0)$$

Aufgabe 2.18: Polynom mit dem modifizierten Horner-Schema umformen

Mit dem modifizierten Horner-Schema schreibe man das Polynom

$$\begin{aligned}
p_4(x) \;=\;& 3 + 2\,(x+1) - 2\,(x+1)\,(x-1) \\
& + 4\,(x+1)\,(x-1)\,(x-3) \\
& - 5\,(x+1)\,(x-1)\,(x-3)\,(x+2)
\end{aligned}$$

in der Form $p_4(x) = a_4\,x^4 + a_3\,x^3 + a_2\,x^2 + a_1\,x + a_0$.

Lösung

Das vollständige modifizierte Horner-Schema liefert gerade die gesuchten Koeffizienten:

$$a_k = p_{4-k}(0) = \frac{1}{k!}\, p_4^{(k)}(0), \quad k = 0, \ldots, 4.$$

Das vollständige modifizierte Horner-Schema lautet:

$$
\begin{array}{ccccc}
-5 & 4 & -2 & 2 & 3 \\
0 & -(-5)(-2) & -(-6)\,3 & -16\cdot 1 & -14\,(-1) \\
\hline
-5 & -6 & 16 & -14 & -11 = a_0 \\
0 & -(-5)\,3 & -9\cdot 13 & -7\,(-1) & \\
\hline
-5 & 9 & 7 & -7 = a_1 & \\
0 & -(-5)\,1 & -14\,(-1) & & \\
\hline
-5 & 14 & 21 = a_2 & & \\
0 & -(-5)(-1) & & & \\
\hline
-5 & 9 = a_3 & & & \\
0 & & & & \\
\hline
-5 = a_4 & & & &
\end{array}
$$

Es gilt also:

$$p_4(x) = -5\,x^4 + 9\,x^3 + 21\,x^2 - 7\,x - 11 .$$

Mathematica

$$p[x] = 3 + 2\,(x+1) - 2\,(x+1)\,(x-1) + 4\,(x+1)\,(x-1)\,(x-3) -$$
$$5\,(x+1)\,(x-1)\,(x-3)\,(x+2);$$
Simplify[$p[x]$]

$$-11 - 7\,x + 21\,x^2 + 9\,x^3 - 5\,x^4$$

Maple

```
p(x):=3+2*(x+1)-2*(x+1)*(x-1)+4*(x+1)*(x-1)*(x-3)
-5*(x+1)*(x-1)*(x-3)*(x+2);
```

```
simplify(p(x));
```

$$-11 - 7\,x + 21\,x^2 + 9\,x^3 - 5\,x^4$$

2.3   Interpolation

Beim Interpolationsproblem werden Argumente und Werte vorgegeben und eine geeignete Funktion gesucht, die in den gegebenen Stellen die vorgeschriebenen Werte annimmt.

> **Interpolationspolynom**
>
> Gegeben seien $n + 1$ reelle Wertepaare
>
> $$(x_0, y_0), (x_1, y_1), \dots, (x_n, y_n)$$
>
> mit paarweise verschiedenen Zahlen x_i, $i = 0, 1, \dots, n$. Gesucht wird ein Polynom $p(x)$, welche die Bedingungen erfüllt:
>
> $$p(x_i) = y_i, \quad i = 0, 1, \dots, n.$$
>
> Die Zahlen x_i nennt man Stützstellen, die Werte y_i Stützwerte.
> Es gibt es genau ein Polynom p_n höchstens n-ten Grades mit
>
> $$p_n(x_i) = y_i, \quad i = 0, 1, \dots, n.$$

Aufgabe 2.19: Eindeutige Lösbarkeit der Interpolationsaufgabe nachweisen

Seien $(x_0, y_0), (x_1, y_1), \dots, (x_n, y_n)$ $n + 1$ reelle Wertepaare mit paarweise verschiedenen Stützstellen x_i $(i = 0, 1, \dots, n)$. Man zeige, dass es genau ein Polynom p_n höchstens n-ten Grades gibt mit

$$p_n(x_i) = y_i, \quad i = 0, 1, \dots, n.$$

Lösung

Wir nehmen ein Polynom, dessen Grad kleiner oder gleich n ist

$$p_n(x) = \sum_{j=0}^{n} a_j x^j.$$

Die Interpolationsforderung liefert das folgende Gleichungssystem für die Koeffizienten a_j:

$$p_n(x_i) = \sum_{j=0}^{n} a_j x_i^j = y_i, \quad i = 0, \dots, n.$$

Das System besteht aus $n + 1$ Gleichungen für $n + 1$ Unbekannte:

$$\sum_{j=0}^{n} x_i^j a_j = y_i, \quad i = 0, \dots, n,$$

Die Systemdeterminante wird von der Vandermondeschen Determinante

$$\det \begin{pmatrix} 1 & x_0 & x_0^2 & \cdots & x_0^n \\ 1 & x_1 & x_1^2 & \cdots & x_1^n \\ \vdots & \vdots & \vdots & \cdots & \vdots \\ 1 & x_n & x_n^2 & \cdots & x_n^n \end{pmatrix} = \prod_{n \geq j > k \geq 0} (x_j - x_k)$$

gebildet, die bei paarweiser Verschiedenheit der Stützstellen nicht verschwindet. Damit ist die eindeutige Lösbarkeit des linearen Gleichungssystems und der Interpolationsaufgabe gewährleistet.

Aufgabe 2.20: Interpolationspolynom mithilfe eines Gleichungssystems finden

Gegeben seien die Stützstellen:

$$x_0 = -\frac{1}{2}, x_1 = 1, x_2 = \frac{3}{2} \text{ und folgende Stützwerte:}$$

(a) $y_0 = 2$, $y_1 = 2$, $y_2 = 2$,

(b) $y_0 = -2$, $y_1 = -\frac{1}{8}$, $y_2 = \frac{1}{2}$,

(c) $y_0 = \frac{5}{2}$, $y_1 = -2$, $y_2 = 1$.

Mithilfe eines Gleichungssystems berechne man jeweils das Interpolationspolynom $p_2(x)$ höchsten zweiten Grades.

Lösung

(a) Man kann direkt sehen, dass das konstante Polynom $p_2(x) = 2$ die Interpolationsbedingung $p(x_i) = 2$ erfüllt. Man kann aber durch Rechnung zum selben Ergebnis kommen. Mit $p_2(x) = a_2 x^2 + a_1 x + a_0$ liefert die Interpolationsbedingung:

$$p_2(x_i) = \sum_{j=0}^{2} a_j x_i^j = \sum_{j=0}^{2} x_i^j a_j = y_i, \quad i = 0, \dots, n,$$

das folgende Gleichungssystem:

$$\begin{pmatrix} 1 & -\frac{1}{2} & \frac{1}{4} \\ 1 & 1 & 1 \\ 1 & \frac{3}{2} & \frac{9}{4} \end{pmatrix} \begin{pmatrix} a_0 \\ a_1 \\ a_2 \end{pmatrix} = \begin{pmatrix} 2 \\ 2 \\ 2 \end{pmatrix}$$

mit der Lösung:

$$a_0 = 2, a_1 = 0, a_2 = 0.$$

Damit ergibt sich wieder das Interpolationspolynom: $p_2(x) = 2$.

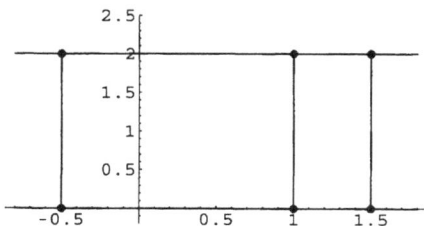

Bild 2.3: *Das Interpolationspolynom $p_2(x) = 2$, Fall (a)*

(b) Die Interpolationsbedingung:

$$p_2(x_i) = \sum_{j=0}^{2} a_j\, x_i^j = \sum_{j=0}^{2} x_i^j\, a_j = y_i\,, \quad i = 0,\ldots,n\,,$$

liefert das folgende Gleichungssystem:

$$\begin{pmatrix} 1 & -\frac{1}{2} & \frac{1}{4} \\[6pt] 1 & 1 & 1 \\[6pt] 1 & \frac{3}{2} & \frac{9}{4} \end{pmatrix} \begin{pmatrix} a_0 \\[6pt] a_1 \\[6pt] a_2 \end{pmatrix} = \begin{pmatrix} -2 \\[6pt] -\frac{1}{8} \\[6pt] \frac{1}{2} \end{pmatrix}$$

mit der Lösung:

$$a_0 = -\frac{11}{8}\,, a_1 = \frac{5}{4}\,, a_2 = 0\,.$$

Damit ergibt sich das Interpolationspolynom:

$$p_2(x) = \frac{5}{4}\,x - \frac{11}{8}\,.$$

Der Koeffizient $a_2 = 0$ bedeutet, dass die Stützpunkte auf einer Geraden liegen.

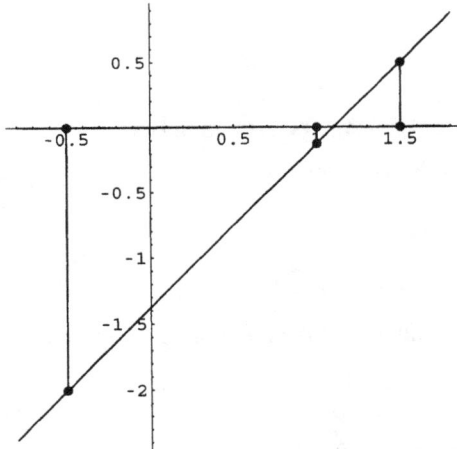

Bild 2.4: *Das Interpolationspolynom* $p_2(x) = \dfrac{5}{4}\,x - \dfrac{11}{8}$, *Fall (b)*

(c) Die Interpolationsbedingung:

$$p_2(x_i) = \sum_{j=0}^{2} a_j\, x_i^j = \sum_{j=0}^{2} x_i^j\, a_j = y_i\,, \quad i = 0,\ldots,n\,,$$

liefert das folgende Gleichungssystem:

$$\begin{pmatrix} 1 & -\frac{1}{2} & \frac{1}{4} \\[6pt] 1 & 1 & 1 \\[6pt] 1 & \frac{3}{2} & \frac{9}{4} \end{pmatrix} \begin{pmatrix} a_0 \\[6pt] a_1 \\[6pt] a_2 \end{pmatrix} = \begin{pmatrix} \frac{5}{2} \\[6pt] -2 \\[6pt] 1 \end{pmatrix}$$

mit der Lösung:

$$a_0 = -\frac{5}{4}, a_1 = -\frac{21}{4}, a_2 = \frac{9}{2}.$$

Damit ergibt sich das Interpolationspolynom:

$$p_2(x) = \frac{9}{2}x^2 - \frac{21}{4}x - \frac{5}{4}.$$

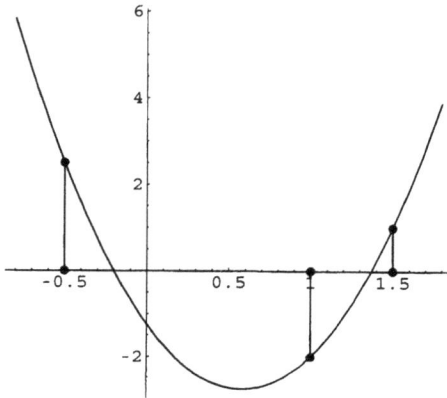

Bild 2.5: *Das Interpolationspolynom*
$$p_2(x) = \frac{9}{2}x^2 - \frac{21}{4}x - \frac{5}{4},$$
Fall (c)

Aufgabe 2.21: Interpolationspolynom mithilfe eines Gleichungssystems finden

Gegeben sei die folgende Tabelle von Stützwerten und Stützstellen:

i	0	1	2	3
x_i	0	0.5	1	2
y_i	1.5	2.8	0.5	2.3

Mithilfe eines Gleichungssystems bestimme man das Interpolationspolynom $p_3(x)$ höchsten dritten Grades.

Lösung

Mit $p_3(x) = a_3x^3 + a_2x^2 + a_1x + a_0$ liefert die Interpolationsbedingung:

$$p_3(x_i) = \sum_{j=0}^{3} a_j\, x_i^j = \sum_{j=0}^{3} x_i^j\, a_j = y_i, \quad i = 0, \dots, n,$$

das folgende Gleichungssystem:

$$\begin{pmatrix} 1 & 0 & 0 & 0 \\ 1 & 0.5 & 0.25 & 0.125 \\ 1 & 1 & 1 & 1 \\ 1 & 2 & 4 & 8 \end{pmatrix} \begin{pmatrix} a_0 \\ a_1 \\ a_2 \\ a_3 \end{pmatrix} = \begin{pmatrix} 1.5 \\ 2.8 \\ 0.5 \\ 2.3 \end{pmatrix}$$

mit der Lösung:

$$a_0 = \frac{3}{2}, a_1 = \frac{136}{15}, a_2 = \frac{79}{5}, a_3 = \frac{86}{15}.$$

Damit ergibt sich das Interpolationspolynom:

$$p_3(x) = \frac{86}{15}x^3 - \frac{79}{5}x^2 + \frac{136}{15}x + \frac{3}{2}.$$

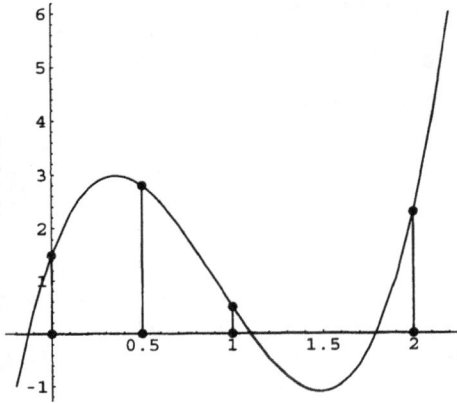

Bild 2.6: *Das Interpolationspolynom*
$$p_3(x) = \frac{86}{15}x^3 - \frac{79}{5}x^2 + \frac{136}{15}x + \frac{3}{2}$$

Mathematica

Man kann das Interpolationspolynom mit InterpolatingPolynomial berechnen.

Expand[InterpolatingPolynomial[
$\{\{0, 1.5\}, \{0.5, 2.8\}, \{1, 0.5\}, \{2, 2.3\}\}, x]]$

$1.5 + 9.06667 x - 15.8 x^2 + 5.73333 x^3$

Expand[InterpolatingPolynomial[
$\{\{0, 3/2\}, \{1/2, 28/10\}, \{1, 1/2\}, \{2, 23/10\}\}, x]]$

$$\frac{3}{2} + \frac{136 x}{15} - \frac{79 x^2}{5} + \frac{86 x^3}{15}$$

Maple

Man kann das Interpolationspolynom mit Interp berechnen.

```
interp([0,0.5,1,2], [1.5,2.8,0.5,2.3], x);
```

$$\text{Interp}([0, .5, 1, 2], [1.5, 2.8, .5, 2.3], x) =$$

$$5.733333333 x^3 - 15.80000000 x^2 + 9.066666665 x + 1.5$$

```
interp([0,1/2,1,2], [3/2,28/10,1/2,23/10], x);
```

$$\text{Interp}([0, \frac{1}{2}, 1, 2], [\frac{3}{2}, \frac{14}{5}, \frac{1}{2}, \frac{23}{10}], x) = \frac{86}{15}x^3 - \frac{79}{5}x^2 + \frac{136}{15}x + \frac{3}{2}$$

Bei der Methode von Lagrange wird das Interpolationspolynom aus gewissen Basispolynomen aufgebaut. Man vermeidet damit die Lösung eines Gleichungssystems.

Interpolationspolynom in der Form von Lagrange

Seien $(x_0, y_0), (x_1, y_1), \ldots, (x_n, y_n)$ $n+1$ Wertepaare mit paarweise verschiedenen x_i ($i = 0, 1, \ldots, n$). Folgende Basispolynome $L_{n,j}(x)$, $j = 0, 1, \ldots, n$ seien erklärt durch:

$$L_{n,j}(x) = \prod_{i=0, i \neq j}^{n} \frac{x - x_i}{x_j - x_i} .$$

Das Interpolationspolynom L_n mit $L_n(x_i) = y_i$, $i = 0, 1, \ldots, n$ wird mit den Stützwerten und den Basispolynomen dargestellt:

$$L_n(x) = \sum_{j=0}^{n} y_j L_{n,j}(x) .$$

Aufgabe 2.22: Lagrange-Interpolation begründen

Seien x_i, $i = 0, 1, \ldots, n$, paarweise verschiedene Stützstellen und

$$L_{n,j}(x) = \prod_{i=0, i \neq j}^{n} \frac{x - x_i}{x_j - x_i} .$$

Man zeige, dass das Polynom

$$L_n(x) = \sum_{j=0}^{n} y_j L_{n,j}(x)$$

höchstens den Grad n besitzt und die Interpolationsbedingung $L_n(x_i) = y_i$, $i = 0, 1, \ldots, n$, erfüllt. Man veranschauliche sich die Basispolynome $L_{2,j}(x)$ und $L_{3,j}(x)$.

Lösung

Die Polynome $L_{n,j}(x)$ bestehen aus n Linearfaktoren und besitzen deshalb den Grad n. Setzt man die Stützstelle x_k in das Polynom $L_{n,j}(x)$ ein, so ergibt sich:

$$L_{n,j}(x_k) = \delta_{jk} = \begin{cases} 0 & \text{für} \quad j \neq k \\ 1 & \text{für} \quad j = k. \end{cases}$$

Das Basispolynom $L_{n,j}(x)$ verschwindet also an allen Stützstellen mit Ausnahme von x_j, wo es den Wert Eins annimmt. Offensichtlich ist nun

$$L_n(x) = \sum_{j=0}^{n} y_j L_{n,j}(x)$$

ein Polynom höchstens n-ten Grades, das die Interpolationsaufgabe löst:

$$L_n(x_i) = \sum_{j=0}^{n} y_j\, L_{n,j}(x_i) = \sum_{j=0}^{n} y_j\, \delta_{j,i} = y_i\,.$$

Im Fall $n = 2$ haben wir drei Stützstellen x_0, x_1, x_3 und folgende Basispolynome:

$$L_{2,0}(x) = \frac{x - x_1}{x_0 - x_1}\, \frac{x - x_2}{x_0 - x_2}\,,$$
$$L_{2,1}(x) = \frac{x - x_0}{x_1 - x_0}\, \frac{x - x_2}{x_1 - x_2}\,,$$
$$L_{2,2}(x) = \frac{x - x_0}{x_2 - x_0}\, \frac{x - x_1}{x_2 - x_1}\,.$$

Im Fall $n = 3$ haben wir vier Stützstellen x_0, x_1, x_3, x_4 und folgende Basispolynome:

$$L_{3,0}(x) = \frac{x - x_1}{x_0 - x_1}\, \frac{x - x_2}{x_0 - x_2}\, \frac{x - x_3}{x_0 - x_3}\,,$$
$$L_{3,1}(x) = \frac{x - x_0}{x_1 - x_0}\, \frac{x - x_2}{x_1 - x_2}\, \frac{x - x_3}{x_1 - x_3}\,,$$
$$L_{3,2}(x) = \frac{x - x_0}{x_2 - x_0}\, \frac{x - x_1}{x_2 - x_1}\, \frac{x - x_3}{x_2 - x_3}\,,$$
$$L_{3,3}(x) = \frac{x - x_0}{x_3 - x_0}\, \frac{x - x_1}{x_3 - x_1}\, \frac{x - x_2}{x_3 - x_2}\,.$$

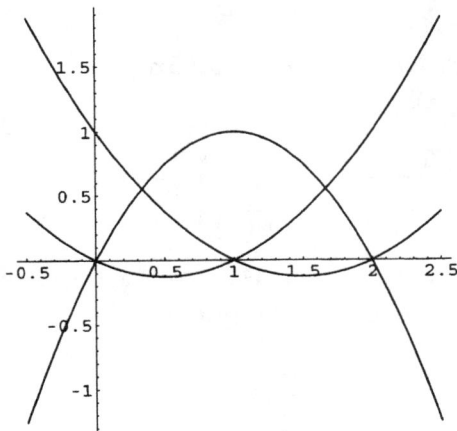

Bild 2.7: *Die Basispolynome*
$L_{2,j}$ mit Stützstellen
$x_i = i,\ i = 0, 1, 2$

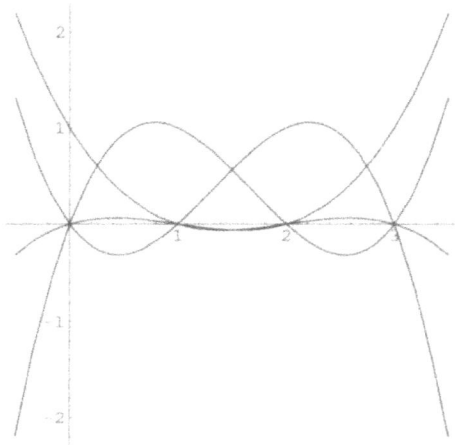

Bild 2.8: *Die Basispolynome*
$L_{3,j}$ mit Stützstellen
$x_i = i, i = 0, 1, 2, 3$

Es stellt sich die Frage, welchen Fehler man begeht, wenn man Funktionswerte außerhalb der Stützstellen durch den Wert des Interpolationspolynoms ersetzt.

Interpolationsfehler

Gegeben sei eine in $[a, b]$ erklärte $n + 1$-mal stetig differenzierbare Funktion f und $n + 1$ Stützstellen $a \leq x_0 < x_1 < \cdots < x_n \leq b$. Mit p_n werde das Interpolationspolynom: $p_n(x_i) = f(x_i), i = 0, 1, \ldots, n$, bezeichnet. Dann gibt es zu jedem $x \in [a, b]$ einen Punkt $\theta_x \in [a_x, b_x]$ mit $a_x = \min(x_0, x)$, $b_x = \max(x_n, x)$, sodass gilt:

$$f(x) - p_n(x) = \frac{1}{(n + 1)!} f^{(n+1)}(\theta_x) \prod_{i=0}^{n} (x - x_i).$$

Aufgabe 2.23: Sinusfunktion interpolieren, Interpolationsfehler abschätzen

Gegeben seien folgende Tabellen von Stützwerten und Stützstellen:

i	0	1	2
x_i	0	$\frac{\pi}{4}$	$\frac{\pi}{2}$
y_i	0	$\sin\left(\frac{\pi}{4}\right)$	1

bzw.

i	0	1	2	3
x_i	0	$\frac{\pi}{6}$	$\frac{\pi}{3}$	$\frac{\pi}{2}$
y_i	0	$\sin\left(\frac{\pi}{6}\right)$	$\sin\left(\frac{\pi}{3}\right)$	1

Man bestimme das Interpolationspolynom $L_2(x)$ bzw. $L_3(x)$ in der Form von Lagrange. Im ersten Fall gebe man eine Abschätzung des Interpolationsfehlers im Intervall $\left[0, \frac{\pi}{2}\right]$.

Lösung

Mit $\sin\left(\frac{\pi}{4}\right) = \frac{\sqrt{2}}{2}$ ergibt sich:

$$L_2(x) = y_0 L_{2,0}(x) + y_1 L_{2,1}(x) + y_2 L_{2,2}(x)$$

$$= \frac{\sqrt{2}}{2} \frac{x}{\frac{\pi}{4}} \frac{x - \frac{\pi}{2}}{-\frac{\pi}{4}} + \frac{x}{\frac{\pi}{2}} \frac{x - \frac{\pi}{4}}{\frac{\pi}{4}}$$

$$= \frac{8(1 - \sqrt{2})}{\pi^2} x^2 + \frac{2(2\sqrt{2} - 1)}{\pi} x .$$

Mit $\sin\left(\frac{\pi}{6}\right) = \frac{1}{2}$ und $\sin\left(\frac{\pi}{3}\right) = \frac{\sqrt{2}}{2}$ ergibt sich:

$$L_3(x) = y_0 L_{3,0}(x) + y_1 L_{3,1}(x) + y_2 L_{3,2}(x) + + y_3 L_{3,3}(x)$$

$$= \frac{1}{2} \frac{x}{\frac{\pi}{6}} \frac{x - \frac{\pi}{3}}{-\frac{\pi}{6}} \frac{x - \frac{\pi}{2}}{-\frac{\pi}{3}} + \frac{\sqrt{2}}{2} \frac{x}{\frac{\pi}{3}} \frac{x - \frac{\pi}{6}}{\frac{\pi}{6}} \frac{x - \frac{\pi}{2}}{-\frac{\pi}{6}}$$

$$+ \frac{x}{\frac{\pi}{2}} \frac{x - \frac{\pi}{6}}{\frac{\pi}{3}} \frac{x - \frac{\pi}{3}}{\frac{\pi}{6}}$$

$$= \frac{54\sqrt{3} - 90}{\pi^3} x^3 + \frac{36\sqrt{3} - 63}{\pi^2} x^2 + \frac{11 - 9\sqrt{3}}{\pi} x .$$

Mit $f(x) = \sin(x)$, $n = 2$ und $f'''(x) = \cos(x)$ bekommen wir zunächst die Abschätzung:

$$|\sin(x) - L_2(x)| \le \frac{1}{6} \max_{0 \le x \le \frac{\pi}{2}} |\cos(x)| \max_{0 \le x \le \frac{\pi}{2}} \left| \prod_{i=0}^{2} (x - x_i) \right| .$$

Ferner rechnet man leicht nach, dass die Funktion

$$\prod_{i=0}^{2} (x - x_i) = x \left(x - \frac{\pi}{4} \right) \left(x - \frac{\pi}{2} \right)$$

an den Stellen

$$\frac{\pi}{12} (3 - \sqrt{3}), \quad \text{bzw.} \quad \frac{\pi}{12} (3 + \sqrt{3})$$

ein Maximum bzw. ein Minimum annimmt. Die Auswertung an den Extremalstellen ergibt:

$$\left| \prod_{i=0}^{2} (x - x_i) \right| \le \frac{\pi^3}{96\sqrt{3}} .$$

Insgesamt ergibt sich damit folgende Abschätzung für $0 \le x \le \frac{\pi}{2}$:

$$|\sin(x) - L_2(x)| \le \frac{\pi^3}{6 \cdot 96\sqrt{3}} \approx 0.031 .$$

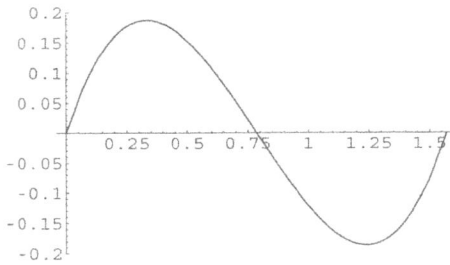

Bild 2.9: *Das Hilfspolynom*
$$\omega(x) = x\left(x - \frac{\pi}{4}\right)\left(x - \frac{\pi}{2}\right)$$

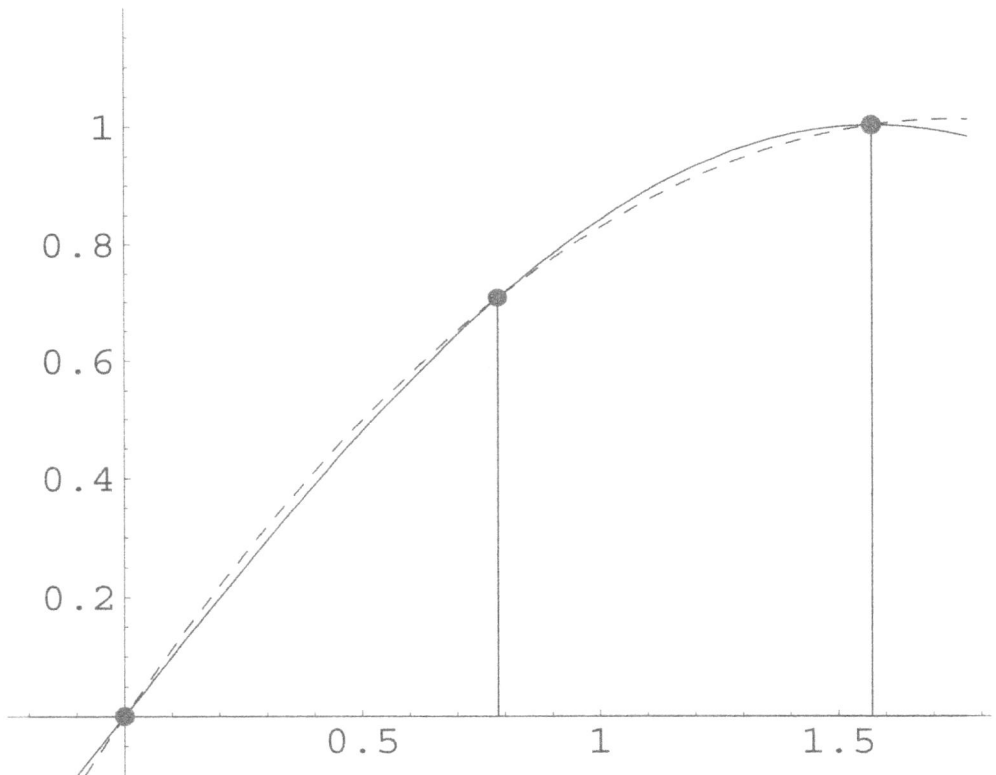

Bild 2.10: *Die Sinusfunktion und das Interpolationspolynom*
$$L_2(x) = \frac{8\,(1 - \sqrt{2})}{\pi^2}\,x^2 + \frac{2\,(2\sqrt{2} - 1)}{\pi}\,x \ \textit{mit Stützstellen } 0,\ \tfrac{\pi}{4},\ \tfrac{\pi}{2}\ (\textit{gestrichelt})$$

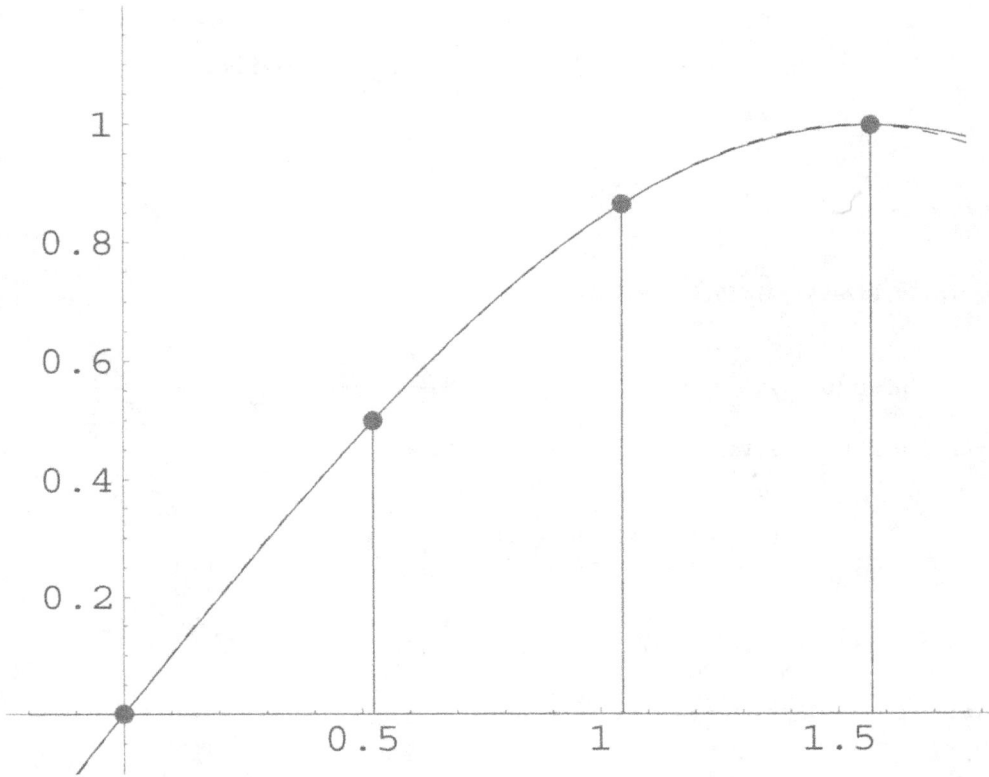

Bild 2.11: *Die Sinusfunktion und das Interpolationspolynom*

$$L_3(x) = \frac{54\sqrt{3} - 90}{\pi^3} x^3 + \frac{36\sqrt{3} - 63}{\pi^2} x^2 + \frac{11 - 9\sqrt{3}}{\pi} x \text{ mit Stützstellen } 0, \frac{\pi}{6}, \frac{\pi}{3}, \frac{\pi}{2} \text{ (gestrichelt).}$$

Bei dem gewählten Maßstab ist fast kein Unterschied zwischen der Funktion und dem Interpolationspolynom sichtbar.

Mathematica

InterpolatingPolynomial[{{0, 0}, {π/4, sin[π/4]}, {π/2, sin[π/2]}}, x]//Expand

$$-\frac{2x}{\pi} + \frac{4\sqrt{2}x}{\pi} + \frac{8x^2}{\pi^2} - \frac{8\sqrt{2}x^2}{\pi^2}$$

InterpolatingPolynomial[{{0, 0}, {π/6, sin[π/6]}, {π/3, sin[π/3]}, {π/2, sin[π/2]}}, x]//Expand

$$\frac{11x}{\pi} - \frac{9\sqrt{3}x}{2\pi} - \frac{63x^2}{\pi^2} + \frac{36\sqrt{3}x^2}{\pi^2} + \frac{90x^3}{\pi^3} - \frac{54\sqrt{3}x^3}{\pi^3}$$

Solve[D[x * (x − π/4) * (x − π/2), x] == 0, x]

$$\left\{\left\{x \rightarrow \frac{1}{12}\left(3\pi - \sqrt{3}\pi\right)\right\}, \left\{x \rightarrow \frac{1}{12}\left(3\pi + \sqrt{3}\pi\right)\right\}\right\}$$

$$\mathbf{x} * (\mathbf{x} - \pi/4) * (\mathbf{x} - \pi/2)/.\mathbf{x}-> \frac{1}{12}\left(3\pi - \sqrt{3}\,\pi\right)//\text{Simplify}$$

$$\frac{\pi^3}{96\sqrt{3}}$$

Maple

```
interp([0,Pi/4,Pi/2],[0,sin(Pi/4),1],x);
```

$$\text{Interp}([0,\ \tfrac{1}{4}\,\pi,\ \tfrac{1}{2}\,\pi],\ [0,\ \tfrac{1}{2}\sqrt{2},\ 1],\ x) = 8\,\frac{x^2}{\pi^2} - \frac{2\,x}{\pi} - \frac{8\sqrt{2}\,x^2}{\pi^2} + \frac{4\,x\sqrt{2}}{\pi}$$

```
interp([0,Pi/6,Pi/3,Pi/2],[0,sin(Pi/6),sin(Pi/3),1],x);
```

$$\text{Interp}([0,\ \tfrac{1}{6}\,\pi,\ \tfrac{1}{3}\,\pi,\ \tfrac{1}{2}\,\pi],\ [0,\ \tfrac{1}{2},\ \tfrac{1}{2}\sqrt{3},\ 1],\ x) =$$

$$90\,\frac{x^3}{\pi^3} - \frac{63\,x^2}{\pi^2} + \frac{11\,x}{\pi} - \frac{54\sqrt{3}\,x^3}{\pi^3} + \frac{36\sqrt{3}\,x^2}{\pi^2} - \frac{9}{2}\,\frac{x\sqrt{3}}{\pi}$$

```
solve(diff(x*(x - Pi/4)*(x - Pi/2),x)=0,x);
```

$$\text{Solve}(\frac{\partial}{\partial x}\,x\,(x - \tfrac{1}{4}\,\pi)\,(x - \tfrac{1}{2}\,\pi) = 0,\ x) = (\tfrac{1}{4}\,\pi + \tfrac{1}{12}\sqrt{3}\,\pi,\ \tfrac{1}{4}\,\pi - \tfrac{1}{12}\sqrt{3}\,\pi)$$

```
expand(subs(x=1/4*Pi-1/12*sqrt(3)*Pi,x*(x - Pi/4)*(x - Pi/2)));
```

$$\frac{1}{288}\sqrt{3}\,\pi^3$$

Aufgabe 2.24: Interpolationspolynom bestimmen, Interpolationsfehler abschätzen

Gegeben sei die Funktion: $f(x) = \dfrac{1}{1 + x^2}$ und folgende Tabelle von Stützwerten und Stützstellen:

i	0	1	2
x_i	0	$\frac{1}{2}$	1
y_i	$f(0)$	$f\left(\tfrac{1}{2}\right)$	$f(1)$

Man bestimme das Interpolationspolynom $L_2(x)$ und gebe eine Abschätzung des Interpolationsfehlers im Intervall [0, 1].

Lösung

Mit den Stützwerten

$$f(0) = 1, \quad f\left(\frac{1}{2}\right) = \frac{4}{5}, \quad f(1) = \frac{1}{2},$$

ergibt sich:

$$
\begin{aligned}
L_2(x) &= f(0)\, L_{2,0}(x) + f\left(\frac{1}{2}\right) L_{2,1}(x) + f(1)\, L_{2,2}(x) \\
&= \frac{x - \frac{1}{2}}{\frac{1}{2}}\,(x - 1) + \frac{4}{5}\,\frac{x}{\frac{1}{2}}\,\frac{x - 1}{-\frac{1}{2}} \\
&\quad + \frac{1}{2}\,x\,\frac{x - \frac{1}{2}}{\frac{1}{2}} \\
&= -\frac{1}{5}\,x^2 - \frac{3}{10}\,x + 1.
\end{aligned}
$$

Mit $f(x) = \sin(x)$, $n = 2$ und $f'''(x) = \cos(x)$ bekommen wir zunächst die Abschätzung:

$$|f(x) - L_2(x)| \le \frac{1}{6}\,\max_{0 \le x \le 1}\,|f'''(x)|\,\max_{0 \le x \le 1}\left|\prod_{i=0}^{2}(x - x_i)\right|.$$

Man rechnet leicht nach, dass die Funktion

$$\prod_{i=0}^{2}(x - x_i) = x\left(x - \frac{1}{2}\right)(x - 1)$$

an den Stellen

$$\frac{1}{6}\,(3 - \sqrt{3}), \quad \text{bzw.} \quad \frac{1}{6}\,(3 + \sqrt{3})$$

ein Maximum bzw. ein Minimum annimmt. Die Auswertung an den Extremalstellen ergibt:

$$\left|\prod_{i=0}^{2}(x - x_i)\right| \le \frac{1}{12\sqrt{3}}.$$

Die Funktion

$$f'''(x) = \frac{24\,(x^2 - 1)\,x}{(1 + x^2)^4}$$

besitzt an der Stelle

$$\sqrt{\frac{1}{5}\,\left(5 - 2\sqrt{5}\right)}$$

ein Maximum und die Auswertung von f''' an der Maximalstelle ergibt die Abschätzung:

$$|f'''(x)| \le \frac{375\,\sqrt{5 - 2\sqrt{5}}}{\left(-5 + \sqrt{5}\right)^4} \approx 4.6685.$$

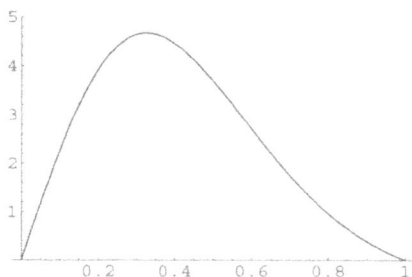

Bild 2.12: *Die Funktion*
$$f'''(x) = \frac{24\,(x^2 - 1)\,x}{(1 + x^2)^4}$$

Insgesamt ergibt sich damit folgende Abschätzung für $0 \leq x \leq \frac{\pi}{2}$:

$$|f(x) - L_2(x)| \leq \frac{1}{6}\,\frac{1}{12\sqrt{3}}\,\frac{375\,\sqrt{5 - 2\sqrt{5}}}{\left(-5 + \sqrt{5}\right)^4} \approx 0.0374\,.$$

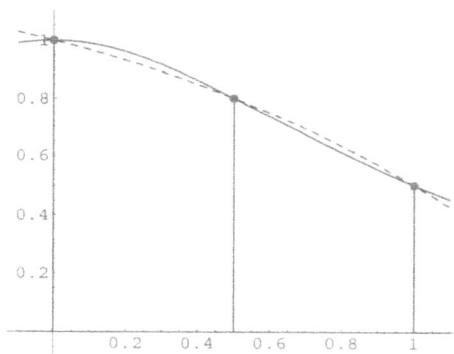

Bild 2.13: *Die Funktion*
$$f(x) = \frac{1}{1 + x^2}$$
und das Interpolationspolynom (gestrichelt)
$$L_2 = -\frac{1}{5}\,x^2 - \frac{3}{10}\,x + 1$$
mit Stützstellen $0, \frac{1}{2}, 1$

Mathematica

$$\mathbf{f[x\_] := \frac{1}{1 + x^2}}$$

$$\mathbf{Expand\big[Simplify\big[}$$
$$\mathbf{InterpolatingPolynomial\big[\{\{0,\,f[0]\},\,\{\tfrac{1}{2},\,f[\tfrac{1}{2}]\},\,\{1,\,f[1]\}\},\,x\big]\big]\big]}$$
$$1 - \frac{3\,x}{10} - \frac{x^2}{5}$$

$$\mathbf{Solve\big[\partial_x\big(x\,(x - \frac{1}{2})\,(x - 1)\big) == 0,\,x\big]}$$
$$\big\{\big\{x \to \tfrac{1}{6}\,(3 - \sqrt{3})\big\},\,\big\{x \to \tfrac{1}{6}\,(3 + \sqrt{3})\big\}\big\}$$

$$\mathbf{Simplify\big[x\,(x - \frac{1}{2})\,(x - 1)/.\,x \to \frac{1}{6}\,(3 - \sqrt{3})\big]}$$

$$\frac{1}{12\sqrt{3}}$$

Simplify[$\partial_{\{x,3\}}$f[x]]

$$-\frac{24\,x\,(-1+x^2)}{(1+x^2)^4}$$

Solve[D[f[x], {x, 4}] == 0, x]

$$\left\{\left\{x \to -\sqrt{\tfrac{1}{5}\,(5-2\sqrt{5})}\right\}, \left\{x \to \sqrt{\tfrac{1}{5}\,(5-2\sqrt{5})}\right\},\right.$$

$$\left.\left\{x \to -\sqrt{\tfrac{1}{5}\,(5+2\sqrt{5})}\right\}, \left\{x \to \sqrt{\tfrac{1}{5}\,(5+2\sqrt{5})}\right\}\right\}$$

D[f[x], {x, 3}]/.x- > $\sqrt{\dfrac{1}{5}\,(5-2\sqrt{5})}$//Simplify

$$\frac{375\sqrt{5-2\sqrt{5}}}{\left(-5+\sqrt{5}\right)^4}$$

%//N

4.66856

Maple

```
f:=x->1/(1+x^2);
```

$$f := x \to \frac{1}{1+x^2}$$

```
interp([0,1/2,1],[f(0),f(1/2),f(1)], x);
```

$$\text{Interp}([0, \tfrac{1}{2}, 1], [1, \tfrac{4}{5}, \tfrac{1}{2}], x) = -\frac{1}{5}x^2 - \frac{3}{10}x + 1$$

```
solve(diff(x*(x-1/2)*(x-1),x)=0,x);
```

$$\text{Solve}(\frac{\partial}{\partial x}\,x\,(x-\frac{1}{2})\,(x-1) = 0,\ x) = (\frac{1}{2} + \frac{1}{6}\sqrt{3},\ \frac{1}{2} - \frac{1}{6}\sqrt{3})$$

```
expand(subs(x=1/2-1/6*sqrt(3),x*(x-1/2)*(x-1)));
```

$$\frac{1}{36}\sqrt{3}$$

```
simplify(diff(f(x),x$3));
```

$$\text{Simplify}(\frac{\partial^3}{\partial x^3}\,\frac{1}{1+x^2}) = -24\,\frac{x\,(x^2-1)}{(1+x^2)^4}$$

```
solve(diff(f(x),x$4)=0,x);
```

$$\text{Solve}(384\,\frac{x^4}{(1+x^2)^5} - \frac{288\,x^2}{(1+x^2)^4} + \frac{24}{(1+x^2)^3} = 0,\ x) =$$

$$(-\frac{1}{5}\sqrt{25+10\sqrt{5}},\ \frac{1}{5}\sqrt{25+10\sqrt{5}},\ -\frac{1}{5}\sqrt{25-10\sqrt{5}},\ \frac{1}{5}\sqrt{25-10\sqrt{5}})$$

```
simplify(subs(x=1/5*sqrt(25-10*sqrt(5)),diff(f(x),x$3)));
```

$$75\,\frac{\sqrt{25-10\sqrt{5}}\,\sqrt{5}}{(-5+\sqrt{5})^4}$$

```
evalf(%);
```

$$4.668559285$$

Die Newtonsche Interpolationsmethode basiert auf den dividierten Differenzen, die rekursiv aus gegebenen Stützwerten erzeugt werden.

Dividierte Differenzen

Gegeben seien die Wertepaare (x_i, y_i), $i = 0, 1, \ldots, n$, mit paarweise verschiedenen Stützstellen x_i. Die dividierten Differenzen 0-ter Ordnung werden durch die Stützwerte gegeben:

$$y[x_i] = y_i\,.$$

Die dividierten Differenzen k-ter Ordnung werden rekursiv nach folgendem Gesetz aufgebaut:

$$y[x_{i_0}, x_{i_1}, \ldots, x_{i_k}]$$
$$= \frac{y[x_{i_0}, x_{i_1}, \ldots, x_{i_{k-1}}] - y[x_{i_1}, x_{i_2}, \ldots, x_{i_k}]}{x_{i_0} - x_{i_k}},$$
$$k = 1, \ldots, n\,.$$

Geht man bei einem Interpolationsproblem mit der Methode der Gleichungssysteme vor und nimmt eine Stützstelle hinzu, so muss die Rechnung neu aufgebaut und durchgeführt werden. Dasselbe gilt bei der Lagrange-Interpolation. Der Vorteil der Newtonschen Interpolationsmethode besteht darin, dass man eine Stützstelle hinzunehmen und dabei die bereits vorhandenen Ergebnisse weiter verarbeiten kann.

Interpolationspolynom in der Form von Newton

Gegeben seien die Wertepaare (x_i, y_i), $i = 0, 1, \ldots, n$, mit paarweise verschiedenen Stützstellen x_i. Dann lässt sich das Interpolationspolynom N_n mit $N_n(x_i) = y_i$, $i = 0, 1, \ldots, n$ in der Gestalt angeben:

$$N_n(x) =$$
$$y_0 + y[x_0, x_1](x - x_0)$$
$$+ y[x_0, x_1, x_2](x - x_0)(x - x_1) + \cdots$$
$$+ y[x_0, x_1, \ldots, x_n](x - x_0)(x - x_1) \cdots (x - x_{n-1}).$$

Die Stützstellen darf man beliebig permutieren, ohne dass sich die dividierte Differenz ändert. Eine dividierte Differenz ist von der Reihenfolge der Vorgaben unabhängig. Für die dividierten Differenzen vierter Odnung ergibt sich folgendes Rechenschema:

Rechenschema für dividierte Differenzen

x_0	y_0				
		$y[x_0, x_1]$			
x_1	y_1		$y[x_0, x_1, x_2]$		
		$y[x_1, x_2]$		$y[x_0, x_1, x_2, x_3]$	
x_2	y_2		$y[x_1, x_2, x_3]$		$y[x_0, x_1, x_2, x_3, x_4]$
		$y[x_2, x_3]$		$y[x_1, x_2, x_3, x_4]$	
x_3	y_3		$y[x_2, x_3, x_4]$		
		$y[x_3, x_4]$			
x_4	y_4				

Aufgabe 2.25: Newtonsche Form des Interpolationspolynoms begründen

Seien $(x_0, y_0), (x_1, y_1), \ldots, (x_n, y_n)$ $n + 1$ reelle Wertepaare mit paarweise verschiedenen x_i $(i = 0, 1, \ldots, n)$. Man überlege sich, dass das Interpolationspolynom in der Form von Newton geschrieben werden kann:

$$\begin{aligned} N_n(x) = {}& b_0 + b_1(x - x_0) + b_2(x - x_0)(x - x_1) \\ & + b_3(x - x_0)(x - x_1)(x - x_2) + \cdots \\ & + b_n(x - x_0)(x - x_1) \cdots (x - x_{n-1}). \end{aligned}$$

Man gebe die Koeffizienten b_0, b_1, b_2 explizit an.

Lösung

Aus der Interpolationsforderung

$$N_n(x_i) = y_i, \quad i = 0, 1, \ldots, n,$$

ergibt sich ein System von $n + 1$ linearen Gleichungen für die $n + 1$ unbekannten Koeffizienten b_k:

$$
\begin{array}{llll}
b_0 & & & = y_0 \\
b_0 & +b_1(x_1 - x_0) & & = y_1 \\
b_0 & +b_1(x_2 - x_0) & +b_2(x_2 - x_0)(x_2 - x_1) & = y_2 \\
\vdots & \vdots & \vdots & \vdots \\
b_0 & +b_1(x_n - x_0) & +b_2(x_n - x_0)(x_n - x_1) & \\
& & + \cdots + b_n(x - x_0)(x - x_1) \cdots (x - x_{n-1}) & = y_n
\end{array}
$$

Das System hat Dreiecksgestalt und seine Determinante verschwindet nicht, da die Stützstellen paarweise verschieden sind. Das System kann von oben nach unten zeilenweise aufgelöst werden, und für die ersten beiden Koeffizienten bekommt man:

$$
b_0 = y_0, \quad b_1 = \frac{y_1 - y_0}{x_1 - x_0} = \frac{y_0 - y_1}{x_0 - x_1}.
$$

Aus der dritten Zeile ergibt sich dann:

$$
\begin{aligned}
b_2 &= \frac{y_2 - y_0 - \frac{y_1 - y_0}{x_1 - x_0}(x_2 - x_0)}{(x_2 - x_0)(x_2 - x_1)} \\
&= \frac{(y_2 - y_0)(x_1 - x_0) - (y_1 - y_0)(x_2 - x_0)}{(x_2 - x_0)(x_2 - x_1)(x_1 - x_0)} \\
&= \frac{y_2(x_1 - x_0) - y_1(x_2 - x_0) + y_0(x_2 - x_1)}{(x_2 - x_0)(x_2 - x_1)(x_1 - x_0)} \\
&= \frac{y_2(x_1 - x_0) - y_1(x_1 - x_0 + x_2 - x_1) + y_0(x_2 - x_1)}{(x_2 - x_0)(x_2 - x_1)(x_1 - x_0)} \\
&= \frac{(y_2 - y_1)(x_1 - x_0) - (y_1 - y_0)(x_2 - x_1)}{(x_2 - x_0)(x_2 - x_1)(x_1 - x_0)} \\
&= \frac{\frac{y_2 - y_1}{x_2 - x_1} - \frac{y_1 - y_0}{x_1 - x_0}}{x_2 - x_0} = \frac{\frac{y_0 - y_1}{x_0 - x_1} - \frac{y_1 - y_2}{x_1 - x_2}}{x_0 - x_2}.
\end{aligned}
$$

Aufgabe 2.26: Newton-Interpolation mit dividierten Differenzen nachweisen

Seien $(x_0, y_0), (x_1, y_1), \ldots, (x_n, y_n)$ $n + 1$ reelle Wertepaare mit paarweise verschiedenen x_i $(i = 0, 1, \ldots, n)$ und

$$
\begin{aligned}
N_n(x) &= b_0 + b_1(x - x_0) + b_2(x - x_0)(x - x_1) \\
&\quad + b_3(x - x_0)(x - x_1)(x - x_2) + \cdots \\
&\quad + b_n(x - x_0)(x - x_1) \cdots (x - x_{n-1})
\end{aligned}
$$

das Interpolationspolynom in der Form von Newton. Man zeige:

$$
b_k = y[x_0, x_1, \ldots, x_k], \quad i = 0, 1, \ldots, n.
$$

Man benütze dazu die Rekursionsformel für an den Stützstellen $x_{i_0}, x_{i_1}, \ldots, x_{i_k}$ interpolierende Newtonsche Polynome:

$$
N_{i_0, i_1, \ldots, i_k}(x) = \frac{1}{x_{i_0} - x_{i_k}} \left((x - x_{i_k}) N_{i_0, i_1, \ldots, i_{k-1}}(x) - (x - x_{i_0}) N_{i_1, i_2, \ldots, i_k}(x) \right).
$$

Lösung

Das Newtonsche Interpolationspolynom $N_{i_0,i_1,\ldots,i_k}$ besitzt die Eigenschaft:

$$N_{i_0,i_1,\ldots,i_k}(x_i) = y_i, \quad i = i_0, i_1, \ldots, i_k.$$

Man überzeugt sich sofort von der Rekursionsformel durch Auswertung der rechten und linken Seite an den Stützstellen. Außerdem stellt die rechte Seite ein Polynom höchstens vom Grad k dar. Nun betrachten wir die Differenz

$$N_{0,1,\ldots,k}(x) - N_{0,1,\ldots,k-1}(x) = b_k (x - x_0)(x - x_1) \cdots (x - x_{k-1})$$

und finden durch Bilden der k-ten Ableitung:

$$b_k = \frac{1}{k!} \frac{d^k N_{0,1,\ldots,k}(x)}{dx^k}.$$

Aus der Rekursionsformel folgt:

$$\frac{1}{k!} \frac{d^k N_{i_0,i_1,\ldots,i_k}(x)}{dx^k} =$$

$$\frac{1}{x_{i_0} - x_{i_k}} \left(\frac{1}{(k-1)!} \frac{d^{k-1} N_{i_0,i_1,\ldots,i_{k-1}}(x)}{dx^{k-1}} \right.$$

$$\left. - \frac{1}{(k-1)!} \frac{d^{k-1} N_{i_1,i_2,\ldots,i_k}(x)}{dx^{k-1}} \right),$$

sodass mit $\dfrac{1}{0!} \dfrac{d^0 N_{i_0}(x)}{dx^0} = y_{i_0}$ die Beziehung gilt:

$$\frac{1}{k!} \frac{d^k N_{i_0,i_1,\ldots,i_k}(x)}{dx^k} = y[x_{i_0}, x_{i_1}, \ldots, x_{i_k}].$$

Aufgabe 2.27: Interpolationspolynom bestimmen, Normalform herstellen

Gegeben seien die folgende Tabellen von Stützwerten und Stützstellen:

(a)

i	0	1	2	3
x_i	1	2	3	4
y_i	1	3	4	5

(b)

i	0	1	2	3	4
x_i	-1	0	2	4	5
y_i	3	-2	6	4	-1

Man bestimme das Interpolationspolynom $N_3(x)$ im Fall (a) bzw. $N_4(x)$ im Fall (b) jeweils in der Form von Newton, und bringe es anschließend mit dem modifizierten Hornerschema in die Normalform $N_3(x) = a_3 x^3 + a_2 x^2 + a_1 x + a_0$ bzw. $N_4(x) = a_4 x^4 + a_3 x^3 + a_2 x^2 + a_1 x + a_0$.

Lösung

(a) Das Interpolationspolynom in der Form von Newton hat die Gestalt:

$$
\begin{aligned}
N_3(x) \;=\; & y[x_0] + y[x_0, x_1](x - x_0) \\
& + y[x_0, x_1, x_2](x - x_0)(x - x_1) \\
& + y[x_0, x_1, x_2, x_3](x - x_0)(x - x_1)(x - x_2) \,.
\end{aligned}
$$

Die dividierten Differenzen entnimmt man dem Schema:

$$
\begin{array}{c|c}
1 & 1 \\
  &   & 2 \\
2 & 3 &   & -\tfrac{1}{2} \\
  &   & 1 &   & \tfrac{1}{6} \\
3 & 4 &   & 0 \\
  &   & 1 \\
4 & 5
\end{array}
$$

und bekommt:

$$
N_3(x) = 1 + 2\,(x-1) - \frac{1}{2}\,(x-1)\,(x-2) + \frac{1}{6}\,(x-1)\,(x-2)\,(x-3)\,.
$$

Aus dem vollständigen modifizerten Horner-Schema entnimmt man die Koeffizienten der Normalform:

$$
\begin{array}{cccc}
\tfrac{1}{6} & -\tfrac{1}{2} & 2 & 1 \\
             & -\tfrac{1}{2} & 2 & -4 \\
\hline
\tfrac{1}{6} & -1 & 4 & -3 \\
             & -\tfrac{1}{3} & \tfrac{4}{3} \\
\hline
\tfrac{1}{6} & -\tfrac{4}{3} & \tfrac{16}{3} \\
             & -\tfrac{1}{6} \\
\hline
\tfrac{1}{6} & -\tfrac{3}{2} \\
\\
\tfrac{1}{6}
\end{array}
$$

Die Normalform lautet somit:

$$
N_3(x) = \frac{1}{6}x^3 - \frac{3}{2}x^2 + \frac{16}{3}x - 3\,.
$$

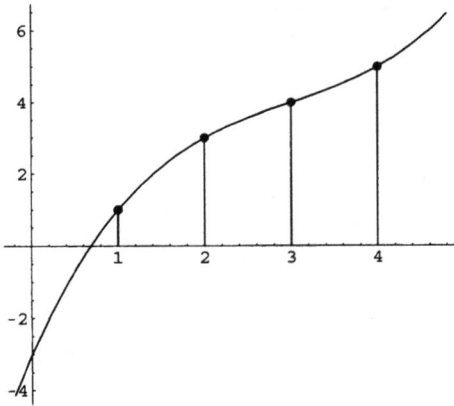

Bild 2.14: *Das Polynom*
$$N_3(x) = \frac{1}{6}x^3 - \frac{3}{2}x^2 + \frac{16}{3}x - 3$$

(b) Das Interpolationspolynom in der Form von Newton hat die Gestalt:

$$\begin{aligned}
N_4(x) \;=\; & y[x_0] + y[x_0, x_1](x - x_0) + y[x_0, x_1, x_2](x - x_0)(x - x_1) \\
& + y[x_0, x_1, x_2, x_3](x - x_0)(x - x_1)(x - x_2) \\
& + y[x_0, x_1, x_2, x_3, x_4](x - x_0)(x - x_1)(x - x_2)(x - x_3).
\end{aligned}$$

Die dividierten Differenzen entnimmt man dem Schema:

-1	3				
		-5			
0	-2		3		
		4		$-\frac{17}{20}$	
2	6		$-\frac{5}{4}$		$\frac{5}{36}$
		-1		$-\frac{1}{60}$	
4	4		$-\frac{4}{3}$		
		-5			
5	-1				

und bekommt:

$$\begin{aligned}
N_4(x) \;=\; & 3 - 5(x + 1) + 3(x + 1)x - \frac{17}{20}(x + 1)x(x - 2) \\
& + \frac{5}{36}(x + 1)x(x - 2)(x - 4).
\end{aligned}$$

Aus dem vollständigen modifizierten Hornerschema entnimmt man die Normalform:

$$\frac{5}{36} \qquad -\frac{17}{20} \qquad 3 \qquad -5 \qquad 3$$
$$-\frac{5}{9} \qquad \frac{253}{90} \qquad 0 \qquad -5$$

$$\frac{5}{36} \qquad -\frac{253}{180} \qquad \frac{523}{90} \qquad -5 \qquad \boxed{-2}$$
$$-\frac{5}{18} \qquad 0 \qquad \frac{523}{90}$$

$$\frac{5}{36} \qquad -\frac{101}{60} \qquad \frac{523}{90} \qquad \boxed{\frac{73}{90}}$$
$$0 \qquad -\frac{101}{60}$$

$$\frac{5}{36} \qquad -\frac{101}{60} \qquad \boxed{\frac{743}{180}}$$
$$\frac{5}{36}$$

$$\frac{5}{36} \qquad \boxed{-\frac{139}{90}}$$

$$\boxed{\frac{5}{36}}$$

Die Normalform lautet somit:

$$N_4(x) = \frac{5}{36} x^4 - \frac{139}{90} x^3 + \frac{743}{180} x^2 + \frac{73}{90} x - 2 \, .$$

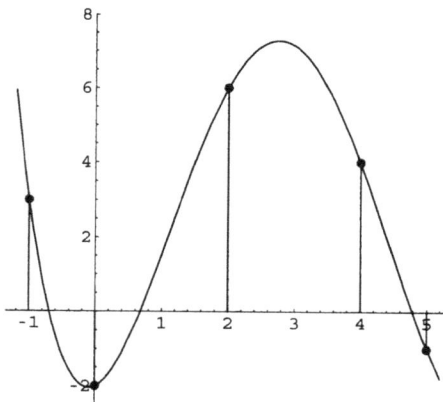

Bild 2.15: *Das Polynom*
$$N_4(x) = \frac{5}{36} x^4 - \frac{139}{90} x^3 + \frac{743}{180} x^2 + \frac{73}{90} x - 2$$

Mathematica

Expand[InterpolatingPolynomial[{{1, 1}, {2, 3}, {3, 4}, {4, 5}}, x]]

$$-3 + \frac{16 x}{3} - \frac{3 x^2}{2} + \frac{x^3}{6}$$

Expand[InterpolatingPolynomial[
$${\{\{-1, 3\}, \{0, -2\}, \{2, 6\}, \{4, 4\}, \{5, -1\}\}, x]]}$$

$$-2 + \frac{73\,x}{90} + \frac{743\,x^2}{180} - \frac{139\,x^3}{90} + \frac{5\,x^4}{36}$$

Maple

```
interp([1,2,3,4],[1,3,4,5],x);
```

$$\text{Interp}([1,\ 2,\ 3,\ 4],\ [1,\ 3,\ 4,\ 5],\ x) = \frac{1}{6}x^3 - \frac{3}{2}x^2 + \frac{16}{3}x - 3$$

```
interp([-1,0,2,4,5],[3,-2,6,4,-1], x);
```

$$\text{Interp}([-1,\ 0,\ 2,\ 4,\ 5],\ [3,\ -2,\ 6,\ 4,\ -1],\ x)$$

$$= \frac{5}{36}x^4 - \frac{139}{90}x^3 + \frac{743}{180}x^2 + \frac{73}{90}x - 2$$

Aufgabe 2.28: Interpolationspolynom mit verschiedenen Verfahren bestimmen

Man bestimme das zu den Stützstellen und Stützwerten

i	0	1	2
x_i	0	1	3
y_i	4	0	1

gehörige Interpolationspolynom höchstens zweiten Grades (a) indem man ein geeignetes Gleichungssystem aufstellt, (b) mit der Methode von Lagrange, (c) mit der Methode von Newton.

Lösung

(a) Wir machen den folgenden Ansatz für das Interpolationspolynom:

$$p_2(x) = a_2\,x^2 + a_1\,x + a_0 .$$

Die Interpolationsbedingungen $p_2(x_i) = y_i$ ergeben das Gleichungssystem:

$$
\begin{aligned}
a_0 &= 4 \\
a_0 + a_1 + a_2 &= 0 \\
a_0 + 3\,a_1 + 9\,a_2 &= 1
\end{aligned}
$$

mit der Lösung

$$a_0 = 4 \qquad a_1 = -\frac{11}{2} \qquad a_2 = \frac{3}{2} .$$

Das Interpolationspolynom lautet somit:

$$p_2(x) = \frac{3}{2}x^2 - \frac{11}{2}x + 4 .$$

(b) Mit der Methode von Lagrange bekommt man:

$$L_2(x) = y_0\, L_{2,0}(x) + y_1\, L_{2,1}(x) + y_2\, L_{2,2}(x)$$

mit den Basispolynomen:

$$
\begin{aligned}
L_{2,0}(x) &= \frac{(x - x_1)(x - x_2)}{(x_0 - x_1)(x_0 - x_2)} = \frac{1}{3}x^2 - \frac{4}{3}x + 1\,, \\
L_{2,1}(x) &= \frac{(x - x_0)(x - x_2)}{(x_1 - x_0)(x_1 - x_2)} = -\frac{1}{2}x^2 + \frac{3}{2}x\,, \\
L_{2,2}(x) &= \frac{(x - x_0)(x - x_1)}{(x_2 - x_0)(x_2 - x_1)} = \frac{1}{6}x^2 - \frac{1}{6}x\,.
\end{aligned}
$$

Ausmultiplizieren ergibt:

$$L_2(x) = \frac{3}{2}x^2 - \frac{11}{2}x + 4\,.$$

(c) Die zur Darstellung des Interpolationspolynoms in der Form von Newton benötigten dividierten Differenzen entnimmt man dem Schema:

$$
\begin{array}{c|ccc}
0 & \boxed{4} & & \\
  &   & \boxed{-4} & \\
1 & 0 &   & \boxed{\tfrac{3}{2}} \\
  &   & \tfrac{1}{2} & \\
3 & 1 &   &
\end{array}
$$

Es ergibt sich damit:

$$
\begin{aligned}
N_2(x) &= y[x_0] + y[x_0, x_1]\,(x - x_0) + y[x_0, x_1, x_2]\,(x - x_0)\,(x - x_1) \\
&= 4 - 4x + \frac{3}{2}x\,(x - 1) \\
&= \frac{3}{2}x^2 - \frac{11}{2}x + 4\,.
\end{aligned}
$$

Aufgabe 2.29: Dividierte Differenzen mit Differenzen höherer Ordnung berechnen

Gegeben seien die äquidistanten Stützstellen: $x_i = x_0 + i\,h$, $h > 0$, und die zugehörigen Stützwerte y_i, $i = 0, \dots, n$. Die k-ten Differenzen werden erklärt durch:

$$\Delta^0 y_i = y_i\,, \qquad \Delta^{k+1} y_i = \Delta^k y_{i+1} - \Delta^k y_i\,.$$

$$k = 0, 1, \dots, n\,, \qquad i = 0, 1, \dots, n - k\,.$$

Man zeige: $y[x_{i+k}, x_{i+k-1}, \dots, x_i] = \dfrac{\Delta^k y_i}{k!\, h^k}\,.$

Mithilfe dieser Formel bestimme man das zu den Stützstellen

$$x_i = 0 + i\,h\,, \qquad h = 1\,, \qquad i = 0, 1, 2, 3, 4$$

und den Stützwerten $y_i = e^{-x_i}$ gehörige Newtonsche Interpolationspolynom.

Lösung

Wegen $x_{i+1} - x_i = h$ gilt für $k = 1$:

$$
\begin{aligned}
y\left[x_{i+1}, x_i\right] &= \frac{y_{i+1} - y_i}{x_{i+1} - x_i} = \frac{y_{i+1} - y_i}{h} \\
&= \frac{\Delta^0 y_{i+1} - \Delta^0 y_i}{h} = \frac{\Delta^1 y_i}{1! \, h^1} \, .
\end{aligned}
$$

Wir nehmen nun an, die Behauptung sei für $k - 1$ richtig. Beim Induktionsschritt benutzen wir:

$$
x_{i+k} - x_i = x_0 + (i+k)\, h - (x_0 + i \, h) = k \, h
$$

und bekommen:

$$
\begin{aligned}
y\left[x_{i+k}, \dots, x_i\right] &= \frac{y\left[x_{i+k}, \dots, x_{i+1}\right] - y\left[x_{i+k-1}, \dots, x_i\right]}{x_{i+k} - x_i} \\
&= \frac{\frac{\Delta^{k-1} y_{i+1}}{(k-1)! \, h^{k-1}} - \frac{\Delta^{k-1} y_i}{(k-1)! \, h^{k-1}}}{k \, h} \\
&= \frac{1}{k! \, h^k} \left(\Delta^{k-1} y_{i+1} - \Delta^{k-1} y_i \right) \\
&= \frac{\Delta^k y_i}{k! \, h^k} \, .
\end{aligned}
$$

Zur Berechnung der Differenzen der Ordnung $k = 0, 1, 2, 3, 4$ legen wir wie bei der Berechnung der dividierten Differenzen folgendes Schema an:

$$
\begin{array}{c|lllll}
0 & e^0 \\
  &   & e^1 - e^0 \\
1 & e^1 &   & e^2 - 2e^1 + e^0 \\
  &   & e^2 - e^1 &   & e^3 - 3e^2 + 3e^1 - e^0 \\
2 & e^2 &   & e^3 - 2e^2 + e^1 &   & e^4 - 4e^3 + 6e^2 - 4e^1 + e^0 \\
  &   & e^3 - e^2 &   & e^4 - 3e^3 + 3e^2 - e^1 \\
3 & e^3 &   & e^4 - 2e^3 + e^2 \\
  &   & e^4 - e^3 \\
4 & e^4
\end{array}
$$

Berücksichtigt man, dass die dividierten Differenzen nicht von der Reihenfolge der Argumente abhängen, so ergibt sich folgendes Interpolationspolynom:

$$
\begin{aligned}
N_4(x) = {}& 1 + (e - 1)\, x + \frac{1}{2} \left(e^2 - 2\, e + 1 \right) x\, (x - 1) \\
& + \frac{1}{6} \left(e^3 - 3\, e^2 + 3\, e - 1 \right) x\, (x - 1)\, (x - 2) \\
& + \frac{1}{24} \left(e^4 - 4\, e^3 + 6\, e^2 - 4\, e + 1 \right) x\, (x - 1)\, (x - 2)\, (x - 3) \, .
\end{aligned}
$$

Aufgabe 2.30: Methode von Aitken-Neville begründen

Wenn man lediglich den Wert des Interpolationspolynoms an einer Stelle außerhalb der Stütz-stellen benötigt, kann man diesen Wert nach der Methode von Aitken-Neville berechnen, ohne das Interpolationspolynom erst zu berechnen.

Seien $(x_0, y_0), (x_1, y_1), \ldots, (x_n, y_n)$ $n + 1$ reelle Wertepaare mit paarweise verschiedenen x_i $(i = 0, 1, \ldots, n)$ und p_n das Interpolationspolynom mit $p_n(x_i) = y_i$ $(i = 0, 1, \ldots, n)$.
Man begründe, dass die Rekursion

$$
\begin{aligned}
p_{i,0} &= y_i, \quad i = 0, 1, \ldots, n, \\
p_{i,k} &= \frac{\xi - x_{i-k}}{x_i - x_{i-k}} p_{i,k-1} + \frac{x_i - \xi}{x_i - x_{i-k}} p_{i-1,k-1}, \\
&\quad i = 1, \ldots, n, k = 1, \ldots i,
\end{aligned}
$$

den Wert $p_{n,n} = p_n(\xi)$ liefert und ordne die Rechenschritte zu einem Schema an.

Lösung

Wir betrachten die folgenden rekursiv erklärten Polynome:

$$
\begin{aligned}
P_{i,0}(x) &= y_i, \quad i = 0, 1, \ldots, n, \\
p_{i,k}(x) &= \frac{x - x_{i-k}}{x_i - x_{i-k}} p_{i,k-1}(x) + \frac{x_i - x}{x_i - x_{i-k}} p_{i-1,k-1}(x), \\
&\quad i = 1, \ldots, n, k = 1, \ldots i.
\end{aligned}
$$

Es gilt offenbar:

$$
p_{i,0}(x_i) = y_i, \quad i = 0, 1, \ldots, n.
$$

Im ersten Schritt bekommen wir Polynome höchstens vom Grad eins:

$$
p_{i,1}(x) = \frac{x - x_{i-1}}{x_i - x_{i-1}} p_{i,0}(x) + \frac{x_i - x}{x_i - x_{i-1}} p_{i-1,0}(x), \quad i = 1, \ldots, n,
$$

und durch Einsetzen sieht man:

$$
p_{i,1}(x_k) = y_k, \quad k = i, i - 1.
$$

Im nächsten Schritt bekommen wir Polynome

$$
p_{i,2}(x) = \frac{x - x_{i-2}}{x_i - x_{i-2}} p_{i,1}(x) + \frac{x_i - x}{x_i - x_{i-2}} p_{i-1,1}(x), \quad i = 2, \ldots, n,
$$

höchstens vom Grad zwei mit der Eigenschaft:

$$
p_{i,n-1}(x_k) = y_k, \quad k = i, i - 1, i - 2,
$$

denn es gilt:

$$
\begin{aligned}
p_{i,2}(x_i) &= p_{i,1}(x_i) = y_i, \\
p_{i,2}(x_{i-1}) &= \left(\frac{x_{i-1} - x_{i-2}}{x_i - x_{i-2}} + \frac{x_i - x_{i-1}}{x_i - x_{i-2}} \right) y_{i-1} = y_{i-1}, \\
p_{i,2}(x_{i-2}) &= p_{i-1,1}(x_{i-2}) = y_{i-2},
\end{aligned}
$$

Durch einen Induktionsschritt kann man nun zeigen, dass $p_{n,n}(x)$ ein Polynom ist, das höchstens den Grad n und die Eigenschaft besitzt:

$$p_{n,n}(x_k) = y_k, \quad k = n, n-1, \ldots, 1, 0.$$

Damit stimmt $p_{n,n}(x)$ dann mit dem Interpolationspolynom überein, und die Rekursion zur Berechnung von $p_n(x_0)$ folgt sofort.

Wir können die erforderlichen Rechenschritte schließlich zu folgendem Schema anordnen, das analog zu den dividierten Differenzen vorgeht:

x_0	p_{00}						
		p_{11}					
x_1	p_{10}		p_{22}				
		p_{21}		p_{33}			
x_2	p_{20}		p_{32}				
		p_{31}		p_{43}			
x_3	p_{30}		p_{42}				
$\vdots$	$\vdots$	$\vdots$	$\vdots$	$\vdots$	$\cdots$	$\cdots$	$p_{n,n}$
x_{n-3}	$p_{n-3,0}$		$p_{n-2,2}$				
		$p_{n-2,1}$		$p_{n-1,3}$			
x_{n-2}	$p_{n-2,0}$		$p_{n-1,2}$				
		$p_{n-1,1}$		p_{n3}			
x_{n-1}	$p_{n-1,0}$		p_{n2}				
		p_{n1}					
x_n	p_{n0}						

Aufgabe 2.31: Interpolation durchführen und Methode von Aitken-Neville anwenden

Gegeben sei folgende Tabelle von Stützwerten und Stützstellen:

i	0	1	2
x_i	-1	1	3
y_i	3	9	-5

Man bestimme das Interpolationspolynom $N_2(x)$ in der Form von Newton, und bringe es anschließend mit dem modifizierten Hornerschema in die Normalform $N_3(x) = a_2 x^2 + a_1 x + a_0$. Mit der Methode von Aitken-Neville berechne man den Wert $N_3(4)$.

Lösung

Das Interpolationspolynom in der Form von Newton lautet:

$$P_2(x) = y[x_0] + y[x_0, x_1](x - x_0) + y[x_0, x_1, x_2](x - x_0)(x - x_1).$$

Man entnimmt die dividierten Differenzen dem folgenden Schema:

-1	3		
1	9	3	
3	-5	-7	$-\frac{5}{2}$

und erhält folgendes Interpolationspolynom:

$$N_2(x) = 3 + 3\,(x+1) - \frac{5}{2}\,(x+1)\,(x-1)$$

Die Koeffizienten der Normalform bekommt man aus dem vollständigen modifizierten Horner-Schema:

$$
\begin{array}{ccc}
-2.5 & 3 & 3 \\
 & 2.5 & 5.5 \\
\hline
-2.5 & 5.5 & \boxed{8.5} \\
 & -2.5 & \\
\hline
-2.5 & \boxed{3} & \\
\end{array}
$$

$$\boxed{-2.5}$$

Die Normalform lautet somit:

$$N_2(x) = -\frac{5}{2}\,x^2 + 3\,x + \frac{17}{2}\,.$$

Die Methode von Aitken-Neville erfordert folgende Rechenschritte für $\xi = 4$:

$$p_{11} = \frac{\xi - x_0}{x_1 - x_0}\,p_{10} + \frac{x_1 - \xi}{x_1 - x_0}\,p_{00}\,,$$

$$p_{21} = \frac{\xi - x_1}{x_2 - x_1}\,p_{20} + \frac{x_2 - \xi}{x_2 - x_1}\,p_{10}\,,$$

$$p_{22} = \frac{\xi - x_0}{x_2 - x_0}\,p_{21} + \frac{x_2 - \xi}{x_2 - x_0}\,p_{11}\,,$$

die im Schema folgende Werte liefern:

$$
\begin{array}{c|cccc}
-1 & 3 & & \\
 & & 18 & \\
1 & 9 & & \boxed{-\frac{39}{2}} \\
 & & -12 & \\
3 & -5 & & \\
\end{array}
$$

Wir entnehmen den Polynomwert:

$$N_2(4) = -\frac{39}{2}\,.$$

2.4 Approximation

Bei der Approximation versucht man ein Polynom zu finden, das sich über ein zugrunde liegendes Intervall möglichst gut an eine gegebene Funktion annähert.

Approximation im quadratischen Mittel durch Polynome

Bei der Approximation durch Polynome bestimmt man zu einer gegebenen stetigen Funktion $f : [a, b] \rightarrow \mathbb{R}$ ein Polynom höchstens n-ten Grades $\psi(x) = c_0 + c_1 x + \ldots + c_n x^n$, sodass der folgende Abstand minimal wird:

$$\int_a^b (f(x) - \psi(x))^2 \, dx \, .$$

Es gibt genau eine Minimalstelle $(c_0^{(0)}, c_1^{(0)}, \ldots, c_n^{(0)})$ der Funktion:

$$D(c_0, c_1, \ldots, c_n) = \int_a^b \left(f(x) - (c_0 + c_1 x + \ldots + c_n x^n) \right)^2 dx \, .$$

Das Polynom $\psi_0(x) = c_0^{(0)} + c_1^{(0)} x + \ldots + c_n^{(0)} x^n$ stellt die beste Approximierende im quadratischen Mittel durch Polynome bis zum Grad n dar.
Die Koeffizienten der besten Approximierenden erhält man aus den Normalgleichungen.
Die Matrix $(i, j = 0, 1, \ldots, n)$

$$a_{ij} = \int_a^b x^{i+j} \, dx = \frac{1}{i + j + 1} \left(b^{i+j+1} - a^{i+j+1} \right)$$

ist symmetrisch und positiv definit. Die folgenden Normalgleichungen sind somit eindeutig lösbar:

$$\sum_{j=0}^n a_{i,j} \, c_j^{(0)} = \int_a^b x^i \, f(x) \, dx \, , \quad i = 0, 1, \ldots, n \, .$$

Aufgabe 2.32: Beste Approximierende durch Geraden bestimmen

Man bestimme ein Polynom $\psi_0(x)$ höchstens ersten Grades (Gerade), sodass für alle Polynome $\psi(x)$ höchstens ersten Grades (Geraden) gilt:

$$\int_0^1 (e^x - \psi_0(x))^2 \, dx \leq \int_0^1 (e^x - \psi(x))^2 \, dx \, .$$

Lösung

Die beste Approximierende durch Polynome bis zum Grad eins

$$\psi_0(x) = c_0^{(0)} + c_1^{(0)} x$$

besitzt die Eigenschaft:

$$\int\limits_0^1 (e^x - (c_0^{(0)} + c_1^{(0)} x))^2 \, dx \le \int\limits_0^1 (e^x - (c_0 + c_1 x))^2 \, dx \, .$$

Die Koeffizienten der besten Approximierenden erhält man aus den Normalgleichungen:

$$\sum_{j=0}^1 \left(\int\limits_0^1 x^{i+j} \, dx \right) c_j^{(0)} = \int\limits_0^1 x^i \, e^x \, dx \, , \quad i = 0, 1 \, .$$

Mit den Integralen:

$$\int\limits_0^1 x^{i+j} \, dx \;=\; \frac{1}{i+j+1} \, , \quad i, j = 0, 1 \, ,$$

$$\int\limits_0^1 e^x \, dx \;=\; e - 1 \, ,$$

$$\int\limits_0^1 x \, e^x \, dx \;=\; \left(x \, e^x - e^x \right)\big|_0^1 = 1 \, ,$$

nehmen die Normalgleichung die Gestalt an

$$1 \cdot c_0^{(0)} + \frac{1}{2} c_1^{(0)} \;=\; e - 1 \, ,$$

$$\frac{1}{2} c_0^{(0)} + \frac{1}{3} c_1^{(0)} \;=\; 1 \, .$$

Wir bekommen folgende Lösung:

$$c_0^{(0)} = 4 \, e - 10 \, , \quad c_1^{(0)} = -6 \, e + 18 \, .$$

Damit ergibt sich folgende beste Approximierende:

$$\psi_0(x) = (-6 \, e + 18) \, x + 4 \, e - 10 \, .$$

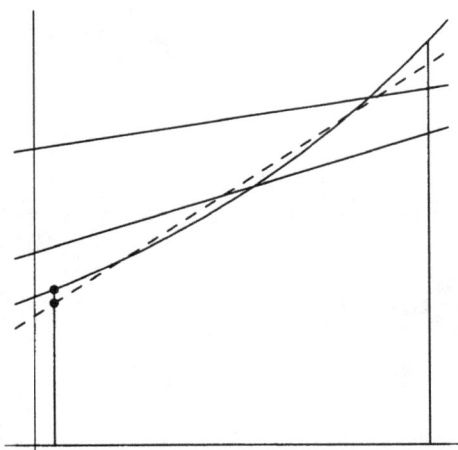

Bild 2.16: *Die Funktion*
$f(x) = e^x$ im Intervall $[0, 1]$
und die beste Approximierende
durch Geraden (gestrichelt)
sowie weitere Geraden zum
Vergleich

Aufgabe 2.33: Beste Approximierende durch Parabeln bestimmen

Im Intervall $[-1, 1]$ bestimme man die beste Approximierende im quadratischen Mittel $\psi_0(x)$
höchstens zweiten Grades (Parabel) der Funktion

$$f(x) = x\, e^{-x}\,.$$

Lösung

Die Koeffizienten der besten Approximierenden erhält man aus den Normalgleichungen:

$$\sum_{j=0}^{1} \left(\int_{-1}^{1} x^{i+j}\, dx \right) c_j^{(0)} = \int_{-1}^{1} x^i\, f(x)\, dx\,, \quad i = 0, 1\,.$$

Mit den Integralen:

$$\int_{-1}^{1} x^{i+j}\, dx = \frac{1}{i+j+1} \left(1 - (-1)^{i+j+1} \right)\,, \quad i, j = 0, 1, 2\,,$$

$$\int_{-1}^{1} f(x)\, dx = -\frac{2}{e}\,,$$

$$\int_{-1}^{1} x\, f(x)\, dx = e - \frac{5}{e}\,,$$

$$\int_{-1}^{1} x^2\, f(x)\, dx = 2e - \frac{16}{e}\,,$$

nehmen die Normalgleichung die Gestalt an:

$$\begin{pmatrix} 2 & 0 & \frac{2}{3} \\ 0 & \frac{2}{3} & 0 \\ \frac{2}{3} & 0 & \frac{2}{5} \end{pmatrix} \begin{pmatrix} c_0^{(0)} \\ c_1^{(0)} \\ c_2^{(0)} \end{pmatrix} = \begin{pmatrix} -\frac{2}{e} \\ e - \frac{5}{e} \\ 2e - \frac{16}{e} \end{pmatrix}.$$

Wir bekommen folgende Lösung:

$$c_0^{(0)} = -\frac{3\,(-37 + 5\,e^2)}{4\,e}, \quad c_1^{(0)} = \frac{3\,(-5 + e^2)}{2\,e}, \quad c_2^{(0)} = \frac{15\,(-23 + 3\,e^2)}{4\,e}.$$

Damit ergibt sich folgende beste Approximierende:

$$\psi_0(x) = -\frac{3\,(-37 + 5\,e^2)}{4\,e} + \frac{3\,(-5 + e^2)}{2\,e}\,x + \frac{15\,(-23 + 3\,e^2)}{4\,e}\,x^2.$$

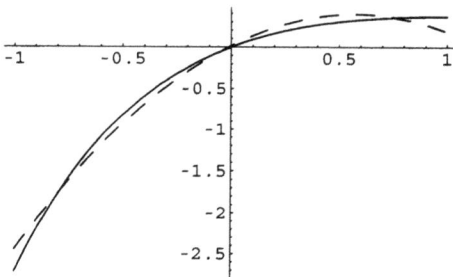

Bild 2.17: *Die Funktion*
$f(x) = x\,e^{-x}$
im Intervall $[-1, 1]$
und die beste Approximierende
durch Parabeln (gestrichelt)

Beim Ausgleichsproblem wird die Summe der Fehlerquadrate an diskreten Stützstellen minimiert.

Fehlerquadrate

Gesucht ist ein Polynom $\psi(x) = c_0 + c_1 x + \ldots + c_n x^n$ höchstens n-ten Grades, das die Summe der Fehlerquadrate:

$$\sum_{i=0}^{N} (y_i - \psi(x_i))^2$$

minimiert. Sei $N \geq n$ und (x_i, y_i), $i = 0, 1, \ldots, N$, Wertepaare mit paarweise verschiedenen x_i. Dann gibt es genau eine Minimalstelle $(c_0^{(0)}, c_1^{(0)}, \ldots, c_n^{(0)})$ der Funktion:

$$D(c_0, c_1, \ldots, c_n) = \sum_{i=0}^{N} (y_i - (c_0 + c_1 x_i + \ldots + c_n x_i^n))^2.$$

Das Ausgleichspolynom $\psi_0(x) = c_0^{(0)} + c_1^{(0)} x + \ldots + c_n^{(0)} x^n$ liefert das Minimum der Fehlerquadrate, die beim Ausgleich mit Polynomen höchstens vom Grad n entstehen.

Die Koeffizienten des Ausgleichpolynoms ergeben sich aus den Gaußschen Normalgleichungen.

Gramsche Matrix

Die Gramsche Matrix

$$a_{jk} = \sum_{i=0}^{N} x_i^{j+k}$$

ist symmetrisch und positiv definit. Die Gaußschen Normalgleichungen

$$\sum_{k=0}^{n} \left(\sum_{i=0}^{N} x_i^{j+k} \right) c_k^{(0)} = \sum_{i=0}^{N} y_i x_i^j, \quad j = 0, 1, \dots, n,$$

sind somit eindeutig lösbar und legen das Ausgleichspolynom eindeutig fest.

Aufgabe 2.34: Ausgleichspolynom dritten Grades bestimmen

Die Funktion

$$f(x) = \frac{1 + x^2}{1 + x^4}$$

sei an den Stützstellen $x_i = -1 + \frac{1}{2} i$, $i = 0, 1, 2, 3, 4$ gegeben mit Stützwerten $y_i = f(x_i)$. Man bestimme das Ausgleichspolynom ψ_0 höchstens dritten Grades nach der Gaußschen Fehlerquadratmethode.

Lösung

Wegen $N = 4$ und $n = 3$ ist das Ausgleichsproblem eindeutig lösbar. Wir berechnen folgende Tabelle von Stützstellen und Stützwerten:

i	0	1	2	3	4
x_i	-1	$-\frac{1}{2}$	0	$\frac{1}{2}$	1
y_i	1	$\frac{20}{17}$	1	$\frac{20}{17}$	1

Die Gramsche Matrix und die rechte Seite der Normalgleichungen ergeben sich zu:

$$(a_{jk})_{j,k=0,1,2,3} = \left(\sum_{i=0}^{4} x_i^{j+k} \right)_{j,k=0,1,2,3} = \begin{pmatrix} 5 & 0 & \frac{5}{2} & 0 \\ 0 & \frac{5}{2} & 0 & \frac{17}{8} \\ \frac{5}{2} & 0 & \frac{17}{8} & 0 \\ 0 & \frac{17}{8} & 0 & \frac{65}{32} \end{pmatrix}$$

und

$$
\begin{pmatrix}
\displaystyle\sum_{i=0}^{4} y_i\, x_i^0 \\[1.5em]
\displaystyle\sum_{i=0}^{4} y_i\, x_i^1 \\[1.5em]
\displaystyle\sum_{i=0}^{4} y_i\, x_i^2 \\[1.5em]
\displaystyle\sum_{i=0}^{4} y_i\, x_i^3
\end{pmatrix}
=
\begin{pmatrix}
\frac{91}{17} \\[1em]
0 \\[1em]
\frac{44}{17} \\[1em]
0
\end{pmatrix}.
$$

Die eindeutige Lösung der Normalgleichungen

$$
\begin{pmatrix}
5 & 0 & \frac{5}{2} & 0 \\[0.6em]
0 & \frac{5}{2} & 0 & \frac{17}{8} \\[0.6em]
\frac{5}{2} & 0 & \frac{17}{8} & 0 \\[0.6em]
0 & \frac{17}{8} & 0 & \frac{65}{32}
\end{pmatrix}
\begin{pmatrix}
c_0^{(0)} \\[0.6em]
c_1^{(0)} \\[0.6em]
c_2^{(0)} \\[0.6em]
c_3^{(0)}
\end{pmatrix}
=
\begin{pmatrix}
\frac{91}{17} \\[0.6em]
0 \\[0.6em]
\frac{44}{17} \\[0.6em]
0
\end{pmatrix}
$$

lautet:

$$
\begin{pmatrix}
\frac{667}{595} \\[1em]
0 \\[1em]
-\frac{12}{119} \\[1em]
0
\end{pmatrix}
$$

und wir erhalten das Ausgleichspolynom:

$$
\psi_0(x) = \frac{667}{595} - \frac{12}{119}\, x^2 .
$$

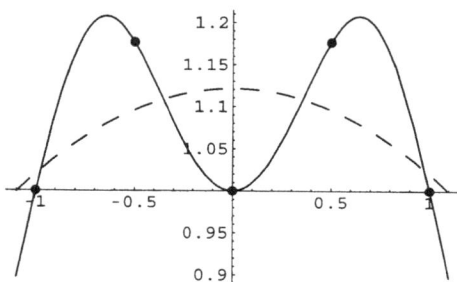

Bild 2.18: *Die Funktion*
$$f(x) = \frac{1+x^2}{1+x^4}$$
mit Stützwerten und das Ausgleichspolynom
$$\psi_0(x) = \frac{667}{595} - \frac{12}{119}\, x^2$$
höchstens dritten Grades(gestrichelt)

Mathematica

$$<< \text{NumericalMath'PolynomialFit'}$$

$$f[x\_] := \frac{1+x^2}{1+x^4};$$

$$\psi_0 = \text{PolynomialFit}\left[\left\{\{-1,1\}, \left\{-\frac{1}{2}, \frac{20}{17}\right\}, \{0,1\}, \left\{\frac{1}{2}, \frac{20}{17}\right\}, \{1,1\}\right\}, 3\right]$$

$$\text{FittingPolynomial}[<>, 3]$$

$$\text{Expand}[\psi_0[x]]$$

$$1.12101 - 1.57009 \times 10^{-16} x - 0.10084 x^2 + 3.14018 \times 10^{-16} x^3$$

Maple

```
with(linalg):

x:=[-1,-1/2,0,1/2,1];
g:=(j,k)->sum(x[i]^(j+k-2),i=1..5);}{%
}
```

$$g := (j, k) \to \sum_{i=1}^{5} x_i^{(j+k-2)}$$

```
Gram:=matrix(4,4,g);
```

$$Gram := \begin{bmatrix} 5 & 0 & \dfrac{5}{2} & 0 \\ 0 & \dfrac{5}{2} & 0 & \dfrac{17}{8} \\ \dfrac{5}{2} & 0 & \dfrac{17}{8} & 0 \\ 0 & \dfrac{17}{8} & 0 & \dfrac{65}{32} \end{bmatrix}$$

```
f:=x->(1+x^2)/(1+x^4);
```

$$f := x \to \frac{1+x^2}{1+x^4}$$

```
r:=(j)->sum(f(x[i])*x[i]^(j-1),i=1..5);
```

$$r := j \to \sum_{i=1}^{5} f(x_i) x_i^{(j-1)}$$

```
Rs:=matrix(4,1,r);
```

$$Rs := \begin{bmatrix} \dfrac{91}{17} \\ 0 \\ \dfrac{44}{17} \\ 0 \end{bmatrix}$$

```
linsolve(Gram,Rs);
```

$$\begin{bmatrix} \dfrac{667}{595} \\ 0 \\ \dfrac{-12}{119} \\ 0 \end{bmatrix}$$

Aufgabe 2.35: Nicht eindeutig lösbares Ausgleichsproblem diskutieren

Gegeben sei folgende Tabelle von Stützstellen und Stützwerten:

i	0	1	2
x_i	-2	1	2
y_i	1	2	0

Man berechne das Interpolationspolynom sowie Ausgleichspolynome höchstens dritten Grades.

Lösung

Mit der Methode von Lagrange

$$\begin{aligned} L_2(x) &= y_0\, L_{2,0}(x) + y_1\, L_{2,1}(x) + y_2\, L_{2,2}(x) \\ &= = \frac{x-1}{-3}\frac{x-2}{-4} + 2\frac{x+2}{-1}\frac{x-2}{-1} \\ &= -\frac{7}{12}x^2 - \frac{1}{4}x + \frac{17}{6}. \end{aligned}$$

Offenbar ist $N = 2$ und $n = 3$, also $N < n$, und die eindeutige Lösbarkeit des Ausgleichsproblems ist nicht garantiert. Zu drei Stützstellen und Stützwerten existiert genau ein Interpolationspolynom höchstens zweiten Grades. Für dieses Interpolationspolynom verschwinden alle Fehlerquadrate, und es liegt somit ein Minimum der Summe der Fehlerquadrate vor. Die Normalgleichungen müssen eine nichttriviale Lösung besitzen und damit einen Lösungsraum, der mindestens die Dimension eins hat.

Die Gramsche Matrix und die rechte Seite der Normalgleichungen ergeben sich zu:

$$(a_{jk})_{j,k=0,1,2,3} = \left(\sum_{i=0}^{2} x_i^{j+k}\right)_{j,k=0,1,2,3} = \begin{pmatrix} 3 & 1 & 9 & 1 \\ 1 & 9 & 1 & 33 \\ 9 & 1 & 33 & 1 \\ 1 & 33 & 1 & 129 \end{pmatrix}$$

und

$$\begin{pmatrix} \sum_{i=0}^{2} y_i\, x_i^0 \\ \sum_{i=0}^{2} y_i\, x_i^1 \\ \sum_{i=0}^{2} y_i\, x_i^2 \\ \sum_{i=0}^{2} y_i\, x_i^3 \end{pmatrix} = \begin{pmatrix} 3 \\ 0 \\ 6 \\ -6 \end{pmatrix}.$$

Die Normalgleichungen

$$\begin{pmatrix} 3 & 1 & 9 & 1 \\ 1 & 9 & 1 & 33 \\ 9 & 1 & 33 & 1 \\ 1 & 33 & 1 & 129 \end{pmatrix} \begin{pmatrix} c_0^{(0)} \\ c_1^{(0)} \\ c_2^{(0)} \\ c_3^{(0)} \end{pmatrix} = \begin{pmatrix} 3 \\ 0 \\ 6 \\ -6 \end{pmatrix}$$

besitzen folgende Lösungen:

$$\begin{pmatrix} \frac{17}{6} + 4\lambda \\ -\frac{1}{4} - 4\lambda \\ -\frac{7}{12} - \lambda \\ \lambda \end{pmatrix}$$

mit einem Parameter λ. Die partikuläre Lösung

$$\begin{pmatrix} \frac{17}{6} \\ -\frac{1}{4} \\ -\frac{7}{12} \\ 0 \end{pmatrix}$$

liefert gerade das Interpolationspolynom

$$p_3(x) = \frac{17}{6} - \frac{1}{4}x - \frac{7}{12}x^2.$$

Insgesamt werden durch die allgemeine Lösung der Normalgleichungen folgende Ausgleichspolynome gegeben:

$$\psi_0(x) = p_3(x) + \lambda\,(4 - 4\,x - x^2 + x^3) = p_3(x) + \lambda\,h(x)).$$

Wegen $p_3(x_i) = y_i$ und $h(x_i) = 0$ für $i = 0, 1, 2$ verschwinden die Summe der Fehlerquadrate:

$$\sum_{i=0}^{2} |y_i - \psi_0(x_i)|^2 = 0.$$

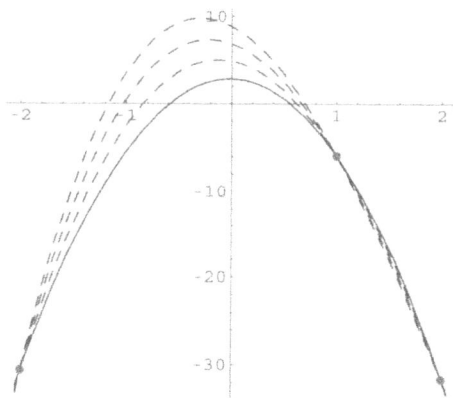

Bild 2.19: *Das Interpolationspolynom*
$$p_3(x) = \frac{17}{6} - \frac{1}{4}x - \frac{7}{12}x^2$$
und Ausgleichspolynome
$$\psi_0(x) = p_3(x) + \lambda\,(4 - 4\,x - x^2 + x^3)$$
(gestrichelt)

Mathematica

$$\ll \textbf{NumericalMath‘PolynomialFit‘}$$

$$\psi = \textbf{PolynomialFit}[\{\{-2, 1\}, \{-1, 2\}, \{2, 0\}\}, 3]$$

$$\textbf{FittingPolynomial}[<>, 3]$$

$$\psi[\mathbf{x}]//\textbf{Expand}$$

$$2.16667 - 0.25\,x - 0.416667\,x^2$$

$$\textbf{Expand}[\textbf{InterpolatingPolynomial}[\{\{-2, 1\}, \{-1, 2\}, \{2, 0\}\}, \mathbf{x}]]$$

$$\frac{13}{6} - \frac{x}{4} - \frac{5\,x^2}{12}$$

Maple

```
with(linalg):
xs:=[-2,1,2];
g:=(j,k)->sum(xs[i]^(j+k-2),i=1..3);
```

$$g := (j, k) \rightarrow \sum_{i=1}^{3} xs_i{}^{(j+k-2)}$$

```
Gram:=matrix(4,4,g);
```

$$Gram := \begin{bmatrix} 3 & 1 & 9 & 1 \\ 1 & 9 & 1 & 33 \\ 9 & 1 & 33 & 1 \\ 1 & 33 & 1 & 129 \end{bmatrix}$$

```
y:=[1,2,0];
```

```
r:=(j)->sum(y[i]*xs[i]^(j-1),i=1..3);
```

$$r := j \rightarrow \sum_{i=1}^{3} y_i \, xs_i{}^{(j-1)}$$

```
Rs:=matrix(4,1,r);
```

$$Rs := \begin{bmatrix} 3 \\ 0 \\ 6 \\ -6 \end{bmatrix}$$

```
linsolve(Gram,Rs);
```

$$\begin{bmatrix} \dfrac{17}{6} + 4\_t_{11} \\[2ex] -\dfrac{1}{4} - 4\_t_{11} \\[2ex] -\dfrac{7}{12} - \_t_{11} \\[2ex] \_t_{11} \end{bmatrix}$$

```
interp(xs,y,x);
```

$$-\frac{7}{12}x^2 - \frac{1}{4}x + \frac{17}{6}$$

Aufgabe 2.36: Ausgleichspolynom ersten, zweiten und dritten Grades bestimmen

Gegeben sei die Wertetabelle

i	0	1	2	3	4
x_i	0.2	0.3	0.5	0.7	0.8
y_i	1	−0.5	−1	2	3.5

Man bestimme das Ausgleichspolynom höchstens ersten, zweiten und dritten Grades nach der Gaußschen Fehlerquadratmethode.

Lösung

Wegen $N = 4$ und $n = 1, 2, 3$ ist das Ausgleichsproblem jeweils eindeutig lösbar.
Die Gramsche Matrix und die rechte Seite der Normalgleichungen ergeben sich im Fall $n = 1$ (Ausgleichsgerade) zu:

$$(a_{jk})_{j,k=0,1} = \left(\sum_{i=0}^{4} x_i^{j+k}\right)_{j,k=0,1} = \begin{pmatrix} 5 & \frac{5}{2} \\ \frac{5}{2} & \frac{151}{100} \end{pmatrix}$$

und

$$\begin{pmatrix} \sum_{i=0}^{4} y_i\, x_i^0 \\ \sum_{i=0}^{4} y_i\, x_i^1 \end{pmatrix} = \begin{pmatrix} 5 \\ \frac{15}{4} \end{pmatrix}.$$

Die eindeutige Lösung der Normalgleichungen

$$\begin{pmatrix} 5 & \frac{5}{2} \\ \frac{5}{2} & \frac{151}{100} \end{pmatrix} \begin{pmatrix} c_0^{(0)} \\ c_1^{(0)} \end{pmatrix} = \begin{pmatrix} 5 \\ \frac{15}{4} \end{pmatrix}$$

lautet:

$$\begin{pmatrix} -\frac{73}{52} \\ \frac{125}{26} \end{pmatrix}$$

und wir erhalten die Ausgleichsgerade: $\psi_0(x) = -\dfrac{73}{52} + \dfrac{125}{26}\, x$.

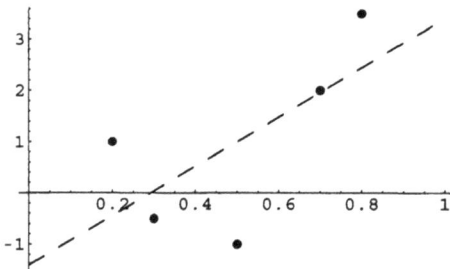

Bild 2.20: *Die Ausgleichsgerade*
$$\psi_0(x) = -\frac{73}{52} + \frac{125}{26}\, x$$

Die Gramsche Matrix und die rechte Seite der Normalgleichungen ergeben sich im Fall $n = 2$ (Ausgleichsparabel) zu:

$$(a_{jk})_{j,k=0,1,2} = \left(\sum_{i=0}^{4} x_i^{j+k}\right)_{j,k=0,1,2} = \begin{pmatrix} 5 & \frac{5}{2} & \frac{151}{100} \\ \frac{5}{2} & \frac{151}{100} & \frac{203}{200} \\ \frac{151}{100} & \frac{203}{200} & \frac{7219}{10000} \end{pmatrix}$$

und

$$
\begin{pmatrix} \sum\limits_{i=0}^{4} y_i x_i^0 \\ \sum\limits_{i=0}^{4} y_i x_i^1 \\ \sum\limits_{i=0}^{4} y_i x_i^2 \end{pmatrix} = \begin{pmatrix} 5 \\ \frac{15}{4} \\ \frac{593}{200} \end{pmatrix}.
$$

Die eindeutige Lösung der Normalgleichungen

$$
\begin{pmatrix} 5 & \frac{5}{2} & \frac{151}{100} \\ \frac{5}{2} & \frac{151}{100} & \frac{203}{200} \\ \frac{151}{100} & \frac{203}{200} & \frac{7219}{10000} \end{pmatrix} \begin{pmatrix} c_0^{(0)} \\ c_1^{(0)} \\ c_2^{(0)} \end{pmatrix} = \left(5, \tfrac{15}{4}, \tfrac{593}{200}, \tfrac{939}{400}\right)
$$

lautet:

$$
\begin{pmatrix} \frac{3503}{637} \\ -\frac{114875}{3822} \\ \frac{5125}{147} \end{pmatrix},
$$

und wir erhalten die Ausgleichsparabel: $\psi_0(x) = \dfrac{3503}{637} - \dfrac{114875}{3822} x + \dfrac{5125}{147} x^2$.

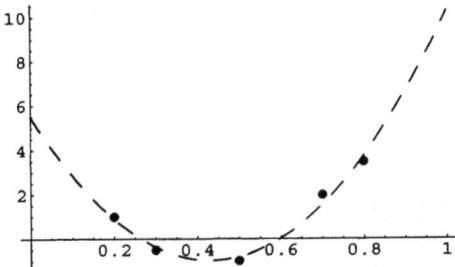

Bild 2.21: *Die Ausgleichsparabel*
$$\psi_0(x) = \frac{3503}{637} - \frac{114875}{3822} x + \frac{5125}{147} x^2$$

Die Gramsche Matrix und die rechte Seite der Normalgleichungen ergeben sich im Fall $n = 3$ (kubische Ausgleichsparabel) zu:

$$
(a_{jk})_{j,k=0,1,2,3} = \left(\sum_{i=0}^{4} x_i^{j+k}\right)_{j,k=0,1,2,3} = \begin{pmatrix} 5 & \frac{5}{2} & \frac{151}{100} & \frac{203}{200} \\ \frac{5}{2} & \frac{151}{100} & \frac{203}{200} & \frac{7219}{10000} \\ \frac{151}{100} & \frac{203}{200} & \frac{7219}{10000} & \frac{2119}{4000} \\ \frac{203}{200} & \frac{7219}{10000} & \frac{2119}{4000} & \frac{396211}{1000000} \end{pmatrix}
$$

und

$$\begin{pmatrix} \sum\limits_{i=0}^{4} y_i x_i^0 \\ \sum\limits_{i=0}^{4} y_i x_i^1 \\ \sum\limits_{i=0}^{4} y_i x_i^2 \\ \sum\limits_{i=0}^{4} y_i x_i^3 \end{pmatrix} = \begin{pmatrix} 5 \\ \frac{15}{4} \\ \frac{593}{200} \\ \frac{939}{400} \end{pmatrix} .$$

Die eindeutige Lösung der Normalgleichungen

$$\begin{pmatrix} 5 & \frac{5}{2} & \frac{151}{100} & \frac{203}{200} \\ \frac{5}{2} & \frac{151}{100} & \frac{203}{200} & \frac{7219}{10000} \\ \frac{151}{100} & \frac{203}{200} & \frac{7219}{10000} & \frac{2119}{4000} \\ \frac{203}{200} & \frac{7219}{10000} & \frac{2119}{4000} & \frac{396211}{1000000} \end{pmatrix} \begin{pmatrix} c_0^{(0)} \\ c_1^{(0)} \\ c_2^{(0)} \\ c_3^{(0)} \end{pmatrix} = \begin{pmatrix} 5 \\ \frac{15}{4} \\ \frac{593}{200} \\ \frac{939}{400} \end{pmatrix}$$

lautet:

$$\begin{pmatrix} \frac{897}{98} \\ -\frac{8555}{147} \\ \frac{28625}{294} \\ -\frac{125}{3} \end{pmatrix} ,$$

und wir erhalten die kubische Ausgleichsparabel:

$$\psi_0(x) = \frac{897}{98} - \frac{8555}{147} x + \frac{28625}{294} x^2 - \frac{125}{3} x^3 .$$

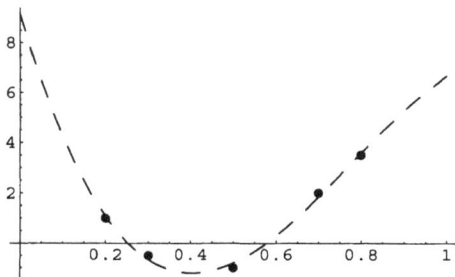

Bild 2.22: *Die kubische Ausgleichsparabel*
$$\psi_0(x) = \frac{897}{98} - \frac{8555}{147} x + \frac{28625}{294} x^2 - \frac{125}{3} x^3$$

2.5 Quadraturformeln

Zur näherungsweisen Berechnung eines bestimmten Integrals ersetzt man den Integranden durch ein Interpolationspolynom. Ein Polynom lässt sich sofort integrieren.

Interpolationsquadraturformel, Gewichte

Sei $f : [a, b] \longrightarrow \mathbb{R}$ eine stetige Funktion, und das Intervall $[a, b]$ werde durch $n + 1$ Stützstellen x_j, $j = 0, 1, \ldots , n$:

$$a \leq x_0 < x_1 < \ldots < x_n \leq b$$

unterteilt. Die Quadraturformel

$$Q_n(f) = \sum_{k=0}^{n} A_k \, f(x_k)$$

mit den Gewichten

$$A_k = \int_a^b L_{n,k}(x) \, dx = \int_a^b \prod_{j=0, j \neq k}^{n} \frac{x - x_j}{x_k - x_j} \, dx$$

heißt Interpolationsquadraturformel.

Aufgabe 2.37: Interpolationsquadraturformel nachweisen

Sei $f : [a, b] \longrightarrow \mathbb{R}$ eine stetige Funktion, und das Intervall $[a, b]$ werde durch $n + 1$ Stützstellen x_j, $j = 0, 1, \ldots , n$:

$$a \leq x_0 < x_1 < \ldots < x_n \leq b$$

unterteilt. Man bestätige die Quadraturformel

$$Q_n(f) = \sum_{k=0}^{n} \left(\int_a^b \prod_{j=0, j \neq k}^{n} \frac{x - x_j}{x_k - x_j} \right) f(x_k) \, dx \, .$$

Lösung

Das Interpolationspolynom in der Form von Lagrange lautet:

$$L_n(x) = \sum_{k=0}^{n} f(x_k) \, L_{n,k}(x) = \sum_{k=0}^{n} f(x_k) \prod_{j=0, j \neq k}^{n} \frac{x - x_j}{x_k - x_j} \, .$$

Anstelle von f integrieren wir das Interpolationspolynom L_n:

$$Q_n(f) \;=\; \int\limits_a^b L_n(x)\,dx = \int\limits_a^b \sum_{k=0}^n f(x_k)\,L_{n,k}(x)\,dx$$

$$= \; \sum_{k=0}^n f(x_k) \int\limits_a^b L_{n,k}(x)\,dx$$

$$= \; \sum_{k=0}^n f(x_k) \int\limits_a^b \prod_{j=0,\,j\neq k}^n \frac{x-x_j}{x_k-x_j}\,dx$$

$$= \; \sum_{k=0}^n A_k\,f(x_k)\,.$$

Aufgabe 2.38: Gewichte einer Quadraturformel aus einem Gleichungssystem gewinnen

Man leite ein Gleichungssystem her, aus dem die Gewichte

$$A_k = \int\limits_a^b L_{n,k}(x)\,dx = \int\limits_a^b \prod_{j=0,\,j\neq k}^n \frac{x-x_j}{x_k-x_j}\,dx$$

der Interpolationsquadraturformel

$$Q_n(f) = \sum_{k=0}^n A_k\,f(x_k)$$

eindeutig bestimmt werden können.

Lösung

Die Interpolationsquadraturformel $Q_n(f)$ integriert Polynome bis zum n-ten Grad exakt. Dies liegt daran, dass eine Polynomfunktion f höchstens n-ten Grades mit ihrem Interpolationspolynom höchstens n-ten Grades übereinstimmt. Polynome höchstens n-ten Grades werden genau dann exakt integriert, wenn die Monome

$$1, x, x^2, \ldots, x^n$$

exakt integriert werden. Die letzte Bedingung ist gleichbedeutend damit, dass die Gewichte das folgende Gleichungssystem lösen:

$$\sum_{k=0}^n A_k\,x_k^j = \frac{b^{j+1}}{j+1} - \frac{a^{j+1}}{j+1}\,, \quad j = 0, 1, \ldots, n\,.$$

Da die Systemmatrix $(x_k^j)_{k,j=0,1,\ldots,n}$ nichtsingulär ist, besitzt das System aber genau eine Lösung $A_0, \ldots, A_n$.

Aufgabe 2.39: Summe der Gewichte einer Quadraturformel bestimmen

Die Interpolationsquadraturformel

$$Q_n(f) = \sum_{k=0}^{n} A_k \, f(x_k)$$

integriere Polynome bis zum Grad $n \geq 1$ über das Intervall $[a, b]$ exakt. Man überlege sich, dass gilt:

$$\sum_{k=0}^{n} A_k = b - a \, .$$

Lösung

Wenn Polynome $p_n(x)$ vom Grad n ($n \geq 1$) exakt integriert werden, gilt:

$$\int_a^b p_n(x)\, dx = \sum_{k=0}^{n} A_k \, f(x_k) \, .$$

Insbesondere wird nun das konstante Polynom $p_0(x) = 1$ exakt integriert:

$$b - a = \int_a^b dx = \sum_{k=0}^{n} A_k \, .$$

Aufgabe 2.40: Quadraturformel auf veschiedene Arten herstellen

Durch $Q_2(f) = A_0 \, f(-1) + A_1 \, f(0) + A_2 \, f(3)$ werde eine Quadraturformel für das Integral $\int_{-1}^{3} f(x)\, dx$ dargestellt. Man bestimme die Gewichte A_0, A_1, A_2, sodass Polynome vom Grad ≤ 2 exakt integriert werden (a) mithilfe von Lagrange-Basispolynomen und (b) durch Lösung eines Gleichungssystems. Man wende die Quadraturformel auf das Integral $\int_{-1}^{3} e^x \, dx$ an und vergleiche das Ergebnis mit dem exakten Wert des Integrals.

Lösung

(a) Mithilfe der Lagrange-Basispolynome und der Stützstellen $x_0 = -1$, $x_1 = 0$, $x_2 = 3$ erhalten wir:

$$A_0 = \int_{-1}^{3} L_{2,0}(x)\,dx = \int_{-1}^{3} \frac{(x-0)\,(x-3)}{(-1-0)\,(-1-3)}\,dx$$

$$= \int_{-1}^{3} \frac{1}{4}\,(x^2 - 3x)\,dx = -\frac{2}{3}\,,$$

$$A_1 = \int_{-1}^{3} L_{2,1}(x)\,dx = \int_{-1}^{3} \frac{(x+1)\,(x-3)}{(0+1)\,(0-3)}\,dx$$

$$= -\int_{-1}^{3} \frac{1}{3}\,(x^2 - 2x - 3)\,dx = \frac{32}{9}\,,$$

$$A_2 = \int_{-1}^{3} L_{2,2}(x)\,dx = \int_{-1}^{3} \frac{(x+1)\,(x-0)}{(3+1)\,(3-0)}\,dx$$

$$= \int_{-1}^{3} \frac{1}{12}\,(x^2 + x)\,dx = \frac{10}{9}\,.$$

(b) Die Forderung, dass die Polynome 1, x, x^2 exakt integriert werden, liefert folgendes System:

$$A_0 + A_1 + A_2 = \int_{-1}^{3} 1\,dx = 4\,,$$

$$-A_0 + 3\,A_2 = \int_{-1}^{3} x\,dx = 4\,,$$

$$A_0 + 9\,A_2 = \int_{-1}^{3} x^2\,dx = \frac{28}{3}\,,$$

mit der eindeutigen Lösung

$$A_0 = -\frac{2}{3}\,, \quad A_1 = \frac{32}{9}\,, \quad A_2 = \frac{10}{9}\,.$$

Wendet man die Quadraturformel auf $f(x) = e^x$ an, so ergibt sich:

$$Q_2(f) = -\frac{2}{3}\,e^{-1} + \frac{32}{9}\,e^0 + \frac{10}{9}\,e^3$$

$$\approx 25.6276\,.$$

Das Integral kann leicht berechnet werden:

$$\int\limits_{-1}^{3} e^x \, dx = e^x \big|_{-1}^{3} = e^3 - e^{-1} \approx 19.7177 \, .$$

Die Quadraturformel liefert keinen guten Näherungswert für das Integral, da das Interpolationspolynom stark von der Exponentialfunktion abweicht.

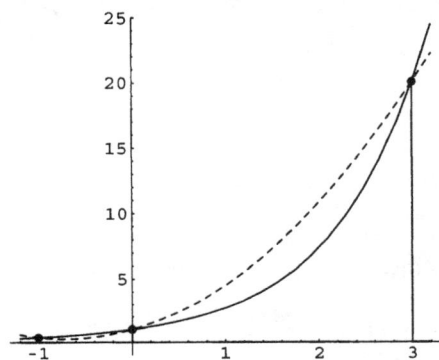

Bild 2.23: *Die Funktion e^x und das Interpolationspolynom mit den Stützstellen $-1, 0, 3$ (gestrichelt)*

Mathematica

$$gl1 := A0 + A1 + A2 == Integrate[1, \{x, -1, 3\}]$$

$$gl2 := -A0 + 3 * A2 == Integrate[x, \{x, -1, 3\}]$$

$$gl3 := A0 + 9 * A2 == Integrate[x^2, \{x, -1, 3\}]$$

Solve[{gl1, gl2, gl3}]

$$\left\{\left\{A0 \rightarrow -\frac{2}{3}, A1 \rightarrow \frac{32}{9}, A2 \rightarrow \frac{10}{9}\right\}\right\}$$

$$-\frac{2}{3} * Exp[-1] + \frac{32}{9} * Exp[0] + \frac{10}{9} * Exp[3] // N$$

$$25.6276$$

Integrate[Exp[x], {x, −1, 3}]//N

$$19.7177$$

Maple

```
x0:=-1:x1:=0:x2:=3:

L0:=((x - x1)*(x - x2))/((x0 - x1)*(x0 - x2));
```

$$L0 := \frac{1}{4} x (x - 3)$$

```
L1:=((x - x0)*(x - x2))/((x1 - x0)*(x1 - x2));
```

$$L1 := -\frac{1}{3}(x+1)(x-3)$$

```
L2:=((x - x0)*(x - x1))/((x2 - x0)*(x2 - x1));
```

$$L2 := \frac{1}{12}(x+1)x$$

```
gl1:=A0+A1+A2=int(1,x=-1..3):
gl2:=-A0+3*A2=int(x,x=-1..3):
gl3:=A0+9*A2=int(x^2,x=-1..3):
solve({gl1, gl2, gl3});
```

$$\{A2 = \frac{10}{9},\ A1 = \frac{32}{9},\ A0 = \frac{-2}{3}\}$$

```
evalf(-(2/3)*exp(-1)+(32/9)*exp(0)+(10/9)*exp(3));
```

$$25.62756584$$

```
evalf(int(exp(x),x=-1..3));
```

$$19.71765748$$

Die wichtigsten Quadraturformeln ergeben sich, wenn man das Integrationsintervall durch ein, zwei bzw. drei gleich große Teilintervalle unterteilt.

Trapezregel, Simpsonregel und $\frac{3}{8}$-Regel

$$Q_1(f) = \frac{b-a}{2}(f(a) + f(b)),$$

$$Q_2(f) = \frac{b-a}{6}\left(f(a) + 4f\left(\frac{a+b}{2}\right) + f(b)\right),$$

$$Q_3(f) = \frac{b-a}{8}\left(f(a) + 3f\left(a + \frac{b-a}{3}\right)\right.$$
$$\left. +3f\left(a + 2\frac{b-a}{3}\right) + f(b)\right).$$

Aufgabe 2.41: Trapez-, Simpson- und $\frac{3}{8}$-Regel bestätigen

Das Intervall $[a, b]$ werde durch ein, zwei bzw. drei gleich große Teilintervalle unterteilt. Man stelle die entsprechenden Interpolationspolynome auf und leite die Trapez-, Simpson- und $\frac{3}{8}$-Regel her.

Lösung

Im Fall $n = 1$ setzen wir $x_0 = a$ und $x_1 = b$ und bekommen

$$L_{1,0}(x) = \frac{x - x_1}{x_0 - x_1} = \frac{x - b}{a - b},$$

$$L_{1,1}(x) = \frac{x - x_0}{x_1 - x_0} = \frac{x - a}{b - a}.$$

Die Gewichte A_0, A_1 der Interpolationsquadraturformel $Q_1(f)$ ergeben sich zu:

$$A_0 = \int_a^b L_{1,0}(x) \, dx = \frac{b - a}{2}, \quad A_1 = \int_a^b L_{1,1}(x) \, dx = \frac{b - a}{2}.$$

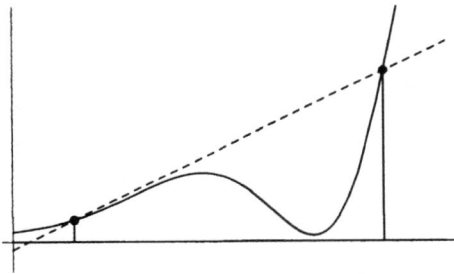

Bild 2.24: *Die Trapezregel: Eine Funktion und das entsprechende Interpolationspolynom mit zwei Stützstellen (gestrichelt)*

Im Fall $n = 2$ setzen wir

$$x_0 = a, \quad x_1 = \frac{a + b}{2}, \quad x_2 = b,$$

und bekommen

$$L_{2,0}(x) = \frac{(x - x_1)(x - x_2)}{(x_0 - x_1)(x_0 - x_2)}$$
$$= \frac{1}{(b - a)^2} \left(2x^2 - (a + 3b)x + b(a + b) \right),$$

$$L_{2,1}(x) = \frac{(x - x_0)(x - x_2)}{(x_1 - x_0)(x_1 - x_2)}$$
$$= \frac{1}{(b - a)^2} \left(-4x^2 + 4(a + b)x - 4ab \right),$$

$$L_{2,2}(x) = \frac{(x - x_0)(x - x_1)}{(x_2 - x_0)(x_2 - x_1)}$$
$$= \frac{1}{(b - a)^2} \left(2x^2 - (3a + b)x + a(a + b) \right).$$

Die Gewichte A_0, A_1, A_2 der Interpolationsquadraturformel $Q_2(f)$ ergeben sich zu:

$$A_0 = \int_a^b L_{2,0}(x) \, dx = \frac{b - a}{6}, \quad A_1 = \int_a^b L_{2,1}(x) \, dx = 2\frac{b - a}{3},$$

$$A_2 = \int\limits_a^b L_{2,2}(x)\, dx = \frac{b-a}{6}\,.$$

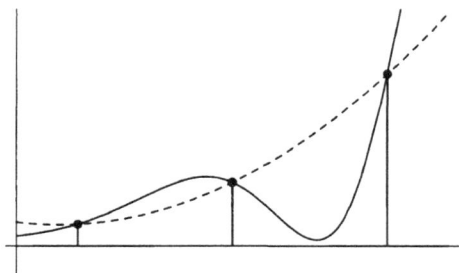

Bild 2.25: *Die Simpsonregel: Eine Funktion und das entsprechende Interpolationspolynom mit drei gleichabständigen Stützstellen (gestrichelt)*

Im Fall $n = 3$ setzen wir

$$x_0 = a\,,\quad x_1 = a + \frac{b-a}{3}\,,\quad x_2 = a + \frac{2(b-a)}{3}\,,\quad x_3 = b\,,$$

und bekommen

$$
\begin{aligned}
L_{3,0}(x) &= \frac{(x-x_1)(x-x_2)(x-x_3)}{(x_0-x_1)(x_0-x_2)(x_0-x_3)} \\
&= \frac{1}{(b-a)^3}\left(-\frac{9\,x^3}{2} + \left(\frac{9\,a}{2}+9\,b\right)x^2\right. \\
&\qquad \left.+\left(-a^2-7\,a\,b-\frac{11\,b^2}{2}\right)x + a^2\,b + \frac{5\,a\,b^2}{2}+b^3\right), \\[2mm]
L_{3,1}(x) &= \frac{(x-x_0)(x-x_2)(x-x_3)}{(x_1-x_0)(x_1-x_2)(x_1-x_3)} \\
&= \frac{1}{(b-a)^3}\left(\frac{27\,x^3}{2} + \left(-18\,a-\frac{45\,b}{2}\right)x^2\right. \\
&\qquad \left.+\left(\frac{9\,a^2}{2}+27\,a\,b+9\,b^2\right)x - \frac{9\,a^2\,b}{2}-9\,a\,b^2\right), \\[2mm]
L_{3,2}(x) &= \frac{(x-x_0)(x-x_1)(x-x_3)}{(x_2-x_0)(x_2-x_1)(x_2-x_3)} \\
&= \frac{1}{(b-a)^3}\left(-\frac{27\,x^3}{2} + \left(\frac{45\,a}{2}+18\,b\right)x^2\right. \\
&\qquad \left.+\left(-9\,a^2-27\,a\,b-\frac{9\,b^2}{2}\right)x + 9\,a^2\,b + \frac{9\,a\,b^2}{2}\right),
\end{aligned}
$$

$$L_{3,3}(x) = \frac{(x - x_0)\,(x - x_1)\,(x - x_2)}{(x_3 - x_0)\,(x_3 - x_1)\,(x_3 - x_2)}$$

$$= \frac{1}{(b - a)^3}\left(\frac{9\,x^3}{2} + \left(-9\,a - \frac{9\,b}{2}\right)x^2\right.$$

$$\left. + \left(\frac{11\,a^2}{2} + 7\,a\,b + b^2\right)x - a^3 - \frac{5\,a^2\,b}{2} - a\,b^2\right).$$

Die Gewichte A_0, A_1, A_2, A_3 der Interpolationsquadraturformel $Q_3(f)$ ergeben sich zu:

$$A_0 = \int_a^b L_{3,0}(x)\,dx = \frac{b - a}{8}\,,\; A_1 = \int_a^b L_{3,1}(x)\,dx = 3\,\frac{b - a}{8}\,,$$

$$A_2 = \int_a^b L_{3,2}(x)\,dx = 3\,\frac{b - a}{8}\,,\; A_3 = \int_a^b L_{3,3}(x)\,dx = \frac{b - a}{8}\,.$$

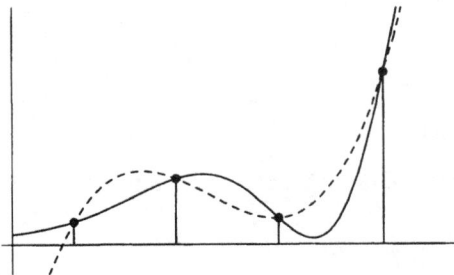

Bild 2.26: *Die $\frac{3}{8}$-Regel: Eine Funktion und das entsprechende Interpolationspolynom mit vier gleichabständigen Stützstellen (gestrichelt)*

Aufgabe 2.42: Exaktheit der Simpson-Regel für Polynome dritten Grades nachweisen

Man überlege sich, dass durch die Simpson-Regel

$$Q_2(f) = \frac{b - a}{6}\left(f(a) + 4\,f\left(\frac{a + b}{2}\right) + f(b)\right)$$

sogar Polynome dritten Grades exakt integriert werden.

Hinweis: Man zeige, dass $\omega_2(x) = (x - a)\left(x - \frac{a + b}{2}\right)(x - b)$ exakt integriert wird.

Lösung

Die Simpson-Regel ist dadurch festgelegt, dass sie Polynome bis zum Grad 2 exakt integriert. Betrachten wir nun das Polynom dritten Grades:

$$\omega_2(x) = (x - a)\left(x - \frac{a + b}{2}\right)(x - b).$$

Es ist symmetrisch zum Mittelpunkt $m = \dfrac{a + b}{2}$ des Intervalls $[a, b]$. Für beliebiges $x < m$ gilt nämlich:

$$\omega_2(x) = -\omega_2(m + (m - x)) = -\omega_2(2\,m - x)\,.$$

Auf Grund dieser Symmetrie gilt: $\int_a^b \omega_2(x)dx = 0$.

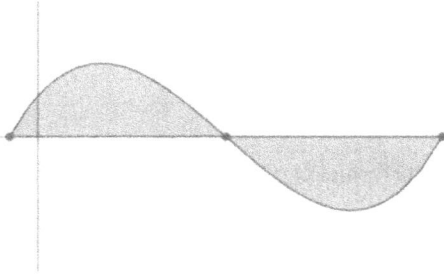

Bild 2.27: *Die Hilfsfunktion $\omega_2(x)$*

Da das Polynom ω_2 an den Stützstellen der Simpsonformel verschwindet, wird ω_2 von der Simpson-Regel exakt integriert:

$$\int\limits_a^b \omega_2(x)\,dx = \frac{b-a}{6}\left(\omega_2(a) + 4\,\omega_2\left(\frac{a+b}{2}\right) + \omega_2(b)\right) = 0\,.$$

Die Polynome dritten Grades können aber mit den Polynomen

$$1\,,x\,,x^2\,,\omega_2(x)$$

erzeugt werden, und damit werden alle Polynome dritten Grades exakt von der Simpson-Regel integriert.

Aufgabe 2.43: Keplersche Fassregel aus der Simpsonregel herleiten und anwenden

Die stetige Funktion $f : [0, h] \longrightarrow \mathbb{R}$ mit $f(0) = f(h)$ erzeuge durch Rotation um die x-Achse einen Rotationskörper. Man zeige, dass die Simpsonregel folgenden Näherungswert (Keplersche Fassregel) für das Volumen dieses Rotationskörpers ergibt:

$$V \approx \pi\,\frac{h}{12}\,(d^2 + 2\,D^2)\,,$$

mit $\frac{d}{2} = f(0) = f(h)$ und $\frac{D}{2} = f\left(\frac{h}{2}\right)$. Welches exakte Volumen und welcher Näherungswert ergibt sich im Fall der Funktion:

$$f(x) = \sqrt{1 - \frac{(x - \frac{h}{2})^2}{4}}\,, \quad 0 \le x \le h\,.$$

Lösung

Das Volumen des von f erzeugten Rotationskörpers lautet:

$$V = \pi \int\limits_0^h (f(x))^2\,dx\,.$$

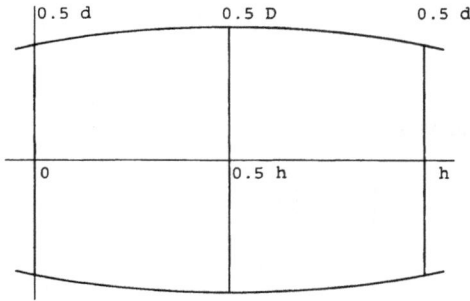

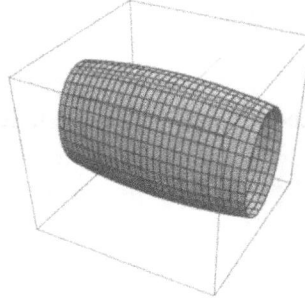

Bild 2.28: *Der durch die Funktion:* $f(x) = \sqrt{1 - \dfrac{(x - \frac{h}{2})^2}{4}}$ *erzeugte Rotationskörper*

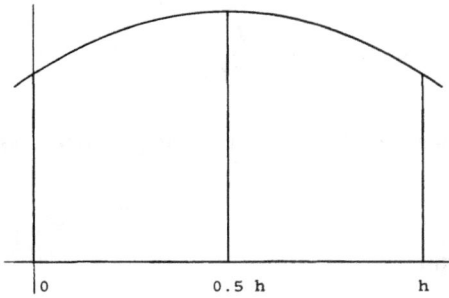

Bild 2.29: *Simpsonregel für die Funktion:*
$$(f(x))^2 = 1 - \frac{(x - \frac{h}{2})^2}{4}$$

Werten wir das Integral für das Volumen des Rotationskörpers mit der Simpsonregel aus, so ergibt sich zunächst:

$$Q_2(f^2) = \frac{h}{6} \left(f(0)^2 + 4 f \left(\frac{h}{2} \right) + f(h) \right)$$

und wegen $f(0) = f(h) = \dfrac{d}{2}$ und $f \left(\dfrac{h}{2} \right) = \dfrac{D}{2}$ folgt:

$$Q_2(f^2) = \frac{h}{12} (d^2 + 2 D^2).$$

Damit erhalten wir die **Keplersche Fassregel:**

$$V \approx \pi \frac{h}{12} (d^2 + 2 D^2).$$

Für die Funktion

$$f(x) = \sqrt{1 - \frac{(x - \frac{h}{2})^2}{4}}$$

gilt:

$$f(0) = \sqrt{1 - \frac{h^2}{16}}, \quad f \left(\frac{h}{2} \right) = 1,$$

bzw.

$$d = 2\sqrt{1 - \frac{h^2}{16}}, \quad D = 2.$$

Die Keplersche Fassregel liefert somit den Näherungswert:

$$V \approx \pi \frac{h}{12} (d^2 + 2 D^2) = \pi \frac{h}{12} \left(12 - \frac{h^2}{4}\right) = \pi \left(h - \frac{h^3}{48}\right).$$

Der exakte Wert lautet:

$$V = \pi \int_0^h (f(x))^2 dx = \pi \int_0^h \left(1 - \frac{(x - \frac{h}{2})^2}{4}\right) dx$$

$$= \pi \int_0^h \left(1 - \frac{x^2}{4} + \frac{h x}{4} - \frac{h^2}{16}\right) dx = \pi \left(h - \frac{h^3}{48}\right).$$

Dass die Keplersche Fassregel in diesem Fall sogar den exakten Wert liefert, liegt daran, dass über ein Polynom vom Grad drei integriert wird.

Aufgabe 2.44: Simpson-Regel und $\frac{3}{8}$-Regel anwenden

Man berechne das Integral

$$\int_{-1}^1 \frac{1}{1 + x^2} dx$$

näherungsweise mit der Simpson-Regel und der $\frac{3}{8}$-Regel. Man vergleiche die Ergebnisse mit dem exakten Wert.

Lösung

Mit $b = 1$ und $a = -1$ nimmt die Simpson- bzw. die $\frac{3}{8}$-Regel folgende Gestalt an:

$$Q_2(f) = \frac{b - a}{6} \left(f(a) + 4 f\left(\frac{a + b}{2}\right) + f(b)\right)$$

$$= \frac{1}{3} f(-1) + \frac{4}{3} f(0) + \frac{1}{3} f(1),$$

$$Q_3(f) = \frac{b - a}{8} \left(f(a) + 3 f\left(a + \frac{b - a}{3}\right)\right.$$

$$\left. + 3 f\left(a + 2 \frac{b - a}{3}\right) + f(b)\right)$$

$$= \frac{1}{4} f(-1) + \frac{3}{4} f\left(-\frac{1}{3}\right) + \frac{3}{4} f\left(\frac{1}{3}\right) + \frac{1}{4} f(1).$$

Wendet man diese Quadraturformeln auf die gegebene Funktion an, so ergibt sich:

$$Q_2(f) = \frac{1}{3} \cdot \frac{1}{2} + \frac{4}{3} \cdot 1 + \frac{1}{3} \cdot \frac{1}{2} = \frac{5}{3}$$
$$\approx 1.66667\,,$$
$$Q_3(f) = \frac{1}{4} \cdot \frac{1}{2} + \frac{3}{4} \cdot \frac{9}{10} + \frac{3}{4} \cdot \frac{9}{10} + \frac{1}{4} \cdot \frac{1}{2} = \frac{8}{5}$$
$$= 1.6\,.$$

Das Integral kann sofort mithilfe einer Stammfunktion berechnet werden:

$$\int_{-1}^{1} \frac{1}{1+x^2}\, dx = \arctan(x)\Big|_{-1}^{1} = \frac{\pi}{4} - \left(-\frac{\pi}{4}\right) = \frac{\pi}{2} \approx 1.5708\,.$$

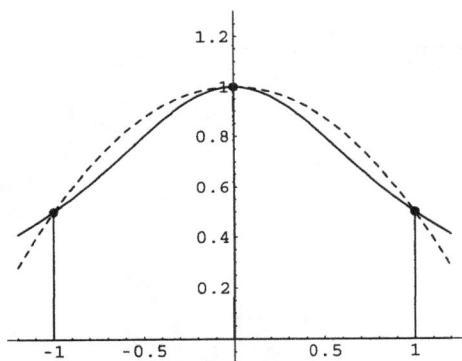

Bild 2.30: *Die Funktion*
$$f(x) = \frac{1}{1+x^2}$$
und das Interpolationspolynom
mit den Stützstellen $-1, 0, 1$
(gestrichelt),
Simpson-Regel

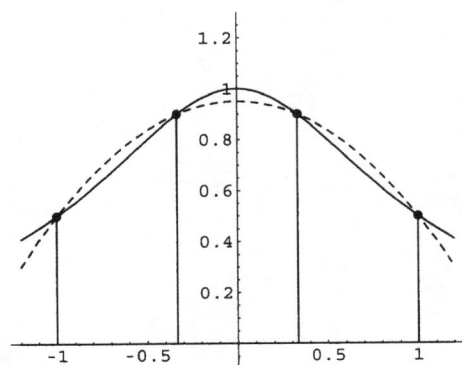

Bild 2.31: *Die Funktion*
$$f(x) = \frac{1}{1+x^2}$$
und das Interpolationspolynom
mit den Stützstellen
$-1, -\frac{1}{3}, \frac{1}{3}, 1$ *(gestrichelt),*
$\frac{3}{8}$*-Regel*

Aufgabe 2.45: Gewichte einer Quadraturformel aus einem Gleichungssystem gewinnen

Durch

$$Q_3(f) = A_0\, f(-1) + A_1\, f(0) + A_2\, f(1) + A_3\, f(3)$$

werde eine Quadraturformel für das Integral $\int_{-1}^{3} f(x)\,dx$ dargestellt. Man bestimme die Gewichte A_0, A_1, A_2 und A_3, sodass Polynome vom Grad ≤ 3 exakt integriert werden. (Wie lässt sich die Formel interpretieren)? Man wende die Quadraturformel auf das Integral $\int_{-1}^{3} e^x\,dx$ an und vergleiche das Ergebnis mit dem exakten Wert des Integrals.

Lösung

Die Forderung, dass die Polynome $1, x, x^2, x^3$ exakt integriert werden, liefert folgendes System:

$$Q_3(x^j) = \int_{-1}^{3} x^j\,dx\,, \quad j = 0, 1, 2, 3,$$

$$\Updownarrow$$

$$\sum_{k=0}^{3} A_k x_k^{\,j} = \int_{-1}^{3} x^j\,dx\,, \quad j = 0, 1, 2, 3,$$

$$\Updownarrow$$

$$\begin{aligned}
A_0 + A_1 + A_2 + A_3 &= 4\,, \\
-A_0 + A_2 + 3\,A_3 &= 4\,, \\
A_0 + A_2 + 9\,A_3 &= \frac{28}{3}\,, \\
-A_0 + A_2 + 27\,A_3 &= 20\,,
\end{aligned}$$

mit der Lösung

$$A_0 = \frac{2}{3}\,, \quad A_1 = 0\,, \quad A_2 = \frac{8}{3}\,, \quad A_3 = \frac{2}{3}\,.$$

Hiermit ergibt sich die Quadraturformel:

$$Q_3(f) = \frac{2}{3}\, f(-1) + \frac{8}{3}\, f(1) + \frac{2}{3}\, f(3)\,.$$

Offensichtlich stimmt die Quadraturformel mit der Simpson-Regel mit $a = -1$ und $b = 3$ überein. Für die Funktion $f(x) = e^x$ liefert die Formel den Näherungswert:

$$Q_3(f) = \frac{2}{3}\, e^{-1} + \frac{8}{3}\, e + \frac{2}{3}\, e^3 \approx 20.8844\,.$$

Der exakte Wert des Integrals beträgt:

$$\int\limits_{-1}^{3} e^x \, dx = e^3 - e^{-1} \approx 19.7177...$$

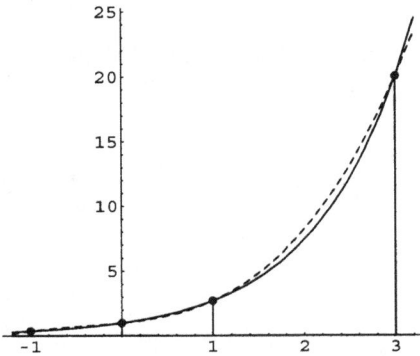

Bild 2.32: *Die Funktion e^x und das Interpolationspolynom mit den Stützstellen $-1, 0, 2, 3$ (gestrichelt)*

Mathematica

gl1:$= \mathbf{A0} + \mathbf{A1} + \mathbf{A2} + \mathbf{A3} == \mathbf{Integrate}[1, \{x, -1, 3\}]$

gl2:$= -\mathbf{A0} + \mathbf{A2} + 3 * \mathbf{A3} == \mathbf{Integrate}[x, \{x, -1, 3\}]$

gl3:$= \mathbf{A0} + \mathbf{A2} + 9 * \mathbf{A3} == \mathbf{Integrate}[x^2, \{x, -1, 3\}]$

gl4:$= -\mathbf{A0} + \mathbf{A2} + 27 * \mathbf{A3} == \mathbf{Integrate}[x^3, \{x, -1, 3\}]$

Solve[{gl1, gl2, gl3, gl4}]

$$\left\{ \left\{ \mathbf{A0} \rightarrow \frac{2}{3}, \mathbf{A1} \rightarrow 0, \mathbf{A2} \rightarrow \frac{8}{3}, \mathbf{A3} \rightarrow \frac{2}{3} \right\} \right\}$$

$(2/3) * \mathbf{Exp}[-1] + (8/3) * \mathbf{Exp}[1] + (2/3) * \mathbf{Exp}[3]//\mathbf{N}$

20.8844

Maple

```
gl1:=A0+A1+A2+A3=int(1,x=-1..3):
gl2:=-A0+A2+3*A3=int(x,x=-1..3):
gl3:=A0+A2+9*A3=int(x^2,x=-1..3):
gl4:=-A0+A2+27*A3=int(x^3,x=-1..3):
solve({gl1,gl2,gl3,gl4});
```

$$\left\{ A3 = \frac{2}{3}, \ A2 = \frac{8}{3}, \ A1 = 0, \ A0 = \frac{2}{3} \right\}$$

```
evalf((2/3)*exp(-1)+(8/3)*exp(1)+(2/3)*exp(3));
```

$$20.88436245$$

Eine Interpolationsquadraturformel liefert im Allgemeinen nicht den exakten Wert eines Integrals, da das Interpolationspolynom erheblich von der Funktion abweichen kann.

Quadraturfehler

Sei $f : [a, b] \longrightarrow \mathbb{R}$ eine $n + 1$-mal stetig differenzierbare Funktion. Durch Anwendung der Interpolationsquadraturformel

$$Q_n(f) = \sum_{k=0}^{n} A_k \, f(x_k)$$

entsteht der Quadraturfehler:

$$|E_n(f)| = \left| \int_a^b f(x)\,dx - Q_n(f) \right| = \left| \int_a^b (f(x) - L_n(x))\,dx \right|$$

$$\leq \frac{1}{(n+1)!} \max_{x \in [a,b]} |f^{(n+1)}(x)| \int_a^b |\omega_n(x)|\,dx$$

mit $\omega_n(x) = (x - x_0)(x - x_1) \ldots (x - x_n)$.

Aufgabe 2.46: Abschätzung des Quadraturfehlers bestätigen

Man bestätige, dass der Quadraturfehler mit der Hilfsfunktion
$\omega_n(x) = (x - x_0)(x - x_1) \ldots (x - x_n)$ wie folgt abgeschätzt werden kann:

$$|E_n(f)| = \left| \int_a^b (f(x) - L_n(x))\,dx \right| = \left| \int_a^b f(x)\,dx - Q_n(f) \right|$$

$$\leq \frac{1}{(n+1)!} \max_{x \in [a,b]} |f^{(n+1)}(x)| \int_a^b |\omega_n(x)|\,dx \, .$$

Was ergibt sich im Fall der Trapez- bzw. der Simpsonregel?

Lösung

Wenn man eine Funktion f durch ein Interpolationspolynom L_n ersetzt, so entsteht zunächst ein Interpolationsfehler, der wie folgt mit einer Zwischenstelle $\xi_x \in [a, b]$ dargestellt werden kann:

$$f(x) - L_n(x) = \frac{1}{(n+1)!} f^{(n+1)}(\xi_x) \omega_n(x) \, .$$

Durch Integration bekommen wir damit den Quadraturfehler:

$$E_n(f) = \int_a^b (f(x) - L_n(x))dx$$

$$= \frac{1}{(n+1)!} \int_a^b f^{(n+1)}(\xi_x)\omega_n(x)\,dx ,$$

der sich nun leicht abschätzen lässt:

$$|E_n(f)| \leq \frac{1}{(n+1)!} \max_{x \in [a,b]} |f^{(n+1)}(x)| \int_a^b |\omega_n(x)|\,dx .$$

Im Fall der Trapezregel ($n = 1$) gilt:

$$\omega_1(x) = (x - a)(x - b)$$

und im Fall der Simpsonregel ($n = 2$) gilt:

$$\omega_2(x) = (x - a)\left(x - \frac{a+b}{2}\right)(x - b) .$$

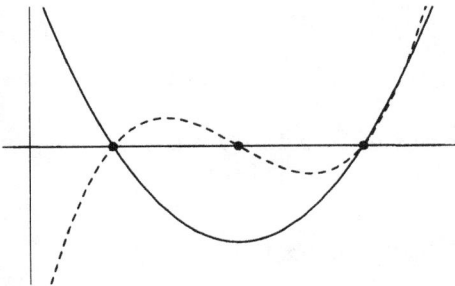

Bild 2.33: *Die Hilfspolynome* $\omega_1(x)$ *und* $\omega_2(x)$ *(gestrichelt)*

Integration ergibt:

$$\int_a^b |\omega_1(x)|\,dx = \int_a^b |(x - a)(x - b)|\,dx$$

$$= -\int_a^b (x - a)(x - b)\,dx = \frac{(b-a)^3}{6} ,$$

$$\int_a^b |\omega_2(x)|\,dx = \int_a^b \left| (x-a)\left(x - \frac{a+b}{2} \right)(x-b) \right| dx$$

$$= \int_a^{\frac{a+b}{2}} (x-a)\left(x - \frac{a+b}{2} \right)(x-b)\,dx$$

$$- \int_{\frac{a+b}{2}}^b (x-a)\left(x - \frac{a+b}{2} \right)(x-b)\,dx$$

$$= \frac{(b-a)^4}{64}\,,$$

und hieraus folgt insgesamt:

$$|E_1(f)| \le \frac{(b-a)^3}{12} \max_{x \in [a,b]} |f''(x)|\,,$$

$$|E_2(f)| \le \frac{(b-a)^4}{216} \max_{x \in [a,b]} |f'''(x)|\,.$$

Aufgabe 2.47: Quadraturfehler abschätzen

Man wende die Simpson-Regel $Q_2(f)$ auf das Integral $\int_0^{\frac{\pi}{2}} \sin(x)\,dx$ an und vergleiche das

Ergebnis mit dem exakten Wert des Integrals. Welche Abschätzung des Quadraturfehlers ergibt sich aus der Formel:

$$|E_n(f)| \le \frac{1}{(n+1)!} \max_{x \in [a,b]} |f^{(n+1)}(x)| \int_a^b |\omega_n(x)|\,dx\,?$$

Lösung

Mit $\sin\left(\frac{\pi}{4} \right) = \frac{\sqrt{2}}{2}$ und $f(x) = \sin(x)$ liefert die Simpson-Regel:

$$Q_2(f) = \frac{\pi}{12}\left(\sin(0) + 4\sin\left(\frac{\pi}{4} \right) + \sin\left(\frac{\pi}{2} \right) \right)$$

$$= \frac{\pi}{12} 2\sqrt{2} + 1) \approx 1.00228\,.$$

Der Näherungswert $Q_2(f)$ weicht damit nur geringfügig vom exakten Wert ab:

$$\int_0^{\frac{\pi}{2}} \sin(x)\,dx = 1\,.$$

Wir haben folgende Abschätzung des Fehlers:

$$|E_2(f)| = \left| \int\limits_0^{\frac{\pi}{2}} (\sin(x) - L_2(x))\, dx \right|$$

$$\leq \frac{1}{(n+1)!} \max_{x \in [a,b]} |\sin'''(x)| \int\limits_0^{\frac{\pi}{2}} |\omega_2(x)|\, dx$$

$$\leq \frac{\left(\frac{\pi}{2}\right)^4}{216} \max_{x \in [0,\frac{\pi}{2}]} |\sin'''(x)|$$

$$= \frac{\pi^4}{2^4 \cdot 216} \approx 0.02819 \, .$$

Die von der Theorie gelieferte Abschätzung des Quadraturfehlers ist in diesem Beispiel relativ grob.

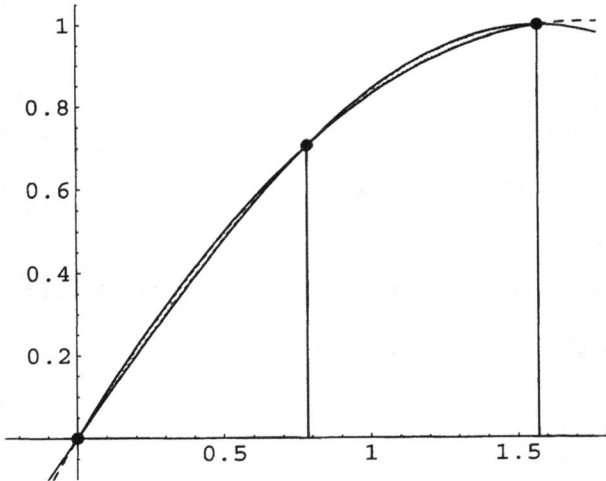

Bild 2.34: *Die Funktion* $\sin(x)$ *und das Interpolationspolynom mit den Stützstellen* $0, \frac{\pi}{4}, \frac{\pi}{2}$ *(gestrichelt). Die Differenzfläche ist schattiert.*

Unterteilt man das Integrationsintervall in N gleichgroße Teilintervalle und wendet in jedem Teilintervall dieselbe Quadraturformel an, so entsteht eine summierte Quadraturformel.

Summierte Trapezregel

Sei $h = \dfrac{b-a}{N}$ und $f_k = f(a+kh)$, $k = 0, 1, \ldots, N$. Wendet man im Teilintervall $[a + kh, a + (k+1)h]$, $0 \le k \le N-1$ jeweils die Trapezregel an, und summiert anschließend, so entsteht die Quadraturformel:

$$Q_{1,N}(f) = \frac{b-a}{N} \left(\frac{1}{2} f_0 + f_1 + \ldots + f_{N-1} + \frac{1}{2} f_N \right).$$

Ist $f : [a,b] \longrightarrow \mathbb{R}$ zweimal stetig differenzierbar, dann gibt es ein $\eta \in (a,b)$ mit:

$$\int_a^b f(x)\,dx = Q_{1,N}(f) - \frac{(b-a)^3}{12\,N^2}\, f''(\eta).$$

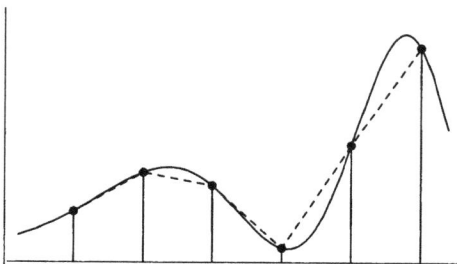

Bild 2.35: *Summierte Trapezregel*

Das Restglied bei der summierten Trapezregel wird durch den Faktor $\dfrac{1}{N^2}$ verkleinert. Eine Verkleinerung mit dem Faktor $\dfrac{1}{N^4}$ erreicht man bei der summierten Simpsonregel.

Summierte Simpsonregel

Sei N gerade, $h = \dfrac{b-a}{N}$ und $f_k = f(a+kh)$, $k = 0, 1, \ldots, N$. Wendet man im Teilintervall $[a + (k-1)h, a + (k+1)h]$, $1 \le k \le N-1$ jeweils die Simpsonregel an, und summiert anschließend, so entsteht die Quadraturformel:

$$\begin{aligned} Q_{2,N}(f) \;=\; & \frac{b-a}{3N}\, (f_0 + f_N + 2\,(f_2 + f_4 + \ldots + f_{N-2}) \\ & + 4\,(f_1 + f_3 + \ldots + f_{N-1})). \end{aligned}$$

Ist $f : [a,b] \longrightarrow \mathbb{R}$ viermal stetig differenzierbar, dann gibt es ein $\eta \in (a,b)$ mit:

$$\int_a^b f(x)\,dx = Q_{2,N}(f) - \frac{(b-a)^5}{180\,N^4}\, f^{(4)}(\eta).$$

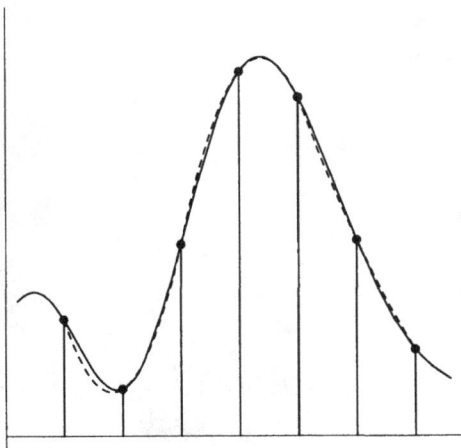

Bild 2.36: *Summierte Simpsonregel*

Aufgabe 2.48: Abschätzung des Quadraturfehlers bestätigen

Man bestätige, dass für eine zweimal stetig differenzierbare Funktion $f : [a, b] \longrightarrow \mathbb{R}$ der Quadraturfehler bei der summierten Trapezregel $Q_N(f)$ mit einem $\eta \in (a, b)$ dargestellt werden kann als:

$$\int_a^b f(x)\, dx = Q_{1,N}(f) - \frac{(b-a)^3}{12\, N^2}\, f''(\eta)\,.$$

Lösung

Wir beginnen mit der einfachen Trapezregel. Für den Quadraturfehler bekommen wir zunächst mit Zwischenstellen $\xi_x \in [a, b]$:

$$E_1(f) = \int_a^b f(x)\, dx - Q_1(f) = \frac{1}{2} \int_a^b (x-a)\,(x-b)\, f''(\xi_x)\, dx\,.$$

Im Intervall (a, b) gilt $(x-a)(x-b) < 0$. Deshalb existiert nach dem erweiterten Mittelwertsatz der Integralrechnung in (a, b) ein η mit:

$$E_1(f) = \frac{1}{2} f''(\eta) \int_a^b (x-a)(x-b)\, dx$$

und durch Ausrechnen des Integrals folgt:

$$\int_a^b f(x)\, dx = Q_1(f) - \frac{(b-a)^3}{12} f''(\eta)\,.$$

Nun unterteilt man in N gleichgroße Teilintervalle der Länge $h = \dfrac{b-a}{N}$. Im Teilintervall $[a + kh, a + (k+1)h]$, $0 \leq k \leq N - 1$ liefert die Trapezregel:

$$\int\limits_{a+kh}^{a+(k+1)h} f(x)\,dx = \frac{h}{2}(f_k + f_{k+1}) + E_{1,k}$$

mit $f_k = f(a+kh)$ und mit einem $\eta_k \in (a+kh, a+(k+1)h)$ gilt:

$$E_{1,k} = -\frac{h^3}{12} f''(\eta_k)\,.$$

Summiert man über alle Teilintervalle, so ergibt sich der Quadraturfehler:

$$\int\limits_a^b f(x)\,dx = Q_{1,N}(f) - \frac{(b-a)^3}{12\,N^3}\left(f''(\eta_0) + \ldots + f''(\eta_{N-1})\right)\,.$$

Die zweite Ableitung ist stetig und besitzt in einem abgeschlossenen Intervall ein absolutes Minimum und ein absolutes Maximum. Das arithmetisches Mittel

$$m = \frac{1}{N}\left(f''(\eta_0) + \ldots + f''(\eta_{N-1})\right)$$

liegt zwischen dem Minimum und dem Maximum und wird somit von einem $\eta \in (a,b)$ als Funktionswert angenommen: $m = f''(\eta)$.

Aufgabe 2.49: Summierte Trapezregel anwenden und mit exaktem Wert vergleichen

Man berechne das Integral $\int\limits_0^2 x^2\,dx$ näherungsweise mit der Summierten Trapezregel. Welche Abschätzung des Fehlers ergibt sich aus der allgemeinen Formel für den Quadraturfehler. Man vergleiche mit dem exakten Wert des Integrals.

Lösung

Wir integrieren die Funktion

$$f(x) = x^2$$

über das Intervall $[a,b] = [0,2]$. Mit $N = 4$ ergibt sich eine Unterteilung des Integrationsintervalls in vier Teilintervalle der Länge

$$h = \frac{b-a}{N} = \frac{1}{2}$$

und Stützwerte

$$f_k = f(a+k\,h) = k^2\,h^2 = \frac{k^2}{4}\,,\quad k = 0,1,\ldots,4\,.$$

Die summierte Trapezregel ergibt folgenden Näherungswert für das Integral:

$$Q_{1,4}(f) = \frac{1}{2}\left(\frac{1}{2}\cdot 0 + \frac{1}{4} + 1 + \frac{9}{4} + \frac{1}{2}\cdot 4\right) = \frac{11}{4}\,.$$

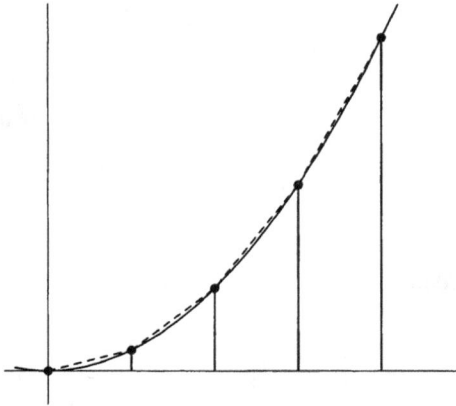

Bild 2.37: *Summierte Trapezregel mit $N = 4$ Teilintervallen für das Integral*
$$\int\limits_0^2 x^2\,dx$$

Der exakte Wert des Integrals lautet:

$$\int\limits_0^2 f(x)\,dx = \left.\frac{x^3}{3}\right|_0^2 = \frac{8}{3}$$

und die Differenz zum Näherungswert beträgt:

$$\int\limits_0^2 f(x)\,dx - Q_{1,4}(f) = -\frac{1}{12}.$$

Mit der Fehlerdarstellung

$$\int\limits_0^2 f(x)\,dx - Q_{1,4}(f) = -\frac{2^3}{12 \cdot 4^2}\, f''(\eta) = -\frac{2^3}{12 \cdot 4^2}\, 2 = -\frac{1}{12}$$

ergibt sich derselbe Quadraturfehler. Die Fehlerdarstellung liefert in diesem Fall ein optimales Ergebnis.

Mathematica

Mit NIntegrate können Integrale numerisch berechnet werden.

$$\textbf{NIntegrate}[\mathbf{x^2, \{x, 0, 2\}}]$$

2.66667

$$\mathbf{N}[\int\limits_{\mathbf{0}}^{\mathbf{2}} \mathbf{x^2 dx}]$$

2.66667

$$\int_0^2 x^2 dx$$

$$\frac{8}{3}$$

Maple

Mit Evalf können Integrale numerisch berechnet werden.

```
int(x^2,x=0..2);
```

$$\int_0^2 x^2\,dx = \frac{8}{3}$$

```
evalf(int(x^2,x=0..2),5);
```

$$\text{Evalf}(\int_0^2 x^2\,dx,\ 5) = 2.6667$$

```
int(x^2,x=0..2);
```

$$\int_0^2 x^2\,dx = \frac{8}{3}$$

Aufgabe 2.50: Summierte Trapezregel anwenden, Quadraturfehler abschätzen

Man berechne das Integral

$$\int_0^1 \frac{1}{1+x^2}\,dx$$

mithilfe der summierten Trapezregel $Q_{1,N}$ für $N = 4, 8, 16$ und schätze die Differenz zwischen $Q_{1,N}$ und dem exakten Wert $\frac{\pi}{4}$ ab. Welche Abschätzung ergibt sich, wenn man bei geradem N die summierte Simpsonregel $Q_{2,N}$ benutzt.

Lösung

Die summierte Trapezregel für das Integral über die Funktion

$$f(x) = \frac{1}{1+x^2}$$

mit

$$f_k = f\left(\frac{k}{N}\right)$$

lautet:

$$Q_{1,N}(f) = \frac{1}{N}\left(\frac{1}{2}f_0 + f_1 + \ldots + f_{N-1} + \frac{1}{2}f_N\right).$$

Es ergeben sich folgende Werte:

$$Q_{1,4}(f) = \frac{5323}{6800} \approx 0.782794,$$

$$Q_{1,8}(f) = \frac{101859913599}{129799664800} \approx 0.785235,$$

$$Q_{1,16}(f) = \frac{17209894545842086729063751}{21916860192325419228065600} \approx 0.785357.$$

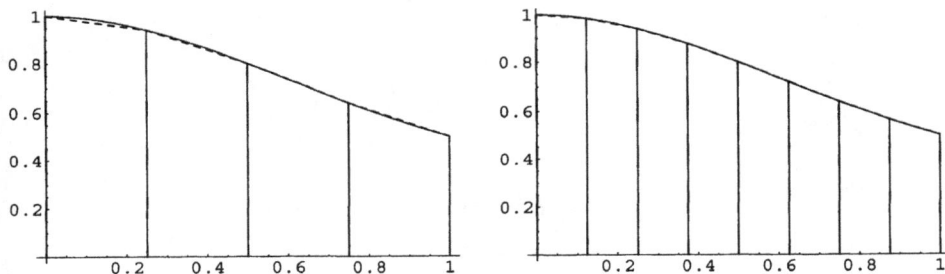

Bild 2.38: *Summierte Trapezregel für die Funktion:* $f(x) = \dfrac{1}{1+x^2}$ *mit $N = 4$ (links) und $N = 8$ (rechts)*

Wir haben zunächst folgende Abschätzung des Quadraturfehlers:

$$\left|\int_0^1 f(x)\,dx - Q_{1,N}(f)\right| \le \frac{1}{12\,N^2}\max_{x\in[0,1]}|f''(x)|.$$

Als zweite Ableitung des Integranden erhält man:

$$f''(x) = \frac{6\,x^2 - 2}{(1+x^2)^3}.$$

Der Zähler ist streng monoton wachsend und nimmt Werte zwischen -2 und 4 an. Der Nenner ist stets größer oder gleich als eins. Insgesamt ergibt sich die Abschätzung:

$$\left|\frac{\pi}{4} - Q_{1,N}(f)\right| \le \frac{1}{12\,N^2} \cdot 4 = \frac{1}{3\,N^2}.$$

Bei der summierten Simpsonregel haben wir folgende Abschätzung des Quadraturfehlers:

$$\left|\int_0^1 f(x)\,dx - Q_{2,N}(f)\right| \le \frac{1}{180\,N^4}\max_{x\in[0,1]}|f^{(4)}(x)|.$$

Als vierte Ableitung des Integranden erhält man:

$$f^{(4)}(x) = \frac{24\,(1 - 10\,x^2 + 5\,x^4)}{(1 + x^2)^5}\,.$$

Der Zähler ist streng monoton fallend und nimmt Werte zwischen -4 und 1 an. Der Nenner ist stets größer oder gleich als eins. Insgesamt ergibt sich die Abschätzung:

$$\left| \frac{\pi}{4} - Q_{2,N}(f) \right| \leq \frac{1}{180\,N^4} \cdot 4 = \frac{1}{45\,N^4}\,.$$

Mathematica

$$f[\mathbf{x\_}] := \tfrac{1}{1+x^2};$$

$$Q[\mathbf{N\_}] := \frac{\frac{1}{2}\,(f[0]+f[1]) + \sum_{k=1}^{N-1} f\left[\frac{k}{N}\right]}{N};$$

Q[4]

$$\frac{5323}{6800}$$

Q[4]//N

0.782794

Q[8]

$$\frac{101859913599}{129799664800}$$

Q[8]//N

0.784747

Q[16]

$$\frac{1720989454584208672906375\1}{2191686019232541922806560\0}$$

Q[16]//N

0.785235

Maple

```
f:=x->1/(1+x^2);
Q:=N->(1/N)*((1/2)*(f(0)+f(1))+sum(f(k/N),k=1..N-1));
```

$$f := x \to \frac{1}{1+x^2}$$

$$Q := N \to \frac{\frac{1}{2}\,f(0) + \frac{1}{2}\,f(1) + \left(\sum_{k=1}^{N-1} f(\frac{k}{N})\right)}{N}$$

```
Q(4);evalf(Q(4));
```

$$\frac{5323}{6800}$$

$$.7827941176$$

```
Q(8);evalf(Q(8));
```

$$\frac{101859913599}{129799664800}$$

$$.7847471236$$

```
Q(16);evalf(Q(16));
```

$$\frac{17209894545842086729063751}{21916860192325419228065600}$$

$$.7852354030$$

2.6 Fixpunkte und Nullstellen

Es ist oft vorteilhaft, wenn man ein Nullstellen- in ein Fixpunktproblem umwandelt, da Fixpunktprobleme iterativ behandelt werden können.

Fixpunktsatz

Eine Funktion $f : [a, b] \longrightarrow \mathbb{R}$ bilde das abgeschlossene Intervall $[a, b]$ in sich ab: $f([a, b]) \subseteq [a, b]$ und genüge einer Lipschitz-Bedingung:

$$|\phi(x) - \phi(\tilde{x})| \leq L \, |x - \tilde{x}|, \quad x, \tilde{x} \in [a, b], \quad 0 \leq L < 1.$$

Dann besitzt die Fixpunktgleichung: $x = \phi(x)$ genau eine Lösung $\bar{x} \in [a, b]$. Wird mit einem beliebigen Startwert $x^{(0)} \in [a, b]$ eine Iterationsfolge $x^{(\nu+1)} = \phi(x^{(\nu)})$ erklärt, so gilt: $\lim\limits_{\nu \to \infty} x^{(\nu)} = \bar{x}$. Ferner gilt die a priori-Fehlerabschätzung:

$$|x^{(\nu)} - \bar{x}| \leq \frac{L^{\nu}}{1 - L} \left| x^{(1)} - x^{(0)} \right|, \quad \nu \geq 1.$$

Aufgabe 2.51: Konvergenz einer Iterationsfolge direkt nachweisen

Man zeige, dass die Iterationsfolge:

$$x^{(\nu+1)} = \frac{x^{(\nu)}}{1 + (x^{(\nu)})^2}$$

für jeden Startwert $x^{(0)} \in \mathbb{R}$ konvergiert.

Lösung

Offenbar entsteht die Iterationsfolge dadurch, dass man mit der Schrittfunktion iteriert.

$$\phi(x) = \frac{x}{1 + x^2}.$$

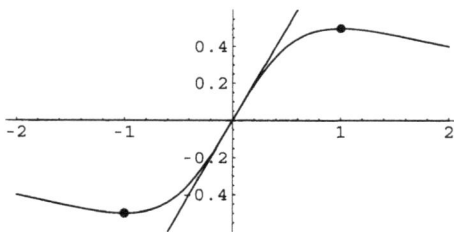

Bild 2.39: *Die Schrittfunktion*
$$\phi(x) = \frac{x}{1 + x^2}$$
mit Extremalstellen und die Funktion $f(x) = x$

Für $x^{(0)} = 0$ erhalten wir die Iterationsfolge $x^{(\nu)} = 0$ mit dem Grenzwert 0. Ist $x^{(0)} \neq 0$, so können wir leicht durch vollständige Induktion zeigen, dass alle Iterierten von Null verschieden sind. Und zwar gilt

$$x^{(\nu)} > 0, \quad \nu \geq 0, \quad \text{bei} \quad x^{(0)} > 0$$

bzw.

$$x^{(\nu)} < 0, \quad \nu \geq 0, \quad \text{bei} \quad x^{(0)} < 0.$$

Betrachten wir nun die Differenz zweier Iterierter:

$$x^{(\nu+1)} - x^{(\nu)} = \phi\left(x^{(\nu)}\right) - x^{(\nu)} = -\frac{(x^{(\nu)})^3}{1 + (x^{(\nu)})^3}.$$

Beim Startwert $x^{(0)} > 0$ ist die Iterationsfolge streng monoton fallend und beim Startwert $x^{(0)} < 0$ streng monoton wachsend.

Aufgabe 2.52: Fixpunktsatz anwenden, a priori-Fehlerabschätzung benutzen

Mithilfe des Fixpunktsatzes zeige man, dass die Gleichung $x = e^{-\frac{x}{2}}$ im Intervall [0,1] genau eine Lösung $\bar{x}$ besitzt. Wieviele Iterationsschritte müssen durchgeführt werden, damit der Fehler $|x^{(\nu)} - \bar{x}| \leq 2^{-10}$ wird, wenn man $x^{(0)} = 0$ wählt.

Lösung

Die Funktion $\phi(x)$ ist monoton fallend. Wegen $\phi(0) = 1$ und $\phi(x) > 0$ gilt $\phi([0, 1]) \subset [0, 1]$. Die Ableitung

$$\phi'(x) = -\frac{1}{2} e^{-\frac{x}{2}}$$

ist beschränkt:

$$|\phi'(x)| \leq \frac{1}{2}, \quad \text{für alle} \quad x \in \mathbb{R}.$$

Nach dem Mittelwertsatz bekommt man eine Lipschitzbedingung mit der Konstanten $L = \frac{1}{2}$:

$$|\phi(x) - \phi(\tilde{x})| \leq \frac{1}{2} |x - \tilde{x}|, \quad \text{für alle} \quad x, \tilde{x} \in \mathbb{R},$$

und es existiert genau ein Fixpunkt $\bar{x}$.

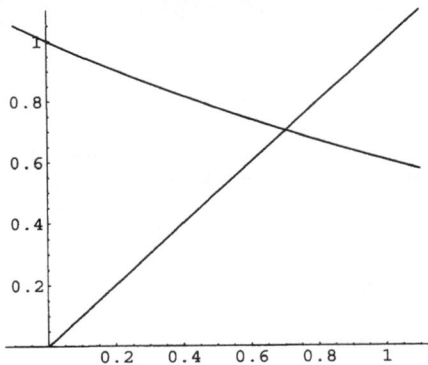

Bild 2.40: *Die Schrittfunktion*
$\phi(x) = e^{-\frac{x}{2}}$
mit der Funktion $f(x) = x$ im Intervall [0, 1]

Betrachten wir nun die Iterationsfolge $x^{(\nu+1)} = \phi(x^{(\nu)})$ mit dem Startwert $x^{(0)} = 0$. Die erste Iterierte lautet so $x^{(1)} = 1$ die a priori-Fehlerabschätzung liefert für $\nu \geq 1$:

$$|x^{(\nu)} - \bar{x}| \leq \frac{\left(\frac{1}{2}\right)^{\nu}}{1 - \frac{1}{2}} \left|x^{(1)} - x^{(0)}\right| = \frac{1}{2^{\nu-1}}.$$

Die Forderung:

$$\frac{1}{2^{\nu-1}} \leq 2^{-10} \quad \Longleftrightarrow \quad 2^{10} \leq 2^{\nu-1}$$

bedeutet, dass 11 Iterationsschritte durchgeführt werden müssen.

Mathematica

Mit NSolve berechnet man die Lösung einer Gleichung auf numerischem Weg.

$$\mathbf{NSolve}\left[\mathbf{x} == \mathbf{e}^{-\frac{x}{2}}, \mathbf{x}\right]$$

$$\{\{x \rightarrow 0.703467\}\}$$

Maple

Zur Lösung einer Gleichung auf numerischem Weg kann man Fsolve sowie die Befehle Solve und Evalf benutzen.

```
fsolve(x=exp(-x/2),x);
```

$$\text{Fsolve}(x = e^{(-1/2\,x)},\ x) = .7034674225$$

```
evalf(solve(x=exp(-x/2),x));
```

$$\text{Evalf}(\text{Solve}(x = e^{(-1/2\,x)},\ x)) = .7034674224$$

Aufgabe 2.53: A priori-Fehlerabschätzung bei der Fixpunktiteration nachweisen

Eine Funktion $f : [a, b] \longrightarrow \mathbb{R}$ bilde das abgeschlossene Intervall $[a, b]$ in sich ab: $f([a, b]) \subseteq [a, b]$ und genüge einer Lipschitz-Bedingung:

$$|\phi(x) - \phi(\tilde{x})| \leq L\,|x - \tilde{x}|, \quad x, \tilde{x} \in [a, b], \quad 0 \leq L < 1.$$

Mit einem beliebigen Startwert $x^{(0)} \in [a, b]$ werde die Iterationsfolge $x^{(\nu+1)} = \phi(x^{(\nu)})$ gebildet. Man zeige, dass für den Abstand der ν-ten Iterierten vom Fixpunkt $\bar{x}$ die a posteriori-Fehlerabschätzung gilt:

$$|x^{(\nu)} - \bar{x}| \leq \frac{L}{1 - L}\,|x^{(\nu)} - x^{(\nu-1)}|, \quad \nu \geq 1.$$

Lösung

Mit der Lipschitzbedingung leitet man zunächst die Ungleichungen her:

$$
\begin{aligned}
|x^{(\nu+1)} - x^{(\nu)}| &\leq L\,|x^{(\nu)} - x^{(\nu-1)}|, \\
|x^{(\nu+2)} - x^{(\nu+1)}| &\leq L\,|x^{(\nu+1)} - x^{(\nu)}|, \\
&\leq L^2\,|x^{(\nu)} - x^{(\nu-1)}|, \\
&\vdots \\
|x^{(\nu+m)} - x^{(\nu+m-1)}| &\leq L^m\,|x^{(\nu)} - x^{(\nu-1)}|.
\end{aligned}
$$

Nun benützen wir die Dreiecksungleichung und bekommen:

$$|x^{(\nu+m)} - x^{(\nu)}| = \left| \sum_{j=0}^{m} \left(x^{(\nu+j+1)} - x^{(\nu+j)} \right) \right|$$

$$\leq \sum_{j=1}^{m} L^j |x^{(\nu)} - x^{(\nu-1)}|$$

$$= \left(L \sum_{j=0}^{m-1} L^j \right) |x^{(\nu)} - x^{(\nu-1)}|$$

$$= L \frac{1 - L^m}{1 - L} |x^{(\nu)} - x^{(\nu-1)}|$$

$$\leq \frac{L}{1 - L} |x^{(\nu)} - x^{(\nu-1)}| .$$

Das Newton-Verfahren stellt eines der gebräuchlichsten Verfahren zur numerischen Lösung einer Gleichung dar.

Newton-Verfahren für einfache Nullstellen

Sei $f : [a, b] \longrightarrow \mathbb{R}$ zweimal stetig differenzierbar und besitze in (a, b) eine einfache Nullstelle $\bar{x}$. Dann gibt es ein Intervall

$$U_r(\bar{x}) = \{x \mid |x - \bar{x}| \leq r, \, r > 0\} \subseteq [a, b],$$

sodass die Newtonsche Iterationsfolge

$$x^{(\nu+1)} = x^{(\nu)} - \frac{f(x^{(\nu)})}{f'(x^{(\nu)})}, \quad \nu = 0, 1, 2, \dots .$$

für jeden Startwert $x^{(0)} \in U_r(\xi)$ gegen die Nullstelle ξ konvergiert. Es gilt die Fehlerabschätzung

$$|x^{(\nu+m)} - \bar{x}| \leq \frac{1}{M} (M |x^{(\nu)} - \bar{x}|)^{2^m}, \quad \nu, m = 0, 1, 2, \dots .$$

Dabei ist M eine Konstante mit

$$\frac{1}{2} \frac{\max_{x \in [a,b]} |f''(x)|}{\min_{x \in [a,b]} |f'(x)|} \leq M .$$

Aufgabe 2.54: Wurzelziehen mithilfe des Newton-Verfahrens

Gegeben sei die Funktion

$$f(x) = x^2 - a, \quad x > 0, a > 0 .$$

Mit dem Fixpunktsatz zeige man, dass das Newton-Verfahren gegen die Nullstelle $\sqrt{a}$ konvergiert. Man gebe eine Abschätzung des Abweichung der ν-ten Iterierten $|x^{(\nu)} - \sqrt{a}|$ von der

Nullstelle. Man berechne für $a = 3$ die ersten fünf Iterierten mit dem Startwert $x^{(0)} = 3$.

Lösung

Die gegebene Funktion f besitzt in ihrem Definitionsbereich eine einfache Nullstelle. Die Schrittfunktion des Newton-Verfahrens lautet:

$$\phi(x) = x - \frac{f(x)}{f'(x)} = x - \frac{x^2 - a}{2x}$$

$$= x - \frac{x}{2} + \frac{a}{2x} = \frac{1}{2}\left(x + \frac{a}{x}\right).$$

Die Nullstelle $\bar{x} = \sqrt{a}$ der Funktion f stellt einen Fixpunkt von ϕ dar und das Newton-Verfahren iteriert mit der Schrittfunktion:

$$x^{(\nu+1)} = \phi\left(x^{(\nu)}\right).$$

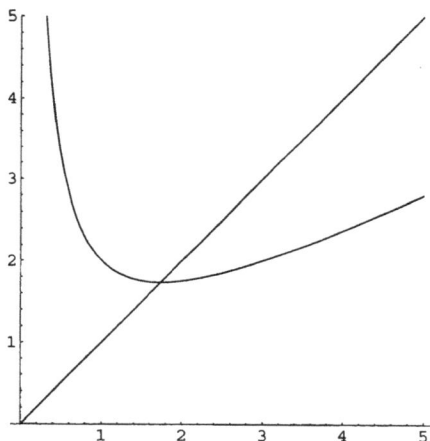

Bild 2.41: *Die Schrittfunktion*
$$\phi(x) = \frac{1}{2}\left(x + \frac{a}{x}\right)$$
mit der Funktion $f(x) = x$ *im Intervall* $[0, 1]$

Es gilt:

$$\phi'(x)) = \frac{1}{2}\left(1 - \frac{a}{x^2}\right), \quad \phi''(x)) = \frac{1}{2}\left(1 + \frac{2a}{x^3}\right).$$

Wegen

$$\phi'(\sqrt{a}) = 0 \quad \text{und} \quad \phi''(\sqrt{a}) > 0$$

liegt an der Stelle $\bar{x} = \sqrt{a}$ ein Minimum von $\phi(x)$ vor. Ferner gilt $\phi(\sqrt{a}) = \sqrt{a}$ sowie $\phi(x) \geq \sqrt{a}$. Im Intervall $(0, \sqrt{a}]$ ist die Schrittfunktion streng monoton fallend und im Intervall $[\sqrt{a}, \infty)$ streng monoton wachsend. Wählen wir einen Startwert $x^{(0)} > \sqrt{a}$, so bekommen wir eine Iterationsfolge, die streng monoton fällt und nach unten beschränkt ist, und das bedeutet, dass die Iterationsfolge gegen $\bar{x} = \sqrt{a}$ konvergiert. Wählen wir einen Startwert $x^{(0)} < \sqrt{a}$, so gilt $x^{(1)} > \sqrt{a}$ und wir können auf den ersten Fall zurückgreifen.

Das Intervall $I = [\sqrt{a}, \infty)$ wird von der Schrittfunktion ϕ in sich abgebildet, und es gilt

$$|\phi'(x)| \leq \frac{1}{2}, \quad x \in I.$$

Damit bekommen wir eine Lipschitz-Bedingung:

$$|\phi(x) - \phi(\tilde{x})| \le \frac{1}{2}|x - \tilde{x}|, \quad x, \tilde{x} \in I$$

und für $x^{(0)} \in I$ die a priori-Fehlerabschätzung:

$$|x^{(\nu)} - \sqrt{a}| \le \frac{1}{2^{\nu-1}}\left|x^{(1)} - x^{(0)}\right| = \frac{1}{2^\nu}\left(1 - \frac{a}{\left(x^{(0)}\right)^2}\right), \quad \nu \ge 1.$$

Mathematica

$$\phi[\mathbf{x}\_] := \tfrac{1}{2}\left(x + \tfrac{3}{x}\right);$$

$$x[1] := 3; \; x[\mathbf{n}\_] := \phi[x[n - 1]];$$

Table[x[n], {n, 2, 6}]

$$\left\{2, \frac{7}{4}, \frac{97}{56}, \frac{18817}{10864}, \frac{708158977}{408855776}\right\}$$

Table[N[x[n]], {n, 2, 6}]

$$\{2., 1.75, 1.73214, 1.73205, 1.73205\}$$

Maple

```
phi:=x->(1/2)*(x+(3/x));
```

$$\phi := x \rightarrow \frac{1}{2}x + \frac{\dfrac{3}{2}}{x}$$

```
x:=proc(n) phi(x(n-1)) end; x(1):=3;
```

$$x := \mathbf{proc}(n)\,\phi(\mathrm{x}(n - 1))\;\mathbf{end\ proc}$$

$$x(1) := 3$$

```
seq(x(n),n=2..6); n:='n':
```

$$2, \frac{7}{4}, \frac{97}{56}, \frac{18817}{10864}, \frac{708158977}{408855776}$$

```
seq(evalf(x(n),6),n=2..6); n:='n':
```

2., 1.75000, 1.73214, 1.73205, 1.73205

Aufgabe 2.55: Nullstelle eines Polynoms mit dem Newton-Verfahren bestimmen

Man zeige, dass das Polynom

$$f(x) = x^3 + x^2 + 2x + 1 = 0$$

im Intervall $[-2, 0]$ genau eine Nullstelle $\bar{x}$ besitzt. Wie lautet die Schrittfunktion $\phi(x)$ zur iterativen Bestimmung der Nullstelle mit dem Newton-Verfahren: $x^{(v+1)} = \phi(x^{(v)})$. Man berechne mit dem Startwert $x^{(0)} = 0$ die ersten fünf Iterierten und gebe eine Konstante C an mit der Eigenschaft:

$$|x^{(v+1)} - \bar{x}| \le M\,|x^{(v)} - \bar{x}|^2, \quad v \ge 0\,.$$

Lösung

Wir überlegen zunächst, dass nur eine Nullstelle vorliegt. Die Ableitung:

$$f'(x) = 3x^2 + 2x + 2$$

besitzt zwei komplexe Nullstellen:

$$x_{1,2} = -\frac{1}{3} \pm \sqrt{\frac{1}{9} - \frac{2}{3}}\,.$$

Da keine reelle Nullstelle der Ableitung existiert, muss das Polynom streng monoton sein. Wegen $f(-2) < 0$ und $f(0) > 0$ ist f streng monoton wachsend und besitzt genau eine Nullstelle $-2 < \bar{x} < 0$. Die Schrittfunktion beim Newton-Verfahren lautet:

$$\phi(x) = x - \frac{f(x)}{f'(x)} = \frac{2x^3 + x^2 - 1}{3x^2 + 2x + 2}\,.$$

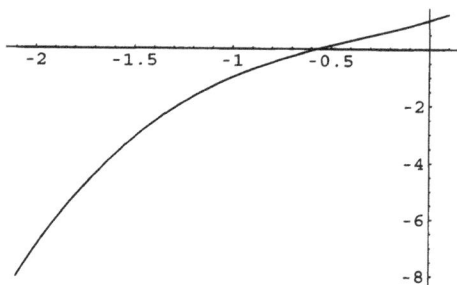

Bild 2.42: *Das Polynom* $f(x) = x^3 + x^2 + 2x + 1$

Die zweite Ableitung von f ergibt sich zu:

$$f''(x) = 6x + 2\,.$$

Die Nullstelle $x = -\dfrac{1}{3}$ liefert das Minimum von f' und damit von $|f'|$:

$$\min_{x \in [-2,0]} |f'(x)| = \frac{5}{3}.$$

Da f'' eine Gerade darstellt, bekommt man:

$$|f''(x)| \leq |f''(-2)| = 10$$

und

$$\max_{x \in [-2,0]} |f''(x)| = 10.$$

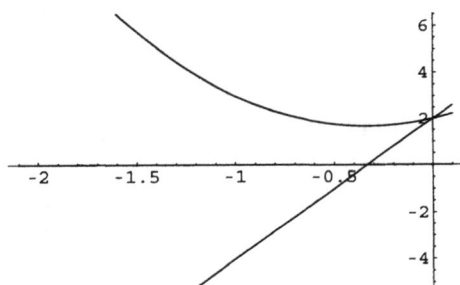

Bild 2.43: *Die Polynome*
$f'(x) = 3x^2 + 2x + 2$
und
$f''(x) = 6x + 2$

Mit der Konstante:

$$M = \frac{\max_{x \in [-2,0]} |f''(x)|}{\min_{x \in [-2,0]} |f'(x)|} = \frac{1}{2} \frac{10}{\frac{5}{3}} = 3$$

gilt dann:

$$|x^{(\nu+1)} - \bar{x}| \leq \frac{1}{M} (M |x^{(\nu)} - \bar{x}|)^2 = M |x^{(\nu)} - \bar{x}|^2, \quad \nu \geq 0.$$

Mathematica

$$f[x\_] := x^3 + x^2 + 2x + 1; \; fs[x\_] := 2 + 2x + 3x^2$$

$$\phi[x\_] := x - f[x]/fs[x]$$

$$x[1] := 0; x[n\_] := \phi[x[n-1]];$$

$$\textbf{Table}[N[x[n]], \{n, 2, 6\}]$$

$$\{-0.5, -0.571429, -0.569841, -0.56984, -0.56984\}$$

$$\textbf{NSolve}[f[x] == 0]$$

$$\{\{x \to -0.56984\}, \{x \to -0.21508 - 1.30714\,i\}, \{x \to -0.21508 + 1.30714\,i\}\}$$

Maple

```
f:=x->x^3+x^2+2*x+1; fs:=x->3*x^2+2*x+2;
```

$$f := x \rightarrow x^3 + x^2 + 2x + 1$$

$$fs := x \rightarrow 3x^2 + 2x + 2$$

```
phi:=x->x-f(x)/fs(x);
```

$$\phi := x \rightarrow x - \frac{f(x)}{fs(x)}$$

```
x:=proc(n) phi(x(n-1)) end; x(1):=0;
```

$$x := \mathbf{proc}(n)\, \phi(\mathrm{x}(n-1))\ \mathbf{end\ proc}$$

$$\mathrm{x}(1) := 0$$

```
seq(evalf(x(n),6),n=2..6); n:='n':
```

$$-.500000,\ -.571429,\ -.569841,\ -.569840,\ -.569840$$

```
evalf(solve(f(x)=0,x));
```

$$-.5698402912,\ -.2150798545 - 1.307141279\,I,\ -.2150798545 + 1.307141279\,I$$

Aufgabe 2.56: Newton-Verfahren bei mehrfachen Nullstellen

Die Funktion f sei $(j+1)$-mal stetig differenzierbar in $[a, b]$ und besitze in (a, b) eine Nullstelle ξ der Vielfachheit $j \geq 1$, d.h. es sei $f(\xi) = f'(\xi) = \ldots = f^{(j-1)}(\xi) = 0$ und $f^{(j)}(\xi) \neq 0$. Für die Schrittfunktion $\phi(x) = x - \dfrac{f(x)}{f'(x)}$ gilt: $\phi(\xi) = \xi$ und $\phi'(\xi) = 1 - \dfrac{1}{j}$.

Lösung

Mit der Regel von de l'Hospital bekommt man im Fall mehrfacher Nullstellen $\phi(\xi) = \xi$. Mit den Taylorentwicklungen:

$$
\begin{aligned}
f(\xi + h) &= f(\xi) + hf'(\xi) + \frac{h^2}{2}f''(\xi) \\
&\quad + \ldots + \frac{h^j}{j!}f^{(j)}(\xi) + O(h^{j+1}) \\
&= \frac{h^j}{j!}f^{(j)}(\xi) + O(h^{j+1}), \\
f'(\xi + h) &= f'(\xi) + hf''(\xi) + \frac{h^2}{2}f'''(\xi) \\
&\quad + \ldots + \frac{h^{j-1}}{(j-1)!}f^{(j)}(\xi) + O(h^j) \\
&= \frac{h^{j-1}}{(j-1)!}f^{(j)}(\xi) + O(h^j)
\end{aligned}
$$

erhalten wir folgende Darstellung der Schrittfunktion:

$$
\begin{aligned}
\phi(\xi + h) &= \xi + h - \frac{f(\xi + h)}{f'(\xi + h)} \\
&= \xi + h - \left(\frac{h}{j} + O(h^2)\right) \\
&= \xi + h\left(1 - \frac{1}{j}\right) + O(h^2).
\end{aligned}
$$

Hierbei bedeutet $O(h^k)$ einen Term mit der Eigenschaft $|O(h^k)| \leq c\,|h|^k$. Wegen $\phi(\xi) = \xi$ ergibt sich nun folgender Grenzwert:

$$
\begin{aligned}
\phi'(\xi) &= \lim_{h \to 0} \frac{\phi_1(\xi + h) - \phi_1(\xi)}{h} \\
&= \lim_{h \to 0} \frac{1}{h}\left(\xi + h(1 - \frac{1}{j}) + O(h^2) - \xi\right) \\
&= \lim_{h \to 0}\left(1 - \frac{1}{j} + O(h)\right) = 1 - \frac{1}{j}.
\end{aligned}
$$

2.7 Lösung von Differenzialgleichungen

Bei einem numerischen Verfahren zur Lösung eienr Differenzialgleichung berechnet man an diskreten Stellen die Werte einer Näherungslösung. Ausgehend von einem Startwert wird in Gitterpunkten eine numerische Lösung ermittelt.

Euler-Cauchy-Verfahren

Zur näherungsweisen Lösung des Anfangswertproblems

$$y' = g(x, y), \quad y(x_0) = y_0,$$

geht das Euler-Cauchy-Verfahren (oder Polygonzugverfahren) mit der Schrittweite h nach dem Rekursionsschema vor:

$$x_i = x_0 + i\,h, \quad i = 1, \ldots, n, \quad y_0^h = y_0,$$
$$y_{i+1}^h = y_i^h + h\,g(x_i, y_i^h), \quad i = 0, \ldots, n-1,$$

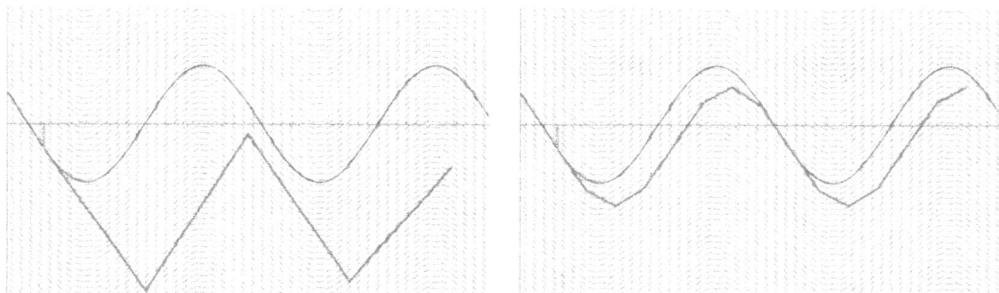

Bild 2.44: *Lösung einer Differenzialgleichung im Richtungsfeld und Näherung durch Polygonzüge*

Die Abweichung des nach dem Euler-Cauchy-Verfahren ermittelten Näherungswertes vom exakten Wert in den Gitterpunkten heißt Verfahrensfehler.

Verfahrensfehler beim Euler-Cauchy-Verfahren

Sei $D \subset \mathbb{R}^2$ und $g : D \to \mathbb{R}$ stetig differenzierbar mit $|\frac{\partial g}{\partial y}(x, y)| \leq L$ für alle $(x, y) \in D$. Die exakte Lösung $y(x)$ des Anfangswertproblems

$$y' = g(x, y), \quad y(x_0) = y_0,$$

sei beschränkt $|y''(x)| \leq M$ für alle x. Sei y_i^h die nach dem Euler-Cauchy-Verfahren in den Gitterpunkten $x_i = x_0 + i\,h$, $i = 0, \ldots, n$, $h > 0$, gewonnene numerische Lösung. In einer genügend kleinen Umgebung von x_0 kann der Verfahrensfehler $\epsilon_i = y(x_i) - y_i^h$, $i = 1, \ldots, n$, mit abgeschätzt werden:

$$|\epsilon_i| \leq \frac{M\,h}{2\,L} \left(e^{L\,(x_i - x_0)} - 1 \right), \quad i = 1, \ldots, n.$$

Ist $L = 0$, d.h. die rechte Seite der Differentialgleichung hängt nicht von y ab, so gilt die Abschätzung:

$$|\epsilon_i| \leq \frac{M\,h}{2} (x_i - x_0).$$

Aufgabe 2.57: Fehler beim Euler-Cauchy-Verfahren abschätzen

Gegeben sei das Anfangswertproblem:

$$y' = y + x, \quad y(0) = 0.$$

Man bestimme die exakte Lösung $y(x)$ und schätze den Fehler $\epsilon_i = y(x_i) - y_i^h$ ab, wenn y_i^h eine nach dem Euler-Cauchy-Verfahren im Intervall $[0, \frac{1}{2}]$ mit der Schrittweite h gewonnene Näherungslösung darstellt.

Lösung

Die exakte Lösung des Anfangswertproblems lautet:

$$y(x) = e^x - x - 1.$$

Man kann sie durch Variation der Konstanten gewinnen. Das Euler-Cauchy-Verfahren nimmt folgende Gestalt an:

$$x_i = i\,h, \quad i = 1, \dots, n,$$
$$y_0^h = 0,$$
$$y_{i+1}^h = y_i^h + h\,(y_i^h + x_i), \quad i = 0, \dots, n-1,$$

Für $h = \frac{1}{10}$ ergeben sich daraus die Näherungswerte:

$$y_0^h = 0,\ y_1^h = 0,\ y_2^h = \frac{1}{100},\ y_3^h = \frac{31}{1000},\ y_4^h = \frac{641}{10000},\ y_5^h = \frac{11051}{100000}.$$

Für die rechte Seite der Differenzialgleichung $g(x, y)$ gilt:

$$\frac{\partial g}{\partial y}(x, y) = 1$$

und für die zweite Ableitung der exakten Lösung:

$$y''(x) = e^x.$$

Somit gilt stets

$$\left| \frac{\partial g}{\partial y}(x, y) \right| = 1 = L$$

und für $0 \le x \le \frac{1}{2}$:

$$|y''(x)| \le e^{\frac{1}{2}} = M.$$

Schließlich kann der Verfahrensfehler wie folgt abgeschätzt werden:

$$|\epsilon_i| \le \frac{e^{\frac{1}{2}} h}{2} \left(e^{x_i} - 1 \right), \quad i = 1, \dots, n.$$

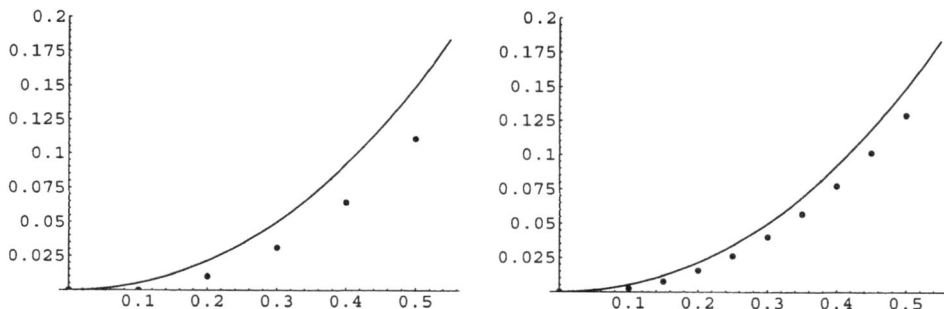

Bild 2.45: *Exakte Lösung des Anfangswertproblems:* $y' = y + x$, $y(0) = 0$ *mit der Lösung nach dem Euler-Cauchy-Verfahren im Intervall* $[0, \frac{1}{2}]$ *mit der Schrittweite* $h = \frac{1}{10}$ *(links) und* $h = \frac{1}{20}$ *(rechts)*

Aufgabe 2.58: Implizites Euler-Cauchy-Verfahren herleiten und anwenden

Das Euler-Cauchy-Verfahren zur Lösung des Anfangswertproblems $y' = g(x, y)$, $y(x_0) = y_0$, entsteht durch die folgende Quadraturformel: $\int_x^{x+h} g(t, y(t)) \, dt \approx h \, g(x, y(x))$. Benutzt man stattdessen die Quadraturformel: $\int_x^{x+h} g(t, y(t)) \, dt \approx h \, g(x + h, y(x + h))$, so entsteht das implizite Euler-Cauchy-Verfahren. Man leite das Rekursionsschema zur Bestimmung von Näherungslösungen nach dem impliziten Euler-Cauchy-Verfahren her und wende es auf die folgenden Anfangswertprobleme an:

$$y' = -x \, y, \quad y(0) = 1, \quad \text{bzw.} \quad y' = \frac{y}{x} - \frac{x}{y}, \quad y(1) = 1.$$

Lösung

Zunächst integrieren wir die Differentialgleichung im Intervall $[x, x + h]$ und erhalten folgende äquivalente Integralgleichung:

$$y(x + h) = y(x) + \int_x^{x+h} g(t, y(t)) \, dt.$$

Wird das Integral auf der rechten Seite mit der Quadraturformel:

$$\int_x^{x+h} g(t, y(t)) \, dt \approx h \, g(x, y(x))$$

ausgewertet, so entsteht die Näherung:

$$y(x + h) \approx y(x) + h \, g(x, y(x)).$$

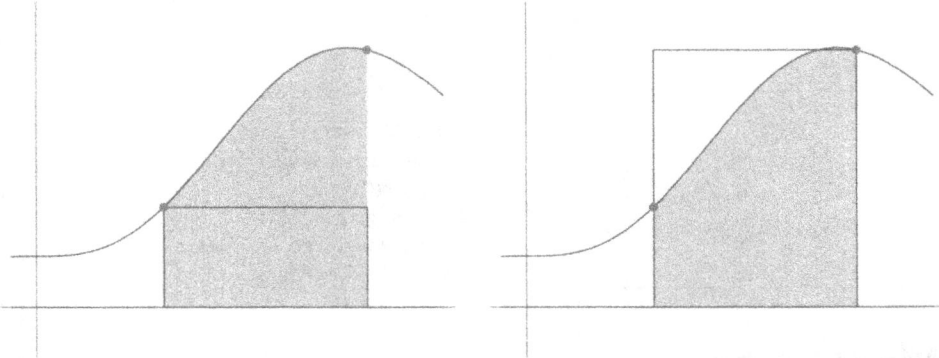

Bild 2.46: *Quadratur beim Euler-Cauchy-Verfahren (links) und beim impliziten Euler-Cauchy-Verfahren (rechts)*

Wird das Integral auf der rechten Seite mit der Quadraturformel:

$$\int\limits_{x}^{x+h} g(t, y(t))\, dt \approx h\, g(x + h, y(x + h))$$

ausgewertet, so entsteht die Näherung:

$$y(x + h) \approx y(x) + h\, g(x + h, y(x + h)) \,.$$

Legt man dies einer Rekursion zugrunde, so erhält man das implizite Euler-Cauchy-Verfahren

$$\begin{aligned}
x_i &= x_0 + i\, h\,, \quad i = 1, \ldots, n\,, \\
y_0^h &= y_0\,, \\
y_{i+1}^h &= y_i^h + h\, g(x_{i+1}, y_{i+1}^h)\,, \quad i = 0, \ldots, n - 1\,.
\end{aligned}$$

Bei diesem Verfahren bekommen wir bei jedem Rechenschritt eine Gleichung, aus welcher der Näherungswert y_{i+1}^h erst berechnet werden muss.

Beim Anfangswertproblem

$$y' = -x\, y\,, \quad y(0) = 1\,,$$

erhält man das Verfahren:

$$y_{i+1}^h = y_i^h - h\, x_{i+1}\, y_{i+1}^h$$

bzw.

$$y_{i+1}^h = \frac{y_i^h}{1 + h\, x_{i+1}}\,, \quad y_0^h = 1\,, \quad x_i = i\, h\,.$$

Die exakte Lösung lautet:

$$y(x) = e^{-\frac{x^2}{2}}\,.$$

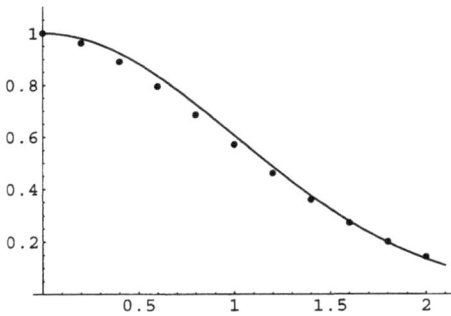

Bild 2.47: *Die exakte Lösung*
des Anfangswertproblems:
$y' = -x\,y$, $y(0) = 1$
und die Lösung nach dem
impliziten Euler-Cauchy-Verfahren
im Intervall [0, 2] *mit der*
Schrittweite $h = 0.2$

Beim Anfangswertproblem

$$y' = \frac{y}{x} - \frac{x}{y}\,, \quad y(1) = 1\,,$$

erhält man das Verfahren:

$$y^h_{i+1} = y^h_i + h\left(\frac{y^h_{i+1}}{x_{i+1}} - \frac{x_{i+1}}{y^h_{i+1}}\right)\,, \quad y^h_0 = 1\,, \quad x_i = 1 + i\,h\,.$$

Von der quadratischen Gleichung für y^h_{i+1} benötigen wir wegen $y(1) = 1$ jeweils die positive
Lösung und bekommen explizit:

$$y^h_{i+1} = \frac{-x_{i+1}\,y^h_i - x_{i+1}\sqrt{4\,h^2 - 4\,h\,x_{i+1} + (y^h_i)^2}}{2\,(1 - x_{i+1})}\,.$$

Die exakte Lösung lautet:

$$y(x) = \sqrt{1 - 2\,\ln(x)}\,, \quad 0 < x < e^{\frac{1}{2}}\,.$$

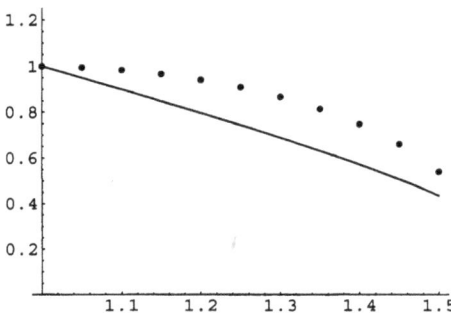

Bild 2.48: *Die exakte Lösung*
des Anfangswertproblems:
$y' = \frac{y}{x} - \frac{x}{y}$, $y(1) = 1$
und die Lösung nach dem
impliziten Euler-Cauchy-Verfahren
im Intervall [1, 1.5] *mit der*
Schrittweite $h = 0.05$

Das Euler-Cauchy-Verfahren wird beim Heun-Verfahren verfeinert, indem man jeweils nach
einem ersten Schritt eine Korrektur vornimmt.

Heun-Verfahren

Zur näherungsweisen Lösung des Anfangswertproblems

$$y' = g(x, y), \quad y(x_0) = y_0,$$

geht das Heun-Verfahren mit der Schrittweite h nach dem Rekursionsschema vor:

$$x_i = x_0 + i\,h, \quad i = 1, \ldots, n, \quad y_0^h = y_0,$$

$$y_{i+1}^h = y_i^h + \frac{h}{2}\left(g(x_i, y_i^h) + g(x_i + h, y_i^h + h\,g(x_i, y_i^h))\right),$$

$$i = 0, \ldots, n - 1.$$

Man kann die Iteration mit einem Prädiktor P_{i+1}^h und einem Korrektor K_{i+1}^h aufbauen:

$$P_{i+1}^h = y_i^h + h\,g(x_i, y_i^h),$$

$$K_{i+1}^h = y_i^h + \frac{h}{2}\left(g(x_i, y_i^h) + g(x_i + h, P_{i+1}^h)\right).$$

Das Runge-Kutta-Verfahren kann ähnlich wie das Verfahren von Heun konstruiert werden, es gehen aber vier Hilfsgrößen in die Berechnung ein.

Runge-Kutta-Verfahren

Zur näherungsweisen Lösung des Anfangswertproblems

$$y' = g(x, y), \quad y(x_0) = y_0,$$

geht das Runge-Kutta-Verfahren mit der Schrittweite h nach dem Rekursionsschema vor:

$$x_i = x_0 + i\,h, \quad i = 1, \ldots, n, \quad y_0^h = y_0,$$

$$k_0^{(i)} = h\,g\left(x_i, y_i^h\right),$$

$$k_1^{(i)} = h\,g\left(x_i + \frac{h}{2}, y_i^h + \frac{k_0^{(i)}}{2}\right),$$

$$k_2^{(i)} = h\,g\left(x_i + \frac{h}{2}, y_i^h + \frac{k_1^{(i)}}{2}\right),$$

$$k_3^{(i)} = h\,g\left(x_i + h, y_i^h + k_2^{(i)}\right),$$

$$y_{i+1}^h = y_i^h + \frac{1}{6}\left(k_0^{(i)} + 2k_1^{(i)} + 2k_2^{(i)} + k_3^{(i)}\right).$$

Aufgabe 2.59: Heun-Verfahren herleiten

Man überlege sich, dass das Heun-Verfahren zur Lösung des Anfangswertproblems

$$y' = g(x, y), \quad y(x_0) = y_0,$$

durch die folgende Quadraturformel(Trapezregel):

$$\int_x^{x+h} g(t, y(t)) \, dt \approx \frac{h}{2} \left(g(x, y(x)) + g(x + h, y(x + h)) \right)$$

entsteht, wenn man den Wert $y(x + h)$ mit dem Prädiktor berechnet:

$$p(x + h) = y(x) + h \, g(x, y(x)).$$

Man wende das Heun-Verfahren auf das folgende Anfangswertproblem an:

$$y' = y + x, \quad y(0) = 0.$$

Lösung

Wir gehen wieder zur äquivalenten Integralgleichung über:

$$y(x + h) = y(x) + \int_x^{x+h} g(t, y(t)) \, dt.$$

Das Integral auf der rechten Seite werten wir mit der Quadraturformel aus:

$$\int_x^{x+h} g(t, y(t)) \, dt \approx \frac{h}{2} \left(g(x, y(x)) + g(x + h, y(x + h)) \right).$$

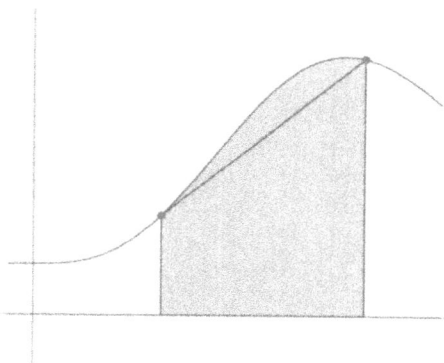

Bild 2.49: *Quadratur*
beim Heun-Verfahren

Ersetzen wir $y(x + h)$ mithilfe des Prädiktors $p(x + h) = y(x) + h \, g(x, y(x))$, so ergibt sich:

$$y(x+h) \quad \approx \quad y(x) + \frac{h}{2} \left(g(x, y(x)) + g(x+h, y(x+h)) \right)$$

$$\approx \quad y(x) + \frac{h}{2} \left(g(x, y(x)) + g(x+h, p(x+h)) \right)$$

$$\approx \quad y(x) + \frac{h}{2} \left(g(x, y(x)) + g(x+h, y(x) + h\, g(x, y(x))) \right).$$

Hieraus leitet sich die Rekursion ab:

$$x_i = x_0 + i\,h, \quad i = 1, \dots, n,$$

$$y_0^h = y_0,$$

$$y_{i+1}^h = y_i^h + \frac{h}{2} \left(g(x_i, y_i^h) + g(x_i + h, y_i^h + h\, g(x_i, y_i^h)) \right),$$

$$i = 0, \dots, n-1.$$

Im Fall des gegebenen Anfangswertproblem erhält man:

$$y_{i+1}^h \quad = \quad y_i^h + \frac{h}{2} \left(x_i + y_i^h + x_i + h + y_i^h + h\,(x_i + y_i^h) \right)$$

$$= \quad y_i^h + \frac{h}{2} \left((2+h)\,x_i + (2+h)\,y_i^h + h \right).$$

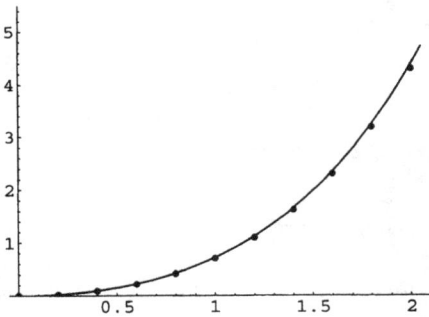

Bild 2.50: *Die exakte Lösung des Anfangswertproblems:*
$y' = y + x\,, y(0) = 0$
und die Lösung nach dem Heun-Verfahren im Intervall [0, 2] *mit der Schrittweite* $h = \frac{2}{10}$

Aufgabe 2.60: Lokaler Verfahrensfehler beim Heun-Cauchy-Verfahren

Sei $D \subset \mathbb{R}^2$ ein beschränktes Gebiet und $g : D \longrightarrow \mathbb{R}$ eine dreimal stetig differenzierbare Funktion. Die Differenzialgleichung $y' = g(x, y)$ werde nach dem Heun-Verfahren gelöst

$$y(x+h) = y(x) + h\,\Phi(x, y(x), h)$$

mit der Verfahrensfunktion: $\Phi(x, y, h) = \frac{1}{2} \left(g(x, y) + g(x+h, y + h\, g(x, y)) \right).$

Man zeige, dass mit einer nur von g abhängigen Konstante c für alle Lösungen der Differenzialgleichung gilt:

$$|y(x+h) - (y(x) + h\,\Phi(x, y(x), h))| \leq c\,h^3.$$

Lösung

Wenn die rechte Seite der Differenzialgleichung dreimal stetig differenzierbar ist, dann sind die Lösungen ebefalls dreimal stetig differenzierbar. Mit einer Zwischenstelle $\xi_{x,h}$ gilt zunächst:

$$y(x + h) - y(x) = y'(x)\,h + y''(x)\,\frac{h^2}{2} + y'''(\xi_{x,h}))\,\frac{h^3}{6}$$

und mit der Differenzialgleichung:

$$\begin{aligned}
&y(x + h) - y(x) \\
&= g(x, y(x))\,h + \left(\frac{\partial g}{\partial x}(x, y(x)) + \frac{\partial g}{\partial y}(x, y(x))\,g(x, y(x))\right)\frac{h^2}{2} \\
&+ y'''(\xi_{x,h})\,\frac{h^3}{6}\,.
\end{aligned}$$

Die Verfahrensfunktion kann mit einer Zwischenstelle $\eta_{x,h}$ geschrieben werden:

$$\begin{aligned}
h\,\Phi(x, y(x), h) &= h\,\Phi(x, y(x), 0) + \frac{\partial \Phi}{\partial h}(x, y(x), 0)\,h^2 \\
&+ \frac{\partial^2 \Phi}{\partial h^2}(x, y(x), \eta_{x,h})\,\frac{h^2}{2}\,.
\end{aligned}$$

Hieraus ergibt sich mit durch Einsetzen der Ableitungen:

$$\begin{aligned}
h\,\Phi(x, y(x), h) &= h\,g(x, y(x)) + \frac{1}{2}\,\frac{\partial g}{\partial x}(x, y(x))\,h^2 \\
&+ \frac{1}{2}\,\frac{\partial g}{\partial y}(x, y(x))\,g(x, y(x))\,h^2 \\
&+ \frac{\partial^2 \Phi}{\partial h^2}(x, y(x), \eta_{x,h})\,\frac{h^2}{2}\,.
\end{aligned}$$

Bildet man nun die Differenz $y(x + h) - (y(x) + h\,\Phi(x, y(x), h))$ und berücksichtigt, dass alle dritten Ableitungen unabhängig von der Lösung $y(x)$ und nur mithilfe von Schranken der Funktion g sowie ihrer Ableitungen beschränkt werden können, dann folgt die Behauptung.

3 Methoden der Systemtheorie

3.1 Fourierreihen

Trigonometrische Polynome sind komplexwertige periodische Funktionen einer reellen Variablen, die aus einer einer Überlagerung von Exponentialfunktionen bestehen. Die Frequenzen der Exponentialschwingungen sind ganzzahlige Vielfache einer Grundfrequenz.

Trigonometrisches Polynom

Sei $T > 0$, $\omega = \dfrac{2\pi}{T}$, $n \in \mathbb{N}$, und $c_j \in \mathbb{C}$. Die für $t \in \mathbb{R}$ erklärte Funktion:

$$p(t) = \sum_{j=-n}^{n} c_j\, e^{j\omega i t} = \sum_{j=-n}^{n} c_j \left(e^{\omega i t}\right)^j$$

heißt (komplexes) trigonometrisches Polynom. Verschwinden c_{-n} und c_n nicht zugleich, dann sagen wir, p besitzt den Grad n.

Aufgabe 3.1: Exponential- und harmonische Darstellung

Man schreibe das trigonometrische Polynom

$$p(t) = \sum_{j=-n}^{n} c_j\, e^{j\omega t i}$$

in der harmonischen Form:

$$p(t) = \frac{a_0}{2} + \sum_{j=1}^{n}(a_j\, \cos(j\,\omega\, t) + b_j\, \sin(j\,\omega\, t)).$$

Lösung

Wir gehen von der harmonischen Darstellung aus. Mit den Eulerschen Formeln gilt:

$$\cos(j\,\omega\, t) = \frac{e^{j\omega t i} + e^{-j\omega t i}}{2}, \quad \sin(j\,\omega\, t) = -i\,\frac{e^{j\omega t i} - e^{-j\omega t i}}{2}.$$

Einsetzen ergibt:

$$
\begin{aligned}
p(t) &= \frac{a_0}{2} + \sum_{j=1}^{n} a_j \frac{e^{j\omega t i} + e^{-j\omega t i}}{2} + \sum_{j=1}^{n} b_j \, (-i) \, \frac{e^{j\omega t i} - e^{-j\omega t i}}{2} \\
&= \frac{a_0}{2} + \sum_{j=1}^{n} (a_j - i\,b_j) \frac{e^{j\omega t i}}{2} + \sum_{j=-1}^{-n} (a_{-j} + i\,b_{-j}) \frac{e^{j\omega t i}}{2} \,.
\end{aligned}
$$

Setzt man nun

$$
c_0 = \frac{a_0}{2}, \quad c_j = \frac{a_j - b_j\,i}{2}, \quad c_{-j} = \frac{a_j + b_j\,i}{2}, \quad j = -1, \ldots, -n,
$$

so bekommt man die Übereinstimmung mit der Exponentialdarstellung:

$$
\frac{a_0}{2} + \sum_{j=1}^{n} (a_j \cos(j\,\omega\,t) + b_j \sin(j\,\omega\,t)) = \sum_{j=-n}^{n} c_j \, e^{j\omega t i} \,.
$$

Beide Darstellungen eines trigonometrischen Polynoms sind gleichwertig und können ineinander umgerechnet werden.

Zusammenhang zwischen Exponential- und harmonischer Darstellung

$$
c_0 = \frac{a_0}{2}, \quad c_j = \frac{a_j - b_j\,i}{2}, \quad c_{-j} = \frac{a_j + b_j\,i}{2}, \quad j = 1, \ldots, n,
$$

$$
a_0 = 2\,c_0, \quad a_j = c_j + c_{-j}, \quad b_j = (c_j - c_{-j})\,i, \quad j = 1, \ldots, n.
$$

Ist p reellwertig und damit $a_j, b_j \in \mathbb{R}$, so gilt:

$$
c_j = \overline{c_{-j}}, \quad j = 1, \ldots, n.
$$

Wir legen von nun an Funktionen stückweise glatte Funktionen zugrunde. Diese Funktionen werden aus glatten Teilstücken zusammen gesetzt. Es können Sprungstellen der Funktionen als auch ihrer Ableitung auftreten.

Stückweise glatte Funktion

Die reellwertige Funktion $f : [a, b] \longrightarrow \mathbb{R}$ heißt stückweise glatt, wenn es eine Partition von $[a, b]$ in endlich viele Teilintervalle gibt, sodass f im Inneren jedes Teilintervalles stetig bzw. stetig differenzierbar ist, und in jedem Punkt die einseitigen Grenzwerte von f und f' existieren. Eine komplexwertige Funktion $f : [a, b] \longrightarrow \mathbb{C}$ heißt stückweise glatt, wenn Real- und Imaginärteil reellwertige stückweise glatte Funktionen darstellen.

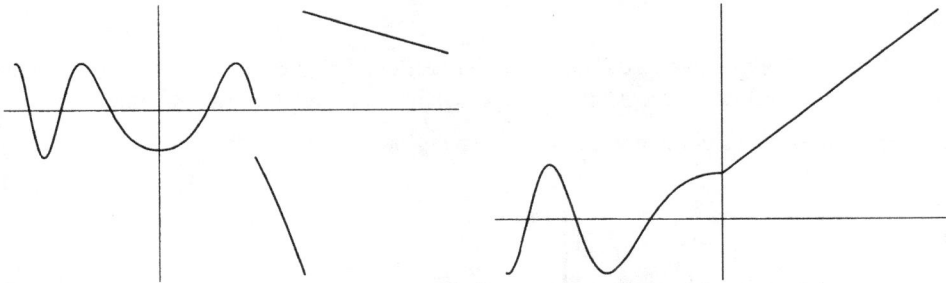

Bild 3.1: *Eine reellwertige stückweise glatte Funktion mit zwei Sprungstellen (links) und eine reellwertige stetige, stückweise glatte Funktion mit Sprungstellen in der Ableitung (rechts).*

Einer stückweise glatten, periodischen Funktion wird eine Folge von Fourier-Koeffizienten zugeordnet.

Fourier-Koeffizienten

Sei $f : \mathbb{R} \longrightarrow \mathbb{C}$ eine stückweise glatte Funktion mit der Periode $T > 0$ und $\omega = \dfrac{2\pi}{T}$. Die komplexen Zahlen:

$$c_j = \frac{1}{T} \int\limits_0^T f(t)\, e^{-j\,\omega\,i\,t}\, dt\,, \quad j \in \mathbb{Z}\,,$$

$$a_j = \frac{2}{T} \int\limits_0^T f(t)\, \cos(j\,\omega\,t)\, dt\,, \quad j \in \mathbb{N}_0\,, \quad b_j = \frac{2}{T} \int\limits_0^T f(t)\, \sin(j\,\omega\,t)\, dt\,, \quad j \in \mathbb{N}\,,$$

werden als Fourier-Koeffizienten von f bezeichnet. Der Zusammenhang zwischen Exponential- und harmonischer Darstellung gilt auch hier. Für reellwertige Funktionen sind die Koeffizienten in harmonischer Darstellung ebenfalls reellwertig.

Aufgabe 3.2: Fourier-Koeffizienten eines trigonometrischen Polynoms

Gegeben sei das trigonometrische Polynom

$$p(t) = \sum_{j=-n}^{n} c_j\, e^{j\,\omega\,t\,i} = \frac{a_0}{2} + \sum_{j=1}^{n} (a_j \cos(j\,\omega\,t) + b_j \sin(j\,\omega\,t))\,.$$

Mithilfe der Orthogonalitätsrelationen

$$\frac{1}{T} \int\limits_0^T e^{j\,\omega\,i\,t}\, e^{-k\,\omega\,i\,t}\, dt = \begin{cases} 1\,, & j = k\,, \\ 0\,, & j \neq k\,, \end{cases} \qquad T = \frac{2\pi}{\omega}\,,$$

zeige man, dass die Koeffizienten c_j bzw. a_j und b_j mit den Fourier-Koeffizienten von p übereinstimmen.

Lösung

Man kann über eine komplexwertige Funktion einer reellen Variablen integrieren, indem man Realteil und Imaginärteil integriert. Man kann aber auch wie im reellen Fall mit einer Stammfunktion vorgehen. Berücksichtigen wir $T = \dfrac{2\pi}{\omega}$, so ergibt sich:

$$\int\limits_0^T e^{(j-k)\omega i t}\, dt = \begin{cases} T, & j = k, \\[2mm] \dfrac{e^{(j-k)2\pi i}-1}{(j-k)\omega i} = 0, & j \neq k. \end{cases}$$

Mit

$$e^{(j-k)2\pi i} = e^{j\omega i t}\, e^{-k\omega i t}$$

bekommt man daraus sofort die Orthogonalitätsrelationen. Multipliziert man $p(t)$ mit $\dfrac{e^{-k\omega i}}{T}$ und integriert anschließend, so ergibt sich:

$$\int\limits_0^T p(t)\, e^{-k\omega i t}\, dt = \int\limits_0^T \sum_{j=-n}^n c_j\, e^{j\omega i t}\, e^{-k\omega i t}\, dt = \sum_{j=-n}^n c_j \int\limits_0^T e^{j\omega i t}\, e^{-k\omega i t}\, dt$$

und damit:

$$\frac{1}{T} \int\limits_0^T p(t)\, e^{-k\omega i t}\, dt = c_k, \quad k = -n, \ldots, n.$$

Ist jedoch $k < -n$ oder $k > n$, so gilt:

$$\frac{1}{T} \int\limits_0^T p(t)\, e^{-k\omega i t}\, dt = 0.$$

Insgesamt bedeutet dies gerade die Übereinstimmung:

$$p(t) = \sum_{j=-n}^n \left(\frac{1}{T} \int\limits_0^T p(t)\, e^{-j\omega i t}\, dt \right) e^{j\omega i t}.$$

Durch Umrechnung ergibt sich die trigonometrische Form:

$$p(t) = \frac{1}{T} \int\limits_0^T p(t)\, dt + \sum_{j=1}^n \left(\frac{2}{T} \int\limits_0^T p(t)\, \cos(j\omega t)\, dt \right) \cos(j\omega t)$$

$$+ \sum_{j=1}^n \left(\frac{2}{T} \int\limits_0^T p(t)\, \sin(j\omega t)\, dt \right) \sin(j\omega t).$$

Aufgabe 3.3: Orthogonalität des harmonischen Systems

Man zeige die folgenden Orthogonalitätsrelationen für das das harmonische System:

$$\frac{2}{T} \int_0^T \sin(j\,\omega\,t)\,\sin(k\,\omega\,t)\,dt = \begin{cases} 1, & j=k, \\ 0, & j\neq k, \end{cases}$$

$$\frac{2}{T} \int_0^T \cos(j\,\omega\,t)\,\cos(k\,\omega\,t)\,dt = \begin{cases} 1, & j=k\neq 0, \\ 0, & j\neq k, \end{cases}$$

$$\frac{2}{T} \int_0^T \sin(j\,\omega\,t)\,\cos(k\,\omega\,t)\,dt = 0, \quad \text{für alle } j, k.$$

mit $\omega = \dfrac{2\pi}{T}$.

Lösung

Aus den trigonometrischen Formeln

$$\begin{aligned}
2\,\sin(j\,\omega\,t)\,\sin(k\,\omega\,t) &= \cos((j-k)\,\omega\,t) - \cos((j+k)\,\omega\,t), \\
2\,\cos(j\,\omega\,t)\,\cos(k\,\omega\,t) &= \cos((j-k)\,\omega\,t) + \cos((j+k)\,\omega\,t), \\
2\,\sin(j\,\omega\,t)\,\cos(k\,\omega\,t) &= \sin((j-k)\,\omega\,t) + \sin((j+k)\,\omega\,t),
\end{aligned}$$

folgt:

$$\int_0^T \sin(j\,\omega\,t)\,\sin(k\,\omega\,t)\,dt = \begin{cases} \frac{T}{2}, & j=k, \\ \\ 0, & j\neq k, \end{cases}$$

$$\int_0^T \cos(j\,\omega\,t)\,\cos(k\,\omega\,t)\,dt = \begin{cases} \frac{T}{2}, & j=k\neq 0, \\ \\ 0, & j\neq k, \end{cases}$$

$$\int_0^T \sin(j\,\omega\,t)\,\cos(k\,\omega\,t)\,dt = 0, \quad \text{für alle } j, k.$$

Aufgabe 3.4: Fourier-Koeffizienten einer Exponentialreihe

Die Summe der Koeffizienten konvergiere absolut: $\displaystyle\sum_{j=-\infty}^{\infty} |c_j| < \infty$. Man berechne die Fourierkoeffizienten der periodischen Funktion:

$$f(t) = \sum_{j=-\infty}^{\infty} c_j\, e^{j\,\omega\,t\,i}, \quad \omega = \frac{2\pi}{T}.$$

Lösung

Die Reihe konvergiert gleichmäßig. Multipliziert man $f(t)$ mit $\dfrac{e^{-k\omega i}}{T}$ und integriert anschließend gliedweise, so ergibt sich:

$$\int\limits_0^T f(t)\, e^{-k\omega i\, t}\, dt = \int\limits_0^T \sum_{j=-\infty}^{\infty} c_j\, e^{j\omega i\, t}\, e^{-k\omega i\, t}\, dt = \sum_{j=-\infty}^{\infty} c_j \int\limits_0^T e^{j\omega i\, t}\, e^{-k\omega i\, t}\, dt$$

und damit:

$$\frac{1}{T} \int\limits_0^T f(t)\, e^{-k\omega i\, t}\, dt = c_k\,, \quad k \in \mathbb{Z}\,.$$

Insgesamt bedeutet dies gerade die Übereinstimmung der Funktion f mit ihrer Fourierreihe:

$$f(t) = \sum_{j=-\infty}^{\infty} \left(\frac{1}{T} \int\limits_0^T p(t)\, e^{-j\omega i\, t}\, dt \right) e^{j\omega i\, t}$$

bzw.:

$$f(t) = \frac{1}{T} \int\limits_0^T f(t)\, dt + \sum_{j=1}^{\infty} \left(\frac{2}{T} \int\limits_0^T f(t)\, \cos(j\,\omega\,t)\, dt \right) \cos(j\,\omega\,t)$$

$$+ \sum_{j=1}^{\infty} \left(\frac{2}{T} \int\limits_0^T f(t)\, \sin(j\,\omega\,t)\, dt \right) \sin(j\,\omega\,t)$$

Bildet man mit den Fourier-Koeffizienten ein trigonometrisches Polynom, so erhält man eine Teilsumme der Fourierreihe.

> **Teilsumme der Fourierreihe**
>
> Die n-te Teilsumme der Fourierreihe einer periodischen, stückweise glatten Funktion f lautet:
>
> $$S_f(t, n) = \sum_{j=-n}^{n} c_j\, e^{j\omega i\, t} = \frac{a_0}{2} + \sum_{j=1}^{n} (a_j\, \cos(j\,\omega\,t) + b_j\, \sin(j\,\omega\,t))\,.$$

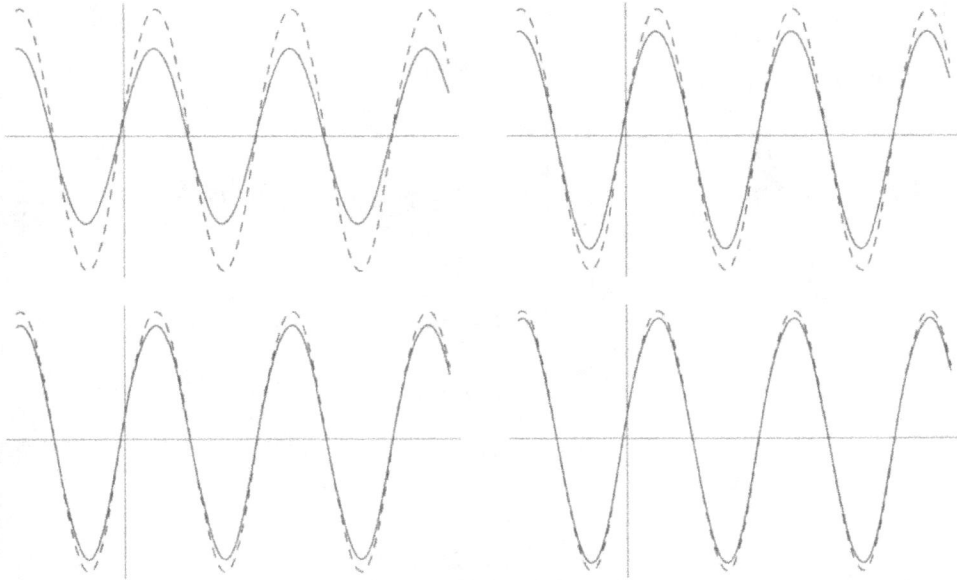

Bild 3.2: *Teilsummen der Fourierreihe einer periodischen Funktion (gestrichelt)*

Die Fourierreihe einer stückweise glatten, periodischen Funktion konvergiert in jedem Punkt gegen den Funktionswert mit Ausnahme der Unstetigkeitsstellen. Dort konvergiert die Reihe gegen den Mittelwert aus dem rechts- und linksseitigen Grenzwert. Besitzen zwei stetige Funktionen f und g mit derselben Periode identische Fourierreihen, so stimmen die Funktionen überein.

Darstellungssatz

Sei f eine stückweise glatte und T-periodische Funktion, dann gilt für jedes $t \in \mathbb{R}$:

$$\lim_{n \to \infty} S_f(t, n) = \sum_{j=-\infty}^{\infty} c_j\, e^{j\omega i t} = \frac{a_0}{2} + \sum_{j=1}^{\infty} (a_j\, \cos(j\,\omega t) + b_j\, \sin(j\,\omega t))$$

$$= \frac{f(t^-) + f(t^+)}{2}.$$

Ist f zusätzlich stetig, dann gilt: $\lim_{n \to \infty} S_f(t, n) = f(t)$. Wir schreiben für diesen Sachverhalt:

$$f(t) \sim \sum_{j=-\infty}^{\infty} c_j\, e^{j\omega i t} = \frac{a_0}{2} + \sum_{j=1}^{\infty} (a_j\, \cos(j\,\omega t) + b_j\, \sin(j\,\omega t)).$$

Eine beliebige Funktion schränkt man zuerst auf ein Intervall ein und legt damit ein Periodenintervall fest. Dann setzt man periodisch fort und erklärt die Fourier-Koeffizienten.

Periodische Fortsetzung

Die auf $\mathbb{R}$ erklärte Funktion

$$\tilde{f}(t) = f(t - kT), \quad kT \leq t < (k+1)T, \quad k \in \mathbb{Z},$$

wird als T-periodische Fortsetzung der Funktion $f : [0, T] \longrightarrow \mathbb{C}$ bezeichnet.

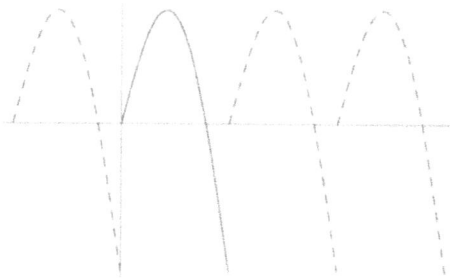

Bild 3.3: *Direkte periodische Fortsetzung. Ist $f(0) \neq f(T)$, so entsteht jeweils bei kT, $k \in \mathbb{Z}$, eine Unstetigkeitsstelle von $\tilde{f}$.*

Aufgabe 3.5: Fourier-Koeffizienten eines Rechteckimpulses

Die Funktion:

$$f(t) = \begin{cases} 1 & , \quad 0 \leq t \leq \frac{1}{2} \\[2mm] 0 & , \quad \frac{1}{2} < t < 1. \end{cases}$$

wird durch periodische Fortsetzung auf ganz $\mathbb{R}$ erklärt. Man berechne ihre Fourier-Koeffizienten c_j bzw. a_j, b_j.

Lösung

Durch die Fortsetzung entsteht eine Funktion mit der Periode $T = 1$. Daraus ergibt sich die Frequenz

$$\omega = \frac{2\pi}{T} = 2\pi.$$

Wir berechnen die Exponentialkoeffizienten:

$$\begin{aligned} c_j &= \frac{1}{T} \int_0^T f(t) e^{-j\omega i t}\, dt = \int_0^{\frac{1}{2}} e^{-j2\pi i t}\, dt \\[3mm] &= \begin{cases} \frac{1}{2}, & j = 0, \\[2mm] \frac{e^{-j\pi i} - 1}{-j2\pi i}, & j \neq 0, \end{cases} \\[3mm] &= \begin{cases} \frac{1}{2}, & j = 0, \\[2mm] \frac{(-1)^j - 1}{2\pi j} i, & j \neq 0. \end{cases} \end{aligned}$$

Die harmonischen Koeffizienten kann man mit den Umrechnungsformeln oder direkt ausrechnen:

$$a_j = 2 \int_0^1 f(t) \cos(2\,j\,\pi\,t)\,dt = 2 \int_0^{\frac{1}{2}} \cos(2\,j\,\pi\,t)\,dt\,,$$

$$b_j = 2 \int_0^1 f(t) \sin(2\,j\,\pi\,t)\,dt = 2 \int_0^{\frac{1}{2}} \sin(2\,j\,\pi\,t)\,dt\,.$$

Hieraus ergibt sich:

$$a_0 = 1\,, \quad a_j = \frac{1}{j\,\pi} \sin(j\,\pi) = 0\,, \quad j > 0\,,$$

$$b_j = -\frac{1}{j\,\pi}\,(\cos(j\,\pi) - 1) = \frac{1}{j\,\pi}\left(1 - (-1)^j\right)\,, \quad j > 0\,.$$

Die n-ten Teilsummen der Fourierreihe nehmen in harmonischer Darstellung folgende Gestalt an:

$$S_f(t, n) = \frac{a_0}{2} + \sum_{j=1}^{n}(a_j \cos(2\,j\,\pi\,t) + b_j \sin(j\,2\,\pi\,t))$$

$$= \frac{1}{2} + \sum_{j=1}^{n} \frac{1}{j\,\pi}\left(1 - (-1)^j\right) \sin(j\,2\,\pi\,t)\,.$$

Die Teilsummen der Fourierreihe konvergieren in allen Steitgkeitspunkten gegen die Funktion f. In den Sprungstellen konvergiert die Fourierreihe gegen den Mittelwert $\frac{1}{2}$. Es gilt:

$$f(t) \sim \frac{1}{2} + \sum_{j=0}^{\infty} \frac{2}{(2\,j + 1)\,\pi} \sin((2\,j + 1)\,2\,\pi\,t)\,.$$

Die Reihe der Fourier-Koeffizienten konvergiert nicht absolut.

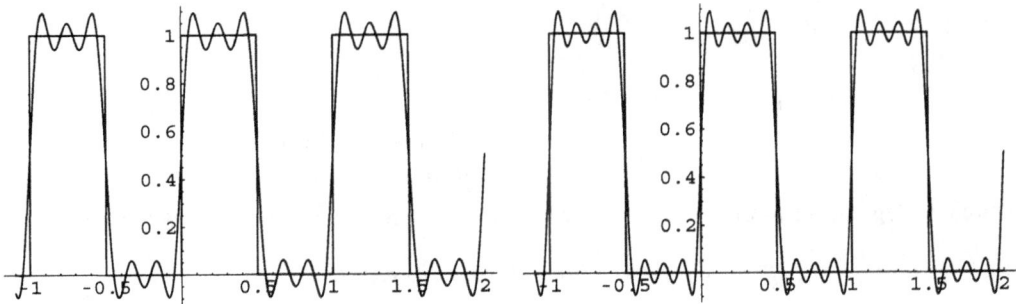

Bild 3.4: *Die periodische Fortsetzung der Funktion* $f(t) = 1, 0 \leq t \leq \frac{1}{2}, f(t) = 0, \frac{1}{2} < t < 1$ *und die Teilsumme ihrer Fourierreihe* $S_f(n, 5)$ *(links) bzw.* $S_f(n, 7)$ *(rechts) gezeichnet über drei Periodenintervalle.*

Man beobachtet das Gibbssche Phänomen: ein Überschwingen der Fourierreihe an den Sprungstellen. Dieses Überschwingen lässt sich auch dann nicht beseitigen, wenn man zu größeren
Teilsummen übergeht.

Aufgabe 3.6: Fourier-Koeffizienten einer komplexwertigen Funktion berechnen

Durch 2π-periodische Fortsetzung wird die Funktion:

$$f(t) = e^{\alpha t i}, \quad -\pi < t \leq \pi,$$

wird auf ganz $\mathbb{R}$ erklärt. Man berechne ihre Fourier-Koeffizienten c_j und leite daraus jeweils
die Fourier-Koeffizienten von $\sin(\alpha t)$ und $\cos(\alpha t)$, $-\pi < t \leq \pi$, her. (Dabei soll α keine
ganze Zahl sein).

Lösung

Wir berechnen zuerst die Fourier-Koeffizienten von f ($\omega = 1$):

$$
\begin{aligned}
c_j &= \frac{1}{2\pi} \int_{-\pi}^{\pi} e^{\alpha t i} e^{-j t i} \, dt = \frac{1}{2\pi} \int_{-\pi}^{\pi} e^{(\alpha - j) t i} \, dt \\
&= \frac{1}{2\pi} \frac{1}{(\alpha - j) i} e^{(\alpha - j) t i} \Big|_{-\pi}^{\pi} \\
&= \frac{1}{2\pi} \frac{1}{(\alpha - j) i} \left(e^{\alpha \pi i} e^{-j \pi i} - e^{-\alpha \pi i} e^{j \pi i} \right) \\
&= \frac{(-1)^j}{\pi} \frac{1}{\alpha - j} \sin(\alpha \pi).
\end{aligned}
$$

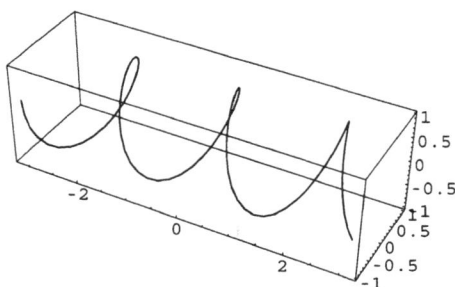

Bild 3.5: *Die Raumkurve*
$(t, \cos(3.1\,t), \sin(3.1\,t)), t \in [-\pi, \pi]$,

Durch Zerlegung der n-ten Teilsumme der Fourierreihe von f in Real- und Imaginärteil

$$S_f(t, n) = S_{\Re(f)}(t, n) + S_{\Im(f)}(t, n) i$$

bekommt man schließlich die Fourier-Koeffizienten von $\Re(f)(t) = \cos(\alpha t)$ und $\Im(f)(t) = \sin(\alpha t)$. Es gilt:

$$S_f(t, n) = \sum_{j=-n}^{n} \frac{(-1)^j}{\pi} \frac{1}{\alpha - j} \sin(\alpha \pi) e^{j t i}$$

$$= \frac{1}{\pi} \frac{1}{\alpha} \sin(\alpha \pi)$$

$$+ \sum_{j=1}^{n} \frac{(-1)^j}{\pi} \sin(\alpha \pi) \left(\frac{1}{\alpha - j} e^{j i t} + \frac{1}{\alpha + j} e^{-j i t} \right)$$

$$= \frac{1}{\alpha \pi} \sin(\alpha \pi) + \sum_{j=1}^{n} (-1)^j \frac{2 \alpha}{\pi} \frac{\sin(\alpha \pi)}{\alpha^2 - j^2} \cos(j t)$$

$$+ \left(\sum_{j=1}^{n} (-1)^j \frac{2 j}{\pi} \frac{\sin(\alpha \pi)}{\alpha^2 - j^2} \sin(j t) \right) i .$$

Hieraus entnimmt man:

$$S_{\Re(f)}(t, n) = \frac{1}{\alpha \pi} \sin(\alpha \pi) + \sum_{j=1}^{n} (-1)^j \frac{2 \alpha}{\pi} \frac{\sin(\alpha \pi)}{\alpha^2 - j^2} \cos(j t)$$

und

$$S_{\Im(f)}(t, n) = \sum_{j=1}^{n} (-1)^j \frac{2 j}{\pi} \frac{\sin(\alpha \pi)}{\alpha^2 - j^2} \sin(j t) .$$

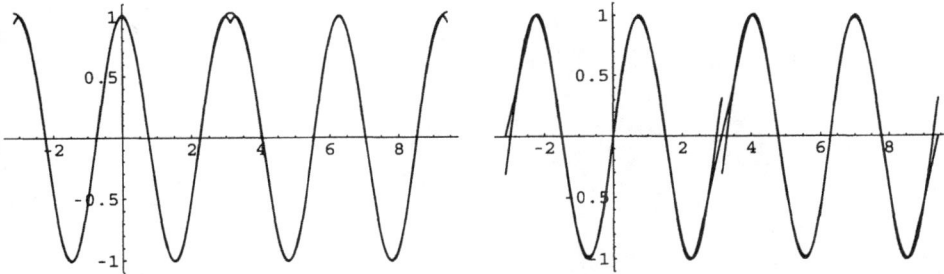

Bild 3.6: *Die 2π-periodische Fortsetzung der Funktionen $f(t) = \cos(3.1\,t)$ (links) und $f(t) = \sin(3.1\,t)$ (rechts) $-\pi < t \le \pi$ und die Teilsumme der Fourierreihe $S_f(n, 5)$ jeweils über zwei Periodenintervalle*

Mathematica

Wir vereinfachen die Fourier-Koeffizienten mit ComplexExpand und Simplify.

$$\textbf{Simplify}\Big[\textbf{ComplexExpand}\Big[\frac{\int_{-\pi}^{\pi} e^{\alpha t i} e^{-j t i} dt}{2\pi}\Big], \{j\} \in \textbf{Integers}\Big]$$

$$\frac{\sin[(\alpha - j)\,\pi]}{(\alpha - j)\,\pi}$$

$$\textbf{Simplify}\Big[\frac{2 \int_{0}^{\pi} \cos[\alpha\,t]\,\cos[j\,t]dt}{\pi}, \{j\} \in \textbf{Integers}\Big]$$

$$\frac{2\,(-1)^j\,\alpha\,\sin[\alpha\,\pi]}{\alpha^2\,\pi - j^2\,\pi}$$

Maple

```
assume(j,integer);

simplify(1/(2*Pi)*int(exp(alpha*t*I)*exp(-j*t*I),t=-Pi..Pi));
```

$$\frac{1}{2}\,\frac{\displaystyle\int_{-\pi}^{\pi} e^{(I\,\alpha\,t)}\,e^{(-I\,\tilde{j}\,t)}\,dt}{\pi} = \frac{I\,(-1)^{(3/2+\tilde{j})}\,\sin(\pi\,\alpha)}{\pi\,(\alpha - \tilde{j})}$$

```
simplify((2/Pi)*int(cos(alpha*t)*cos(j*t),t=0..Pi));
```

$$2\,\frac{\sin(\pi\,\alpha)\,(-1)^{\tilde{j}}\,\alpha}{\pi\,(\alpha^2 - \tilde{j}^2)}$$

Ist eine Funktion gerade bzw. ungerade, dann ist die Fourierreihe eine reine Cosinus- bzw. Sinusreihe, und man braucht jeweils nur einen Satz von Koeffizienten zu berechnen.

Sinusreihe und Cosinusreihe

Sei $f(t)$ stückweise glatt und T-periodisch, $\omega = \dfrac{2\,\pi}{T}$.

Ist f gerade: $f(-t) = f(t), t \in \mathbb{R}$, so gilt:

$$f(t) \sim \frac{a_0}{2} + \sum_{j=1}^{\infty} a_j \cos(j\,\omega\,t)\,, \quad a_j = \frac{4}{T} \int_0^{\frac{T}{2}} f(t)\cos(j\,\omega\,t)\,dt\,.$$

Ist f ungerade: $f(-t) = -f(t), t \in \mathbb{R}$, so gilt:

$$f(t) \sim \sum_{j=1}^{\infty} b_j \sin(j\,\omega\,t)\,, \quad b_j = \frac{4}{T} \int_0^{\frac{T}{2}} f(t)\sin(j\,\omega\,t)\,dt\,.$$

Aufgabe 3.7: Fourier-Koeffizienten gerader und ungerader Funktionen berechnen

Sei $f : \mathbb{R} \longrightarrow \mathbb{C}$ eine stückweise glatte Funktion mit der Periode $T > 0$. Man zeige für gerades f

$$a_j = \frac{4}{T} \int_0^{\frac{T}{2}} f(t)\cos(j\,\omega\,t)\,dt\,, \quad b_j = 0\,,$$

und für ungerades f

$$a_j = 0, \quad b_j = \frac{4}{T} \int_0^{\frac{T}{2}} f(t) \sin(j\,\omega\,t)\,dt.$$

Lösung

Das Integral über eine beliebige T-periodische Funktion h über ein Intervall der Länge T führt immer zum selben Resultat. Für ein beliebiges $\alpha \in \mathbb{R}$ gilt:

$$\int_\alpha^{\alpha+T} h(t)\,dt = \int_0^T h(t)\,dt.$$

Nutzt man nun die Symmetrieeigenschaft des Integranden aus, so folgt:

$$\int_0^T h(t)\,dt = \int_{-\frac{T}{2}}^{\frac{T}{2}} h(t)\,dt = \int_{-\frac{T}{2}}^0 h(t)\,dt + \int_0^{\frac{T}{2}} h(t)\,dt = \int_0^{\frac{T}{2}} (h(t) + h(-t))\,dt$$

$$= \begin{cases} 2\int_0^{\frac{T}{2}} h(t)\,dt, & \text{falls } h \text{ gerade} \\[2mm] 0, & \text{falls } h \text{ ungerade}. \end{cases}$$

Ist f gerade, so ist $h(t) = f(t)\cos(j\omega t)$ gerade und $h(t) = f(t)\sin(j\omega t)$ ungerade. Ist f ungerade, so ist $h(t) = f(t)\cos(j\omega t)$ ungerade und $h(t) = f(t)\sin(j\omega t)$ gerade.

Aufgabe 3.8: Fourier-Koeffizienten einer ungeraden Funktion berechnen

Durch Fortsetzung der Funktion

$$f(t) = \begin{cases} \frac{1}{2}(T - t) & , \quad 0 < t < 2T \\[2mm] 0 & , \quad t = 0 \end{cases}$$

entsteht eine periodische Funktion. Man berechne ihre Fourier-Koeffizienten a_j, b_j bzw. c_j

Lösung

Die fortgesetzte Funktion $\tilde{f}(t)$ stellt eine ungerade Funktion der Periode $2T$ dar. Für alle j gilt $a_j = 0$. Wir ermitteln nun die Koeffizienten:

$$b_j = \frac{2}{T} \int_0^T f(t) \sin(j\,\omega\,t)\,dt = \frac{1}{T} \int_0^T (T - t) \sin(j\,\omega\,t)\,dt, \quad j \geq 1, \quad \omega = \frac{\pi}{T}.$$

Mit der Stammfunktion

$$\int (T - t) \sin(j\,\omega\,t)\,dt = \frac{t - T}{j\,\omega} \cos(j\,\omega\,t) - \frac{1}{j^2\,\omega^2} \sin(j\,\omega\,t)$$

bekommen wir:

$$b_j = \frac{T}{\pi\,j}\,.$$

Die n-te Teilsumme der Fourierreihe lautet damit:

$$S_f(t,n) = \sum_{j=1}^{n} \frac{T}{\pi\,j}\,\sin\left(j\,\frac{\pi}{T}\,t\right)\,.$$

Die Koeffizienten der Exponentialdarstellung ergeben sich aus den Umrechnungsformeln zu:

$$c_0 = 0\,,\quad c_j = -\frac{T}{\pi\,j}\,,\quad j \neq 0\,.$$

Die Größenordnung der Fourier-Koeffizienten beträgt $\frac{1}{j}$ und ihre Summe divergiert. Die Fourierreihe konvergiert punktweise und stellt mit Ausnahme der Sprungstellen die Funktionswerte dar.

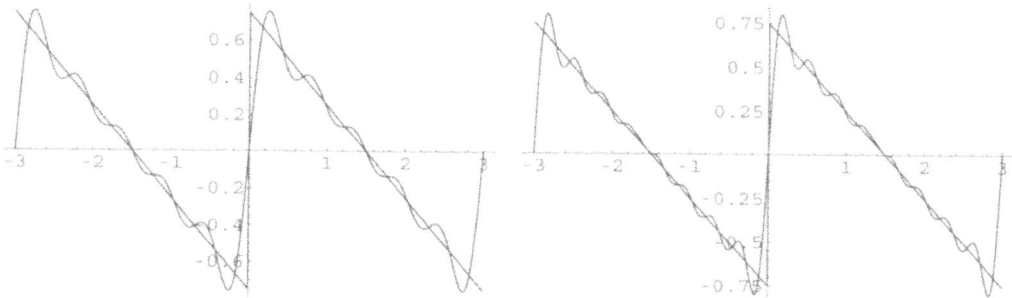

Bild 3.7: *Die Fortsetzung der Funktion $f(t)$, $T = \frac{3}{2}$, mit der dritten Teilsumme der Fourierreihe $S_f(t, 5)$ (links) und $S_f(t, 8)$ gezeichnet im Intervall $[-3, 3]$. Wieder tritt das Gibbssche Phänomen auf.*

Aufgabe 3.9: Fourier-Koeffizienten einer geraden Funktion berechnen

Man berechne die Fourier-Koeffizienten a_j, b_j der 2π-periodischen Funktion:

$$f(t) = |\sin(t)|\,.$$

Welche Fourier-Koeffizienten ergeben sich, wenn man f als π-periodische Funktion betrachtet?

Lösung

Wir haben eine gerade stetige Funktion und entwickeln in eine Cosinusreihe:

$$f(t) = \frac{a_0}{2} + \sum_{j=1}^{\infty} a_j\,\cos(j\,t)\,,\quad a_j = \frac{2}{\pi}\int_0^{\pi} \sin(t)\,\cos(j\,t)\,dt\,.$$

Für $j = 0$ bekommen wir $a_0 = \frac{2}{\pi}$ und $j \neq 1$ berechnen wir:

$$a_j = \frac{1}{\pi} \int_0^{\pi} \left(\sin((1 - j)\,t) + \sin((1 + j)\,t) \right) dt$$

$$= -\frac{1}{\pi} \left(\frac{\cos((1 - j)\,t)}{1 - j} + \frac{\cos((1 + j)\,t)}{1 + j} \right) \Bigg|_{t=0}^{t=\pi}$$

$$= \begin{cases} 0, & \text{falls } j \text{ ungerade,} \\[2ex] \frac{4}{(1-j^2)\,\pi}, & \text{falls } j \text{ gerade.} \end{cases}$$

Die Fourierreihe stellt in jedem Punkt die Funktion dar:

$$f(t) = \frac{2}{\pi} + \sum_{j=1}^{\infty} \frac{4}{(1 - 4\,j^2)\,\pi} \, \cos(2\,j\,t)\,.$$

Die Fouriereihe konvergiert gleichmäßig. Hieraus wird sofort klar, dass diese Reihe auch dann die Fourierreihe von f darstellt, wenn man f als π-periodische Funktion betrachtet.

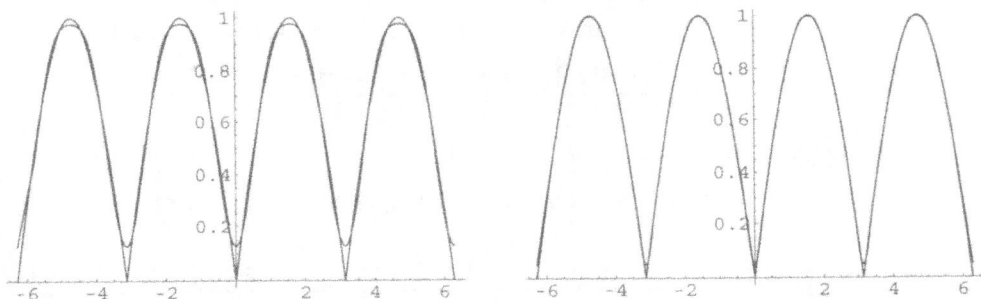

Bild 3.8: *Die Funktion $f(t) = |\sin(t)|$ und die Teilsumme ihrer Fourierreihe für $n = 2$ (links) bzw. $n = 6$ (rechts) gezeichnet im Intervall $[-2\pi, 2\pi]$. Die Funktion ist stetig und wird überall durch ihre Fourierreihe dargestellt.*

Wir können die Entwicklung von f als π-periodische Funktion aber auch direkt ausrechnen:

$$f(t) = \frac{a_0}{2} + \sum_{j=1}^{\infty} a_j \, \cos(2\,j\,t)\,, \quad a_j = \frac{4}{\pi} \int_0^{\frac{\pi}{2}} \sin(t) \, \cos(2\,j\,t)\,dt\,.$$

Da die Funktionen $\sin(t)$ und $\cos(2\,j\,t)$ symmetrisch zur Gerade $t = \frac{\pi}{2}$ ist, gilt:

$$a_j = \frac{4}{\pi} \int_0^{\frac{\pi}{2}} \sin(t) \, \cos(2\,j\,t)\,dt = \frac{2}{\pi} \int_0^{\pi} \sin(t) \, \cos(2\,j\,t)\,dt\,.$$

Mathematica

Man kann das Paket CalculusFourierTransform laden und FourierSeries oder FourierTrigSeries benutzen. Als Option muss dabei der linke Eckpunkt des Periodenintervalls und der Parameter $\frac{1}{T}$ eingegeben werden.

$$<< \textbf{Calculus'FourierTransform'}$$

FourierSeries$[t^2, t, 3,$

   FourierParameters $\rightarrow \{-\pi, 1/(2*\pi)\}]//$**Simplify**$//$**Expand**

$$-2e^{-It} - 2e^{It} + \tfrac{1}{2}e^{-2It}+$$

$$\tfrac{1}{2}e^{2It} - \tfrac{2}{9}e^{-3It} - \tfrac{2}{9}e^{3It} + \tfrac{\pi^2}{3}$$

$$<< \textbf{Calculus'FourierTransform'}$$

FourierTrigSeries$[\textbf{Abs}[\sin[t]], t, 7,$

   FourierParameters $\rightarrow \{0, 1/(2*\pi)\}]//$**Simplify**$//$**Expand**

$$\frac{2}{\pi} - \frac{4\cos[2t]}{3\pi} - \frac{4\cos[4t]}{15\pi} - \frac{4\cos[6t]}{35\pi}$$

FourierTrigSeries$[\textbf{Abs}[\sin[t]], t, 7,$

   FourierParameters $\rightarrow \{-\pi, 1/(2*\pi)\}]//$**Simplify**$//$**Expand**

$$\frac{2}{\pi} - \frac{4\cos[2t]}{3\pi} - \frac{4\cos[4t]}{15\pi} - \frac{4\cos[6t]}{35\pi}$$

FourierTrigSeries$[\textbf{Abs}[\sin[t]], t, 7,$

   FourierParameters $\rightarrow \{0, 1/\pi\}]//$**Simplify**$//$**Expand**

$$\frac{2}{\pi} - \frac{4\cos[2t]}{3\pi} - \frac{4\cos[4t]}{15\pi} - \frac{4\cos[6t]}{35\pi} - \frac{4\cos[8t]}{63\pi} - \frac{4\cos[10t]}{99\pi} - \frac{4\cos[12t]}{143\pi} - \frac{4\cos[14t]}{195\pi}$$

Aufgabe 3.10: Fourierreihe eines Dreieckimpulses

Gegeben sei die Funktion:

$$f(t) = \begin{cases} t & , & 0 \le t < \frac{T}{2} \\ T - t & , & \frac{T}{2} \le t \le T. \end{cases}$$

Man setze f T-periodisch fort und entwickle in eine Fourierreihe.

Lösung

Durch Fortsetzung von f entsteht eine gerade, T-periodische Funktion stetige $\tilde{f}$, die in eine Cosinusreihe entwickelt wird:

$$\tilde{f}(t) = \frac{a_0}{2} + \sum_{j=1}^{\infty} a_j \cos\left(j\frac{2\pi}{T}t\right).$$

Mit der Stammfunktion

$$\int t\cos(j\,\omega\,t)\,dt = \frac{\cos(j\,\omega\,t)}{j^2\,\omega^2} + \frac{t\,\sin(j\,\omega\,t)}{j\,\omega}$$

ergibt sich

$$a_j = \frac{4}{T} \int\limits_0^{\frac{T}{2}} t \cos\left(j\,\frac{2\,\pi}{T}\,t\right) dt = \begin{cases} \frac{T}{2}\,, & j = 0\,, \\[2mm] \frac{((-1)^j - 1)\,T}{j^2\,\pi^2}\,, & j > 0\,, \end{cases}$$

und die Fourierreihe:

$$\tilde{f}(t) = \frac{T}{4} - \frac{2\,T}{\pi^2} \sum_{j=0}^{\infty} \frac{1}{(2\,j+1)^2} \cos\left((2\,j+1)\,\frac{2\,\pi}{T}\,t\right)\,.$$

Die Fouriereihe konvergiert gleichmäßig.

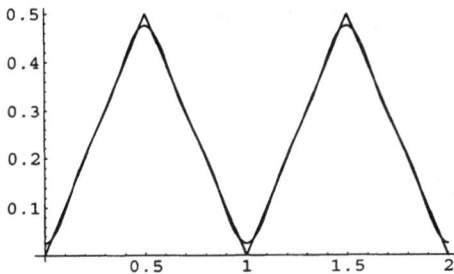

Bild 3.9: *Die Funktion $\tilde{f}$ und die Teilsumme der Fourierreihe von $\tilde{f}$ für $n = 3$ gezeichnet im Intervall $[0, T]$*

Aufgabe 3.11: Verschiedene Fourier-Entwicklungen vergleichen

Die Funktion f wird durch $2T$-periodische Fortsetzung von:

$$t \longrightarrow t^2\,, \quad -T \leq t \leq T\,,$$

auf ganz $\mathbb{R}$ erklärt. Man berechne ihre Fourier-Koeffizienten a_j, b_j und c_j.
Welche Fourierreihe ergibt sich, wenn man die Funktion g betrachtet, die durch T-periodische Fortsetzung von:

$$t \longrightarrow t^2\,, \quad 0 \leq t < T\,,$$

auf ganz $\mathbb{R}$ erklärt wird.

Lösung

Da $f(t)$ eine stetige gerade Funktion darstellt, wird f mit $\omega = \dfrac{2\pi}{2T} = \dfrac{\pi}{T}$ in eine Cosinusreihe entwickelt:

$$f(t) = \frac{a_0}{2} + \sum_{j=1}^{\infty} a_j \cos(j\,\omega\,t)\,, \quad a_j = \frac{2}{T} \int\limits_0^T t^2 \cos(j\,\omega\,t)\,dt\,.$$

Die Koeffizienten können mit der Stammfunktion

$$\int t^2 \cos(j\,\omega\,t)\,dt = \frac{2\,t}{j^2\,\omega^2} \cos(j\,\omega\,t) + \left(\frac{t^2}{j\,\omega} - \frac{2}{j^3\,\omega^3}\right) \sin(j\,\omega\,t)$$

sofort berechnet werden:

$$a_0 = \frac{2}{3} T^2,$$

$$a_j = (-1)^j \frac{T^2}{\pi^2} \frac{4}{j^2}, \quad j \geq 1.$$

Dies ergibt die Fourierreihe:

$$f(t) = \frac{1}{3} T^2 + \sum_{j=1}^{\infty} (-1)^j \frac{T^2}{\pi^2} \frac{4}{j^2} \cos\left(j \frac{\pi}{T} t\right).$$

In Exponentialdarstellung erhält man folgende Fourierkoeffizienten aus den Umrechnungsformeln:

$$c_0 = \frac{1}{3} T^2$$

$$c_j = (-1)^j \frac{T^2}{\pi^2} \frac{2}{j^2}, \quad j \neq 0.$$

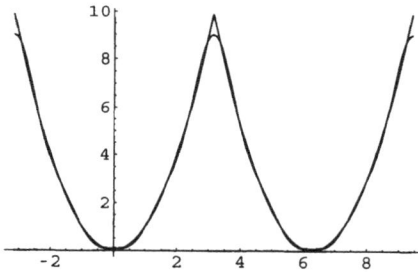

Bild 3.10: *Die Fortsetzung der Funktion $f(t) = t^2$, $-\pi \leq t \leq \pi$ und die Teilsummen ihrer Fourierreihe für $n = 4$ gezeichnet im Intervall $[-\pi, 3\pi]$*

Die Funktion g weist keine Symmetrie auf. Bei ganzzahligen Vielfachen $k\,T$ von T liegen Unstetigkeitsstellen vor und wir bekommen eine Entwicklung

$$f(t) \sim \frac{a_0}{2} + \sum_{j=1}^{\infty} \left((a_j \cos\left(j \frac{2\pi}{T} t\right) + b_j \sin\left(j \frac{2\pi}{T} t\right) \right)$$

mit

$$a_0 = \frac{2}{T} \int_0^T t^2 \, dt = \frac{2\,T^2}{3}$$

und für $j > 0$:

$$a_j = \frac{2}{T} \int_0^T t^2 \cos\left(j \frac{2\pi}{T} t\right) dt = \frac{T^2}{j^2 \pi^2}, \quad b_j = \frac{2}{T} \int_0^T t^2 \cos\left(j \frac{2\pi}{T} t\right) dt = -\frac{T^2}{j\,\pi}.$$

Die Entwicklung konvergiert wesentlich schlechter als im symmetrischen Fall.

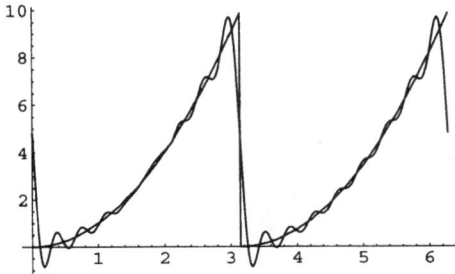

Bild 3.11: *Die Fortsetzung der Funktion* $g(t) = t^2$, $0 \le t < \pi$ *und die Teilsumme ihrer Fourierreihe für* $n = 8$ *gezeichnet im Intervall* $[0, 2\pi]$

Mathematica

$$\ll \text{Calculus'FourierTransform'}$$

FourierTrigSeries$[t^2, t, 7, \text{FourierParameters} \to \{-\pi, 1/2\pi\}]$**//Simplify//Expand**

$$\frac{\pi^2}{3} - 4\cos[t] + \cos[2t] - \tfrac{4}{9}\cos[3t] + \tfrac{1}{4}\cos[4t] - \tfrac{4}{25}\cos[5t] + \tfrac{1}{9}\cos[6t] - \tfrac{4}{49}\cos[7t]$$

Aufgabe 3.12: Fourierreihe und Darstellungssatz benutzen, Wert einer Reihe ermitteln

Man zeige mithilfe des Darstellungssatzes, dass gilt:

$$\sum_{j=1}^{\infty} \frac{(-1)^j}{j^2} = -\frac{\pi^2}{12}, \quad \sum_{j=1}^{\infty} \frac{1}{j^2} = \frac{\pi^2}{6}.$$

Hinweis: Man benutze die Fourierreihe der Funktion

$$f(t) = t^2, \quad -\pi \le t \le \pi,$$

und wende den Darstellungssatz an.

Lösung

Durch Fortsetzung der gegebenen Funktion f entsteht eine 2π-periodische stetige, stückweise glatte Funktion $\tilde{f}$ mit der Fourierreihe:

$$\tilde{f}(t) = \frac{\pi^2}{3} + \sum_{j=1}^{\infty} (-1)^j \frac{4}{j^2} \cos(jt).$$

Nach dem Darstellungssatz stimmt die Funktion f in jedem Punkt t mit ihrer Fourierreihe überein. Für $t = 0$ gilt damit:

$$0 = \frac{\pi^2}{3} + \sum_{j=1}^{\infty} (-1)^j \frac{4}{j^2}, \quad \text{bzw.} \quad \sum_{j=1}^{\infty} \frac{(-1)^j}{j^2} = -\frac{\pi^2}{12}.$$

Für $t = \pi$ gilt:

$$\pi^2 = \frac{\pi^2}{3} + \sum_{j=1}^{\infty} (-1)^j \frac{4}{j^2} (-1)^j = \frac{\pi^2}{3} + \sum_{j=1}^{\infty} \frac{4}{j^2},$$

also

$$\sum_{j=1}^{\infty} \frac{1}{j^2} = \frac{\pi^2}{6}.$$

Mathematica

$$\sum_{j=1}^{\infty} \frac{(-1)^j \, 4}{j^2}$$

$$-\frac{\pi^2}{3}$$

$$\sum_{j=1}^{\infty} \frac{4}{j^2}$$

$$\frac{2\pi^2}{3}$$

Maple

```
sum((-1)^j/j^2,j=1..infinity);
```

$$\sum_{j=1}^{\infty} \left(4 \frac{(-1)^j}{j^2}\right) = -\frac{1}{3}\pi^2$$

```
sum(1/j^2,j=1..infinity);
```

$$\sum_{j=1}^{\infty} \left(4 \frac{1}{j^2}\right) = \frac{2}{3}\pi^2$$

Die Herstellung der Fourier-Koeffizienten ist eine lineare Operation. Die Fourier-Koeffizienten einer Summe sind gleich der Summe der Fourier-Koeffizienten. Konstante Faktoren bleiben erhalten.

Linearität

Sei $f(t) \sim \displaystyle\sum_{j=-\infty}^{\infty} c_{j,f}\, e^{j\omega i t}$ und $g(t) \sim \displaystyle\sum_{j=-\infty}^{\infty} c_{j,g}\, e^{j\omega i t}$, dann gilt für beliebige $a, b \in \mathbb{C}$:

$$a\, f(t) + b\, g(t) \sim \sum_{j=-\infty}^{\infty} (a\, c_{j,f} + b\, c_{j,g})\, e^{j\omega i t},$$

Aufgabe 3.13: Fourierreihe des gleichgerichteten Sinus, Linearität verwenden

Gegeben sei die Funktion:

$$f(t) = \begin{cases} \sin(t) & , \quad 0 \le t \le \pi \\ 0 & , \quad \pi \le t \le 2\pi . \end{cases}$$

Man setze f 2π-periodisch fort und berechne die Fourier-Koeffizienten a_j und b_j.

Lösung

Die fortgesetzte Funktion $\tilde{f}$ kann wie folgt beschrieben werden:

$$\tilde{f}(t) = \frac{\sin(t) + |\sin(t)|}{2} .$$

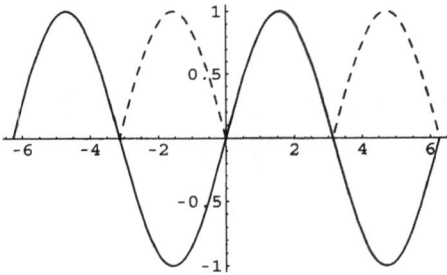

Bild 3.12: *Die Funktionen*
$f(t) = \sin(t)$ und
$f(t) = |\sin(t)|$ (gestrichelt) im
Intervall $-2\pi, 2\pi$]

Die Fourier-Koeffizienten von $f(t)$ können nun als Summe der Koefizienten von $\frac{1}{2}\sin(t)$ und $\frac{1}{2}|\sin(t)|$ berechnet werden:

$$\begin{aligned} \tilde{f}(t) &= \frac{1}{2}\sin(t) + \frac{1}{2}\left(\frac{2}{\pi} + \sum_{j=1}^{\infty} \frac{4}{(1-4j^2)\pi} \cos(2jt)\right) \\ &= \frac{1}{\pi} + \frac{1}{2}\sin(t) + \frac{2}{\pi} \sum_{j=1}^{\infty} \frac{1}{(1-4j^2)} \cos(2jt) . \end{aligned}$$

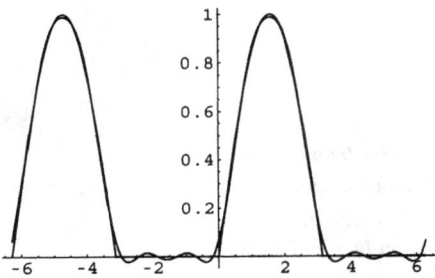

Bild 3.13: *Die 2π-periodische*
Funktion
$\tilde{f}(t) = \dfrac{\sin(t) + |\sin(t)|}{2}$
und die Teilsumme ihrer
Fourierreihe $S_f(n, 5)$
gezeichnet im Intervall
$[-2\pi, 2\pi]$

Aufgabe 3.14: Fourierreihe eines Rechteckimpulses, Linearität verwenden

Die Funktion:

$$f(t) = \begin{cases} 1 & , \quad 0 \le t \le \frac{1}{2} \\ -1 & , \quad \frac{1}{2} < t < 1 \, . \end{cases}$$

wird durch periodische Fortsetzung auf ganz $\mathbb{R}$ erklärt. Man berechne die Fourier-Koeffizienten a_j und b_j.

Lösung

Mit dem Impuls

$$g(t) = \begin{cases} 1 & , \quad 0 \le t \le \frac{1}{2} \\ 0 & , \quad \frac{1}{2} < t < 1 \, . \end{cases}$$

kann die Funktion f wie folgt beschrieben werden:

$$f(t) = 2\left(g(t) - \frac{1}{2}\right) = 2\,g(t) - 1\, .$$

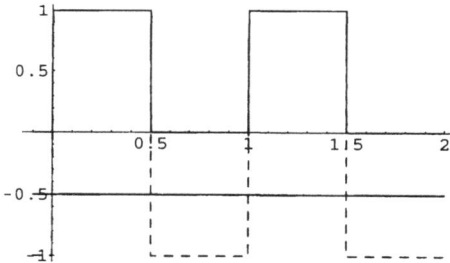

Bild 3.14: *Der Impuls* $g(t)$, *die Konstante* $-\dfrac{1}{2}$ *und der Impuls* $f(t)$ *(gestrichelt) im Intervall* $[0, 2]$

Die Fourier-Koeffizienten von $f(t)$ können nun als Summe der Koefizienten von $2f(t)$ und -1 berechnet werden:

$$\tilde{f}(t) \sim 2 \sum_{j=0}^{\infty} \frac{2}{(2\,j + 1)\,\pi} \, \sin((2\,j + 1)\,2\,\pi\,t)\, .$$

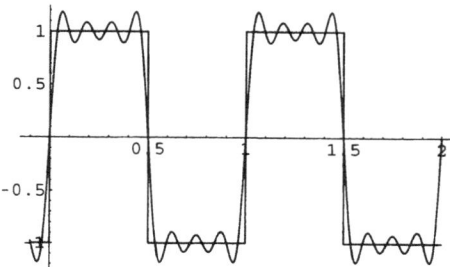

Bild 3.15: *Der Impuls* $f(t)$ *und die Teilsumme der Fourierreihe* $S_f(n, 5)$ *gezeichnet im Intervall* $[0, 2]$

Aufgabe 3.15: Konjugations- und Ähnlichkeitssatz nachweisen

Die T-periodische Funktion f besitze die Fourierreihe:

$$f(t) \sim \sum_{j=-\infty}^{\infty} c_j \, e^{j \, \omega \, i \, t} \, , \quad \omega = \frac{2\pi}{T} \, .$$

Bei der Konjugation geht man von der Funktion $f(t) = \Re(f(t)) + \Im(f(t))i$ zur konjugiert komplexen Funktion $\overline{f(t)} = \Re(f(t)) - \Im(f(t))i$ über. Man zeige:

$$\overline{f(t)} \sim \sum_{j=-\infty}^{\infty} \overline{c_{-j}} \, e^{j \, \omega \, i \, t} \, .$$

Sei $\lambda \neq 0$, dann ist $f(\lambda t)$ periodisch mit $\frac{T}{|\lambda|}$. Man zeige:

$$f(\lambda t) \sim \sum_{j=-\infty}^{\infty} c_j \, e^{j \, \lambda \, \omega \, i \, t} \, .$$

Lösung

Der Konjugationssatz ergibt sich sofort aus der Überlegung:

$$\int_0^T \overline{f(t)} \, e^{-i \, j \, \omega t} \, dt = \int_0^T \overline{f(t) \, e^{i \, j \, \omega t}} \, dt = \overline{\int_0^T f(t) \, e^{-i \, j \, \omega t} \, dt} \, .$$

Der Ähnlichkeitssatz ergibt sich durch Substitution:

$$\frac{1}{\frac{T}{|\lambda|}} \int_0^{\frac{T}{|\lambda|}} f(\lambda t) \, e^{-i \, j \, \lambda \, \omega t} \, dt = \frac{1}{T} \int_0^{\frac{T}{|\lambda|}} f(\lambda t) \, e^{-i \, j \, \lambda \, \omega t} \, |\lambda| \, dt = \frac{1}{T} \int_0^T f(t) \, e^{-i \, j \, \omega t} \, dt \, .$$

Im Fall $\lambda = -1$ bekommen wir die Funktion $f(-t)$ und sprechen von Zeitumkehr.

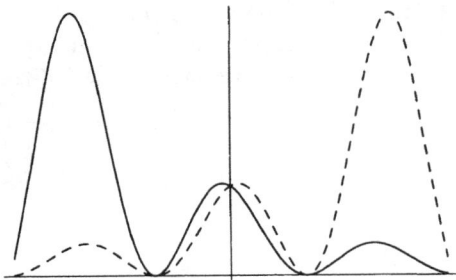

Bild 3.16: *Zeitumkehr einer Funktion (Spiegelung an der y-Achse)*

Aufgabe 3.16: Fourierreihe eines Rechteckimpulses, Ähnlichkeit verwenden

Die Funktion:

$$f(t) = \begin{cases} 1 & , \quad 0 \le t \le \frac{T}{2} \\ \\ 0 & , \quad \frac{T}{2} < t < T. \end{cases}$$

wird durch periodische Fortsetzung auf ganz $\mathbb{R}$ erklärt. Man berechne die Fourierreihe von f.

Lösung

Mit dem Impuls

$$g(t) = \begin{cases} 1 & , \quad 0 \le t \le \frac{1}{2} \\ \\ 0 & , \quad \frac{1}{2} < t < 1. \end{cases}$$

kann die Funktion f wie folgt beschrieben werden:

$$f(t) = g\left(\frac{1}{T} t\right).$$

Die Fourier-Entwicklung von $f(t)$ ergibt sich dann mit dem Ähnlichkeitssatz, $\lambda = \frac{1}{T}$:

$$\tilde{f}(t) \sim \frac{1}{2} + \sum_{j=0}^{\infty} \frac{2}{(2j+1)\pi} \sin\left((2j+1) 2 \frac{\pi}{T} t\right).$$

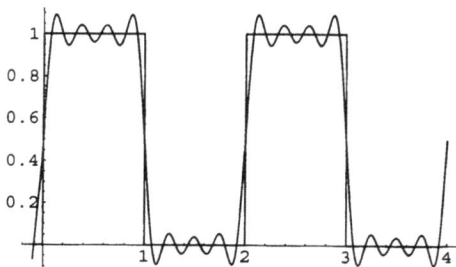

Bild 3.17: *Der Impuls $f(t)$ und die Teilsumme der Fourierreihe $S_f(n, 5)$ gezeichnet im Intervall $[0, 4]$, $T = 2$*

Verschiebt man die Funktion auf der Zeitachse, so werden die Fourier-Koeffizienten mit Exponentialfaktoren multipliziert. Multipliziert man die Funktion im Zeitbereich mit einem Exponentialfaktor, so erhält man eine Verschiebung im sogenannten Frequenzbereich. Die Indizes der Fourier-Koeffizienten werden verschoben.

Verschiebungssätze

Die Funktion f besitze die Fourierreihe:

$$f(t) \sim \sum_{j=-\infty}^{\infty} c_j e^{j\omega i t}, \quad \omega = \frac{2\pi}{T},$$

dann gilt für beliebiges $a \in \mathbb{R}$:

$$f(t+a) \sim \sum_{j=-\infty}^{\infty} e^{j\omega a i} c_j e^{j\omega i t}$$

(Verschiebung im Zeitbereich) und für beliebiges $k \in \mathbb{Z}$:

$$e^{k\omega i t} f(t) \sim \sum_{j=-\infty}^{\infty} c_{j-k} e^{j\omega i t} = \sum_{j=-\infty}^{\infty} c_j e^{(j+k)\omega i t}$$

(Verschiebung im Frequenzbereich).

Aufgabe 3.17: Verschiebungssatz nachweisen

Man zeige den Verschiebungssatz im Zeitbereich:

$$f(t+a) \sim \sum_{j=-\infty}^{\infty} e^{j\omega a i} c_j e^{j\omega i t}$$

und im Frequenzbereich

$$e^{k\omega i t} f(t) \sim \sum_{j=-\infty}^{\infty} c_{j-k} e^{j\omega i t} = \sum_{j=-\infty}^{\infty} c_j e^{(j+k)\omega i t}.$$

Lösung

Wir substituieren $\tau = t + a$ und nützen anschließend die T-Periodizität des Integranden aus:

$$\int_0^T f(t+a) e^{-j\omega t i} \, dt = \int_a^{T+a} f(\tau) e^{-j\omega(\tau-a) i} \, d\tau = e^{j\omega a i} \int_a^{T+a} f(t) e^{-ij\omega t} \, dt$$

$$= e^{j\omega a i} \int_0^T f(t) e^{-ij\omega t} \, dt.$$

Aus dem Darstellungssatz und der Entwicklung

$$f(t) \sim \sum_{j=-\infty}^{\infty} c_j e^{j\omega i t}$$

folgt durch Multiplikation:

$$e^{k\omega i t} f(t) \sim \sum_{j=-\infty}^{\infty} c_j \, e^{(j+k)\omega i t} = \sum_{j=-\infty}^{\infty} c_{j-k} \, e^{j\omega i t} \, .$$

Aufgabe 3.18: Fourierreihe eines Rechteckimpulses, Verschiebung im Zeitbereich

Die Funktion:

$$f(t) = \begin{cases} 0 & , \quad 0 \le t \le \frac{1}{2} \\ 1 & , \quad \frac{1}{2} < t < 1 \, . \end{cases}$$

wird durch periodische Fortsetzung auf ganz $\mathbb{R}$ erklärt. Man berechne die Fourierreihe von f.

Lösung

Mit dem Impuls

$$g(t) = \begin{cases} 1 & , \quad 0 \le t \le \frac{1}{2} \\ 0 & , \quad \frac{1}{2} < t < 1 \, . \end{cases}$$

kann die Funktion f wie folgt beschrieben werden:

$$f(t) = g\left(t - \frac{1}{2}\right) \, .$$

Die Fourier-Entwicklung von $f(t)$ ergibt sich dann mit dem Verschiebungssatz $a = -\dfrac{1}{2}$
und den Koeffizienten :

$$c_0 = \frac{1}{2}, \quad c_j = \frac{1}{2\pi j} \left((-1)^j - 1\right) i \, , \quad j \ne 0$$

des Impulses g:

$$\tilde{f}(t) \sim \sum_{j=-\infty}^{\infty} e^{-j 2\pi \frac{1}{2} i} c_j \, e^{j 2\pi i t} = \sum_{j=-\infty}^{\infty} (-1)^j c_j \, e^{j 2\pi i t}$$

$$= \frac{1}{2} - \sum_{j=0}^{\infty} \frac{2}{(2j+1)\pi} \sin\left((2j+1) 2 \frac{\pi}{T} t\right) \, .$$

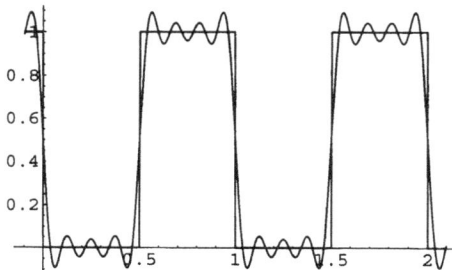

Bild 3.18: *Der Impuls $f(t)$ und die Teilsumme der Fourierreihe $S_f(n, 5)$ gezeichnet im Intervall $[0, 2]$*

Aufgabe 3.19: Gleichgerichteter Sinus, Verschiebung im Frequenzbereich anwenden

Gegeben sei die Funktion:

$$f(t) = \begin{cases} \sin(t) & , \quad 0 \le t \le \pi \\ 0 & , \quad \pi \le t \le 2\pi . \end{cases}$$

Man setze f 2π-periodisch fort und berechne die Fourier-Koeffizienten a_j und b_j.
Man gehe von der Funktion aus:

$$g(t) = \begin{cases} 1 & , \quad 0 \le t \le \pi \\ 0 & , \quad \pi \le t < 2\pi . \end{cases}$$

Lösung

Setzt man f mit der Periode 2π fort, so entsteht eine Funktion mit der Fourierreihe:

$$g(t) \sim \frac{1}{2} + \sum_{j=0}^{\infty} \frac{2}{(2j+1)\pi} \sin((2j+1)t) .$$

Der gleichgerichtete Sinus kann dann als Produkt $f(t) = \sin(t)\, g(t)$ dargestellt werden. Mulipliziert man die Fourierreihe von $g(t)$ mit e^{it}, so ergibt sich:

$$\begin{aligned} e^{it}\, g(t) \quad &= \quad \cos(t)\, g(t) + \sin(t)\, g(t)\, i \\ &\sim \quad \left(\frac{1}{2} + \sum_{j=0}^{\infty} \frac{2}{(2j+1)\pi} \sin((2j+1)t) \right) e^{it} \\ &= \quad \frac{1}{2} \cos(t) + \sum_{j=0}^{\infty} \frac{2}{(2j+1)\pi} \cos(t) \sin((2j+1)t) \\ &\quad + \left(\frac{1}{2} \sin(t) + \sum_{j=0}^{\infty} \frac{2}{(2j+1)\pi} \sin(t) \sin((2j+1)t) \right) i . \end{aligned}$$

Durch trigonometrische Umformungen bekommen wir:

$$\begin{aligned} \cos(t)\, &g(t) + \sin(t)\, g(t)\, i \\ &\sim \quad \frac{1}{2} \cos(t) + \sum_{j=0}^{\infty} \frac{1}{(2j+1)\pi} \left(\sin((2j+2)t) + \sin(2jt) \right) \\ &\quad + \left(\frac{1}{2} \sin(t) + \sum_{j=0}^{\infty} \frac{1}{(2j+1)\pi} \left(\cos(2jt) - \cos((2j+2)t) \right) \right) i . \end{aligned}$$

Schließlich entnehmen wir daraus die Fourierreihen:

$$\cos(t)\,g(t) \quad \sim \quad \frac{1}{2}\cos(t) + \sum_{j=0}^{\infty} \frac{1}{(2j+1)\pi} \left(\sin((2j+2)t) + \sin(2jt) \right)$$

$$= \quad \frac{1}{2}\cos(t) + \frac{1}{\pi} \sum_{j=1}^{\infty} \left(\frac{1}{(2j+1)} + \frac{1}{(2(j-1)+1)} \right) \sin(2jt)$$

$$= \quad \frac{1}{2}\cos(t) + \frac{1}{\pi} \sum_{j=1}^{\infty} \frac{4j}{4j^2-1} \sin(2jt)$$

und

$$\sin(t)\,g(t) \quad \sim \quad \frac{1}{2}\sin(t) + \sum_{j=0}^{\infty} \frac{1}{(2j+1)\pi} \left(\cos(2jt) - \cos((2j+2)t) \right)$$

$$= \quad \frac{1}{\pi} + \frac{1}{2}\sin(t) + \frac{1}{\pi} \sum_{j=1}^{\infty} \left(\frac{1}{(2j+1)} - \frac{1}{(2(j-1)+1)} \right) \cos(2jt)$$

$$= \quad \frac{1}{\pi} + \frac{1}{2}\sin(t) + \frac{1}{\pi} \sum_{j=1}^{\infty} \left(\frac{2}{1-4j^2} \right) \cos(2jt)\,.$$

Wir haben also nicht nur die Entwicklung des gleichgerichteten Sinus sondern auch noch die Entwicklung von $\cos(t)g(t)$ bekommen.

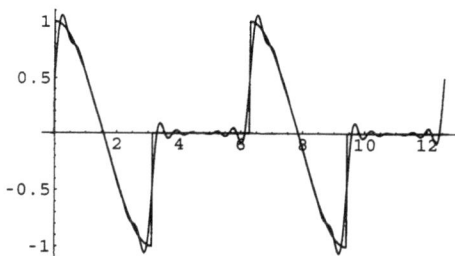

Bild 3.19: *Die Funktion* $\cos(t)g(t)$ *und die Teilsumme der Fourierreihe* $S_f(n,5)$ *gezeichnet im Intervall* $[0, 4\,pi]$

Mit dem Differenziationssatz können die Fourier-Koeffizienten der Ableitung aus den Koeffizienten der Funktion berechnet werden.

Differenziationssatz

Ist die T-periodische Funktion f stetig und auf $[0, T]$ stückweise glatt mit der Fourierreihe:

$$f(t) \sim \sum_{j=-\infty}^{\infty} c_j \, e^{j \omega i t} = f(t) \sim \frac{a_0}{2} + \sum_{j=1}^{\infty} (a_j \, \cos(j \, \omega t) + b_j \, \sin(j \, \omega t)), \quad \omega = \frac{2\pi}{T},$$

dann besitzt die Ableitungsfunktion f' die Fourierreihe:

$$f'(t) \sim \sum_{j=-\infty}^{\infty} j \omega i \, c_j \, e^{j \omega i t} = \sum_{j=1}^{\infty} j \omega \, (b_j \, \cos(j \, \omega t) - a_j \, \sin(j \, \omega t)).$$

Aufgabe 3.20: Differenziationssatz für stückweise glatte Funktionen nachweisen

Die T-periodische Funktion f sei auf $[0, T]$ stückweise glatt mit der Fourierreihe:

$$f(t) \sim \sum_{j=-\infty}^{\infty} c_j \, e^{j \omega i t}, \quad \omega = \frac{2\pi}{T}.$$

Für die Fourier-Koeffizienten c'_j der Ableitung $f'(t)$ zeige man:

$$c'_j = j \omega i \, c_j - \frac{1}{T} \sum_{k=1}^{n} (f(t_k^+) - f(t_k^-)) \, e^{-j \omega t_k i}.$$

Dabei sind t_k die Unstetigkeitsstellen von $f(t)$.

Lösung

Wir nehmen an, dass f folgende Unstetigkeitstelle $0 < t_1 < T$ besitzt. Für $j = 0$ rechnet man mit dem Hauptsatz nach:

$$\begin{aligned}
c'_0 &= \frac{1}{T} \int_0^T f'(t) \, dt = \frac{1}{T} \, (f(t_1^-) - f(0) + f(T) - f(t_1^+)) \\
&= -\frac{1}{T} \, (f(t_1^+) - f(t_1^-)).
\end{aligned}$$

In zwei Teilintervallen kann partielle Integration angewendet werden für $j \neq 0$:

$$
c_j = \frac{1}{T} \int_0^T e^{-j\omega i t} f(t)\, dt
$$

$$
= \frac{1}{T} \left(\int_0^{t_1} e^{-j\omega i t} f(t)\, dt + \int_{t_1}^T e^{-j\omega i t} f(t)\, dt \right)
$$

$$
= -\frac{1}{j\omega i T} \left(e^{-j\omega i t} f(t) \Big|_0^{t_1} + e^{-j\omega i t} f(t) \Big|_{t_1}^T \right)
$$

$$
+ \frac{1}{j\omega i T} \left(\int_0^{t_1} e^{-j\omega i t} f'(t)\, dt + \int_{t_1}^T e^{-j\omega i t} f'(t)\, dt \right)
$$

$$
= -\frac{1}{j\omega i T} (f(t_1^-) - f(t_1^+))\, e^{-j\omega t_1 i} + \frac{1}{j\omega i}\, c_j' .
$$

Insgesamt entnimmt man:

$$
c_j' = j\omega i\, c_j - \frac{1}{T} (f(t_1^+) - f(t_1^-))\, e^{-j\omega t_1 i} .
$$

Im Fall von n Unstetigkeitstellen $0 \le t_0 < t_1 < \ldots < t_n \le T$ geht man analog vor.

Mit wachsendem Index j streben die Fourier-Koeffizienten einer stückweise glatten Funktionen gegen Null. Ist die Funktion mehrmals differenzierbar (und die höchste Ableitung stückweise glatt), konvergieren die Fourier-Koeffizienten schneller gegen Null.

Größenordnung der Fourier-Koeffizienten

Ist f k-mal differenzierbar und $f^{(k)}$ auf $[0, T]$ stückweise glatt, so gibt es eine Konstante M mit:

$$
|c_j| < \frac{M}{|j|^{k+1}}, \quad j = \pm 1, \pm 2, \ldots ,
$$

bzw.

$$
|a_j| < \frac{M}{|j|^{k+1}}, \quad \text{und} \quad |b_j| < \frac{M}{|j|^{k+1}}, \quad j = 1, 2, \ldots .
$$

Aufgabe 3.21: Differenziationssatz anwenden

Die Funktion

$$
f(t) = t, \quad -T < t \le T,
$$

wird durch direkte periodische Fortsetzung auf ganz $\mathbb{R}$ erklärt. Man berechne ihre Fourierreihe.

Lösung

Wir betrachten die Funktion:

$$g(t) = t^2, \quad -\pi \leq t \leq \pi,$$

und setzen diese wieder direkt auf $\mathbb{R}$ fort. Dadurch entsteht eine 2π-periodische Funktion, die auf ganz $\mathbb{R}$ stetig und auf dem Periodenintervall $[0, 2\pi]$ stückweise glatt ist. Damit können wir den Differenziationssatz und de Beziehung

$$g'(t) = \frac{1}{2} f(t)$$

anwenden. Die Funktion g besitzt die Fourierreihe:

$$g(t) = \frac{1}{3} T^2 + \sum_{j=1}^{\infty} (-1)^j \frac{T^2}{\pi^2} \frac{4}{j^2} \cos\left(j \frac{\pi}{T} t\right).$$

Hieraus bekommen wir die Fourierreihe von f:

$$f(t) \sim -\sum_{j=1}^{\infty} (-1)^j \frac{2}{j} \sin(j t).$$

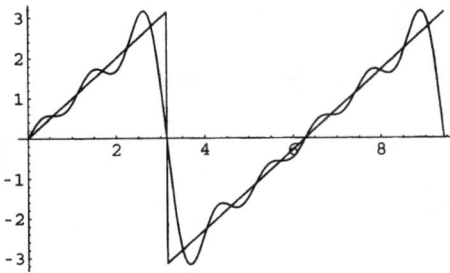

Bild 3.20: *Die Funktion* $f(t) = t, \quad 0 < t \leq 2\pi$, *mit der Teilsumme* $S_f(t, 4)$ *der Fourierreihe gezeichnet im Intervall* $[0, 2\pi]$

Sind f und g stückweise stetige, T-periodische Funktionen, so stellt ihre periodische Faltung wieder eine T-periodische Funktion dar. Die Faltungsoperation beseitigt Unstetigkeitsstellen.

Periodische Faltung

Die periodische Faltung zweier stückweise stetigen, T-periodischen Funktionen wird erklärt durch:

$$(f * g)(t) = \frac{1}{T} \int_0^T f(\tau) g(t - \tau) \, d\tau.$$

Die Reihenfolge spielt keine Rolle bei der Faltung: $(f * g)(t) = (g * f)(t)$.
Die periodische Faltung liefert eine stetige Funktion.

Aufgabe 3.22: Eigenschaft der periodischen Faltung nachweisen

Seien f und g stückweise stetig und T-periodisch.
Man zeige folgende Eigenschaften der Faltung. Die Faltung ist T-periodisch und unabhängig von der Reihenfolge.
Ist f gerade und g ungerade, dann ist die periodische Faltung $f * g$ ungerade. Sind f und g beide gerade (ungerade), dann ist die periodische Faltung $f * g$ gerade.

Lösung

Mit der Periodizität von g folgt:

$$(f * g)(t + T) = \frac{1}{T} \int_0^T f(\tau)\, g(t + T - \tau)\, d\tau = \frac{1}{T} \int_0^T f(\tau)\, g(t - \tau)\, d\tau \,.$$

Durch Substitution und Ausnützen der Periodizität ergibt sich:

$$
\begin{aligned}
(f * g)(t) &= \frac{1}{T} \int_0^T f(\tau)\, g(t - \tau)\, d\tau = -\frac{1}{T} \int_t^{t-T} f(t - \sigma)\, g(\sigma)\, d\sigma \\
&= \frac{1}{T} \int_0^T g(\sigma)\, f(t - \sigma)\, d\sigma \\
&= (g * f)(t)\,.
\end{aligned}
$$

Wir greifen einen Fall heraus, und nehmen an, dass f gerade und g ungerade ist. Für die periodische Faltung ergibt sich dann,

$$
\begin{aligned}
(f * g)(t) &= \frac{1}{T} \int_0^T f(\tau)\, g(t - \tau)\, d\tau = -\frac{1}{T} \int_0^T f(-\tau)\, g(-t + \tau)\, d\tau \\
&= -\frac{1}{T} \int_0^{-T} f(s)\, g(-t - s)\, (-1)\, ds = -\frac{1}{T} \int_{-T}^0 f(s)\, g(-t - s)\, ds \\
&= -\frac{1}{T} \int_0^T f(\tau)\, g(-t - \tau)\, d\tau \\
&= -(f * g)(-t)\,.
\end{aligned}
$$

Die Fourier-Koeffizienten der Faltung ergeben sich nun als Produkt der Fourier-Koeffizienten der beteiligten Funktionen.

Faltungssatz

Seien f und g stückweise stetige, T-periodische Funktionen mit den Fourierreihen:

$$f(t) \sim \sum_{j=-\infty}^{\infty} c_{j,f} \, e^{j\omega i t}, \quad g(t) \sim \sum_{j=-\infty}^{\infty} c_{j,g} \, e^{j\omega i t} .$$

Dann besitzt ihre Faltung $f * g$ die Fourierreihe: $(f * g)(t) \sim \sum_{j=-\infty}^{\infty} c_{j,f} \, c_{j,g} \, e^{j\omega i t}$.

Aufgabe 3.23: Faltungssatz nachweisen

Man zeige den Faltungssatz:

$$(f * g)(t) \sim \sum_{j=-\infty}^{\infty} c_{j,f} \, c_{j,g} \, e^{j\omega i t}$$

durch Vertauschen der Integrationsreihenfolge und Substitution.

Lösung

Unter Berücksichtigung der Periodizität bekommen wir:

$$\frac{1}{T} \int_0^T (f * g)(t) \, e^{-j\omega i t} \, dt = \frac{1}{T^2} \int_0^T \int_0^T f(\tau) \, g(t - \tau) \, e^{-j\omega i t} \, d\tau \, dt$$

$$= \frac{1}{T^2} \int_0^T \int_0^T f(\tau) \, g(t - \tau) \, e^{-j\omega i t} \, dt \, d\tau$$

$$= \frac{1}{T^2} \int_0^T \int_\tau^{T+\tau} f(\tau) \, g(\sigma) \, e^{-j\omega i (\sigma + \tau)} \, d\sigma \, d\tau$$

$$= \frac{1}{T^2} \int_0^T \int_0^T f(\tau) \, g(\sigma) \, e^{-j\omega i (\sigma + \tau)} \, d\sigma \, d\tau$$

$$= \frac{1}{T} \int_0^T f(\tau) \, e^{-j\omega i \tau} \, d\tau \, \frac{1}{T} \int_0^T g(\sigma) \, e^{-j\omega i \sigma} \, d\sigma .$$

Aufgabe 3.24: Faltungssatz anwenden

Durch Fortsetzung der Funktionen

$$t \longrightarrow t^2 , \quad -T \leq t \leq T ,$$

und

$$t \longrightarrow \frac{1}{2}(T - t) , \quad 0 \leq t < 2T ,$$

entsteht jeweils eine $2T$-periodische Funktion f bzw. g. Man berechne die Faltung $f * g$ und gebe ihre Fourierreihe an.

Lösung

Wegen der Periodizität können wir zunächst schreiben:

$$(f * g)(t) = \frac{1}{2T} \int_0^{2T} f(\tau) \, g(t - \tau) \, d\tau = \frac{1}{2T} \int_{-T}^{T} f(\tau) \, g(t - \tau) \, d\tau .$$

Ferner genügt es, die Faltung für $-T \leq t < T$ zu berechnen. Wir unterscheiden im Faltungsintegral die Fälle $t - \tau \geq 0$ und $t - \tau < 0$. Durch Fortsetzung ergibt sich:

$$f(t) = \frac{1}{2}(-T - t) , \quad -T < t < 0 .$$

Damit bekommen wir für die Faltung:

$$
\begin{aligned}
(f * g)(t) &= \frac{1}{2T} \int_{-T}^{T} f(\tau) \, f(t - \tau) \, d\tau \\
&= \frac{1}{4T} \int_{-T}^{t} \tau^2 \, (T - t + \tau) \, d\tau + \frac{1}{4T} \int_{t}^{T} \tau^2 \, (-T - t + \tau) \, d\tau \\
&= \frac{1}{6} t^3 - \frac{T^2}{6} t .
\end{aligned}
$$

Die Faltung ergibt sich nun durch periodische Fortsetzung. Wegen $(f * g)(-T) = (f * g)(T)$ ist die Faltung stetig Funktion auf $\mathbb{R}$.

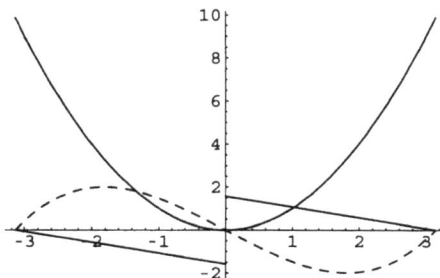

Bild 3.21: *Die Funktionen $f(t)$ und $g(t)$, $T = \pi$, mit der Faltung $f * g$ (gestrichelt) gezeichnet im Intervall $[-\pi, \pi]$*

Zur Anwendung des Faltungssatzes schreiben wir die Fourierreihen zunächst in exponentieller Form:

$$f(t) = \frac{T^2}{3} + \sum_{j \neq 0} (-1)^j \frac{T^2}{\pi^2 \, j^2} \, e^{j \frac{\pi}{T} i \, t} \quad \text{und} \quad g(t) \sim -i \sum_{j \neq 0} \frac{T}{\pi \, j} \, e^{j \frac{\pi}{T} i \, t} \, .$$

Hiermit liefert der Faltungssatz:

$$(f * g)(t) = -i \sum_{j \neq 0} (-1)^j \frac{T^3}{\pi^3 \, j^3} \, e^{j \frac{\pi}{T} i \, t}$$

bzw.

$$(f * g)(t) = \sum_{j=1}^{\infty} (-1)^j \frac{2 \, T^3}{\pi^3 \, j^3} \, \sin\left(j \frac{T}{\pi} t \right) \, .$$

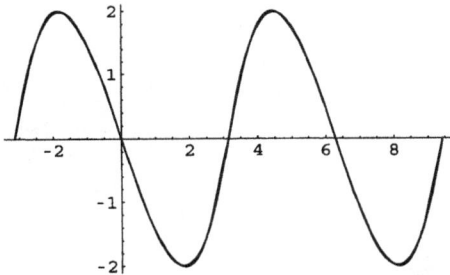

Bild 3.22: *Die Faltung* $f * g(t)$, $T = \pi$, *mit der Teilsumme ihrer Fourierreihe* $S_{f*g}(t, 3)$ *gezeichnet im Intervall* $[-\pi, 3\pi]$

Die Parsevalsche Gleichung besagt, dass die Summe der Beträge der Fourier-Koeffizienten (in Exponential-Darstellung) gleich dem durch die Intervalllänge dividierten Integral über das Quadrat der Funktion ist.

Parsevalsche Gleichung

Sei f eine stückweise glatte und T-periodische Funktion, dann gilt:

$$\sum_{j=-\infty}^{\infty} |c_j|^2 = \frac{|a_0|^2}{4} + \frac{1}{2} \sum_{j=1}^{\infty} (|a_j|^2 + |b_j|^2) = \frac{1}{T} \int_0^T |f(t)|^2 \, dt \, .$$

Aufgabe 3.25: Parsevalsche Gleichung für stetige Funktionen

Sei f eine stetige, stückweise glatte, T-periodische Funktion. Die Reihe der Fourier-Koeffizienten von f konvergiere absolut: $\displaystyle\sum_{j=-\infty}^{\infty} |c_j| < \infty$. Durch Vertauschen von Integration und Summation zeige man:

$$\frac{1}{T} \int_0^T |f(t)|^2 \, dt = \sum_{j=-\infty}^{\infty} |c_j|^2 \, .$$

Lösung

Die Fourierreihe konvergiert in diesem Fall nicht nur punktweise sondern auch gleichmäßig gegen die Funktion, und wir können Integration und Summation vertauschen:

$$
\frac{1}{T} \int_0^T |f(t)|^2 \, dt = \frac{1}{T} \int_0^T f(t) \, \overline{f(t)} \, dt
$$

$$
= \frac{1}{T} \int_0^T f(t) \, \overline{\sum_{j=-\infty}^{\infty} c_j \, e^{j\omega t i}} \, dt = \frac{1}{T} \int_0^T f(t) \, \sum_{j=-\infty}^{\infty} \overline{c_j} \, e^{-j\omega t i} \, dt
$$

$$
= \sum_{j=-\infty}^{\infty} \overline{c_j} \left(\frac{1}{T} \int_0^T f(t) \, e^{-j\omega t i} \, dt \right)
$$

$$
= \sum_{j=-\infty}^{\infty} \overline{c_j} \, c_j = \sum_{j=-\infty}^{\infty} |c_j|^2 .
$$

3.2   Fouriertransformation

Wir legen im Folgenden stückweise glatte Funktionen zugrunde, die auf ganz $\mathbb{R}$ erklärt sind. Zusätzlich wird die absolut Integrierbarkeit gefordert. Die Funktionen sind im Allgemeinen komplexwertig. Der reellwertige Spezialfall spielt jedoch eine wichtige Rolle.

Auf $\mathbb{R}$ stückweise glatte und absolut integrierbare Funktion

Sei $f : \mathbb{R} \to \mathbb{C}$ eine auf der reellen Achse (Zeitachse) erklärte, komplexwertige Funktion. Die Funktion f ist stückweise glatt, wenn die Einschränkung von f auf ein beliebiges kompaktes Teilintervall von $\mathbb{R}$ stückweise glatt ist. Die stückweise glatte Funktion $f : \mathbb{R} \longrightarrow \mathbb{C}$ heißt auf $\mathbb{R}$ absolut integrierbar, wenn das uneigentliche Integral existiert:

$$
\int_{-\infty}^{\infty} |f(t)| \, dt < \infty.
$$

Wir übertragen die Theorie der Fourierreihen auf nicht periodische Funktionen, indem wir von diskreten zu kontinuierlichen Frequenzen übergehen. Die absolute Integrierbarkeit der Funktion garantiert die Existenz des Fourierintegrals.

Fouriertransformierte

Sei $f : \mathbb{R} \to \mathbb{C}$ auf $\mathbb{R}$ stückweise glatt und absolut integrierbar. Durch das Fourierintegral:

$$F(\omega) = \frac{1}{2\pi} \int\limits_{-\infty}^{\infty} f(t) e^{-\omega i\, t}\, dt$$

wird die Fouriertransformierte von f erklärt. Die Fouriertransformierte $F : \mathbb{R} \to \mathbb{C}$ bildet die reelle Achse (Frequenzachse) in die komplexen Zahlen ab. Die Fouriertransformation operiert auf Zeitfunktionen und ordnet einer Originalfunktion $f(t)$ die Bildfunktion $F(\omega)$ zu:

$$f(t) \longrightarrow \mathcal{F}(f(t))(\omega) = F(\omega).$$

Aufgabe 3.26: Reellwertige Fouriertransformierte berechnen

Man berechne die Fouriertransformierte der Funktion:

$$f(t) = e^{-|t|}.$$

Lösung

Die Funktion ist stetig, besitzt aber zur Zeit $t = 0$ eine Sprungstelle in der Ableitung. Damit ist die Funktion stückweise glatt. Die absolute Integrierbarkeit sieht man so:

$$\int\limits_{-\infty}^{\infty} e^{-|t|}\, dt = \int\limits_{-\infty}^{0} e^{t}\, dt + \int\limits_{0}^{\infty} e^{-t}\, dt$$

$$= e^{t}\big|_{t=-\infty}^{t=0} - e^{-t}\big|_{t=0}^{t=\infty} = 2.$$

Wir schreiben zuerst nach Definition des Fourierintegrals:

$$F(\omega) = \frac{1}{2\pi} \int\limits_{-\infty}^{\infty} e^{-|t|} e^{-\omega i\, t}\, dt$$

$$= \frac{1}{2\pi} \int\limits_{-\infty}^{0} e^{(1-\omega i)t}\, dt + \frac{1}{2\pi} \int\limits_{0}^{\infty} e^{-(1+\omega i)t}\, dt.$$

Eine komplexwertige Funktion kann man wieder integrieren, indem man Realteil und Imaginärteil (als reellwertige Funktionen) integriert. Oft wird dies wesentlich einfacher, wenn man wie im reellen Fall eine Stammfunktionen verwendet. Bei komplexer Konstante $c \neq 0$ und reeller Variable t gilt:

$$\frac{d}{dt} \frac{e^{ct}}{c} = e^{ct}.$$

Damit erhalten wir:

$$
\begin{aligned}
F(\omega) \quad &= \quad \frac{1}{2\pi} \left.\frac{e^{(1-\omega i)t}}{1-\omega i}\right|_{t=-\infty}^{t=0} \quad - \quad \frac{1}{2\pi} \left.\frac{e^{-(1+\omega i)t}}{1+\omega i}\right|_{t=0}^{t=\infty} \\[2mm]
&= \quad \frac{1}{2\pi}\frac{1}{1-\omega i} + \frac{1}{2\pi}\frac{1}{1+\omega i} \\[2mm]
&= \quad \frac{1}{\pi}\frac{1}{1+\omega^2}\,.
\end{aligned}
$$

(Keiner der auftretenden Nenner verschwindet).

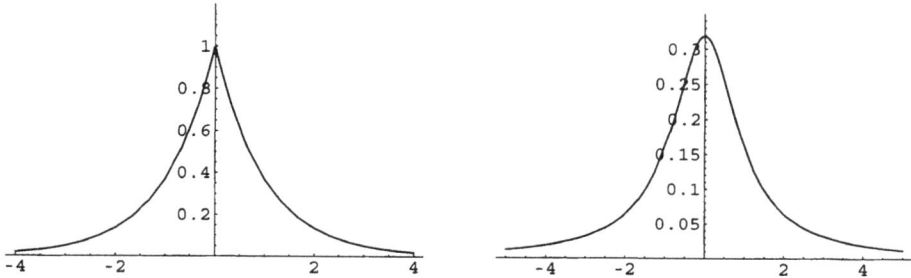

Bild 3.23: *Die Funktion $f(t) = e^{-|t|}$ (links) und ihre Fouriertransformierte (rechts). Die Originalfunktion besitzt bei $t = 0$ eine Sprungstelle in der Ableitung. Die Fouriertransformierte ist glatt.*

Mathematica

Nachdem das Paket CalculusFourierTransform geladen ist, kann die Fouriertransformierte mit dem Befehl FourierTransform berechnet werden. Neben der Funktion muss die Zeit- und die Frequenzvariable angegeben werden. Ausserdem muss man die Option

```
FourierParameters -> {-1, -1}}
```

wählen.

$$
\frac{\textbf{Integrate}\left[e^{-\textbf{Abs}[t]}\,e^{-\omega\,I\,t},\,\{t,\,-\infty,\,\infty\}\right]}{2\,\pi}
$$

$$
\frac{\textbf{If}\left[\textbf{Im}[\omega] == 0,\,\frac{2}{1+\omega^2},\,\int_{-\infty}^{\infty} e^{-I\,t\,\omega-\textbf{Abs}[t]}dt\right]}{2\,\pi}
$$

$$
<<\ \textbf{Calculus`FourierTransform`}
$$

$$
\textbf{FourierTransform}\left[e^{-\textbf{Abs}[t]},\,t,\,\omega,\,\textbf{FourierParameters}\to\{-1,-1\}\right]
$$

$$
\frac{1}{\pi\,(1+\omega^2)}
$$

Maple

Man lädt zunächst das Paket Inttrans und berechnet die Fouriertransformierte mit dem Befehl Fourier. Neben der Funktion muss die Zeit- und die Frequenzvariable angegeben werden. Den Faktor $\dfrac{1}{2\pi}$ muss man selbst hinzufügen.

```
(1/(2*Pi))*int(exp(-abs(t))*exp(-omega*I*t),t=-infinity..infinity);
```

$$\frac{1}{2}\frac{\displaystyle\int_{-\infty}^{\infty} e^{(-|t|)}\, e^{(-I\,\omega\,t)}\, dt}{\pi} = -\frac{1}{\pi\,(I\,\omega - 1)\,(1 + I\,\omega)}$$

```
with(inttrans):
```

```
(1/(2*Pi))*fourier(exp(-abs(t)),t,omega);
```

$$\frac{1}{\pi\,(\omega^2 + 1)}$$

Aufgabe 3.27: Komplexwertige Fouriertransformierte berechnen

Man berechne die Fouriertransformierte der Funktion:

$$f(t) = \begin{cases} e^{-t} & ,\quad t \geq 0, \\ 0 & ,\quad t < 0. \end{cases}$$

Lösung

Wiederum sind die Voraussetzungen an die Zeitfunktion erfüllt. Sie besitzt bei $t = 0$ eine Sprungstelle. Wir bekommen die folgende komplexwertige Fouriertransformierte:

$$\begin{aligned}
F(\omega) &= \frac{1}{2\pi}\int_{-\infty}^{\infty} f(t)\, e^{-\omega i\, t}\, dt = \frac{1}{2\pi}\int_{0}^{\infty} e^{-(1+\omega i)\, t}\, dt \\[2mm]
&= \frac{1}{2\pi}\left(-\frac{e^{-(1+\omega i)\, t}}{(1+\omega i)}\right)\Bigg|_{t=0}^{t=\infty} \\[2mm]
&= \frac{1}{2\pi\,(1+\omega i)} \\[2mm]
&= \frac{1}{2\pi\,(1+\omega^2)} - \frac{\omega i}{2\pi\,(1+\omega^2)}.
\end{aligned}$$

(Wieder kann keiner der auftretenden Nenner verschwinden).

Man kann $f(t)$ auch mithilfe der Heavisideschen Sprungfunktion darstellen:

$$u(t) = \begin{cases} 1 & , \quad t \geq 0, \\ 0 & , \quad t < 0. \end{cases}$$

Man verschiebt die Fallunterscheidung in der Funktionsvorschrift dann auf die Heavisidesche Sprungfunktion und kann kurz schreiben:

$$f(t) = u(t)\, e^{-at}.$$

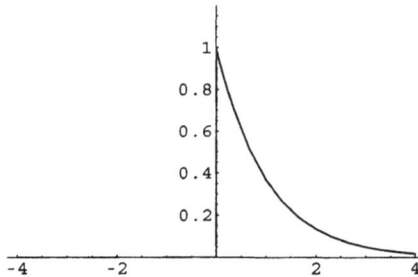

Bild 3.24: *Die Funktion*
$f(t) = u(t)\, e^{-t}$

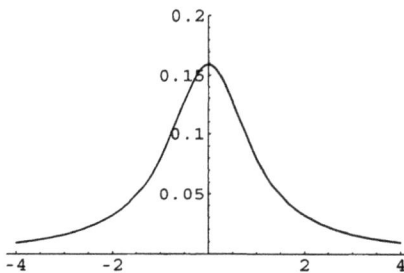

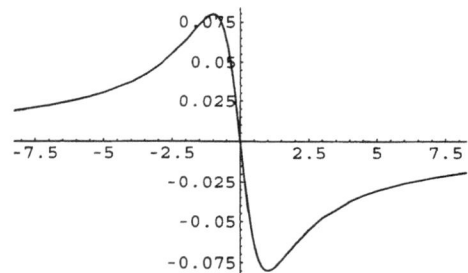

Bild 3.25: *Realteil (links) und Imaginärteil (rechts) der Fouriertransformierten der Funktion*
$f(t) = u(t)\, e^{-t}$. *Die Fouriertransformierte ist wieder glatt.*

Mathematica

Mit UnitStep ruft man die Heavisidesche Sprungfunktion auf.

FourierTransform[UnitStep[t] e^{-t}, t, ω, FourierParameters $\to \{-1, -1\}$]

$$-\frac{I}{2\pi\,(-I + \omega)}$$

Maple

Mit Heaviside bekommt man die Heavisideschen Sprungfunktion.

```
with(inttrans):

(1/(2*Pi))*fourier(Heaviside(t)*exp(-t),t,omega);
```

$$\frac{1}{2}\,\frac{1}{\pi\,(1 + I\,\omega)}$$

Man sieht aus der Definition, dass die Fouriertransformierte beschränkt ist. Der Nachweis der Stetigkeit ist schwieriger. Die Fouriertransformation wirkt glättend. Die Bildfunktion ist stetig, auch wenn die Originalfunktion Unstetigkeitstellen besitzt. Durch formales Differenzieren unter dem Integral erhält man auch die Ableitung der Fouriertransformierten. Der Nachweis der Ableitungsregel ist ebenfalls schwierig zu erbringen.

Stetigkeit und Differenzierbarkeit der Fouriertransformierten

Sei $f : \mathbb{R} \to \mathbb{C}$ auf $\mathbb{R}$ stückweise glatt, absolut integrierbar und besitze die Fouriertransformierte $F(\omega) = \mathcal{F}(f(t)(\omega)$. Die Fouriertransformierte ist beschränkt und stetig auf $\mathbb{R}$:

$$|F(\omega)| \le \frac{1}{2\pi} \int_{-\infty}^{\infty} |f(t)| \, dt \, .$$

Im Unendlichen verschwindet die Fouriertransformierte (wie die Fourier-Koeffizienten):

$$\lim_{\omega \to -\infty} F(\omega) = \lim_{\omega \to \infty} F(\omega) = 0.$$

Existiert zusätzlich das Integral

$$\int_{-\infty}^{\infty} |t \, f(t)| \, dt < \infty \, ,$$

dann ist die Fouriertransformierte stetig differenzierbar, und es gilt (Differenzierbarkeit im Frequenzbereich):

$$\frac{d}{d\omega} \mathcal{F}(f(t))(\omega) = -i \, \mathcal{F}(t \, f(t))(\omega) \, .$$

Aufgabe 3.28: Fouriertransformierte eines Rechteckimpulses berechnen

Man berechne die Fouriertransformierte der Funktion

$$f(t) = \begin{cases} 1, & |t| \le 1 \, , \\ 0, & \text{sonst} \, . \end{cases}$$

Ausrechnen der Fouriertransformierten ergibt:

$$
\begin{aligned}
F(\omega) &= \frac{1}{2\pi} \int_{-\infty}^{\infty} f(t) \, e^{-\omega i t} \, dt = \frac{1}{2\pi} \int_{-1}^{1} e^{-\omega i t} \, dt \\[2mm]
&= \begin{cases} \frac{1}{2\pi\omega} \, i \, e^{-\omega i t} \big|_{t=-1}^{t=1} \, , & \omega \ne 0 \, , \\[2mm] \frac{1}{\pi} & , \quad \omega = 0 \, , \end{cases} \\[2mm]
&= \begin{cases} \frac{1}{\pi\omega} \sin(\omega) \, , & \omega \ne 0 \, , \\[2mm] \frac{1}{\pi} & , \quad \omega = 0 \, . \end{cases}
\end{aligned}
$$

Man hätte auch ohne die Fallunterscheidung auskommen können. Wenn man die Fouriertransformierte für $\omega \neq 0$ kennt, dann muss aus Stetigkeitsgründen gelten: $\lim\limits_{\omega \to 0} F(\omega) = F(0)$. Insgesamt gilt also:

$$F(\omega) = \frac{1}{\pi} \operatorname{sinc}(\omega).$$

Die Spaltfunktion spielt eine wichtige Rolle in der Fouriertheorie:

$$\operatorname{sinc}(t) = \begin{cases} \frac{\sin(t)}{t} & , \quad t \neq 0, \\ 1 & , \quad t = 0. \end{cases}$$

Wegen der Beschränktheit der Sinusfunktion verschwindet die Spaltfunktion und damit die Fouriertransformierte des Rechteckimpulses im Unendlichen.
Durch die Darstellung:

$$f(t) = u\left(t + \frac{1}{2}\right) - u\left(t - \frac{1}{2}\right)$$

als Summe zweier verschobener Heavisidefunktionen können wir den Rechteckimpuls symbolischen Rechnungen zugänglich machen.

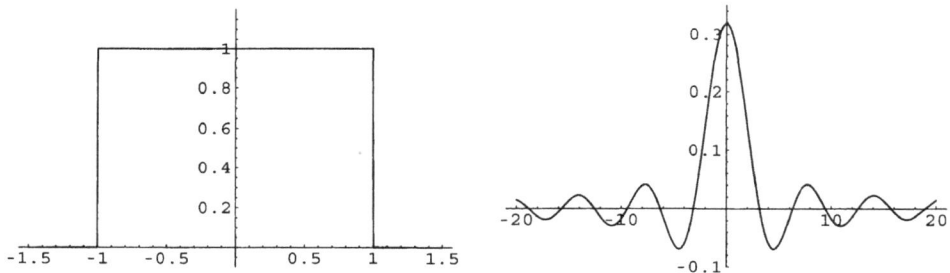

Bild 3.26: *Der Rechteckimpuls $f(t)$ (links) und seine Fouriertransformierte (rechts). Die Fouriertransformierte ist glatt und verschwindet im Unendlichen.*

Mathematica

Simplify[ComplexExpand[FourierTransform[
UnitStep[$t + 1$] $-$ UnitStep[$t - 1$], t, ω, FourierParameters $\to \{-1, -1\}$]]]

$$\frac{\sin[\omega]}{\pi \, \omega}$$

Maple

```
with(inttrans):

simplify((1/(2*Pi))*fourier(Heaviside(t+1)-Heaviside(t-1),t,omega));
```

$$\frac{\sin(\omega)}{\pi \, \omega}$$

Aufgabe 3.29: Fouriertransformierte eines Dreieckimpulses berechnen

Man berechne die Fouriertransformierte der Funktion:

$$f(t) = \begin{cases} 1 - |t|, & |t| \leq 1, \\ 0, & \text{sonst}, \end{cases}$$

Lösung

Wir teilen das Fourierintegral wieder in zwei Teile auf:

$$F(\omega) \;=\; \frac{1}{2\pi} \int\limits_{-1}^{0} (1+t)\, e^{-\omega i\, t}\, dt + \frac{1}{2\pi} \int\limits_{0}^{1} (1-t)\, e^{-\omega i\, t}\, dt\,.$$

Für $a = -\omega i \neq 0$ haben wir die Stammfunktion: $\displaystyle \int t\, e^{a t}\, dt = \frac{a t - 1}{a^2}\, e^{a t} + c$
und erhalten für $\omega \neq 0$:

$$\int\limits_{-1}^{0} (1+t)\, e^{-\omega i\, t}\, dt = \frac{-e^{\omega i} + \omega i + 1}{\omega^2}$$

und

$$\int\limits_{0}^{1} (1-t)\, e^{-\omega i\, t}\, dt = \frac{-e^{-\omega i} - \omega i + 1}{\omega^2}\,.$$

Fassen wir die Integrale zusammen, so bekommen wir:

$$\begin{aligned} F(\omega) &= \frac{1}{2\pi} \left(\frac{-e^{\omega i} + \omega i + 1}{\omega^2} + \frac{-e^{-\omega i} - \omega i + 1}{\omega^2} \right) \\ &= \frac{1}{\pi} \frac{1 - \cos(\omega)}{\omega^2}\,. \end{aligned}$$

Aus Stetigkeitsgründen gilt dies auch noch für $\omega = 0$.

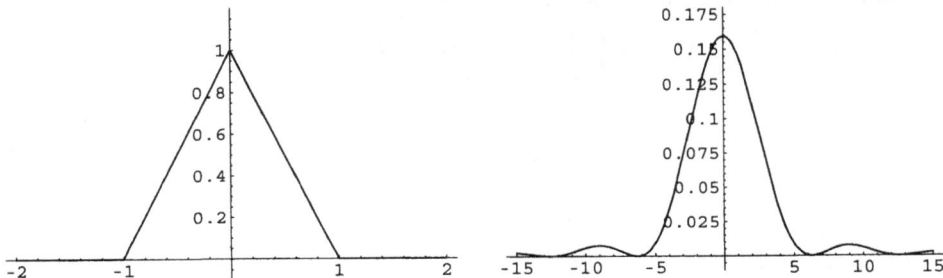

Bild 3.27: *Der Dreieckimpuls (links) und seine Fouriertransformierte (rechts)*

Wir schreiben den Dreieckimpuls noch mit der Heavisideschen Sprungfunktion in der Form:

$$f(t) = (1 + t)\,(u(t + 1) - u(t)) + (1 - t)\,(u(t) - u(t - 1))\,.$$

Mathematica

Mathematica benutzt hier die Delta-Funktion $\delta(t)$. Wenn eine Funktion $f(0) = 0$ und $f'(0) = 0$ erfüllt, dann ist $f(t)\,\delta(t) = 0$.

$$<<\textbf{Calculus`FourierTransform``}$$

$$\textbf{Simplify}\big[\textbf{ComplexExpand}\big[$$
$$\textbf{Simplify}\big[\textbf{FourierTransform}\big[$$
$$(1 + t)\,(\textbf{UnitStep}[t + 1] - \textbf{UnitStep}[t]) +$$
$$(1 - t)\,(\textbf{UnitStep}[t] - \textbf{UnitStep}[t - 1]),$$
$$t, \omega, \textbf{FourierParameters} \to \{-1, -1\}\big]\big]\big]\big]$$

$$\frac{I\,(-1 + \cos[\omega])\,(I + \pi\,\omega^2\,\textbf{DiracDelta}'[\omega])}{\pi\,\omega^2}$$

Maple

```
with(inttrans):
```

```
evalc(simplify((1/(2*Pi))*fourier((1+t)*
(Heaviside(t+1)-Heaviside(t))+
(1-t)*(Heaviside(t)-Heaviside(t-1)),t,omega)));
```

$$\frac{-\cos(\omega) + 1}{\pi\,\omega^2}$$

Aufgabe 3.30: Differenzierbarkeit im Frequenzbereich anwenden

Man berechne die Fouriertransformierte der Funktion

$$f(t) = \begin{cases} t, & -1 \le t \le 1\,, \\ 0, & \text{sonst}\,. \end{cases}$$

Lösung

Offenbar gilt:

$$f(t) = t\,g(t)$$

mit dem Rechteckimpuls:

$$g(t) = \begin{cases} 1, & -1 \le t \le 1\,, \\ 0, & \text{sonst}\,. \end{cases}$$

Der Rechteckimpuls besitzt die Fouriertransformierte

$$\mathcal{F}(g(t))(\omega) = \frac{1}{\pi} \frac{\sin(\omega)}{\omega}.$$

Differenziation im Frequenzbereich liefert zunächst für $\omega \neq 0$:

$$
\begin{aligned}
\mathcal{F}(f(t))(\omega) &= \mathcal{F}(t\, g(t)(\omega) = i\, \frac{d}{d\omega} \mathcal{F}(g(t)(\omega) \\
&= i\, \frac{\omega \cos(\omega) - \sin(\omega)}{\pi\, \omega^2}.
\end{aligned}
$$

Aus Stetigkeitsgründen gilt dies auch für $\omega = 0$. Wir beschreiben $f(t)$ mit der Heaviside-Funktion:

$$f(t) = t\, (u(t+1) - u(t-1)).$$

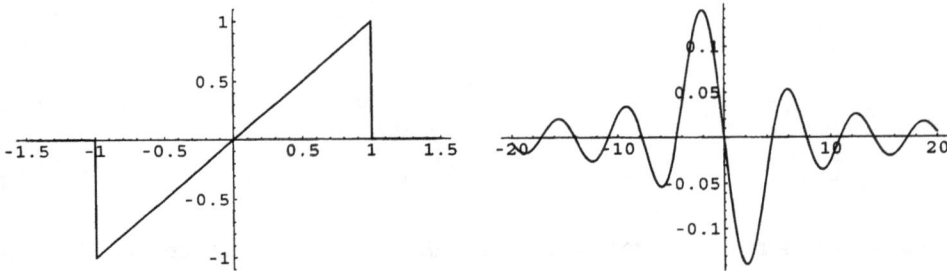

Bild 3.28: *Die Funktion $f(t)$ (links) und der Imaginärteil ihrer Fouriertransformierten (rechts). (Der Realteil der Fouriertransformierten verschwindet).*

Mathematica

FourierTransform[
$t\,(\textbf{UnitStep}[t+1] - \textbf{UnitStep}[t-1]),$
$t, \omega, \textbf{FourierParameters} \rightarrow \{-1, -1\}]//$
Simplify//ComplexExpand//Simplify

$$\frac{I\,(\omega \cos[\omega] - \sin[\omega])}{\pi\, \omega^2}$$

Maple

```
with(inttrans):

simplify(evalc((1/(2*Pi))*
fourier(t*(Heaviside(t+1)-Heaviside(t-1)),t,omega)));
```

$$\frac{-I\,(-\cos(\omega)\,\omega + \sin(\omega))}{\pi\, \omega^2}$$

Durch Aufteilen des Fourierintegrals auf die positive und negative Zeitachse bekommen wir analog zu den Fourier-Koeffizienten eine Vereinfachung des Fourier-Integrals.

Fouriertransformierte gerader und ungerader Funktionen, Cosinus- und Sinus-Spektrum

Ist f gerade, $f(t) = f(-t)$, so gilt:

$$\mathcal{F}(f(t))(\omega) = \frac{1}{\pi} \int_0^\infty f(t)\,\cos(\omega t)\,dt \quad \text{und} \quad \mathcal{F}(f(t))(\omega) = \mathcal{F}(f(t))(-\omega).$$

Ist f ungerade, $f(t) = -f(-t)$, so gilt:

$$\mathcal{F}(f(t))(\omega) = -\frac{i}{\pi} \int_0^\infty f(t)\,\sin(\omega t)\,dt \quad \text{und} \quad \mathcal{F}(f(t))(\omega) = -\mathcal{F}(f(t))(-\omega).$$

Man bezeichnet $\int_0^\infty f(t)\,\cos(\omega t)\,dt$ als Cosinus-Spektrum und $\int_0^\infty f(t)\,\sin(\omega t)\,dt$ als Sinus-Spektrum.

Aufgabe 3.31: Fouriertransformierte eines ungeraden Impulses berechnen

Man berechne die Fouriertransformierte der Funktion

$$f(t) = \begin{cases} -1, & -1 < t < 0, \\ 1, & 0 \le t \le 1, \\ 0, & \text{sonst}. \end{cases}$$

Lösung

Da f ungerade ist, ergibt sich folgende Fouriertransformierte:

$$
\begin{aligned}
F(\omega) &= -\frac{i}{\pi} \int_0^\infty f(t)\,\sin(\omega t)\,dt = -\frac{i}{\pi} \int_0^1 \sin(\omega t)\,dt \\
&= -\frac{i}{\pi} \left(-\frac{\cos(\omega t)}{\omega} \right) \Bigg|_{t=0}^{t=1} \\
&= -\frac{\cos(\omega) - 1}{\pi\,\omega}\,i\,.
\end{aligned}
$$

Wir beschreiben f mit der Heaviside-Funktion:

$$f(t) = -(u(t+1) - u(t)) + u(t) - u(t-1).$$

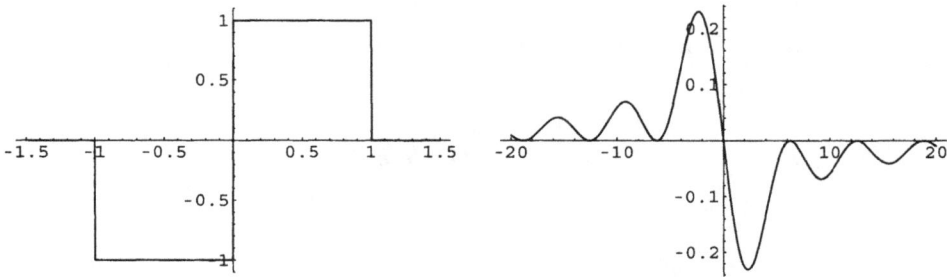

Bild 3.29: *Der Impuls* $f(t)$ *(links) und der Imaginärteil seiner Fouriertransformierten (rechts). (Der Imaginärteil ist ungerade, der Realteil der Fouriertransformierten verschwindet).*

Mathematica

FourierTransform[

$-(\text{UnitStep}[t + 1] - \text{UnitStep}[t])+$

$\text{UnitStep}[t] - \text{UnitStep}[t - 1], t, \omega,$

$\text{FourierParameters} \to \{-1, -1\}]//$

Simplify//ComplexExpand//Simplify

$$\frac{I(-1 + \cos[\omega])}{\pi \, \omega}$$

Maple

```
with(inttrans):
```

```
simplify(evalc((1/(2*Pi))*fourier(-(Heaviside(t+1)-Heaviside(t))
+Heaviside(t)-Heaviside(t-1),t,omega)));
```

$$\frac{I(\cos(\omega) - 1)}{\pi \, \omega}$$

Aufgabe 3.32: Fouriertransformierte eines unsymmetrischen Impulses berechnen

Man berechne die Fouriertransformierte der Funktion:

$$f(t) = \begin{cases} 1, & -1 \le t \le 0, \\ 1 - t, & 0 < t < 1, \\ 0, & \text{sonst}. \end{cases}$$

Lösung

Wir bekommen folgende komplexwertige Fouriertransformierte:

$$F(\omega) \;=\; \frac{1}{2\pi} \int\limits_{-\infty}^{\infty} f(t)\,e^{-\omega i\,t}\,dt$$

$$=\; \frac{1}{2\pi} \int\limits_{-1}^{0} e^{-\omega i\,t}\,dt + \frac{1}{2\pi} \int\limits_{-1}^{0} (1-t)\,e^{-\omega i\,t}\,dt$$

$$=\; \frac{1}{2\pi}\frac{\sin(\omega)}{\omega} + \frac{1}{2\pi}\frac{1-\cos(\omega)}{\omega}\,i$$

$$+\frac{1}{2\pi}\frac{1-\cos(\omega)}{\omega^2} + \frac{1}{2\pi}\frac{\sin(\omega)-\omega}{\omega^2}$$

$$=\; -\frac{1}{2\pi}\frac{\cos(\omega)-\omega\sin(\omega)-1}{\omega^2} - \frac{1}{2\pi}\frac{\omega\cos(\omega)-\sin(\omega)}{\omega^2}\,i\,.$$

(Aus Stetigkeitsgründen gilt dies auch für $\omega \neq 0$).

Mithilfe der Heavisideschen Sprungfunktion schreiben wir:

$$f(t) = u(t+1) - u(t) + (1-t)\,(u(t) - u(t-1))\,.$$

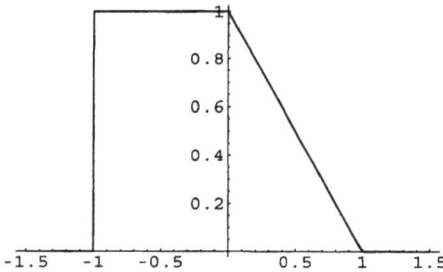

Bild 3.30: *Der unsymmetrische Impuls* $f(t)$

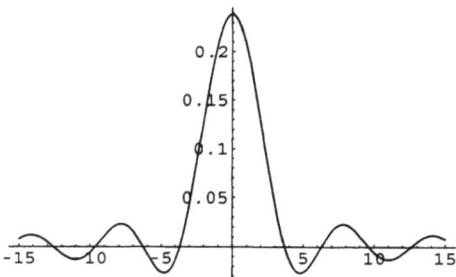

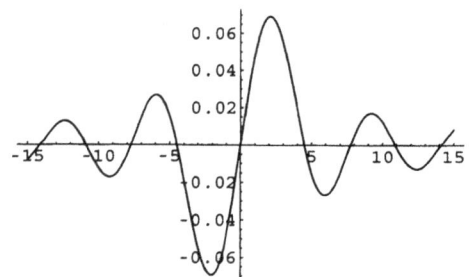

Bild 3.31: *Realteil (links) und Imaginärteil (rechts) der Fouriertransformierten des unsymmetrischen Impulses* $f(t)$*. Das Ergebnis lässt sich erklären, indem man den Impuls in einen geraden und ungeraden Anteil zerlegt.*

Mathematica

$<<$ **Calculus`FourierTransform`**

Simplify[ComplexExpand[FourierTransform[Simplify[
$\quad$ **UnitStep[$t + 1$] − UnitStep[t]+**
$\quad\quad$ **$(1 − t)$(UnitStep[t] − UnitStep[$t − 1$])],**
$\quad\quad$ **t, ω, FourierParameters $\to \{-1, -1\}$]]]]**

$$\frac{1 + (-1 - I\,\omega)\,\cos[\omega] + (I + \omega)\,\sin[\omega]}{2\,\pi\,\omega^2}$$

Maple

```
with(inttrans):
```

```
evalc(simplify((1/(2*Pi))*fourier(Heaviside(t+1)-Heaviside(t)+(1-t)*(Heaviside(t)-
Heaviside(t-1)),t,omega)));
```

$$\frac{-\frac{1}{2}\cos(\omega) + \frac{1}{2}\sin(\omega)\,\omega + \frac{1}{2}}{\omega^2\,\pi} + \frac{I\,(\frac{1}{2}\sin(\omega) - \frac{1}{2}\cos(\omega)\,\omega)}{\omega^2\,\pi}$$

Die Fouriertransformation ist eine lineare Zuordnung.

Linearität

Sind $f, g : \mathbb{R} \to \mathbb{C}$ auf $\mathbb{R}$ absolut integrierbar, dann gilt für alle $a, b \in \mathbb{C}$:

$$\mathcal{F}(a\,f(t) + b\,g(t))(\omega) = a\,\mathcal{F}(f(t))(\omega) + b\,\mathcal{F}(g(t))(\omega)\,.$$

Aufgabe 3.33: Fouriertransformierte eines Rechteckimpulses, Linearität anwenden

Der Rechteckimpuls

$$f(t) = \begin{cases} 1, & 0 \le t \le 1, \\ 0, & \text{sonst}, \end{cases}$$

kann aus den Impulsen

$$g(t) = \begin{cases} 1, & |t| \le 1, \\ 0, & \text{sonst}, \end{cases} \quad \text{und} \quad h(t) = \begin{cases} -1, & -1 < t < 0, \\ 1, & 0 \le t \le 1, \\ 0, & \text{sonst}, \end{cases}$$

zusammengesetzt werden. Man berechne seine Fouriertransformierte.

Lösung

Es gilt:

$$f(t) = \frac{1}{2}\,g(t) + \frac{1}{2}\,h(t)\,.$$

Die Fouriertransformierte von g bzw. h ergibt:

$$\mathcal{F}(g(t))(\omega) = \frac{1}{\pi}\,\text{sinc}(\omega)$$

bzw.

$$\mathcal{F}(h(t))(\omega) = -\frac{\cos(\omega) - 1}{\pi\,\omega}\,i\,.$$

Insgesamt folgt:

$$\mathcal{F}(f(t))(\omega) = \frac{1}{2\,\pi}\,\mathrm{sinc}(\omega) - \frac{\cos(\omega) - 1}{2\,\pi\,\omega}\,i\,.$$

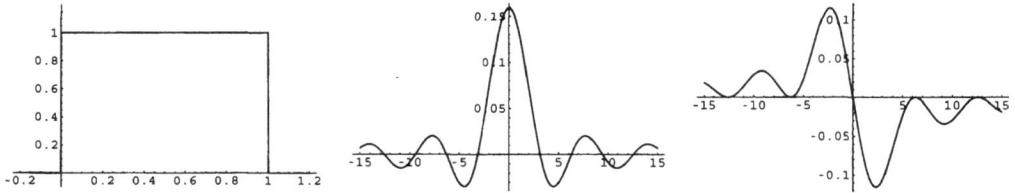

Bild 3.32: *Der Impuls $f(t)$ (links) und der Realteil (Mitte) bzw. Imaginärteil (rechts) seiner Fouriertransformierten (rechts).*

Die Fouriertransformierte ähnlicher Funktionen erhält man analog zu den Fourier-Koeffizienten ähnlicher Funktionen.

Ähnlichkeitssatz

Für $\lambda \neq 0$ gilt:

$$\mathcal{F}(f(\lambda\,t))(\omega) = \frac{1}{|\lambda|}\,\mathcal{F}(f(t))\left(\frac{\omega}{\lambda}\right)\,.$$

Aufgabe 3.34: Ähnlichkeitssatz anwenden

Man berechne die Fouriertransformierte des Dreieckimpulses:

$$f(t) = \begin{cases} 1 - \frac{|t|}{T}, & |t| \leq T\,, \\ 0, & \text{sonst}\,, \end{cases}$$

indem man von $T = 1$ ausgeht.

Lösung

Für $T = 1$ und

$$g(t) = \begin{cases} 1 - |t|, & |t| \leq 1\,, \\ 0, & \text{sonst}\,, \end{cases}$$

gilt:

$$\mathcal{F}(g(t))(\omega) = \frac{1}{\pi}\,\frac{1 - \cos(\omega)}{\omega^2}\,.$$

Hieraus folgt nach dem Ähnlichkeitssatz mit $\lambda = \frac{1}{T}$:

$$\mathcal{F}(f(t))(\omega) = \mathcal{F}\left(g\left(\frac{1}{T}\,t\right)\right)(\omega) = T\,\mathcal{F}(f(t))\,(\omega\,T) = \frac{1}{\pi\,T}\,\frac{1 - \cos(\omega\,T)}{\omega^2}\,.$$

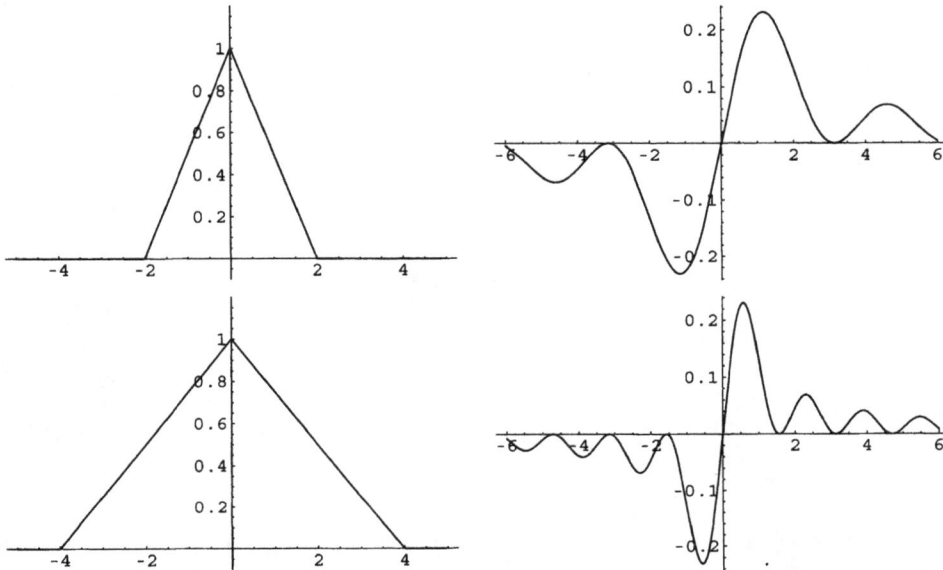

Bild 3.33: *Der Dreieckimpuls (links) und und seine Fouriertransformierte (rechts) für $T = 2$ (oben) und $T = 4$ (unten). Je geringer die Ausdehnung der Funktion auf der Zeitachse ist, desto weiter dehnt sich die Fouriertransformierte auf der Frequenzachse.*

Anders als bei bei den Fourierreihen kann man im Zeit- und im Frequenzbereich eine Verschiebung vornehmen. Bei der Verschiebung im Zeitbereich kann eine reellwertige Fouriertransformierte komplexwertig werden.

Verschiebungssätze

Sei $f : \mathbb{R} \to \mathbb{C}$ auf $\mathbb{R}$ absolut integrierbar, dann gilt für $a \in \mathbb{R}$ der Verschiebungssatz im Zeitbereich:

$$\mathcal{F}(f(t + a))(\omega) = e^{\omega a i}\, \mathcal{F}(f(t))(\omega)$$

und der Verschiebungssatz im Frequenzbereich:

$$\mathcal{F}(e^{a i t} f(t))(\omega) = \mathcal{F}(f(t))(\omega - a).$$

Aufgabe 3.35: Ähnlichkeitssatz und Verschiebung im Zeitbereich anwenden

Man berechne die Fouriertransformierte des Impulses:

$$f(t) = \begin{cases} 1, & 0 \le t \le 1, \\ 0, & \text{sonst}. \end{cases}$$

Man gehe vom Impuls aus:

$$g(t) = \begin{cases} 1, & |t| \le 1, \\ 0, & \text{sonst}. \end{cases}$$

Lösung

Zunächst gilt nach dem Ähnlichkeitssatz für

$$h(t) = g(2\,t) = \begin{cases} 1\,, & |t| \le \tfrac{1}{2}\,, \\[2mm] 0\,, & \text{sonst}\,, \end{cases}$$

die Beziehung:

$$\mathcal{F}(h(t))(\omega) = \frac{1}{2}\,\mathcal{F}(g(t))\left(\frac{\omega}{2}\right)\,.$$

Durch Verschiebung im Zeitbereich erhalten wir

$$f(t) = h\left(t - \frac{1}{2}\right)$$

und

$$\begin{aligned} \mathcal{F}(f(t))(\omega) &= e^{-\frac{1}{2}i\,\omega}\,\mathcal{F}(h(t))(\omega) = \frac{1}{2}\,e^{-\frac{1}{2}i\,\omega}\,\mathcal{F}(g(t))\left(\frac{\omega}{2}\right) \\[2mm] &= \frac{1}{2\,\pi}\,\mathrm{sinc}(\omega) - \frac{\cos(\omega) - 1}{2\,\pi\,\omega}\,i\,. \end{aligned}$$

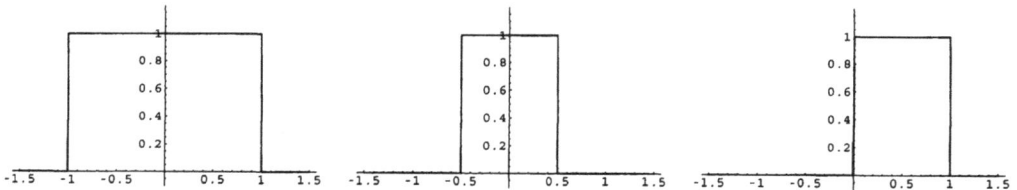

Bild 3.34: *Die Impulse $g(t)$ (links), $h(t)$ (Mitte) und $f(t)$ (rechts). ($h(t)$ entsteht durch Stauchen von $g(t)$ und $f(t)$ durch Verschiebung von $h(t)$ nach rechts).*

Aufgabe 3.36: Linearität und Verschiebung im Frequenzbereich anwenden

Man berechne die Fouriertransformierte der Funktionen:

$$f(t) = \cos(t)\,e^{-|t|}\,, \quad g(t) = \sin(t)\,e^{-|t|}\,.$$

Lösung

Wir schreiben

$$f(t) = \frac{1}{2}\,e^{i\,t}\,e^{-|t|} + \frac{1}{2}\,e^{-i\,t}\,e^{-|t|}$$

und benutzen die Fouriertransformierte:

$$\mathcal{F}\left(e^{-|t|}\right)(\omega) = \frac{1}{\pi}\,\frac{1}{1+\omega^2}\,.$$

Linearität und Verschiebung im Frequenzbereich ergeben:

$$\mathcal{F}\left(\cos(t)\,e^{-|t|}\right)(\omega) \;=\; \frac{1}{2}\,\mathcal{F}\left(e^{i\,t}\,e^{-|t|}\right)(\omega) + \frac{1}{2}\,\mathcal{F}\left(e^{-i\,t}\,e^{-|t|}\right)(\omega)$$

$$=\; \frac{1}{2\pi}\left(\frac{1}{1+(\omega-1)^2} + \frac{1}{1+(\omega+1)^2}\right).$$

Wir schreiben

$$g(t) = -\frac{i}{2}\,e^{i\,t}\,e^{-|t|} + \frac{1}{2}\,e^{-i\,t}\,e^{-|t|}$$

und bekommen analog:

$$\mathcal{F}\left(\sin(t)\,e^{-|t|}\right)(\omega) = -\frac{i}{2\pi}\left(\frac{1}{1+(\omega-1)^2} + \frac{1}{1+(\omega+1)^2}\right).$$

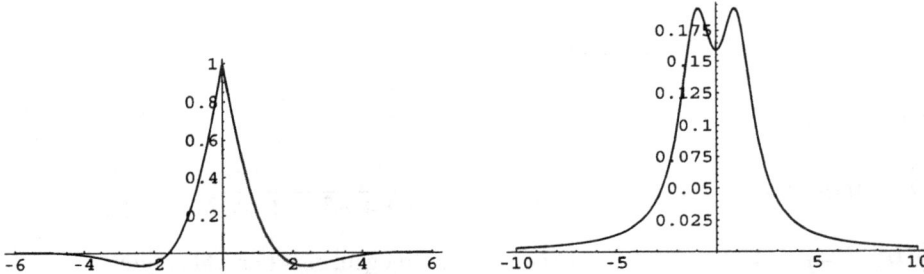

Bild 3.35: *Die durch den Faktor $e^{-|t|}$ modulierte Cosinusfunktion (links) und ihre Fouriertransformierte (rechts).*

Der Differenziation im Zeitbereich entspricht die Multiplikation mit dem Faktor ωi im Frequenzbereich. Besitzt die Funktion Sprungstellen, dann sind Korrekturterme erforderlich.

Differenziation im Zeitbereich

Sei $f : \mathbb{R} \to \mathbb{C}$ stückweise glatt und seien f und f' auf $\mathbb{R}$ absolut integrierbar. f besitze n Unstetigkeitsstellen $t_1, t_2, \ldots, t_n$ in $\mathbb{R}$. Dann gilt:

$$\mathcal{F}(f'(t))(\omega) = (\omega i)\,\mathcal{F}(f(t))(\omega) - \frac{1}{2\pi}\sum_{k=1}^{n}(f(t_k^+) - f(t_k^-))\,e^{-\omega i\,t_k}.$$

Mit wachsender Frequenz $\omega \to \pm\infty$ strebt die Fouriertransformierte einer stückweise glatten Funktionen gegen Null. Ist die Funktion mehrmals differenzierbar (und die höchste Ableitung stückweise glatt), klingt die Fouriertransformierte schneller ab.
Sei f k-mal differenzierbar und $f^{(k)}$ stückweise glatt in $\mathbb{R}$, und seien $f, f', \ldots, f^{(k)}$ auf $\mathbb{R}$ absolut integrierbar. Dann existiert eine Konstante M mit

$$|\mathcal{F}(f(t))(\omega)| \leq \frac{M}{|\omega|^{k+1}}.$$

Aufgabe 3.37: Differenziationssatz bestätigen und anwenden

Man bestätige den Differenziationssatz anhand der Funktion:

$$f(t) = \begin{cases} e^{-t}, & 0 \le t, \\ 0, & t < 0. \end{cases}$$

Man berechne die Fouriertansformierte der Ableitung der Funktion:

$$g(t) = \begin{cases} 1 - |t|, & |t| \le 1, \\ 0, & \text{sonst}. \end{cases}$$

Lösung

Die Funktion $f(t)$ besitzt eine Sprungstelle bei $t = 0$ mit $f(0^+) - f(0^-) = 1$. Der Differenziationssatz besagt, dass für die Ableitung

$$f'(t) = \begin{cases} -e^{-t}, & 0 \le t, \\ 0, & t < 0. \end{cases}$$

die Beziehung gilt:

$$\mathcal{F}(f'(t))(\omega) = \omega\, i\, \mathcal{F}(f(t))(\omega) - \frac{1}{2\pi} = \frac{\omega\, i}{2\pi}\left(\frac{1}{1+\omega^2} - \frac{\omega}{1+\omega^2}i\right) - \frac{1}{2\pi}.$$

Wegen $f'(t) = -f(t)$ kann man sich leicht davon überzeugen, dass tatsächlich gilt:

$$\mathcal{F}(f'(t))(\omega) = -\mathcal{F}(f(t))(\omega) = -\frac{1}{2\pi}\left(\frac{1}{1+\omega^2} - \frac{\omega}{1+\omega^2}i\right).$$

Sowohl $f(t)$ als auch $f'(t)$ besitzen Sprungstellen. Die Größenordnung ihrer Fouriertransformierten beträgt $\mathcal{F}(f(t))(\omega)| \le \dfrac{M}{|\omega|}$ und $\mathcal{F}(f'(t))(\omega)| \le \dfrac{M}{|\omega|}$

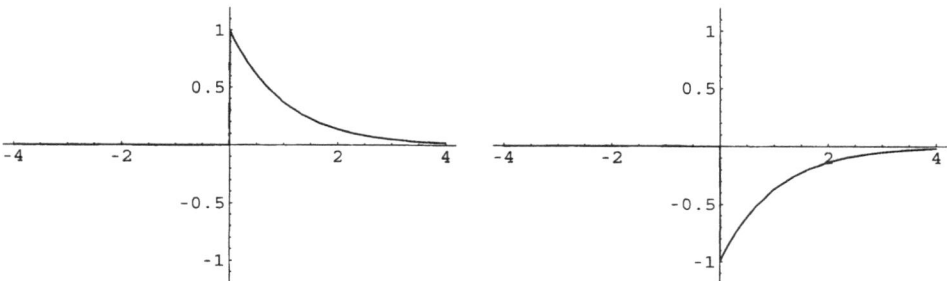

Bild 3.36: *Die einseitige Exponentialfunktion $f(t)$ (links) und die Ableitung $f'(t)$ (rechts).*

Der Dreieckimpuls $g(t)$ ist stetig. Der Differenziationssatz besagt, dass für die Ableitung

$$g'(t) = \begin{cases} 1, & -1 < t < 0, \\ -1, & 0 \le t \le 1 \\ 0, & \text{sonst}. \end{cases}$$

die Beziehung gilt:

$$\mathcal{F}(g'(t))(\omega) = \omega\,i\,\mathcal{F}(g(t))(\omega) = -\frac{\cos(\omega) - 1}{\pi\,\omega}\,i\,.$$

Der Dreiecksimpuls besitzt keine Sprungstellen. Seine Ableitung besitzt Sprungstellen. Die Größenordnung der Fouriertransformierten des Dreieckimpulses beträgt $\mathcal{F}(g(t))(\omega)| \le \dfrac{M}{|\omega|^2}$ und bei seiner Ableitung nur $\mathcal{F}(g'(t))(\omega)| \le \dfrac{M}{|\omega|}$.

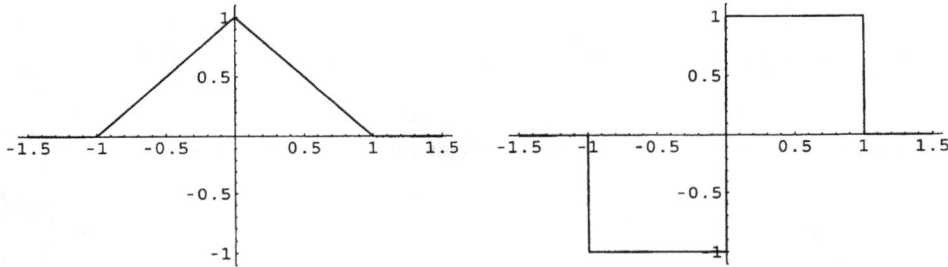

Bild 3.37: *Der Dreieckimpuls $g(t)$ (links) und die Ableitung $g'(t)$ (rechts).*

Analog zur periodischen Faltung erklären wir die Faltung auf $\mathbb{R}$ absolut integrierbarer Funktionen.

Faltung auf $\mathbb{R}$ absolut integrierbarer Funktionen, Faltungssatz

Sind $f : \mathbb{R} \to \mathbb{C}$ und $g : \mathbb{R} \to \mathbb{C}$ auf $\mathbb{R}$ absolut integrierbar, so wird ihre Faltung durch:

$$(f * g)(t) = \frac{1}{2\pi} \int\limits_{-\infty}^{\infty} f(\tau)\,g(t - \tau)\,d\tau$$

dargestellt. Die Reihenfolge der Funktionen kann bei der Faltung vertauscht werden:

$$(f * g)(t) = (g * f)(t)\,.$$

Die Faltung stellt eine auf $\mathbb{R}$ stetige und absolut integrierbare Funktion dar.
Die Fouriertransformierte der Faltung zweier Funktionen ergibt sich als Produkt der Fouriertransformierten.

$$\mathcal{F}((f * g)(t))(\omega) = \mathcal{F}(f(t))(\omega)\,\mathcal{F}(g(t))(\omega)\,.$$

Aufgabe 3.38: Faltungssatz anwenden

Man berechne die Faltung der Funktionen:

$$f(t) = e^{-|t|} \quad \text{und} \quad g(t) = \begin{cases} e^{-t}, & t \geq 0, \\ 0, & t < 0. \end{cases}$$

Wie lautet die Fouriertransformierte der Faltung?

Lösung

Es gilt $t - \tau \geq 0$ genau dann wenn $\tau \leq t$ ist. Damit bekommen wir zunächst:

$$(f * g)(t) = \frac{1}{2\pi} \int\limits_{-\infty}^{\infty} e^{-|\tau|} e^{-(t-\tau)} \, d\tau = \frac{1}{2\pi} \int\limits_{-\infty}^{t} e^{-|\tau|} e^{-(t-\tau)} \, d\tau \, .$$

Nun unterscheiden wir die Fälle $t \leq 0$ und $t > 0$. Im ersten Fall bekommen wir:

$$(f * g)(t) = \frac{1}{2\pi} \int\limits_{-\infty}^{t} e^{-|\tau|} e^{-(t-\tau)} \, d\tau = \frac{1}{2\pi} e^{-t} \int\limits_{-\infty}^{t} e^{2\tau} \, d\tau = \frac{1}{4\pi} e^{t} \, .$$

Im zweiten Fall bekommen wir:

$$\begin{aligned} (f * g)(t) &= \frac{1}{2\pi} \int\limits_{-\infty}^{\infty} e^{-|\tau|} e^{-(t-\tau)} \, d\tau \\[2mm] &= \frac{1}{2\pi} \int\limits_{-\infty}^{0} e^{\tau} e^{-(t-\tau)} \, d\tau + \frac{1}{2\pi} \int\limits_{0}^{t} e^{-\tau} e^{-(t-\tau)} \, d\tau \\[2mm] &= \frac{1}{2\pi} e^{-t} \int\limits_{-\infty}^{0} e^{2\tau} \, d\tau + \frac{1}{2\pi} e^{-t} \int\limits_{0}^{t} d\tau \\[2mm] &= \frac{1}{2\pi} \left(\frac{1}{2} + t \right) e^{-t} \, . \end{aligned}$$

Insgesamt ergibt sich:

$$(f * g)(t) = \begin{cases} \frac{1}{4\pi} e^{t}, & t \leq 0, \\[2mm] \frac{1}{2\pi} \left(\frac{1}{2} + t \right) e^{-t}, & t > 0. \end{cases}$$

mit der Fouriertransformierten:

$$\mathcal{F}((f * g)(t))(\omega) = \mathcal{F}(f)(t)(\omega) \, \mathcal{F}(g)(t)(\omega) = \frac{1}{2\pi^2} \left(\frac{1}{(1+\omega^2)^2} - \frac{\omega}{(1+\omega^2)^2} i \right) \, .$$

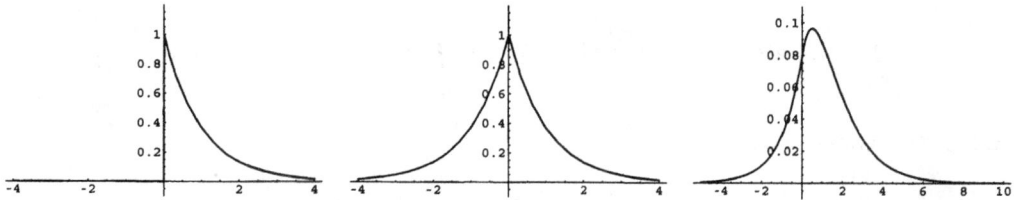

Bild 3.38: *Die Funktionen $f(t)$ (links) und $g(t)$ (Mitte) sowie ihre Faltung $(f * g)(t)$ (rechts). (Die Funktion $g(t)$ besitzt zwar eine Sprungstelle, aber die Faltung ist glatt).*

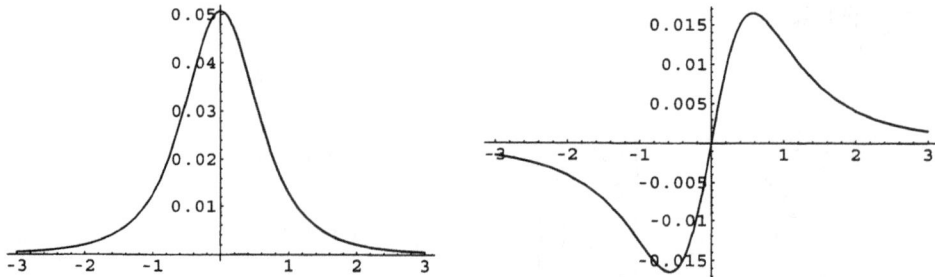

Bild 3.39: *Realteil (links) und Imaginärteil (rechts) der Fouriertransformierten der Faltung $(f * g)(t)$. (Die Faltung kann zweimal stetig differenziert werden. Die Größenordnung der Fouriertransformierten ist $\frac{M}{|\omega|^3}$).*

Aufgabe 3.39: Faltungssatz anwenden

Man berechne die Faltung der Funktionen:

$$f(t) = \begin{cases} 1 - |t|, & |t| \leq 1, \\ 0, & \text{sonst}, \end{cases} \quad \text{und} \quad g(t) = \begin{cases} 1, & 0 \leq t \leq 1, \\ 0, & \text{sonst}. \end{cases}$$

Wie lautet die Fouriertransformierte der Faltung?

Lösung

Es gilt $0 \leq t - \tau \leq 1$ genau dann wenn $t - 1 \leq \tau \leq t$ ist. Damit bekommen wir zunächst:

$$\int_{-\infty}^{\infty} f(|\tau|) \, g(t - \tau) \, d\tau = \int_{t-1}^{t} f(|\tau|) \, d\tau.$$

Nun unterscheiden wir die Fälle 1) $-1 \leq t \leq 0$, 2) $0 < t < 1$ und 3) $1 \leq t \leq 2$. In allen anderen Fällen verschwindet das Faltungsintegral. Im Fall 1) bekommen wir:

$$\int_{t-1}^{t} f(|\tau|) \, g(t - \tau) \, d\tau = \int_{-1}^{t} (1 + \tau) \, d\tau = \frac{t^2}{2} + t + \frac{1}{2}.$$

Im Fall 2) bekommen wir:

$$\int\limits_{t-1}^{t} f(|\tau|)\,g(t-\tau)\,d\tau = \int\limits_{-1}^{0} (1+\tau)\,d\tau + \int\limits_{0}^{t} (1-\tau)\,d\tau = -t^2 + t + \frac{1}{2}\,.$$

Im Fall 3) bekommen wir:

$$\int\limits_{t-1}^{t} f(|\tau|)\,g(t-\tau)\,d\tau = \int\limits_{t-1}^{1} (1-\tau)\,d\tau = \frac{t^2}{2} - 2t + 2\,.$$

Insgesamt ergibt sich:

$$(f * g)(t) = \begin{cases} \frac{1}{2\pi}\left(\frac{t^2}{2} + t + \frac{1}{2}\right)\,, & -1 \le t \le 0\,, \\[2mm] \frac{1}{2\pi}\left(-t^2 + t + \frac{1}{2}\right)\,, & 0 < t < 1\,, \\[2mm] \frac{1}{2\pi}\left(\frac{t^2}{2} - 2t + 2\right)\,, & 1 \le t \le 2\,, \\[2mm] 0\,, & \text{sonst}\,. \end{cases}$$

mit der Fouriertransformierten:

$$\begin{aligned} \mathcal{F}((f * g)(t))(\omega) &= \mathcal{F}(f)(t)(\omega)\,\mathcal{F}(g)(t)(\omega) \\[2mm] &= \frac{1}{2\pi^2}\,\frac{\sin(\omega)\,(1-\cos(\omega))}{\omega^3} + \frac{1}{2\pi^2}\,\frac{1-\cos(\omega)}{\omega^3}\,i\,.. \end{aligned}$$

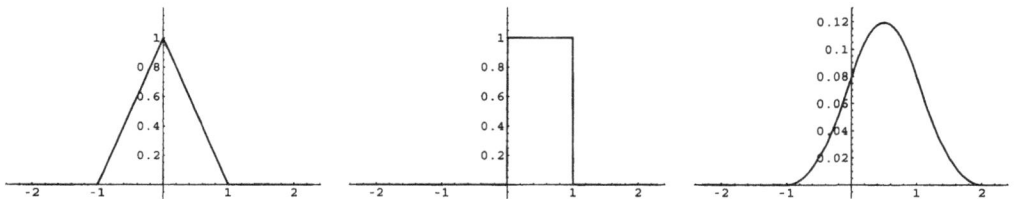

Bild 3.40: *Die Funktionen $f(t)$ (links) und $g(t)$ (Mitte) sowie ihre Faltung $(f * g)(t)$ (rechts). (Die Funktion $g(t)$ besitzt zwar zwei Sprungstellen, aber die Faltung ist glatt).*

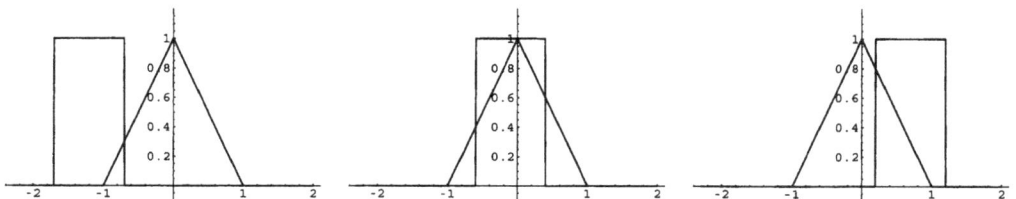

Bild 3.41: *Die Funktionen $f(\tau)$ und $g(t - \tau)$ gezeichnet über der τ-Achse: $-1 < t < 0$ (links), $0 < t < 1$ (Mitte), $1 < t < 2$ (rechts).*

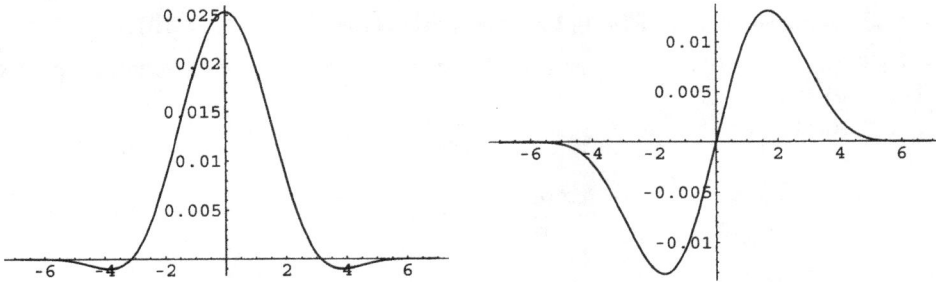

Bild 3.42: *Realteil (links) und Imaginärteil (rechts) der Fouriertransformierten der Faltung* $(f * g)(t)$. *(Die Faltung kann zweimal stetig differenziert werden. Die Größenordnung der Fouriertransformierten ist* $\frac{M}{|\omega|^3}$).

Unter geeigneten Voraussetzungen kann man eine periodische Funktion aus ihren Fourierkoeffizienten rekonstruieren. Man stellt die Funktion durch die Fourierreihe dar. Aus der Fouriertransformierten kann man die Funktion ebenfalls rekonstruieren. Man muss hierbei beachten, dass der Grenzwert $\lim_{R\to\infty} \int_{-R}^{R} h(\omega)\,d\omega$ nur bei absoluter Konvergenz mit dem uneigentlichen Integral $\int_{-\infty}^{\infty} h(\omega)\,d\omega$ gleichgesetzt werden kann.

Fourier-Integraltheorem und Parsevalsche Gleichung

Sei $f : \mathbb{R} \to \mathbb{C}$ auf $\mathbb{R}$ absolut integrierbar, stückweise glatt und besitze die Fouriertransformierte: $F(\omega) = \dfrac{1}{2\pi} \displaystyle\int_{-\infty}^{\infty} f(t)\, e^{-\omega i t}\, dt$.

Dann gilt für alle $t \in \mathbb{R}$:

$$\frac{1}{2} \left(f(t^-) + f(t^+) \right) = \lim_{R\to\infty} \int_{-R}^{R} F(\omega)\, e^{\omega i t}\, d\omega.$$

Ist f zusätzlich stetig, dann gilt: $f(t) = \displaystyle\lim_{R\to\infty} \int_{-R}^{R} F(\omega)\, e^{\omega i t}\, d\omega$.

Analog zu den Fourierreihen gilt die Parsevalsche Gleichung:

$$\int_{-\infty}^{\infty} |\mathcal{F}(f(t))(\omega)|^2\, d\omega = \frac{1}{2\pi} \int_{-\infty}^{\infty} |f(\tau)|^2\, d\tau.$$

Als Folgerung ergibt sich die Eindeutigkeit. Besitzen zwei Funktionen f und g mit den obigen Eigenschaften dieselbe Fouriertransformierte $\mathcal{F}(f(t))(\omega) = \mathcal{F}(g(t))(\omega)$ (für alle ω), so sind die Funktionen gleich: $f(t) = g(t)$ (für alle t).

Aufgabe 3.40: Parsevalsche Gleichung benutzen, Wert eines Integrals ermitteln

Mithilfe der Parsevalschen Gleichung und der Fouriertransformierten des Rechteckimpulses

$$f(t) = \begin{cases} 1, & |t| \le 1, \\ 0, & \text{sonst}, \end{cases} \quad \text{zeige man:}$$

$$\int_0^\infty \frac{(\sin(\omega))^2}{\omega^2} \, d\omega = \frac{\pi}{2}.$$

Lösung

Das Integral über den Rechteckimpuls ergibt:

$$\int_{-\infty}^\infty |f(t)|^2 \, dt = \int_{-1}^1 dt = 2.$$

Der Rechteckimpuls besitzt die Fouriertransformierte:

$$F(\omega) = \frac{1}{\pi} \frac{\sin(\omega)}{\omega}.$$

Nach der Parsevalschen Gleichung gilt dann:

$$\frac{1}{\pi^2} \int_{-\infty}^\infty \frac{(\sin(\omega))^2}{\omega^2} \, d\omega = \frac{1}{2\pi} 2$$

und somit

$$\int_0^\infty \frac{(\sin(\omega))^2}{\omega^2} \, d\omega = 2 \int_0^\infty \frac{(\sin(\omega))^2}{\omega^2} \, d\omega = \frac{\pi}{2}.$$

Mathematica

$$\int_0^\infty \frac{\sin[\omega]^2}{\omega^2} d\omega$$

$$\frac{\pi}{2}$$

Maple

```
integrate(sin(omega)^2/omega^2,omega=0..infinity);
```

$$\int_0^\infty \frac{\sin(\omega)^2}{\omega^2} \, d\omega = \frac{1}{2}\pi$$

Aufgabe 3.41: Abtasttheorem beweisen

Sei $f : \mathbb{R} \to \mathbb{C}$ auf $\mathbb{R}$ absolut integrierbar, stetig, stückweise glatt, und es existiere $\int_{-\infty}^{\infty} |t f(t)| dt$. Ferner sei f bandbegrenzt:

$$\mathcal{F}(f(t))(\omega) = 0, \quad |\omega| > \Omega_0 > 0.$$

Man entwickle die Fouriertransformierte in eine Fourierreihe, wende dann das Fourier-Integraltheorem an und zeige, dass für alle $t \in \mathbb{R}$ und für jedes feste $\Omega \geq \Omega_0$ gilt:

$$f(t) = \sum_{j=-\infty}^{\infty} f\left(j \frac{\pi}{\Omega}\right) \operatorname{sinc}(\Omega t - j\pi).$$

Das heißt, dass man f durch Abtasten an diskreten Punkten rekonstruieren kann.

Lösung

Die Voraussetzungen garantieren, dass die Fouriertransformierte $F(\omega)$ stetig differenzierbar ist. Wir setzen die Funktion $F : [-\Omega, \Omega] \to \mathbb{C}$ periodisch fort und entwickeln auf der Frequenzachse in eine Fourierreihe:

$$F(\omega) = \sum_{j=-\infty}^{\infty} c_j \, e^{j \frac{\pi}{\Omega} i \omega}, \quad -\Omega \leq \omega \leq \Omega,$$

mit den Fourier-Koeffizienten:

$$c_j = \frac{1}{2\Omega} \int_{-\Omega}^{\Omega} F(\omega) \, e^{-j \frac{\pi}{\Omega} i \omega} \, d\omega.$$

Die Fourierreihe konvergiert gleichmäßig gegen die fortgesetzte Funktion. Wegen der Bandbegrenztheit, besagt das Fourier-Integraltheorem:

$$f(t) = \int_{-\Omega}^{\Omega} F(\omega) \, e^{\omega i t} \, d\omega,$$

sodass gilt:

$$c_j = \frac{1}{2\Omega} f\left(-j \frac{\pi}{\Omega}\right).$$

Integration und Summation dürfen wir aufgrund der gleichmäßigen Konvergenz vertauschen und bekommen:

$$
\begin{aligned}
f(t) &= \int\limits_{-\Omega}^{\Omega} \left(\sum_{j=-\infty}^{\infty} c_j \, e^{j \frac{\pi}{\Omega} i \, \omega} \right) e^{\omega i \, t} \, d\omega \\
&= \sum_{j=-\infty}^{\infty} c_j \int\limits_{-\Omega}^{\Omega} e^{(j \frac{\pi}{\Omega}+t) i \, \omega} \, d\omega \\
&= \sum_{j=-\infty}^{\infty} c_j \, \frac{2}{j \frac{\pi}{\Omega}+t} \, \sin\left(\left(j \frac{\pi}{\Omega} + t \right) \Omega \right) \\
&= \sum_{j=-\infty}^{\infty} f\left(-j \frac{\pi}{\Omega} \right) \operatorname{sinc}(j \pi + \Omega \, t) \\
&= \sum_{j=-\infty}^{\infty} f\left(j \frac{\pi}{\Omega} \right) \operatorname{sinc}(\Omega \, t - j \pi) \, .
\end{aligned}
$$

Die Fouriertransformation hat den Nachteil, dass viele einfache Funktionen wie zum Beispiel Konstante nicht transformierbar sind. Man erweitert deshalb die Grundlagen der Fouriertransformation und geht zu Distributionen über.

Testfunktion

Die Funktion $\phi : \mathbb{R} \to \mathbb{C}$ wird als Testfunktion bezeichnet, wenn sie auf ganz $\mathbb{R}$ beliebig oft differenzierbar ist und wenn für alle $j \geq 0$ und alle $k \geq 0$ gilt: $\sup_{t \in \mathbb{R}} |t^j \, \phi^{(k)}(t)| < \infty$. Eine Testfunktion mitsamt ihren Ableitungen muss schneller abklingen als jede Potenz. Insbesondere werden Testfunktionen durch solche Funktionen gegeben, die außerhalb eines abgeschlossenen Intervalls verschwinden und auf ganz $\mathbb{R}$ beliebig oft differenzierbar sind. Den Vektorraum aller Testfunktionen bezeichnen wir mit $\mathcal{S}$.

Im Raum der Testfunktionen erhält man einen Konvergenzbegriff, indem man die Konvergenz von Folgen von Testfunktionen gegen die Null-Testfunktion erklärt.

Distribution

Eine lineare, stetige Funktion: $T : \mathcal{S} \to \mathbb{C}$ heißt Distribution. Die Stetigkeit ist gleichbedeutend mit folgender Eigenschaft. Konvergiert eine Folge von Testfunktionen ϕ_n gegen die Null-Testfunktion, dann konvergieren die Distributionswerte $T(\phi_n)$ gegen $0 \in \mathbb{C}$. Man spricht auch von temperierten Distributionen.

Man bezeichnet Distributionen auch als verallmeinerte Funktionen, weil Funktionen als Distributionen aufgefasst werden können. Einer stückweise stetigen Funktion $f : \mathbb{R} \to \mathbb{C}$ wird eine reguläre Distribution T_f zugeordnet, die wie folgt auf Testfunktionen wirkt:

$$
T_f(\phi) = \int\limits_{-\infty}^{\infty} f(t) \, \phi(t) \, dt \, .
$$

Eine der wichtigsten Distributionen stellt die sogenannte Diracsche Delta-Funktion dar.

Diracsche Delta-Funktion

Die Distribution, die jeder Testfunktion ihren Wert an der Stelle $t = 0$ zuordnet, heißt Diracsche Delta-Funktion:

$$T_\delta(\phi) = \phi(0).$$

Man verwendet oft die Schreibweise:

$$T_\delta(\phi) = \int\limits_{-\infty}^{\infty} \delta(t)\,\phi(t)\,dt = \phi(0).$$

Aufgabe 3.42: Die Delta-Funktion als Grenzwert regulärer Distributionen

Mit dem Rechteckimpuls

$$f(t) = \left\{ \begin{array}{ll} 1, & |t| \le 1, \\ 0 & \text{sonst}, \end{array} \right.$$

bilden wir die Funktionenfolge $f_n(t) = \dfrac{n}{2}\,f(n\,t)$. Man zeige, dass für alle Testfunktionen gilt:

$$\lim_{n \to \infty} T_{f_n}(\phi) = T_\delta(\phi) = \phi(0).$$

Die Funktion $f_n(t)$ verschwindet für $|t| > 1$. Daraus ergibt sich für eine Testfunktion ϕ:

$$T_{f_n}(\phi) \;=\; \int\limits_{-\infty}^{\infty} f_n(t)\,\phi(t)\,dt = \int\limits_{-\frac{1}{n}}^{\frac{1}{n}} f_n(t)\,\phi(t)\,dt$$

$$= \;\frac{n}{2} \int\limits_{-\frac{1}{n}}^{\frac{1}{n}} \phi(t)\,dt.$$

Mit einer Zwischenstelle

$$-\frac{1}{n} \le \xi_n \le \frac{1}{n}$$

folgt nach dem Mittelwertsatz der Integralrechnung:

$$T_{f_n}(\phi) = \frac{n}{2}\,\phi(\xi_n)\,\frac{2}{n}$$

und somit gilt:

$$\lim_{n \to \infty} T_{f_n}(\phi) = T_\delta(\phi) = \phi(0).$$

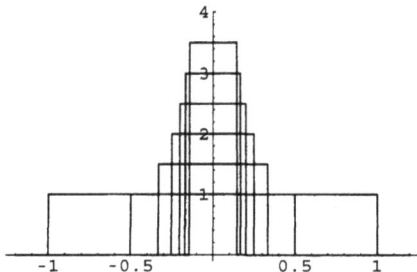

Bild 3.43: *Die Impulse*
$f_n(t)$

Aufgabe 3.43: Produkt einer Funktion mit der Delta-Funktion berechnen

Sei $f : \mathbb{R} \to \mathbb{C}$ eine beliebig oft differenzierbare Funktion und T eine Distribution. Als Produkt der Funktion f mit der Distribution T bezeichnet man die Distribution, die auf Testfunktionen durch die Vorschrift wirkt:

$$f\,T : \phi \longrightarrow T(f\,\phi) \, .$$

Man berechne das Produkt $f\,T_\delta$.

Lösung

Es gilt:

$$f\,T_\delta(\phi) = T_\delta(f\,\phi) = f(0)\,\phi(0) = f(0)\,T_\delta(\phi)$$

bzw.

$$f\,T_\delta = f(0)\,T_\delta \, .$$

Mit der Integralschreibweise lautet das Ergebnis:

$$f\,T_\delta(\phi) = f(0) \int\limits_{-\infty}^{\infty} \delta(t)\,\phi(t)\,dt \, .$$

Mathematica

Man ruft die Diracsche Delta-Funktion mit DiracDelta auf.

Simplify[f[t] DiracDelta[t]]

DiracDelta[*t*] f[*t*]

Maple

Man ruft die Diracsche Delta-Funktion mit Dirac auf.

```
with(inttrans);

simplify(f(t)*Dirac(t));
```

$$f(0)\,\mathrm{Dirac}(t)$$

Aufgabe 3.44: Produkt einer Funktion mit der Ableitung der Delta-Funktion berechnen

Sei T eine Distribution. Als Ableitung der Distribution bezeichnet man die Distribution, die durch Überwälzen der Ableitung auf Testfunktionen wirkt:

$$T' : \phi \longrightarrow -T(\phi')\,.$$

Man berechne das Produkt einer Funktion f mit der Ableitung der Delta-Funktion: $f\,T'_\delta$.

Lösung

Es gilt:

$$T'_\delta(\phi) = -T_\delta(\phi') = -\phi'(0)\,.$$

Hieraus folgt durch Multiplikation:

$$f\,T'_\delta(\phi) = -T_\delta((f\,\phi)') - (f\,\phi)'(0) = -f(0)\,\phi'(0) - f'(0)\,\phi(0)\,.$$

Man kann dafür auch schreiben:

$$f\,T'_\delta = f(0)\,T'_\delta - f'(0)\,T_\delta\,.$$

Wir bekommen folgenden Sonderfall:

$$f(0) = 0\,, \quad f'(0) = 0\,, \quad \Longrightarrow \quad f\,T'_\delta = 0\,.$$

Mathematica

$$\textbf{Simplify[f[t] D[DiracDelta[t], t]]}$$

$$\textbf{DiracDelta}'[t]\,f[t]$$

Maple

```
with(inttrans);

simplify(f(t)*diff(Dirac(t),t));
```

$$f(0)\,\mathrm{Dirac}(1,\,t) - \mathrm{D}(f)(t)\,\mathrm{Dirac}(t)$$

Aufgabe 3.45: Ableitungen einer regulären Distribution

Gegeben sei die Funktion:

$$f(t) = \begin{cases} 0 & , \quad t < 0, \\ t & , \quad t \geq 0, \end{cases}$$

Man berechne die Ableitung der zugeordneten regulären Distribution T_f.

Lösung

Die f zugeordnete reguläre Distribution wird erklärt durch ihre Wirkung auf Testfunktionen:

$$T_f(\phi) = \int\limits_{-\infty}^{\infty} f(t)\,\phi(t)\,dt = \int\limits_{0}^{\infty} t\,\phi(t)\,dt\,.$$

Nach Definition der Distributionenableitung ergibt sich:

$$\begin{aligned} T_f'(\phi) &= -T_f(\phi') = -\int\limits_{0}^{\infty} t\,\phi'(t)\,dt \\ &= -t\,\phi(t)\big|_{t=0}^{t=\infty} + \int\limits_{0}^{\infty} \phi(t)\,dt = \int\limits_{0}^{\infty} \phi(t)\,dt\,. \end{aligned}$$

Mit der Heavisideschen Sprungfunktion können wir dies wie folgt ausdrücken:

$$T_f'(\phi) = T_u(\phi) = \int\limits_{-\infty}^{\infty} u(t)\,\phi(t)\,dt\,.$$

Für Computerrechnungen schreiben wir $f(t)$ noch in der Form:

$$f(t) = t\,u(t)\,.$$

Mathematica

$$\textbf{Simplify}[\partial_t(\textbf{t UnitStep}[\textbf{t}])]$$

$$\textbf{UnitStep}[t]$$

Maple

```
with(inttrans):

simplify(diff(t*Heaviside(t),t));
```

$$\text{Simplify}(\frac{\partial}{\partial t}\,t\,\text{Heaviside}(t)) = \text{Heaviside}(t)$$

Aufgabe 3.46: Delta-Funktion zeitverschieben

Die verschobene Delta-Funktion wird erklärt durch:

$$(T_\delta)_{t_0} = \int\limits_{-\infty}^{\infty} \delta(t)\,\phi(t+t_0)\,dt = \int\limits_{-\infty}^{\infty} \delta(t-t_0)\,\phi(t+t_0)\,dt = \phi(t_0)\,.$$

Seien c_k komplexe Zahlen. Man überlege sich, dass durch folgende Reihe eine Distribution gegeben wird:

$$T = \sum_{k=-\infty}^{\infty} c_k\,\delta(t-k\,t_0)\,, \qquad \sum_{k=-\infty}^{\infty} |c_k| < \infty\,.$$

Aus der Abklingbedingung folgt, dass eine beliebige Testfunktion ϕ auf ganz $\mathbb{R}$ beschränkt ist: $|\phi(t)| \le M$. Wenden wir die Distributionenreihe an, so ergibt sich:

$$T(\phi) = \sum_{k=-\infty}^{\infty} c_k\,\delta(t-k\,t_0)(\phi) = \sum_{k=-\infty}^{\infty} c_k\,\phi(k\,t_0)\,.$$

Wegen der Abschätzung

$$\left| \sum_{k=-\infty}^{\infty} c_k\,\phi(k\,t_0) \right| \le M \sum_{k=-\infty}^{\infty} |c_k|$$

konvergiert diese Reihe. Man kann sich weiter davon überzeugen, dass die Eigenschaften einer Distribution vorliegen.

Die Fouriertransformation wird dadurch auf Distributionen erweitert, dass man die Transformation auf die Testfunktionen überwälzt.

Fouriertransformierte von Distributionen

Unter der Fouriertransformierten einer Distribution T versteht man die durch folgende Vorschrift gegebene Distribution:

$$\mathcal{F}(T)(\phi) = T(\mathcal{F}(\phi))\,.$$

Aufgabe 3.47: Fouriertransformierte einer Konstanten

Man ordne einer Konstanten eine Distribution T_c zu:

$$T_c(\phi) = c \int\limits_{-\infty}^{\infty} \phi(t)\,dt\,.$$

Mithilfe des Fourier-Integraltheorems zeige man:

$$\mathcal{F}(T_c)(\phi) = c\,T_\delta(\phi)$$

bzw. in anderer Schreibweise: $\mathcal{F}(c)(\omega) = c\,\delta(\omega)\,.$

Lösung

Nach Definition der Fouriertransformation für Distributionen gilt zunächst:

$$\mathcal{F}(T_c)(\phi) = T_c(\mathcal{F}(\phi)) = c \int\limits_{-\infty}^{\infty} \mathcal{F}(\phi(t))(\omega)\, d\omega\,.$$

Mit dem Fourier-Integraltheorem bekommen wir:

$$\mathcal{F}(T_c)(\phi) = c \int\limits_{-\infty}^{\infty} \mathcal{F}(\phi(t))(\omega)\, e^{i\,\omega 0}\, d\omega = c\,\phi(0) = c\,T_\delta(\phi)\,.$$

Mathematica

$$\ll \textbf{Calculus'FourierTransform'}$$

$$\textbf{FourierTransform[c, t, } \omega \textbf{, FourierParameters} \rightarrow \{-1, -1\}]$$

$$c\,\textbf{DiracDelta}[\omega]$$

Maple

```
with(inttrans):
```

```
(1/(2*Pi))*fourier(c,t,omega);
```

$$c\,\mathrm{Dirac}(\omega)$$

Aufgabe 3.48: Fouriertransformierte der Delta-Funktion

Man zeige, dass gilt:

$$\mathcal{F}(T_\delta)_{t_0}(\phi) = T_f(\phi) \quad \text{mit} \quad f(t) = \frac{e^{-i\,t_0 t}}{2\,\pi}$$

bzw. in anderer Schreibweise:

$$\mathcal{F}(\delta(t - t_0))(\omega) = \frac{e^{-i\,t_0\,\omega}}{2\,\pi}\,,$$

Lösung

Wir wenden die Definition der Fouriertransformation von Distributionen und der Verschiebung der Delta-Funktion an:

$$\begin{aligned}
\mathcal{F}(T_\delta)_{t_0}(\phi) &= (T_\delta)_{t_0}(\mathcal{F}(\phi)) = \mathcal{F}(\phi(t))(t_0) \\
&= \frac{1}{2\,\pi} \int\limits_{-\infty}^{\infty} \phi(t)\, e^{-i\,t\,t_0}\, dt = \int\limits_{-\infty}^{\infty} \frac{e^{-i\,t_0 t}}{2\,\pi}\, \phi(t)\, dt \\
&= T_f(\phi)\,.
\end{aligned}$$

Mathematica

$$<< \textbf{Calculus`FourierTransform`}$$

$$\textbf{FourierTransform[DiracDelta}[t - \text{t0}],$$
$$t, \omega, \textbf{FourierParameters} \rightarrow \{-1, -1\}]$$

$$\frac{E^{-I\,\text{t0}\,\omega}}{2\,\pi}$$

Maple

```
with(inttrans):
```

```
(1/(2*Pi))*fourier(Dirac(t-t_0),t,omega);
```

$$\frac{1}{2\,\pi}\,e^{(-I\,t\_0\,\omega)}$$

Aufgabe 3.49: Fouriertransformierte von trigonometrischen Funktionen

Man zeige, dass gilt:

$$\mathcal{F}\left(T_{c\,e^{i\,\omega_0\,t}}\right) = c\,(T_\delta)_{\omega_0}$$

bzw. in anderer Schreibweise:

$$\mathcal{F}\left(c\,e^{i\,\omega_0\,t}\right)(\omega) = c\,\delta(\omega - \omega_0)\,.$$

Hieraus leite man folgende Beziehungen ab:

$$\mathcal{F}\left(\sin(\omega_0\,t)\right)(\omega) = -\frac{i}{2}\left(\delta(\omega - \omega_0) - \delta(\omega + \omega_0)\right),$$

$$\mathcal{F}\left(\cos(\omega_0\,t)\right)(\omega) = \frac{1}{2}\left(\delta(\omega - \omega_0) + \delta(\omega + \omega_0)\right).$$

Lösung

Es gilt wieder mit dem Fourier-Integraltheorem:

$$\mathcal{F}\left(T_{c\,e^{i\,\omega_0\,t}}\right)(\phi) = T_{c\,e^{i\,\omega_0\,t}}(\mathcal{F}(\phi)) = c\int_{-\infty}^{\infty} e^{i\,\omega_0\,t}\,\mathcal{F}(\phi(t))(\omega)\,d\omega$$

$$= c\,\phi(\omega_0) = c\int_{-\infty}^{\infty} \delta(\omega - \omega_0)\,\phi(\omega))\,d\omega\,.$$

Die Eulerschen Formeln

$$\sin(\omega_0\, t) = \frac{1}{2\,i}\left(e^{i\,\omega_0\, t} - e^{-i\,\omega_0\, t}\right), \quad \cos(\omega_0\, t) = \frac{1}{2}\left(e^{i\,\omega_0\, t} + e^{-i\,\omega_0\, t}\right)$$

liefern den zweiten Teil.

Mathematica

<< **Calculus'FourierTransform'**

FourierTransform[sin[omega0 ∗ t], t, ω, **FourierParameters** → {**−1, −1**}]

$$-\frac{1}{2}\,I\,\mathbf{DiracDelta}[\mathbf{omega0} - \omega] + \frac{1}{2}\,I\,\mathbf{DiracDelta}[\mathbf{omega0} + \omega]$$

Maple

```
with(inttrans):

simplify((1/(2*Pi))*fourier(sin(omega_0*t),t,omega));
```

$$-\frac{1}{2}\,I\,\mathrm{Dirac}(-\omega + omega\_0) + \frac{1}{2}\,I\,\mathrm{Dirac}(\omega + omega\_0)$$

3.3   Laplacetransformation

Die Laplacetransformation gehört wie die Fouriertransformation zur Familie der Integraltransformationen. Die Laplacetransformierte wirkt auf Funktionen, die nur auf der positiven Zeitachse erklärt sind. Anstelle der Frequenz tritt eine komplexe Bildvariable. Man kann den Transformationskern dadurch mit einem Dämpfungsfaktor versehen.

Laplacetransformierte, Konvergenzhalbebene

Sei $f : [0, \infty) \longrightarrow \mathbb{C}$ stückweise glatt. Die Funktion

$$L(s) = \int\limits_0^\infty e^{-s\,t}\, f(t)\, dt$$

heißt Laplacetransformierte. Zu jeder Funktion $f(t)$ gibt es genau ein $b \in \mathbb{R}$ mit folgender Eigenschaft. Das Laplace-Integal $L(s)$ konvergiert in der Halbebene $\Re(s) > b$, während das Laplace-Integal $L(s)$ in der Halbebene $\Re(s) \leq b$ divergiert. Im Spezialfall kann $b = \pm\infty$ werden. Man bezeichnet die Halbebene $\Re(s) > b$ als Konvergenzhalbebene. Die Zuordnung:

$$f(t) \longrightarrow \mathcal{L}(f(t))(s) = L(s)$$

heißt Laplacetransformation.

Aufgabe 3.50: Laplacetransformierte berechnen

Man berechne die Laplacetransformierte der Exponentialfunktion (bei beliebigem $a \in \mathbb{C}$):

$$f(t) = e^{at}.$$

Wir berechnen für $\Re(s) > \Re(a)$:

$$\int_0^\infty e^{-st} e^{at}\, dt \;=\; \int_0^\infty e^{-(s-a)t}\, dt = -\frac{e^{-(s-a)t}}{s-a}\Big|_{t=0}^{t=\infty}$$

$$=\; \frac{1}{s-a}.$$

Für $\Re(s) \leq \Re(a)$, ist die Funktion $e^{-(s-a)t} = e^{-\Re(s-a)t}\, e^{-\Im(s-a)it}$ nicht über die positive Zeitachse integrierbar. Insgesamt gilt:

$$\mathcal{L}\left(e^{at}\right)(s) = \frac{1}{s-a}, \quad \Re(s) > \Re(a),$$

und im Spezialfall: $\mathcal{L}(1)(s) = \dfrac{1}{s}, \quad \Re(s) > 0$.

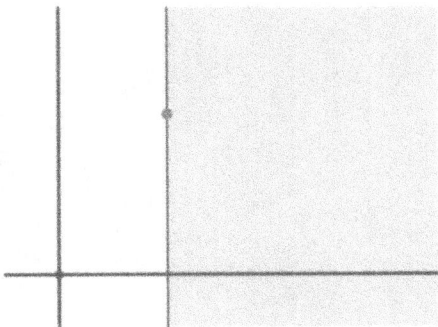

Bild 3.44: *Die Konvergenzhalbebene $\Re(s) > \Re(a)$ (mit dem Punkt $s = a$) der Laplacetransformierten der Funktion $f(t) = e^{at}$*

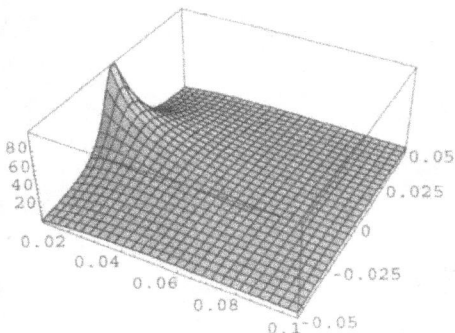

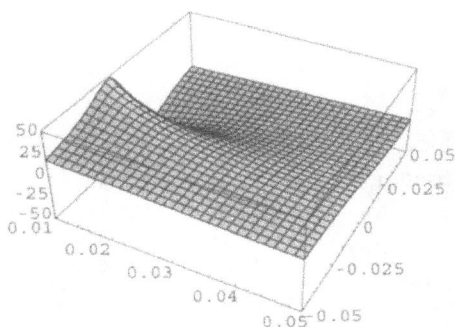

Bild 3.45: *Realteil (links) und Imaginärteil (rechts) von $\frac{1}{s} = \frac{1}{\sigma+\omega i} = \frac{\sigma}{\sigma^2+\omega^2} - \frac{\omega}{\sigma^2+\omega^2} i,\ \sigma > 0$.*

Mathematica

Die Laplacetransformierte wird mit LaplaceTransform berechnet. Neben der Funktion muss die Zeit- und die Bildvariable angegeben werden.

$$\textbf{LaplaceTransform}[e^{a\,t}, t, s]$$

$$\frac{1}{-a + s}$$

Maple

Man lädt zunächst das Paket Inttrans und berechnet die Laplacetransformierte mit Laplace-Transform. Neben der Funktion muss die Zeit- und die Bildvariable angegeben werden.

```
with(inttrans):
```

```
laplace(exp(a*t),t,s);
```

$$\frac{1}{s - a}$$

Aufgabe 3.51: Laplace-Integral berechnen

Gegeben sei die Funktion:

$$f(t) = \frac{1}{\sqrt{t}}, \quad t > 0.$$

Mithilfe des Fehlerintegrals

$$\int_0^\infty e^{-t^2}\, dt = \frac{\sqrt{\pi}}{2}$$

Man berechne für reelle $s > 0$ das Laplace-Integral:

$$L(s) = \int_0^\infty e^{-s\,t}\, f(t)\, dt .$$

Lösung

Die Substitution $\tau = s\,t$ ergibt zunächst:

$$L(s) = \int_0^\infty e^{-s\,t} \frac{1}{\sqrt{t}}\, dt = \frac{1}{\sqrt{s}} \int_0^\infty e^{-\tau} \frac{1}{\sqrt{\tau}}\, d\tau .$$

Die Substitution $\sigma = \tau^2$ liefert nun:

$$L(s) = \frac{2}{\sqrt{s}} \int\limits_{0}^{\infty} e^{-\sigma^2}\, d\sigma = \frac{2}{\sqrt{s}}\frac{1}{2}\sqrt{\pi} = \frac{\sqrt{\pi}}{\sqrt{s}}.$$

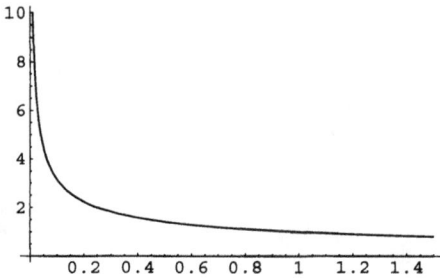

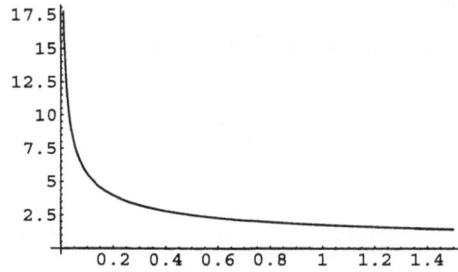

Bild 3.46: *Die Funktion* $f(t) = \dfrac{1}{\sqrt{t}}$, *(links) und das Laplace-Integral* $L(s) = \dfrac{\sqrt{\pi}}{\sqrt{s}}$ *für* $s > 0$, *(rechts)*

Mathematica

$$\mathbf{LaplaceTransform}\Big[\frac{1}{\sqrt{t}}, t, s\Big]$$

$$\frac{\sqrt{\pi}}{\sqrt{s}}$$

Maple

```
with(inttrans):

laplace(1/sqrt(t),t,s);
```

$$\sqrt{\frac{\pi}{s}}$$

Funktionen, deren Betrag durch einen gewissen Exponentialterm begrenzt wird, können stets der Laplacetransformation unterworfen werden.

Funktionen von exponentieller Ordnung

Die stückweise glatte Funktion: $f : [0, \infty) \longrightarrow \mathbb{C}$ heißt von exponentieller Ordnung b, wenn es Konstanten $a > 0$ und $b \in \mathbb{R}$ gibt, so dass für $0 \le t < \infty$ gilt: $f(t)| \le a\, e^{bt}$. In diesem Fall existiert

$$L(s) = \int\limits_{0}^{\infty} e^{-st}\, f(t)\, dt$$

für alle $s \in \mathbb{C}$ mit $\Re(s) > b$. Besitzen stetige Funktionen exponentieller Ordnung dieselbe Laplacetransformierte, dann stimmen sie überein.

Aufgabe 3.52: Laplacetransformierte als Fouriertransformierte auffassen

Sei $f : [0, \infty) \to \mathbb{C}$ eine stückweise glatte Funktion von exponentieller Ordnung b, $s = \sigma + \omega i$ und $\sigma > b$. Man interpretiere das Laplace-Integral $\mathcal{L}(f(t))(\sigma + \omega i)$ als Fourier-Integral.

Lösung

Wir formen das Laplace-Integral um:

$$
\mathcal{L}(f(t))(\sigma + \omega i) = \int\limits_0^\infty e^{-(\sigma+\omega i)t} f(t) \, dt
$$

$$
= \int\limits_0^\infty e^{-\sigma t} f(t) e^{-\omega i t} \, dt
$$

$$
= \int\limits_{-\infty}^\infty f_\sigma(t) e^{-\omega i t} \, dt
$$

$$
= 2\pi \, \mathcal{F}(f_\sigma(t))(\omega)
$$

mit der Funktion

$$
f_\sigma(t) = \begin{cases} 0 & , \quad t < 0 \\ e^{-\sigma t} f(t) & , \quad t \geq 0. \end{cases}
$$

Man setzt also bei festem σ die Funktion $e^{-\sigma t} f(t)$ durch die Null auf die negative Zeitachse fort und berechnet jeweils die Fouriertransformierte.

Die Laplacetransformierte ist innerhalb der Konvergenzhalbebene komplex differenzierbar. Man kann dies durch Differenzieren unter dem Integral bekommen.

Differenziation im Bildbereich, Abklingverhalten

Sei f in $[0, \infty)$ stückweise glatt und von exponentieller Ordnung b. Dann ist die Laplacetransformierte $\mathcal{L}(f(t))(s)$ in der Halbebene $\Re(s) > b$ komplex differenzierbar, und es gilt (Differenziation im Bildbereich):

$$
\frac{d}{ds} \mathcal{L}(f(t))(s) = -\mathcal{L}(t\, f(t))(s).
$$

Ferner besitzt die Laplacetransformierte folgendes Abklingverhalten:

$$
\lim_{\Re(s) \to \infty} L(s) = 0.
$$

Aufgabe 3.53: Differenziation im Bildbereich anwenden

Man zeige durch Differenziation im Bildbereich:

$$
\mathcal{L}(t^n e^{at})(s) = \frac{n!}{(s-a)^{n+1}}, \quad \Re(s) > \Re(a), \quad n \geq 0.
$$

Lösung

Für $n = 0$ haben wir:

$$\mathcal{L}(e^{at})(s) = \frac{1}{s-a}, \quad \Re(s) > \Re(a).$$

Differenziation im Bildbereich ergibt:

$$\mathcal{L}(t\, e^{at})(s) = -\frac{d}{ds}\frac{1}{s-a} = \frac{1}{(s-a)^2}, \quad \Re(s) > \Re(a).$$

Nehmen wir nun an, die Behauptung sei für ein beliebiges n richtig. Dann ergibt Differenziation im Bildbereich:

$$
\begin{aligned}
\mathcal{L}(t^{n+1}\, e^{at})(s) &= \mathcal{L}(t\, t^n\, e^{at})(s) \\
&= -\frac{d}{ds}\mathcal{L}(t^n\, e^{at})(s) = -\frac{d}{ds}\frac{n!}{(s-a)^{n+1}} \\
&= \frac{(n+1)!}{(s-a)^{n+2}}.
\end{aligned}
$$

Mathematica

Die Gamma-Funktion verallgemeinert die Fakultät. Es gilt für natürliche Zahlen: $\Gamma(n+1) = n!$.

$$\textbf{LaplaceTransform[}t^n\, e^{at}\textbf{, t, s]}$$

$$(-a+s)^{-1-n}\, \textbf{Gamma}[1+n]$$

Maple

```
with(inttrans):

assume(n>0);

laplace(t^n*exp(a*t),t,s);
```

$$\Gamma(n\tilde{\ } + 1)\, (s-a)^{(-n\tilde{\ }-1)}$$

Die Laplacetransformation stellt wieder eine lineare Zuordnung dar. Man kann aber nur Laplacetransformierte mit derselben Konvergenzhalbebene addieren.

> **Linearität der Laplacetransformation**
>
> Seien f und g auf $[0, \infty]$ stückweise stetige Funktionen von exponentieller Ordnung b. Dann gilt für $\Re(s) > b$ und alle $\alpha, \beta \in \mathbb{C}$:
>
> $$\mathcal{L}(\alpha\, f(t) + \beta\, g(t))(s) = \alpha\, \mathcal{L}(f(t))(s) + \beta\, \mathcal{L}(g(t))(s).$$

Aufgabe 3.54: Linearität der Laplacetransformation anwenden

Man zeige für $\omega \in \mathbb{R}$ und $\Re(s) > 0$:

$$\mathcal{L}(\cos(\omega t))(s) = \frac{s}{s^2 + \omega^2}, \quad \mathcal{L}(\sin(\omega t))(s) = \frac{\omega}{s^2 + \omega^2}.$$

Man benutze die Laplacetransformierte $\mathcal{L}\left(e^{at}\right)(s) = \frac{1}{s-a}$, $\Re(s) > \Re(a)$ und die Linearität.

Lösung

Mit den Eulerschen Formeln gilt:

$$\cos(\omega t) = \frac{1}{2}\left(e^{\omega i t} + e^{-\omega i t}\right), \quad \sin(\omega t) = \frac{1}{2i}\left(e^{\omega i t} - e^{-\omega i t}\right).$$

Benutzen wir die Laplacetransformierten

$$\mathcal{L}\left(e^{\omega i t}\right)(s) = \frac{1}{s - \omega i}, \quad \mathcal{L}\left(e^{-\omega i t}\right)(s) = \frac{1}{s + \omega i}, \quad \Re(s) > 0,$$

und die Linearität, so ergibt sich in der Kovergenzhalbebene $\Re(s) > 0$:

$$\mathcal{L}(\cos(\omega t))(s) = \frac{1}{2}\left(\frac{1}{s - \omega i} + \frac{1}{s + \omega i}\right) = \frac{s}{s^2 + \omega^2},$$

bzw.

$$\mathcal{L}(\sin(\omega t))(s) = \frac{1}{2i}\left(\frac{1}{s - \omega i} - \frac{1}{s + \omega i}\right) = \frac{\omega}{s^2 + \omega^2}.$$

Aufgabe 3.55: Rationale Funktion rücktransformieren

Man berechne die (stetige) Urbildfunktion der rationalen Funktion:

$$L(s) = \frac{s^2 + s}{(s + 2)^2 (s - 1)}, \quad \Re(s) > 1.$$

Lösung

Wir zerlegen $L(s)$ in Partialbrüche und bekommen:

$$L(s) = \frac{7}{9}\frac{1}{s + 2} - \frac{2}{3}\frac{1}{(s + 2)^2} + \frac{2}{9}\frac{1}{s - 1}.$$

Mit der Linearität gilt nun:

$$\mathcal{L}(f(t))(s) = L(s) \quad \text{bzw} \quad \mathcal{L}^{-1}(L(s))(t) = f(t)$$

für

$$f(t) = \left(\frac{7}{9} - \frac{2}{3}t\right)e^{-2t} + \frac{2}{9}e^t.$$

Mathematica

Man ermittelt die Rücktransformierte mit InverseLaplace. Man muss die Variable im Bild- und im Zeitbereich angeben. Partialbruchzerlegung wird mit Apart durchgeführt.

$$L[s_-] := \frac{s^2 + s}{(s+2)^2 (s-1)}$$

Apart[L[s]]

$$\frac{2}{9(-1+s)} - \frac{2}{3(2+s)^2} + \frac{7}{9(2+s)}$$

InverseLaplaceTransform[L[s], s, t]

$$\frac{1}{9} E^{-2t} (7 + 2 E^{3t} - 6t)$$

Maple

Man lädt das Paket Inttrans und kann dann mit InvLaplace die Rücktransformierte ermitteln. Man muss die Variable im Bild- und im Zeitbereich angeben. Partialbruchzerlegung wird mit Convert, Parfrac durchgeführt.

```
L:=s->(s^2+s)/((s+2)^2*(s-1));
```

$$L := s \rightarrow \frac{s^2 + s}{(s+2)^2 (s-1)}$$

```
convert(L(s),parfrac,s);
```

$$-\frac{2}{3} \frac{1}{(s+2)^2} + \frac{7}{9} \frac{1}{s+2} + \frac{2}{9} \frac{1}{s-1}$$

```
with(inttrans):
```

```
invlaplace(L(s),s,t);
```

$$-\frac{2}{3} t\, e^{(-2t)} + \frac{7}{9} e^{(-2t)} + \frac{2}{9} e^{t}$$

Aufgabe 3.56: Rationale Funktion rücktransformieren

Man berechne die (stetige) Urbildfunktion der rationalen Funktion:

$$L(s) = \frac{s+3}{s^2 + 2s + 10}, \quad \Re(s) > 1.$$

Lösung

Wir zerlegen $L(s)$ in Partialbrüche und bekommen:

$$L(s) = \frac{s+3}{(s+1-3i)(s+1+3i)} = \frac{\frac{1}{2} - \frac{1}{3}i}{s+1-3i} + \frac{\frac{1}{2} + \frac{1}{3}i}{s+1+3i}.$$

Damit ergibt sich folgende Rücktransformierte:

$$\begin{aligned}
\mathcal{L}^{-1}(L(s))(t) &= \left(\frac{1}{2} - \frac{1}{3}i\right) e^{(-1+3i)t} + \left(\frac{1}{2} + \frac{1}{3}i\right) e^{(-1-3i)t} \\
&= e^{-t}\cos(3t) + \frac{2}{3}e^{-t}\sin(3t).
\end{aligned}$$

Mathematica

$$\mathbf{Simplify[ComplexExpand[}$$
$$\mathbf{InverseLaplaceTransform[}\tfrac{s+3}{s^2+2s+10}, s, t\mathbf{]]]}$$

$$\frac{1}{3} E^{-t} (3\cos[3t] + 2\sin[3t])$$

Maple

```
evalc(invlaplace((s+3)/(s^2+2*s+10),s,t));
```

$$e^{(-t)}\cos(3t) + \frac{2}{3}e^{(-t)}\sin(3t)$$

Unter geeigneten Voraussetzungen lassen sich Potenzreihen gliedweise in den Bildbereich übersetzen.

Rücktransformation durch Reihenentwicklung

Die Funktion $L(s)$ sei außerhalb eines Kreises mit Radius R $|s| > R \Longleftrightarrow \frac{1}{|s|} < R$ in eine Reihe nach Potenzen von $\frac{1}{s}$ (eine Laurentreihe) entwickelbar:

$$L(s) = \sum_{\nu=0}^{\infty} \frac{a_\nu}{s^{\nu+1}}, \quad |s| > R.$$

Dann ist die Potenzreihe:

$$f(t) = \sum_{\nu=0}^{\infty} \frac{a_\nu}{\nu!} t^\nu$$

für alle $t \geq 0$ absolut konvergent, und es gilt:

$$\mathcal{L}(f(t))(s) = L(s), \quad \Re(s) > R.$$

Aufgabe 3.57: Laplacetransformierte durch Reihenentwicklung finden

Man zeige für $\omega \in \mathbb{R}$ und $\Re(s) > 0$:

$$\mathcal{L}(\cos(\omega t))(s) = \frac{s}{s^2 + \omega^2}, \quad \mathcal{L}(\sin(\omega t))(s) = \frac{\omega}{s^2 + \omega^2},$$

indem man die Potenzreihen des Sinus und Cosinus benutzt.

Lösung

Die Potenzreihenentwicklungen lauten:

$$\cos(\omega t) = \sum_{\nu=0}^{\infty} (-1)^\nu \frac{(\omega t)^{2\nu}}{(2\nu)!}, \quad \sin(\omega t) = \sum_{\nu=0}^{\infty} (-1)^\nu \frac{(\omega t)^{2\nu+1}}{(2\nu+1)!}.$$

Gliedweises Transformieren ergibt mit der geometrischen Reihe:

$$
\begin{aligned}
\mathcal{L}(\cos(\omega t))(s) &= \sum_{\nu=0}^{\infty} (-1)^\nu \frac{\omega^{2\nu}}{s^{2\nu+1}} = s \sum_{\nu=0}^{\infty} (-1)^\nu \frac{\omega^{2\nu}}{s^{2\nu}} \\
&= s \sum_{\nu=0}^{\infty} (-1)^\nu \left(\left(\frac{\omega}{s} \right)^2 \right)^\nu \\
&= s \frac{1}{1 + \frac{\omega^2}{s^2}} = \frac{s}{s^2 + \omega^2}
\end{aligned}
$$

und

$$
\begin{aligned}
\mathcal{L}(\sin(\omega t))(s) &= \sum_{\nu=0}^{\infty} (-1)^\nu \frac{\omega^{2\nu+1}}{s^{2\nu+2}} = \frac{\omega}{s^2} \sum_{\nu=0}^{\infty} (-1)^\nu \frac{\omega^{2\nu}}{s^{2\nu}} \\
&= \frac{\omega}{s^2} \sum_{\nu=0}^{\infty} (-1)^\nu \left(\left(\frac{\omega}{s} \right)^2 \right)^\nu \\
&= \frac{\omega}{s^2} \frac{1}{1 + \frac{\omega^2}{s^2}} = \frac{\omega}{s^2 + \omega^2}.
\end{aligned}
$$

Das Vorgehen wird gerechtfertigt durch die absolute Konvergenz der geometrischen Reihe für $\frac{|\omega|}{|s|} < 1$ bzw. $|s| > |\omega|$. Wir bekommen damit die Laplacetransformierten in der Halbebene $|s| > |\omega|$.

Aufgabe 3.58: Laplacetransformierte periodischer Funktionen

Sei $f : [0, \infty) \to \mathbb{C}$ stückweise stetige, beschränkte und T-periodische Funktion: $f(t + kT) = f(t)$, $k \in \mathbb{N}$. Man zeige, dass für $\Re(s) > 0$ gilt:

$$\mathcal{L}(f(t))(s) = \frac{1}{1 - e^{-sT}} \int_0^T e^{-st} f(t) \, dt, \quad \Re(s) > 0.$$

Welche Laplacetransformierte ergibt sich für den periodischen Rechteckimpuls, der auf dem Periodenintervall [0, 1 gegeben wird durch:

$$f(t) = \begin{cases} 1, & 0 \le t \le \frac{1}{2}, \\[2mm] 0, & \frac{1}{2} < t < 1. \end{cases}$$

Lösung

Wir können das Laplace-Integral aufteilen:

$$\mathcal{L}(f(t))(s) = \sum_{k=0}^{\infty} \int_{kT}^{(k+1)T} e^{-st} f(t)\, dt.$$

Mit der Substitution $t = \tau + kT$ und der geometrischen Reihe bekommt man:

$$\begin{aligned} \mathcal{L}(f(t))(s) &= \sum_{k=0}^{\infty} \int_{0}^{T} e^{-s(\tau+kT)} f(\tau + kT)\, d\tau \\[2mm] &= \sum_{k=0}^{\infty} e^{-skT} \int_{0}^{T} e^{-s\tau} f(\tau + kT)\, d\tau \\[2mm] &= \sum_{k=0}^{\infty} e^{-skT} \int_{0}^{T} e^{-s\tau} f(\tau)\, d\tau = \frac{1}{1 - e^{-sT}} \int_{0}^{T} e^{-st} f(t)\, dt. \end{aligned}$$

Für den periodischen Rechteckimpuls ergibt sich wegen:

$$\int_{0}^{1} e^{-st} f(t)\, dt = \int_{0}^{\frac{1}{2}} e^{-st}\, dt = \frac{1}{s}\left(1 - e^{-\frac{s}{2}}\right)$$

die Laplacetransformierte:

$$\mathcal{L}(f(t))(s) = \frac{1}{1 - e^{-s}} \frac{1}{s}(1 - e^{\frac{s}{2}}) = \frac{1}{s}\frac{1 - e^{-\frac{s}{2}}}{1 - e^{-s}}.$$

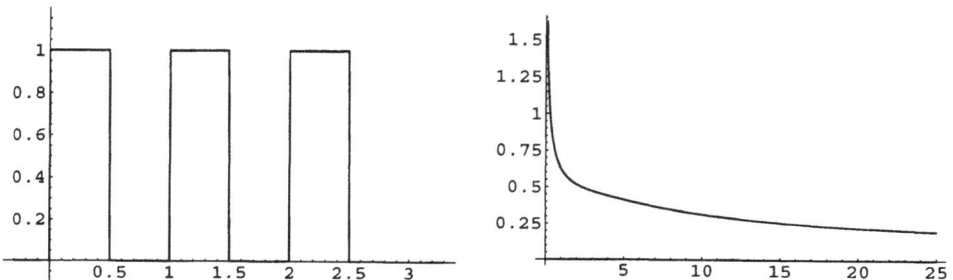

Bild 3.47: *Der periodische Impuls $f(t)$ (links) und seine Laplacetransformierte (rechts) für reelles s*

Aufgabe 3.59: Laplacetransformierte der Delta-Funktion

Die Impulse:

$$f_n(t) = \begin{cases} n, & 0 \leq t < \frac{1}{n}, \\ \\ 0, & \text{sonst}, \end{cases}$$

konvergieren im Distributionensinn gegen die Delta-Funktion. Man zeige:

$$\lim_{n \to \infty} \mathcal{L}(f_n(t))(s) = 1 = \mathcal{L}(\delta(t))(s) .$$

Lösung

Wir betrachten zunächst die zugeordneten regulären Distributionen:

$$T_{f_n}(\phi) = \int\limits_{-\infty}^{\infty} f_n(t)\, \phi(t)\, dt = n \int\limits_{0}^{\frac{1}{n}} \phi(t)\, dt .$$

Mit einer Zwischenstelle

$$0 \leq \xi_n \leq \frac{1}{n}$$

bekommt man:

$$T_{f_n}(\phi) = \phi(\xi_n)$$

und somit:

$$\lim_{n \to \infty} T_{f_n}(\phi) = T_\delta(\phi) = \phi(0) .$$

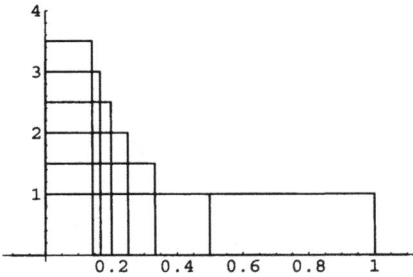

Bild 3.48: *Die Impulse $f_n(t)$*

Die Laplacetransformierte von f_n ergibt:

$$\mathcal{L}(f_n(t))(s) = \int\limits_{0}^{\infty} e^{-st}\, f_n(t)\, dt = n \int\limits_{0}^{\frac{1}{n}} e^{-st}\, dt$$

$$= \frac{1 - e^{-\frac{1}{n}s}}{\frac{1}{n}\, s} .$$

Hieraus entnimmt man mit der Regel von de l'Hospital den Grenzwert:

$$\lim_{n \to \infty} \mathcal{L}(f_n(t))(s) = 1 \, .$$

Mathematica

$$\textbf{LaplaceTransform[DiracDelta[t], t, s]}$$

$$1$$

Maple

```
with(inttrans):
laplace(Dirac(t),t,s);
```

$$1$$

Wegen der Einseitigkeit der Laplacetransformation kommen bei der Streckung nur positive Faktoren in Betracht.

Ähnlichkeitssatz

Sei f in $[0, \infty)$ stückweise glatt und von exponentieller Ordnung b. Dann gilt für $\lambda > 0$:

$$\mathcal{L}(f(\lambda\, t))(s) = \frac{1}{\lambda}\, \mathcal{L}(f(t)) \left(\frac{s}{\lambda}\right) \, , \quad \Re(s) > \lambda\, b \, .$$

Im Zeitbereich verschiebt man wegen der Einseitigkeit Funktionen nur nach rechts. Verschiebung im Zeitbereich bewirkt Multiplikation mit einem Exponentialfaktor im Bildbereich. Verschiebung im Bildbereich bewirkt die Multiplikation mit einem Exponentialfaktor im Zeitbereich.

Verschiebungssätze

Sei f in $[0, \infty)$ stückweise glatt und von exponentieller Ordnung b und $a > 0$. Dann besitzt die Funktion:

$$h(t) = u(t - a)\, f(t - a) = \begin{cases} 0 & , \quad t < a \, , \\ f(t - a) & , \quad t \geq a \, , \end{cases}$$

die Laplacetransformierte:

$$\mathcal{L}(h(t))(s) = e^{-a\,s}\, \mathcal{L}(f(t))(s) \, , \quad \Re(s) > b \, .$$

(Verschiebung im Zeitbereich).

Sei $a \in \mathbb{C}$, dann gilt:

$$\mathcal{L}\left(e^{a\,t}\, f(t)\right)(s) = \mathcal{L}(f(t))(s - a) \, , \quad \Re(s) > b + \Re(a) \, .$$

(Verschiebung im Bildbereich).

Aufgabe 3.60: Verschiebung im Zeitbereich und Ähnlichkeitssatz anwenden

Man berechne die Laplacetransformierte der Funktion:

$$f(t) = u(\lambda t - a) \sin(\lambda t - a), \quad \lambda, a > 0.$$

Lösung

Wir gehen aus von der Korrespondenz:

$$\mathcal{L}(\sin(t))(s) = \frac{1}{s^2 + 1}, \quad \Re(s) > 0.$$

Verschiebung im Zeitbereich ergibt:

$$\mathcal{L}(u(t - a) \sin(t - a))(s) = e^{-as} \frac{1}{s^2 + 1}, \quad \Re(s) > 0.$$

Durch anschließende Streckung folgt:

$$\mathcal{L}(u(\lambda t - a) \sin(\lambda t - a))(s) = \frac{1}{\lambda} e^{-as} \frac{1}{s^2 + 1}, \quad \Re(s) > 0.$$

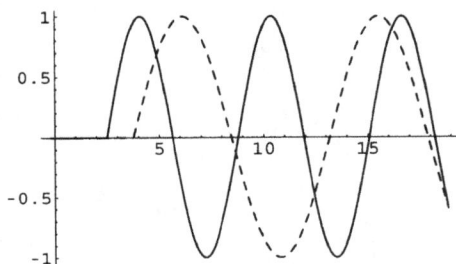

Bild 3.49: *Verschiebung der Sinusfunktion im Zeitbereich und anschließende Streckung (gestrichelt)*

Aufgabe 3.61: Verschiebung im Bildbereich anwenden

Man zeige für $a \in \mathbb{C}$, $\omega \in \mathbb{R}$ und $\Re(s) > \Re(a)$:

$$\mathcal{L}(e^{at}) \cos(\omega t))(s) = \frac{s - a}{(s - a)^2 + \omega^2}, \quad \mathcal{L}(e^{at} \sin(\omega t))(s) = \frac{\omega}{(s - a)^2 + \omega^2}.$$

Lösung

Es gilt:

$$\mathcal{L}(\cos(\omega t))(s) = \frac{s}{s^2 + \omega^2}, \quad \mathcal{L}(\sin(\omega t))(s) = \frac{\omega}{s^2 + \omega^2}.$$

Durch Verschiebung im Bildbereich erhält man:

$$\mathcal{L}(e^{at} \cos(\omega t))(s) = \mathcal{L}(\cos(\omega t))(s - a), \quad \mathcal{L}(e^{at} \sin(\omega t))(s) = \mathcal{L}(\sin(\omega t))(s - a)$$

und die Behauptung.

Da bei der Differenziation im Zeitbereich der Anfangswert eine Rolle spielt, lässt sich die Laplacetransformierte zur Behandlung von Anfangwertproblemen heranziehen.

Differenziation im Zeitbereich

Sei $f : [0, \infty) \to \mathbb{C}$ eine stetige, stückweise glatte Funktion von exponentieller Ordnung b. Dann gilt:

$$\mathcal{L}(f'(t))(s) = s\,\mathcal{L}(f(t))(s) - f(0)\,, \quad \Re(s) > b\,.$$

Ist f $(n-1)$-mal stetig differenzierbar, $f^{(n)}$ stückweise glatt und sind die Ableitungen bis zur $(n-1)$-ten Ordnung alle von exponentieller Ordnung b, so gilt für $\Re(s) > b$:

$$\mathcal{L}(f^{(n)}(t))(s) = s^n\,\mathcal{L}(f)(t)(s) - \sum_{k=0}^{n-1} s^{n-1-k}\,f^{(k)}(0)\,.$$

Aufgabe 3.62: Differenziation im Zeitbereich bestätigen

Unter den obigen Voraussetzungen zeige man:

$$\mathcal{L}(f^{(n)}(t))(s) = s^n\,\mathcal{L}(f)(t)(s) - \sum_{k=0}^{n-1} s^{n-1-k}\,f^{(k)}(0)\,.$$

Lösung

Durch partielle Integration erhält man zunächst:

$$\int_0^R e^{-st}\,f'(t)\,dt = e^{-st}\,f(t)\big|_{t=0}^{t=R} + s\int_0^R e^{-st}\,f(t)\,dt\,.$$

Nun gilt in der Konvergenzhalbebene bei

$$\Re(s) = \Re(\sigma + \tau i) = \sigma > b$$

die Abschätzung:

$$\left|e^{-st}\,f(t)\right| = e^{-\sigma t}\left|e^{-\tau i t}\right|\,|f(t)| = e^{-\sigma t}\,|f(t)| \le a\,e^{-\sigma t}\,e^{bt} = a\,e^{(b-\sigma)t}\,.$$

Durch den Grenzübergang $R \to \infty$ folgt dann:

$$\mathcal{L}(f'(t))(s) = s\,\mathcal{L}(f)(t)(s) - f(0)\,.$$

Wendet man den Differenziationssatz auf die Funktion $f''(t)$ an, so ergibt sich:

$$\mathcal{L}(f''(t))(s) = s\,\mathcal{L}(f')(t)(s) - f'(0) = s^2\,\mathcal{L}(f)(t)(s) - s\,f(0) - f'(0)\,.$$

Durch vollständige Induktion erhält man schließlich die Behauptung.

Bei der Faltung muss man wieder die Einseitigkeit der Laplacetransformierten berücksichtigen. Im Übrigen gilt der Faltungssatz wie bei der Fouriertransformation.

Faltungssatz

Sind $f : [0, \infty) \to \mathbb{C}$ und $g : [0, \infty) \to \mathbb{C}$ stückweise stetige Funktionen, so wird ihre Faltung erklärt durch:

$$(f * g)(t) = \int_0^t f(\tau)\, g(t - \tau)\, d\tau, \quad t \geq 0.$$

Die Faltung $f * g$ ist eine stetige Funktion, und es gilt $f * g = g * f$. Sind f und g von exponentieller Ordnung b, dann gilt für $\Re(s) > b$:

$$\mathcal{L}((f * g)(t))(s) = \mathcal{L}(f(t))(s)\, \mathcal{L}(g(t))(s).$$

Aufgabe 3.63: Faltungssatz anwenden

Wir berechnen die Faltung der Funktionen:

$$f(t) = \cos(t), \quad g(t) = t\, e^{-t},$$

und die Laplacetransformierte der Faltung.

Lösung

Nach Definition der Faltung gilt für $t \geq 0$:

$$
\begin{aligned}
(f * g)(t) &= \int_0^t \cos(\tau)\,(t - \tau)\,e^{-t+\tau}\, d\tau \\[2mm]
&= t\,e^{-t} \int_0^t \cos(\tau)\,e^\tau\, d\tau + e^{-t} \int_0^t \cos(\tau)\,\tau\, e^\tau\, d\tau \\[2mm]
&= t\,e^{-t}\,\frac{1}{2}\left(-1 + e^t\,\cos(t) + e^t\,\cos(t)\right) \\[2mm]
&\quad - e^{-t}\,\frac{1}{2}\,e^t\,(t\,\cos(t) + t\,\sin(t) - \sin(t)) \\[2mm]
&= \frac{1}{2}\left(-t\,e^{-t} + \sin(t)\right).
\end{aligned}
$$

Wegen

$$\mathcal{L}(\cos(t))(s) = \frac{s}{s^2 + 1} \quad \text{und} \quad \mathcal{L}\left(t\,e^{-t}\right)(s) = \frac{1}{(s + 1)^2}$$

erhält man nach dem Faltungssatz:

$$\mathcal{L}\left(\frac{1}{2}\left(-t\,e^{-t} + \sin(t)\right)\right)(s) = \frac{s}{(s + 1)^2\,(s^2 + 1)}, \quad \Re(s) > 0.$$

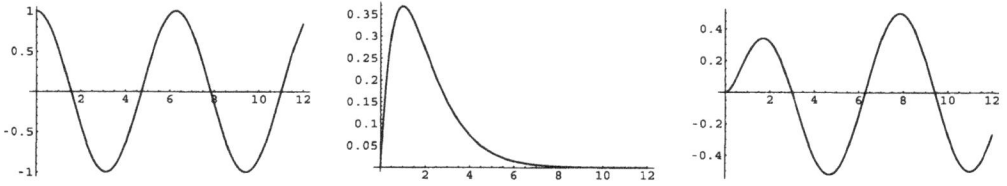

Bild 3.50: *Die Funktion* $f(t) = \cos(t)$ *(links),* $g(t) = t\,e^{-t}$ *(Mitte) und ihre Faltung*
$(f * g)(t) = \dfrac{1}{2}\left(-t\,e^{-t} + \sin(t)\right)$ *(rechts)*

Mathematica

$$\textbf{InverseLaplaceTransform}\left[\frac{s}{(s+1)^2\,(s^2+1)}, s, t\right]$$

$$\frac{1}{2}\left(-E^{-t}\,t + \sin[t]\right)$$

Maple

```
with(inttrans):
```

```
invlaplace(s/((s+1)^2*(s^2+1)),s,t);
```

$$-\frac{1}{2}\,t\,e^{(-t)} + \frac{1}{2}\,\sin(t)$$

Aufgabe 3.64: Inhomogene Differenzialgleichung in den Bildbereich übersetzen

Gegeben sei die inhomogene, lineare Differenzialgleichung mit konstanten (reellen) Koeffizienten:

$$y^{(n)} + a_{n-1}\,y^{(n-1)} + \cdots + a_1\,y' + a_0\,y = r(t)\,.$$

Die rechte Seite sei stetig und wachse höchstens exponentiell. Sei $y_g(t)$ die Grundlösung der homogenen Gleichung:

$$y^{(n)} + a_{n-1}\,y^{(n-1)} + \ldots + a_1\,y' + a_0\,y = 0\,,$$

$$y_g(0) = y_g'(0) = \cdots = y_g^{(n-2)}(0) = 0\,, y_g^{(n-1)}(0) = 1\,.$$

Ferner sei $y_p(t)$ die Lösung der inhomogenen Gleichung, welche die homogenen Anfangsbedingungen erfüllt:

$$y_p(0) = y_p'(0) = \cdots = y_p^{(n-2)}(0) = y_p^{(n-1)}(0) = 0\,.$$

Man zeige:

$$\mathcal{L}(y_g(t))(s) = H(s), \quad \mathcal{L}(y_p(t))(s) = \mathcal{L}((y_g * r)(t))(s) = H(s)\,\mathcal{L}(r(t))(s)\,.$$

Hierbei ist

$$H(s) = \frac{1}{P(s)}$$

die Übertragungsfunktion und $P(s) = s^n + a_{n-1}\,s^{n-1} + \cdots + a_1\,s + a_0$ das charakteristische Polynom.

Lösung

Mit dem Differenziationssatz und den Anfangsbedingungen erhalten wir:

$$
\begin{aligned}
\mathcal{L}(y_g(t))(s) &= Y_g(s)\,, \\
\mathcal{L}(y_g'(t))(s) &= s\,Y_g(s)\,, \\
\mathcal{L}(y_g''(t))(s) &= s^2\,Y_g(s)\,, \\
&\ \vdots \\
\mathcal{L}(y_g^{(n-1)}(t))(s) &= s^{n-1}\,Y_g(s)\,, \\
\mathcal{L}(y_g^{(n)}(t))(s) &= s^n\,Y_g(s) - 1\,.
\end{aligned}
$$

Die Laplacetransformierte $Y(s)$ muss somit folgende Gleichung erfüllen:

$$s^n\,Y_g(s) + a_{n-1}\,s^{n-1}\,Y_g(s) + \cdots + a_1\,s\,Y_g(s) + a_0\,Y_g(s) = 1\,.$$

Mit dem charakterischen Polynom ergibt sich schließlich:

$$\mathcal{L}(y_g(t))(s) = \frac{1}{P(s)} = H(s)\,.$$

Das Maximum der Realteile aller Nullstellen von $P(s)$ legt die Konvergenzhalbebene fest. Sei $\mathcal{L}(y_p(t))(s) = Y_p(s)$ und $\mathcal{L}(r(t))(s) = R(s)$. Die Laplacetransformierte $Y_p(s)$ muss somit folgende Gleichung erfüllen:

$$s^n\,Y_p(s) + a_{n-1}\,s^{n-1}\,Y_p(s) + \cdots + a_1\,s\,Y_p(s) + a_0\,Y_p(s) = R(s)\,.$$

Mit dem charakterischen Polynom ergibt sich wieder:

$$\mathcal{L}(y_p(t))(s) = \frac{R(s)}{P(s)} = H(s)\,R(s)\,.$$

Mit dem Faltungssatz folgt schließlich:

$$y_p(t) = \int_0^t y_g(t - \tau)\,r(\tau)\,d\tau = (y_g * r)(t)\,.$$

Aufgabe 3.65: Inhomogene Gleichung mit homogenen Anfangsbedingungen lösen

Man löse das folgende Anfangswertproblem mithilfe der Laplacetransformation:

$$y'' + 4y = \cos(5t), \quad y(0) = y'(0) = 0.$$

Lösung

Wir setzen:

$$\mathcal{L}(y(t))(s) = Y(s).$$

Mit dem Differenziationssatz bekommt man:

$$\mathcal{L}(y''(t))(s) = s^2 Y(s) - s y(0) - y'(0) = s^2 Y(s).$$

Berücksichtigen wir die Korrespondenz

$$\mathcal{L}(\cos(5t))(s) = \frac{s}{s^2 + 25},$$

so ergibt sich folgende Gleichung im Bildraum:

$$s^2 Y_p(s) + 4s = \frac{s}{s^2 + 25}$$

mit der Lösung

$$Y(s) = \frac{s}{(s^2 + 4)(s^2 + 25)}.$$

Partialbruchzerlegung ergibt:

$$Y(s) = \frac{1}{21} \frac{s}{s^2 + 4} - \frac{1}{21} \frac{s}{s^2 + 25}.$$

Die Rücktransformation kann sofort vorgenommen werden und liefert die Lösung:

$$y(t) = \frac{1}{21}\left(\cos(2t) - \cos(5t)\right).$$

Mathematica

$$\mathbf{Apart}\Big[\frac{\mathbf{s}}{(\mathbf{s^2 + 4})\,(\mathbf{s^2 + 25})}, \mathbf{s}\Big]$$

$$\frac{s}{21\,(4 + s^2)} - \frac{s}{21\,(25 + s^2)}$$

$$\mathbf{InverseLaplaceTransform}\Big[\frac{s}{(s^2+4)\,(s^2+25)}, s, t\Big]$$

$$\frac{1}{21}\left(\cos[2t] - \cos[5t]\right)$$

$$\mathbf{DSolve}[\{y''[t] + 4y[t] == \cos[t], y[0] == 0,$$
$$y'[0] == 0\}, y[t], t]$$

$$\{\{y[t] \to \tfrac{1}{84}\,(4\cos[2t] - 7\cos[2t]\cos[3t] +$$
$$3\cos[2t]\cos[7t] + 7\sin[2t]\sin[3t] + 3\sin[2t]\sin[7t])\}\}$$

Maple

```
with(inttrans):

convert(s/((s^2+4)*(s^2+25)),parfrac,s);
```

$$\frac{1}{21}\frac{s}{s^2+4} - \frac{1}{21}\frac{s}{s^2+25}$$

```
invlaplace(s/((s^2+4)*(s^2+25)),s,t);
```

$$\frac{1}{21}\cos(2\,t) - \frac{1}{21}\cos(5\,t)$$

```
dsolve({diff(y(t),t$2)+4*y(t)=cos(5*t),y(0)=0,D(y)(0)=0},y(t));
```

$$\text{Dsolve}(\{(\frac{\partial^2}{\partial t^2}\,y(t)) + 4\,y(t) = \cos(5\,t),\ y(0) = 0,\ \text{D}(y)(0) = 0\},\ y(t)) =$$

$$(\text{y}(t) = \frac{1}{21}\cos(2\,t) - \frac{1}{21}\cos(5\,t))$$

Aufgabe 3.66: Inhomogene Gleichung mit inhomogenen Anfangsbedingungen lösen

Man löse das folgende Anfangswertproblem mithilfe der Laplacetransformation:

$$y'' + 2\,y' + 3\,y = t,\quad y(0) = -1,\, y'(0) = 2.$$

Lösung

Wir setzen $\mathcal{L}(y(t))(s) = Y(s)$ und bekommen für die Ableitungen:

$$\mathcal{L}(y'(t))(s) = s\,Y(s) + 1,$$

$$\mathcal{L}(y''(t))(s) = s^2\,Y(s) + s - 2.$$

Mit der Korrespondenz

$$\mathcal{L}(t)(s) = \frac{1}{s^2},\quad \Re(s) > 0.$$

können wir die Differenzialgleichung im Bildraum darstellen:

$$s^2\,Y(s) + s - 2 + 2\,(s\,Y(s) + 1) + 3\,Y(s) = \frac{1}{s^2}$$

bzw.

$$(s^2 + 2s + 3)\, Y(s) = \frac{1}{s^2} - s.$$

Im Bildraum wird also die Lösung gegeben durch:

$$Y(s) = \frac{-s^3 + 1}{s^2\,(s^2 + 2s + 3)}.$$

Partialbruchzerlegung ergibt:

$$
\begin{aligned}
Y(s) &= -\frac{2}{9}\frac{1}{s} + \frac{1}{3}\frac{1}{s^2} - \frac{7}{9}\frac{s - \frac{1}{7}}{s^2 + 2s + 3}\\[2mm]
&= -\frac{7}{9}\frac{s+1}{(s+1)^2 + 2} + \frac{4\sqrt{2}}{9}\frac{\sqrt{2}}{(s+1)^2 + 2} - \frac{2}{9}\frac{1}{s} + \frac{1}{3}\frac{1}{s^2}.
\end{aligned}
$$

Hieraus erhält man die Rücktransformierte:

$$y(t) = -\frac{7}{9}\,e^{-t}\,\cos(\sqrt{2}\,t) + \frac{4\sqrt{2}}{9}\,e^{-t}\,\sin(\sqrt{2}\,t) - \frac{2}{9} + \frac{1}{3}\,t.$$

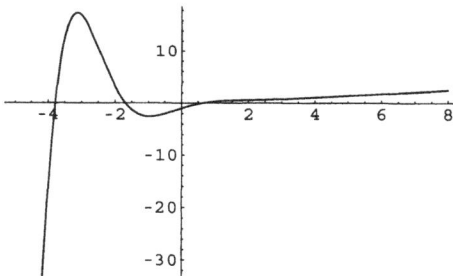

Bild 3.51: *Die Lösung des Anfangswertproblems* $y'' + 2\,y' + 3\,y = t,$ $y(0) = -1\,, y'(0) = 2$

Mathematica

$$\mathbf{Apart}\Big[\frac{-s^3 + 1}{s^2\,(s^2 + 2s + 3)}, s\Big]$$

$$\frac{1}{3\,s^2} - \frac{2}{9\,s} - \frac{-1 + 7\,s}{9\,(3 + 2\,s + s^2)}$$

$$\mathbf{InverseLaplaceTransform}\Big[\frac{-s^3+1}{s^2\,(s^2+2\,s+3)}, s, t\Big]//\mathbf{Expand}$$

$$-\frac{2}{9} + \frac{t}{3} - \frac{7}{9}\,E^{-t}\,\cos\big[\sqrt{2}\,t\big] + \frac{4}{9}\,\sqrt{2}\,E^{-t}\,\sin\big[\sqrt{2}\,t\big]$$

Loe= **DSolve**[{$y''[t] + 2y'[t] + 3y[t] == t,$ $y[0] == -1, y'[0] == 2$}, $y[t], t$]

$$\{\{y[t] \rightarrow$$

$$\tfrac{1}{18}\left(-4 - 7IE^{\left(-1-I\sqrt{2}\right)t} + 4I\sqrt{2}IE^{\left(-1-I\sqrt{2}\right)t} -\right.$$

$$\left. 7IE^{\left(-1+I\sqrt{2}\right)t} - 4I\sqrt{2}IE^{\left(-1+I\sqrt{2}\right)t} + 6t\right)\}\}$$

y[t]/.Loe[[1]]//ComplexExpand

$$-\tfrac{2}{9} + \tfrac{t}{3} - \tfrac{7}{9}E^{-t}\cos\left[\sqrt{2}t\right] +$$

$$\tfrac{4}{9}\sqrt{2}E^{-t}\sin\left[\sqrt{2}t\right]$$

Maple

```
with(inttrans):
convert((-s^3+1)/(s^2*(s^2+2*s+3)),parfrac,s);
```

$$\frac{1}{3}\frac{1}{s^2} - \frac{2}{9}\frac{1}{s} - \frac{1}{9}\frac{-1+7s}{s^2+2s+3}$$

```
invlaplace((-s^3+1)/(s^2*(s^2+2*s+3)),s,t);
```

$$\frac{4}{9}e^{(-t)}\sin(\sqrt{2}t)\sqrt{2} - \frac{7}{9}e^{(-t)}\cos(\sqrt{2}t) - \frac{2}{9} + \frac{1}{3}t$$

```
dsolve({diff(y(t),t$2)+2*diff(y(t),t)+3*y(t)=t,y(0)=-1,D(y)(0)=2},y(t));
```

$$\text{Dsolve}(\{(\frac{\partial^2}{\partial t^2}y(t)) + 2(\frac{\partial}{\partial t}y(t)) + 3y(t) = t,\ y(0) = -1,\ D(y)(0) = 2\},\ y(t)) =$$

$$(y(t) = \frac{4}{9}e^{(-t)}\sin(\sqrt{2}t)\sqrt{2} - \frac{7}{9}e^{(-t)}\cos(\sqrt{2}t) - \frac{2}{9} + \frac{1}{3}t)$$

Aufgabe 3.67: Inhomogenes System in den Bildbereich übersetzen

Gegeben sei das inhomogene, lineare System mit konstanten (reellen) Koeffizienten:

$$Y' = AY + B(t)$$

mit der konstanten $n \times n$-Matrix A und der stetigen Inhomogenität $B(t)$, die höchstens exponentiell wachse. Sei $M(t) = e^{At}$ die Matrix-Exponentialfunktion und $Y_p(t)$ die Lösung der inhomogenen Gleichung, welche die Anfangsbedingung $Y_p(0) = \vec{0}$ erfüllt. Mit der Übertragungsfunktion

$$H(s) = (sE - A)^{-1}$$

zeige man:

$$\mathcal{L}(M(t))(s) = H(s), \quad \mathcal{L}(Y_p(t))(s) = \mathcal{L}((Y_g * B)(t))(s) = H(s)\,\mathcal{L}(B(t))(s).$$

Lösung

Die Matrix-Exponentialfunktion stellt die eindeutige Lösung des folgenden Anfangswertproblems dar:

$$M'(t) = A\,M(t)\,, \quad M(0) = E\,.$$

Durch Übersetzen in den Bildbereich bekommen wir:

$$s\,\mathcal{L}(M(t))(s) - E = A\,\mathcal{L}(M(t))(s)$$

bzw.

$$(s\,E - A)\,\mathcal{L}(M(t))(s) = E\,.$$

Schließlich ergibt sich folgende Lösung im Bildbereich:

$$\mathcal{L}(M(t))(s) = (s\,E - A)^{-1} = H(s)\,.$$

Betrachtet man nur solche $s \in \mathbb{C}$, deren Realteil größer als das Maximum der Realteile der Nullstellen des charakteristischen Polynoms $\det(s\,E - A)$ ist, dann kann die Matrix $s\,E - A$ invertiert werden. Die inverse Matrix besitzt rationale Eingänge deren Zählergrad kleiner als der Nennergrad ist. Das Nennerpolynom wird jeweils durch das charakteristische Polynom $\det(s\,E - A)$ gegeben. Die Konvergenzhalbebene von H wird durch das Maximum der Realteile der Nullstellen des charakteristischen Polynoms $\det(s\,E - A)$ festgelegt.

Wir übertragen die inhomogene Gleichung mitsamt den Anfangsbedingungen in den Bildbereich:

$$s\,\mathcal{L}(Y_p(t))(s) = A\,\mathcal{L}(Y_p(t))(s) + \mathcal{L}(B(t))(s)$$

und bekommen:

$$(s\,E - A)\,\mathcal{L}(Y_p(t))(s) = \mathcal{L}(B(t))(s)\,.$$

Mit der Übertragungsfunktion folgt:

$$\mathcal{L}(Y_p(t))(s) = H(s)\,\mathcal{L}(B(t))(s)\,.$$

Mit dem Faltungssatz ergibt sich schließlich:

$$Y_p(t) = \int\limits_0^t M(t - \tau)\,B(\tau)\,d\tau = (M * B)(t)\,.$$

Aufgabe 3.68: Homogenes System mit inhomogenen Anfangsbedingungen lösen

Gegeben sei das System:

$$Y' = A\,Y \quad \text{mit der Systemmatrix} \quad A = \begin{pmatrix} 1 & 2 \\ -1 & 2 \end{pmatrix}\,.$$

Man berechne ein Fundamentalsystem, indem man das System transformiert.

Lösung

Wir gehen zunächst zu folgendem Matrixsystem über:

$$M'(t) = A\,M(t)\,, \quad M(0) = E\,,$$

und bekommen im Bildbereich:

$$s\,\mathcal{L}(M(t))(s) - M(0) = A\,\mathcal{L}(M(t))(s)$$

bzw.

$$(s\,E - A)\,\mathcal{L}(M(t))(s) = E\,.$$

Die Lösung im Bildbereich lautet dann:

$$\mathcal{L}(M(t))(s) = (s\,E - A)^{-1}\,.$$

Die Matrix:

$$s\,E - A = \begin{pmatrix} s - 1 & -2 \\ 1 & s - 2 \end{pmatrix}$$

ist für $\Re(s) > \dfrac{3}{2}$ invertierbar, und die Lösung im Bildbereich nimmt folgende Gestalt an:

$$
\begin{aligned}
(s\,E - A)^{-1} &= \frac{1}{s^2 - 3s + 4} \begin{pmatrix} s - 2 & 2 \\ -1 & s - 1 \end{pmatrix} \\[2mm]
&= \frac{1}{\left(s - \frac{3}{2}\right)^2 + \left(\frac{\sqrt{7}}{2}\right)^2} \begin{pmatrix} s - \frac{3}{2} - \frac{1}{\sqrt{7}}\frac{\sqrt{7}}{2} & \frac{4}{\sqrt{7}}\frac{\sqrt{7}}{2} \\[2mm] -\frac{2}{\sqrt{7}}\frac{\sqrt{7}}{2} & s - \frac{3}{2} + \frac{2}{\sqrt{7}}\frac{\sqrt{7}}{2} \end{pmatrix}\,.
\end{aligned}
$$

Die Rücktransformation liefert die Lösung im Zeitbereich:

$$
M(t) = \begin{pmatrix} e^{\frac{3}{2}t}\cos\left(\frac{\sqrt{7}}{2}t\right) - \frac{1}{\sqrt{7}}e^{\frac{3}{2}t}\sin\left(\frac{\sqrt{7}}{2}t\right) & \frac{4}{\sqrt{7}}e^{\frac{3}{2}t}\sin\left(\frac{\sqrt{7}}{2}t\right) \\[3mm] -\frac{2}{\sqrt{7}}e^{\frac{3}{2}t}\sin\left(\frac{\sqrt{7}}{2}t\right) & e^{\frac{3}{2}t}\cos\left(\frac{\sqrt{7}}{2}t\right) + \frac{1}{\sqrt{7}}e^{\frac{3}{2}t}\sin\left(\frac{\sqrt{7}}{2}t\right) \end{pmatrix}\,.
$$

Das Ausgangssystem besitzt also zwei Fundamentallösungen der Gestalt:

$$
Y_1(t) = \begin{pmatrix} e^{\frac{3}{2}t}\cos\left(\frac{\sqrt{7}}{2}t\right) - \frac{1}{\sqrt{7}}e^{\frac{3}{2}t}\sin\left(\frac{\sqrt{7}}{2}t\right) \\[3mm] -\frac{2}{\sqrt{7}}e^{\frac{3}{2}t}\sin\left(\frac{\sqrt{7}}{2}t\right) \end{pmatrix}\,,
$$

$$
Y_2(t) = \begin{pmatrix} \frac{4}{\sqrt{7}}e^{\frac{3}{2}t}\sin\left(\frac{\sqrt{7}}{2}t\right) \\[3mm] e^{\frac{3}{2}t}\cos\left(\frac{\sqrt{7}}{2}t\right) + \frac{1}{\sqrt{7}}e^{\frac{3}{2}t}\sin\left(\frac{\sqrt{7}}{2}t\right) \end{pmatrix}\,.
$$

Mathematica

$$As := \{\{s - 1, -2\}, \{1, s - 2\}\}$$

Inverse[As]//MatrixForm

$$\begin{pmatrix} \frac{-2+s}{4-3s+s^2} & \frac{2}{4-3s+s^2} \\ -\frac{1}{4-3s+s^2} & \frac{-1+s}{4-3s+s^2} \end{pmatrix}$$

InverseLaplaceTransform[Inverse[As], s, t]//

MatrixForm

$$\begin{pmatrix} -\frac{1}{7} E^{3t/2} \left(-7 \cos\left[\frac{\sqrt{7}t}{2}\right] + \sqrt{7} \sin\left[\frac{\sqrt{7}t}{2}\right] \right) & \frac{4 E^{3t/2} \sin\left[\frac{\sqrt{7}t}{2}\right]}{\sqrt{7}} \\ -\frac{2 E^{3t/2} \sin\left[\frac{\sqrt{7}t}{2}\right]}{\sqrt{7}} & \frac{1}{7} E^{3t/2} \left(7 \cos\left[\frac{\sqrt{7}t}{2}\right] + \sqrt{7} \sin\left[\frac{\sqrt{7}t}{2}\right] \right) \end{pmatrix}$$

Maple

```
with(linalg):
```

```
As:=matrix(2,2,[s-1,-2,1,s-2]);
```

$$As := \begin{bmatrix} s - 1 & -2 \\ 1 & s - 2 \end{bmatrix}$$

```
inverse(As);
```

$$\begin{bmatrix} \dfrac{s - 2}{s^2 - 3s + 4} & 2\dfrac{1}{s^2 - 3s + 4} \\ -\dfrac{1}{s^2 - 3s + 4} & \dfrac{s - 1}{s^2 - 3s + 4} \end{bmatrix}$$

```
with(inttrans):
```

```
map(invlaplace,inverse(As),s,t);
```

$$\begin{bmatrix} e^{(3/2\,t)} \cos(\frac{1}{2}\sqrt{7}\,t) - \frac{1}{7}\sqrt{7}\,e^{(3/2\,t)}\,\%1 & \frac{4}{7}\sqrt{7}\,e^{(3/2\,t)}\,\%1 \\ -\frac{2}{7}\sqrt{7}\,e^{(3/2\,t)}\,\%1 & e^{(3/2\,t)} \cos(\frac{1}{2}\sqrt{7}\,t) + \frac{1}{7}\sqrt{7}\,e^{(3/2\,t)}\,\%1 \end{bmatrix}$$

$$\%1 := \sin(\frac{1}{2}\sqrt{7}\,t)$$

Aufgabe 3.69: Inhomogenes System mit inhomogenen Anfangsbedingungen lösen

Gegeben sei das inhomogene System:

$$Y' = A\,Y + B(t) \quad \text{mit} \quad A = \begin{pmatrix} 1 & 2 \\ -1 & 2 \end{pmatrix} \quad \text{und} \quad B = \begin{pmatrix} t \\ 1 \end{pmatrix}.$$

Man berechne die Lösung, welche die Anfangsbedingung erfüllt:

$$Y(0) = \begin{pmatrix} 0 \\ 3 \end{pmatrix}.$$

Lösung

Wir übertragen die Gleichung mitsamt den Anfangsbedingungen in den Bildbereich:

$$s\,\mathcal{L}(Y(t))(s) - Y(0) = A\,\mathcal{L}(Y(t))(s) + \mathcal{L}(B(t))(s)$$

und bekommen:

$$(s\,E - A)\,\mathcal{L}(Y(t))(s) = \mathcal{L}(B(t))(s) + Y(0).$$

Die Matrix:

$$s\,E - A = \begin{pmatrix} s-1 & -2 \\ 1 & s-2 \end{pmatrix}$$

ist für $\Re(s) > \dfrac{3}{2}$ invertierbar, und die Lösung im Bildbereich nimmt folgende Gestalt an:

$$
\begin{aligned}
\mathcal{L}(Y(t))(s) &= (s\,E - A)^{-1} \begin{pmatrix} \frac{1}{s^2} \\ \frac{1}{s}+3 \end{pmatrix} \\[2mm]
&= \frac{1}{s^2 - 3s + 4} \begin{pmatrix} s-2 & 2 \\ -1 & s-1 \end{pmatrix} \begin{pmatrix} \frac{1}{s^2} \\ \frac{3s+1}{s} \end{pmatrix} \\[2mm]
&= \begin{pmatrix} \frac{s-2}{s^2\,(s^2-3s+4)} + \frac{6s+2}{s\,(s^2-3s+4)} \\[2mm] \frac{-1}{s^2\,(s^2-3s+4)} + \frac{(s-1)\,(3s+1)}{s\,(s^2-3s+4)} \end{pmatrix} \\[2mm]
&= \begin{pmatrix} -\frac{1}{8}\,\frac{3s-61}{s^2-3s+4} - \frac{1}{2}\,\frac{1}{s^2} + \frac{3}{8}\,\frac{1}{s} \\[2mm] \frac{1}{16}\,\frac{55s-49}{s^2-3s+4} - \frac{1}{4}\,\frac{1}{s^2} - \frac{7}{16}\,\frac{1}{s} \end{pmatrix}.
\end{aligned}
$$

Durch Rücktransformation erhält man die Lösung des Anfangswertproblems:

$$Y(t) = \begin{pmatrix} -\frac{3}{8}\,e^{\frac{3}{2}t}\,\cos\left(\frac{\sqrt{7}}{2}\,t\right) + \frac{113\sqrt{7}}{56}\,e^{\frac{3}{2}t}\,\sin\left(\frac{\sqrt{7}}{2}\,t\right) - \frac{1}{2}\,t + \frac{3}{8} \\[3mm] +\frac{55}{16}\,e^{\frac{3}{2}t}\,\cos\left(\frac{\sqrt{7}}{2}\,t\right) + \frac{67\sqrt{7}}{112}\,e^{\frac{3}{2}t}\,\sin\left(\frac{\sqrt{7}}{2}\,t\right) - \frac{1}{4}\,t - \frac{7}{16} \end{pmatrix}$$

3.4   z-Transformation

Die z-Transformation operiert auf Folgen und verwendet ähnliche Werkzeuge wie die Laplace-transformation für Funktionen. Die z-Transformierte ist insbesondere für die Bearbeitung von Differenzengleichungen geeignet.

---

z-Transformierte

Die z-Transformierte einer Folge $\{f_n\}_{n=0}^{\infty}$ von komplexen Zahlen wird gegeben durch die Laurentreihe:

$$F(z) = \sum_{n=0}^{\infty} f_n z^{-n} .$$

Die z-Transformierte besitzt genau dann ein Konvergenzgebiet der Gestalt:

$$\{z \mid 0 \leq r < |z|\} ,$$

wenn Konstante $a \geq 0$ und $b \geq 0$ existieren mit der Eigenschaft

$$|f_n| \leq a\, b^n \quad \text{für alle} \quad n \geq 0 .$$

Die folgende Zuordnung heißt z-Transformation:

$$f_n \longrightarrow \mathbb{Z}(f_n)(z) = F(z) .$$

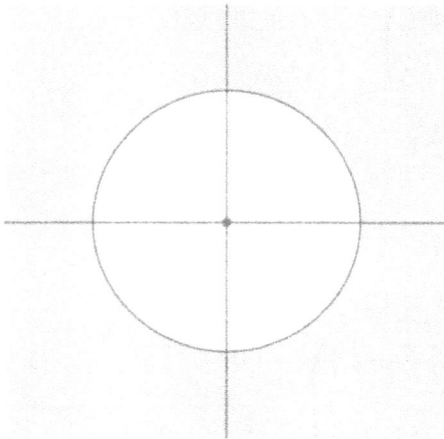

Bild 3.52: *Konvergenzgebiet der z-Transformierten (dunkel). Im Ausnahmefall kann sich das Konvergenzgebiet auf die ganze komplexe Ebene erstrecken.*

Aufgabe 3.70: Konvergenzgebiet der z-Transformierten

Eine Folge $\{f_n\}_{n=0}^{\infty}$ sei von exponentieller Ordnung $|f_n| \leq a\, b^n$.

Man zeige, dass die z-Transformierte $F(z) = \sum_{n=0}^{\infty} f_n z^{-n}$ mindestens im Gebiet

$\{z \mid 0 < b < |z|\}$ absolut konvergiert.

Lösung

Aus der Ungleichung $|f_n| \leq a\,b^n$ folgt:

$$\sum_{n=0}^{\infty} |f_n\,z^{-n}| \leq a \sum_{n=0}^{\infty} |b^n\,z^{-n}| = a \sum_{n=0}^{\infty} \left|\frac{b}{z}\right|^n \,.$$

Hieraus egibt sich, dass die Laurentreihe

$$\sum_{n=0}^{\infty} f_n\,z^{-n}$$

für

$$\left|\frac{b}{z}\right| < 1 \quad \Longleftrightarrow \quad b < |z|$$

absolut konvergiert.

Aufgabe 3.71: z-Transformierte berechnen

Man berechne die z-Transformierte der Folgen:

$$f_n = \delta_{n,0}\,, \quad f_n = 1\,, \quad f_n = (-1)^n\,, \quad n \geq 0\,.$$

Lösung

Die Folgen sind von exponentieller Ordnung und somit z-transformierbar. Im ersten Fall gilt:

$$\mathcal{Z}(\delta_{n,0})(z) = \sum_{n=0}^{\infty} \delta_{n,0}\,z^{-n} = 1\,z^0 = 1\,.$$

Mit der geometrischen Reihe ergibt sich:

$$\begin{aligned}
\mathcal{Z}(1)(z) &= \sum_{n=0}^{\infty} z^{-n} \\
&= \frac{1}{1 - \frac{1}{z}} = \frac{z}{z-1}\,.
\end{aligned}$$

und analog

$$\begin{aligned}
\mathcal{Z}\left((-1)^n\right)(z) &= \sum_{n=0}^{\infty} (-1)^n\,z^{-n} = \sum_{n=0}^{\infty} (-z)^{-n} \\
&= \frac{1}{1 + \frac{1}{z}} = \frac{z}{z+1}\,.
\end{aligned}$$

Das Konvergenzgebiet wird in beiden Fällen gegeben durch das Äußere des Einheitskreises:

$$\left|\frac{1}{z}\right| < 1 \quad \Longleftrightarrow \quad r = 1 < |z|.$$

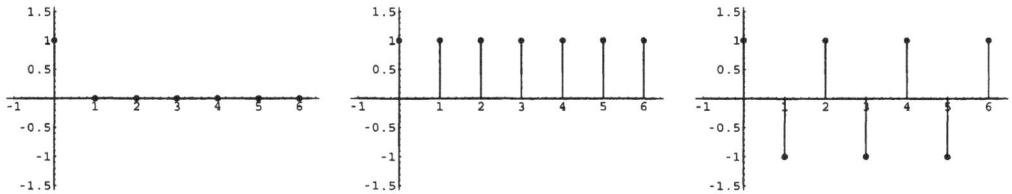

Bild 3.53: *Die Folgen $f_n = \delta_{n,0}$ (links), $f_n = 1$ (Mitte) und $f_n = (-1)^n$ (rechts), $n \geq 0$.*

Mathematica

Mit dem Befehl ZTransform wird die z-Transformierte berechnet. Neben dem Folgenglied muss der Index und die Bildvariable angegeben werden. Die Folge $\delta_{n,0}$ gibt man mit KroneckerDelta ein.

ZTransform[KroneckerDelta[n], n, z]

$$1$$

ZTransform[1, n, z]

$$\frac{z}{-1 + z}$$

ZTransform[$(-1)^n$, n, z]

$$\frac{z}{1 + z}$$

Maple

Man lädt das Paket Inttrans und berechnet die z-Transformierte mit dem Befehl ztrans. Neben dem Folgenglied muss der Index und die Bildvariable angegeben werden. Die Folge $\delta_{n,0}$ gibt man mit charfcn ein.

```
with(inttrans):

ztrans(charfcn[0](n),n,z);
```

$$Ztrans(charfcn_0(n),\ n,\ z) = 1$$

```
ztrans(1,n,z);
```

$$Ztrans(1,\ n,\ z) = \frac{z}{z-1}$$

```
ztrans((-1)^n,n,z);
```

$$\text{Ztrans}((-1)^n, \, n, \, z) = -\frac{z}{-z-1}$$

Aufgabe 3.72: z-Transformierte der Folgen $\cos(n)$ **und** $\sin(n)$

Man berechne zuerst die z-Transformierte der Folgen e^{ni}, e^{-ni}, $n \geq 0$, und benutze das Ergebnis zur Transformation der Folgen: $f_n = \cos(n)$, $f_n = \sin(n)$, $n \geq 0$.

Lösung

Mit der geometrischen Reihe bekommen wir:

$$\mathcal{Z}\left(e^{ni}\right)(z) = \sum_{n=0}^{\infty} e^{ni} z^{-n} = \sum_{n=0}^{\infty}\left(\frac{e^i}{z}\right)^n = \frac{1}{1-\frac{e^i}{z}},$$

$$\mathcal{Z}\left(e^{-ni}\right)(z) = \sum_{n=0}^{\infty} e^{-ni} z^{-n} = \sum_{n=0}^{\infty}\left(\frac{e^{-i}}{z}\right)^n = \frac{1}{1-\frac{e^{-i}}{z}}.$$

Beide Entwicklungen konvergieren absolut für $\left|\dfrac{e^{\pm i}}{z}\right| = \dfrac{1}{|z|} < 1 \iff 1 < |z|$.

Mit der Linearität der z-Transformation folgt dann im Konvergenzbereich $1 < |z|$:

$$\mathcal{Z}(\cos(n))(z) = \frac{1}{2}\,\mathcal{Z}\left(e^{ni}\right)(z) + \frac{1}{2}\,\mathcal{Z}\left(e^{-ni}\right)(z) = \frac{1}{2}\frac{1}{1-\frac{e^i}{z}} + \frac{1}{2}\frac{1}{1-\frac{e^{-i}}{z}}$$

$$= \frac{z\,(z-\cos(1))}{z^2 - 2\cos(1)\,z + 1},$$

$$\mathcal{Z}(\sin(n))(z) = \frac{1}{2i}\,\mathcal{Z}\left(e^{ni}\right)(z) - \frac{1}{2i}\,\mathcal{Z}\left(e^{-ni}\right)(z)$$

$$= \frac{1}{2i}\frac{1}{1-\frac{e^i}{z}} - \frac{1}{2i}\frac{1}{1-\frac{e^i}{z}} = \frac{\sin(1)\,z}{z^2 - 2\cos(1)\,z + 1}.$$

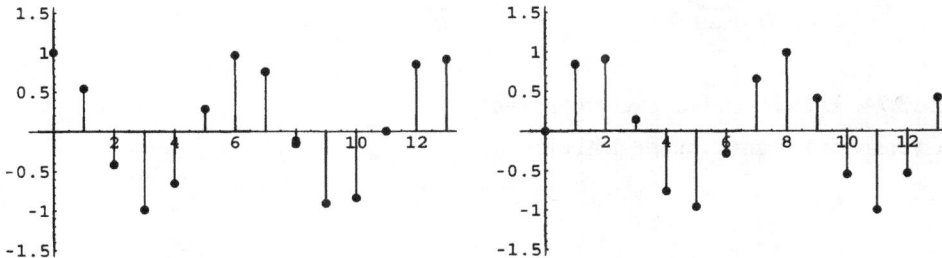

Bild 3.54: *Die Folgen* $f_n = \cos(n)$ *(links) und* $f_n = \sin(n)$ *(rechts)*, $n \geq 0$.

Mathematica

$$\textbf{ZTransform}[\cos[n], n, z]$$

$$\frac{z\left(1 + e^{2I} - 2e^{I}z\right)}{2\left(e^{I} - z\right)\left(-1 + e^{I}z\right)}$$

$$\textbf{ZTransform}[\sin[n], n, z]$$

$$\frac{I\left(-1 + e^{2I}\right)z}{2\left(e^{I} - z\right)\left(-1 + e^{I}z\right)}$$

Maple

```
ztrans(cos(n),n,z);
```

$$\text{Ztrans}(\cos(n),\ n,\ z) = \frac{z\left(z - \cos(1)\right)}{z^2 - 2z\cos(1) + 1}$$

```
ztrans(sin(n),n,z);
```

$$\text{Ztrans}(\sin(n),\ n,\ z) = \frac{z\sin(1)}{z^2 - 2z\cos(1) + 1}$$

Aufgabe 3.73: Differenziationssatz nachweisen

Gegeben sei die Folge $\{f_n\}_{n=0}^{\infty}$ mit der z-Transformierten $\mathcal{Z}(f_n)(z)$, $0 < r < |z|$. Man zeige:

$$\mathcal{Z}(n\,f_n)(z) = -z\,\frac{d}{dz}\mathcal{Z}(f_n)(z)\,, \quad 0 < r < |z|\,.$$

Lösung

Im Konvergenzgebiet ist die z-Transformierte komplex differenzierbar, denn Laurentreihen können stets gliedweise differenziert werden:

$$\frac{d}{dz}\mathcal{Z}(f_n)(z) = \sum_{n=0}^{\infty}(-n)\,f_n\,z^{-n-1} = -\frac{1}{z}\sum_{n=0}^{\infty}n\,f_n\,z^{-n} = -\frac{1}{z}\,\mathcal{Z}(n\,f_n)(z)\,.$$

Aufgabe 3.74: Differenziationssatz anwenden

Man berechne die z-Transformierte der Folge:

$$f_n = n\,, \quad n \geq 0\,.$$

Lösung

Nach dem Differenziationssatz gilt für die Folge $g_n = 1$, $n \geq 0$, im Konvergenzgebiet $1 < |z|$:

$$\mathcal{Z}(n)(z) = \mathcal{Z}(n\,g_n)(z) = -z\,\frac{d}{dz}\mathcal{Z}(g_n)(z)\,.$$

Mit der z-Transformierten

$$Z(n\,g_n)(z) = \frac{z}{z-1}$$

bekommen wir also:

$$Z(n)(z) = -z\,\frac{d}{dz}\frac{z}{z-1} = \frac{z}{(z-1)^2}\,.$$

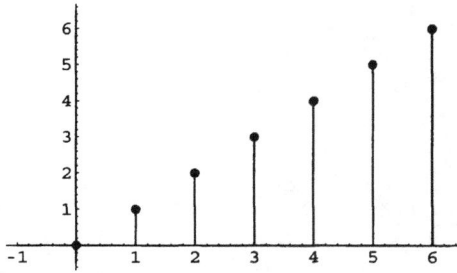

Bild 3.55: *Die Folge*
$f_n = n, n \geq 0$.

Mathematica

$$\textbf{ZTransform[n, n, z]}$$

$$\frac{z}{(-1+z)^2}$$

Maple

```
ztrans(n,n,z);
```

$$Ztrans(n, n, z) = \frac{z}{(z-1)^2}$$

Aufgabe 3.75: Verschiebungssätze bestätigen

Gegeben sei eine Folge $\{f_n\}_{n=0}^{\infty}$ und eine natürliche Zahl $k \geq 1$. Man zeige, dass für die z-Transformierten der Folgen

$$g_n^+ = f_{n+k}, \quad n \geq 0, \quad \text{bzw.} \quad g_n^- = \begin{cases} 0 & , \quad n < k, \\ f_{n-k} & , \quad n \geq k. \end{cases}$$

gilt:

$$Z(g_n^+)(z) = z^k\left(Z(f_n)(z) - \sum_{n=0}^{k-1} f_n\,z^{-n}\right)$$

bzw.

$$Z(g_n^-)(z) = z^{-k}\,Z(f_n)(z)\,.$$

Lösung

Nach Definition gilt:

$$
\begin{aligned}
\mathcal{Z}(g_n^+)(z) &= \sum_{n=0}^{\infty} g_n^+ \, z^{-n} = \sum_{n=0}^{\infty} f_{n+k} \, z^{-n} \\
&= \sum_{n=0}^{\infty} f_{n+k} \, z^{-n-k} \, z^{k} = z^{k} \sum_{n=0}^{\infty} f_{n+k} \, z^{-n-k} \\
&= z^{k} \sum_{n=k}^{\infty} f_n \, z^{-n} \\
&= z^{k} \left(\sum_{n=k}^{\infty} f_n \, z^{-n} + \sum_{\nu=0}^{k-1} f_\nu \, z^{-\nu} - \sum_{\nu=0}^{k-1} f_\nu \, z^{-\nu} \right) \\
&= z^{k} \left(\mathcal{Z}(f_n)(z) - \sum_{n=0}^{k-1} f_n \, z^{-n} \right)
\end{aligned}
$$

und

$$
\begin{aligned}
\mathcal{Z}(g_n^-)(z) &= \sum_{n=0}^{\infty} g_n^- \, z^{-n} = \sum_{n=k}^{\infty} f_{n-k} \, z^{-n} \\
&= \sum_{n=k}^{\infty} f_{n-k} \, z^{-(n-k)} \, z^{-k} = z^{-k} \sum_{n=0}^{\infty} f_n \, z^{-n} \\
&= z^{-k} \, \mathcal{Z}(f_n)(z) \, .
\end{aligned}
$$

Aufgabe 3.76: Verschiebungssätze anwenden

Für $k \geq 1$ berechne man die z-Transformierte der Folgen:

$$
g_n^+ = n + k \, , \quad n \geq 0 \, , \quad \text{bzw.} \quad g_n^- = \begin{cases} 0 & , \quad n < k \, , \\ n - k & , \quad n \geq k \, . \end{cases}
$$

Lösung

Mit der z-Transformierten

$$
\mathcal{Z}(n)(z) = \frac{z}{(z-1)^2} \, , \quad |z| > 1 \, ,
$$

ergibt sich:

$$
\mathcal{Z}(g_n^+)(z) = \frac{z^{k+1}}{(z-1)^2} - \sum_{\nu=1}^{k-1} n \, z^{k-\nu} \, ,
$$

$$
\mathcal{Z}(g_n^-)(z) = \frac{z^{-k+1}}{(z-1)^2} \, :
$$

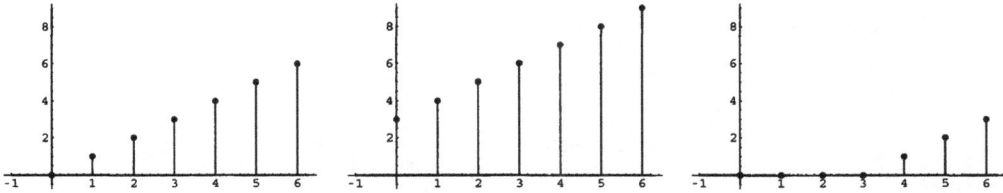

Bild 3.56: *Die Folgen $f_n = n$ (links), $g_n^+ = f_{n+3}$ (Mitte) und $g_n^- = f_{n-3}$ (rechts), $n \geq 0$.*

Mathematica

Die Verschiebung nach links wird umgesetzt. Die nach rechts verschobene Folge muss erst mit den verschwindenden Anfangselementen erklärt werden, damit das Ergebnis korrekt wird.

$$\textbf{ZTransform[n + 3, n, z]//Simplify}$$

$$\frac{z(-2 + 3z)}{(-1 + z)^2}$$

$$z^3 * \textbf{ZTransform}[n, n, z] - z^2 - 2z//\textbf{Expand}//\textbf{Simplify}$$

$$\frac{z(-2 + 3z)}{(-1 + z)^2}$$

$$\textbf{ZTransform[UnitStep}[n] * (n + 3), n, z]//\textbf{Simplify}$$

$$\frac{z(-2 + 3z)}{(-1 + z)^2}$$

$$\textbf{ZTransform[n − 3, n, z]//Simplify}$$

$$\frac{(4 - 3z)z}{(-1 + z)^2}$$

$$\textbf{ZTransform[UnitStep}[n − 3] * (n − 3), n, z]//\textbf{Simplify}$$

$$\frac{1}{(-1 + z)^2 z^2}$$

Maple

Die nach rechts verschobene Folge muss auch hier erst explizit erklärt werden.

```
simplify(ztrans(n+3,n,z));
```

$$Ztrans(n + 3, n, z) = \frac{z(-2 + 3z)}{(z - 1)^2}$$

```
simplify(ztrans(n-3,n,z));
```

$$\text{Ztrans}(n - 3, \, n, \, z) = -\frac{z \, (-4 + 3 \, z)}{(z - 1)^2}$$

```
simplify(ztrans(Heaviside(n-3)*(n-3),n,z));
```

$$\text{Ztrans}(\text{Heaviside}(n - 3) \, (n - 3), \, n, \, z) = \frac{1}{(z - 1)^2 \, z^2}$$

Aufgabe 3.77: Dämpfungssatz nachweisen

Die Folge $\{f_n\}_{n=0}^{\infty}$ besitze die z-Transformierte $\mathcal{Z}(f_n)(z)$, $0 \leq r < |z|$. Man zeige, dass für beliebiges $0 \neq a \in \mathbb{C}$ und $\frac{r}{|a|} < |z|$ gilt:

$$\mathcal{Z}(a^{-n} \, f_n)(z) = \mathcal{Z}(f_n)(a \, z) \, .$$

Welche z-Transformierte ergibt sich für die Folgen a^{-n}, a^n bzw. $e^{a \, n}$?

Lösung

Man rechnet anhand der Definition nach:

$$\mathcal{Z}(f_n)(a \, z) = \sum_{n=0}^{\infty} f_n \, (a \, z)^{-n} = \sum_{n=0}^{\infty} a^{-n} \, f_n \, z^{-n} = \mathcal{Z}(a^{-n} \, f_n)(z) \, .$$

Mit der z-Transformierten

$$\mathcal{Z}(1)(z) = \frac{z}{z - 1}$$

ergibt sich:

$$\mathcal{Z}\left(a^{-n}\right)(z) = \frac{a \, z}{a \, z - 1} \, ,$$

$$\mathcal{Z}\left(a^n\right)(z) = \mathcal{Z}\left(\left(a^{-1}\right)^{-n}\right)(z) = \frac{a^{-1} \, z}{a^{-1} \, z - 1} = \frac{z}{z - a}$$

und

$$\mathcal{Z}\left(e^{a \, n}\right)(z) = \mathcal{Z}\left(\left(e^{-a}\right)^{-n}\right)(z) = \frac{e^{-a} \, z}{e^{-a} \, z - 1} = \frac{z}{z - e^a} \, .$$

Aufgabe 3.78: Pol erster Ordnung rücktransformieren

Seien $a \neq 0$ und b komplexe Zahlen. Für welche Folge $\{f_n\}_{n=0}^{\infty}$ gilt:

$$\mathcal{Z}(f_n) = \frac{1}{z - a} \, , \quad |a| < |z| \, .$$

Lösung

Wir gehen aus von der z-Transformierten:

$$Z(1)(z) = \frac{z}{z-1}$$

und formen um:

$$\frac{1}{z-a} = \frac{1}{a}\frac{1}{\frac{z}{a}-1} = \frac{1}{a}\left(\frac{z}{a}\right)^{-1}\frac{\frac{z}{a}}{\frac{z}{a}-1}.$$

Nach dem Verschiebungssatz gilt für die Folge:

$$g_1^- = \begin{cases} 0 & , \quad n < 1, \\ 1 & , \quad n \geq 1. \end{cases}$$

die Beziehung: $Z(g_1^-)(z) = z^{-1}\frac{z}{z-1}$.

Nach dem Dämpfungssatz gilt schließlich:

$$Z(a^n g_1^-)(z) = \left(\frac{z}{a}\right)^{-1}\frac{\frac{z}{a}}{\frac{z}{a}-1}.$$

Insgesamt ergibt sich folgende Urbildfolge:

$$f_n = \begin{cases} 0 & , \quad n = 0, \\ a^{n-1} & , \quad n \geq 1. \end{cases}$$

Mathematica

Mit InverseZTransform kann man die z-Transformation umkehren.

$$\mathbf{InverseZTransform}\Big[\frac{1}{z-a}, z, n\Big]$$

$$a^{-1+n}\,\mathbf{UnitStep}[-1+n]$$

Maple

Mit Invztrans kann man die z-Transformation umkehren.

```
invztrans(1/(z-a),z,n);
```

$$\mathrm{Invztrans}(\frac{1}{z-a}, z, n) = \frac{-charfcn_0(n) + a^n}{a}$$

Definiert man die Faltung von Folgen analog zur einseitigen Faltung bei der Laplacetransformation, so ergibt sich der Faltungssatz. Der Beweis besteht nun in der Vertauschung der Summationsreihenfolge.

Faltungssatz

Gegeben seien die Folgen $\{f_n\}_{n=0}^{\infty}$ und $\{g_n\}_{n=0}^{\infty}$ mit der z-Transformierten $\mathcal{Z}(f_n)(z)$ bzw. $\mathcal{Z}(g_n)(z), 0 \leq r < |z|$.

Für die Faltung $f_n * g_n = \displaystyle\sum_{\nu=0}^{n} f_\nu \, g_{n-\nu}$ gilt dann mit dem Konvergenzgebiet $r < |z|$:

$$\mathcal{Z}(f_n * g_n)(z) = \mathcal{Z}(f_n)(z) \, \mathcal{Z}(g_n)(z) .$$

Aufgabe 3.79: Faltungssatz anwenden

Die Folge $\{f_n\}_{n=0}^{\infty}$ besitze die z-Transformierte $\mathcal{Z}(f_n)(z) = F(z)$, $|z| > |a|$. Für welche Folge $\{g_n\}_{n=0}^{\infty}$ gilt dann

$$\mathcal{Z}(g_n) = \frac{F(z)}{z - a} , \quad |z| > |a| \, ?$$

Lösung

Die Folge

$$h_n = \begin{cases} 0 & , \quad n = 0 , \\ a^{n-1} & , \quad n \geq 1 . \end{cases}$$

stellt die Rücktransformierte des Pols dar:

$$\mathcal{Z}(h_n)(z) = \frac{1}{z - a} , \quad |z| > |a| .$$

Mit dem Faltungssatz bekommen wir nun: $g_0 = 0$ und für $n \geq 1$:

$$g_n = f_n * h_n = \sum_{\nu=0}^{n} f_\nu \, h_{n-\nu} = \sum_{\nu=0}^{n-1} f_\nu \, a^{n-\nu-1} .$$

Aufgabe 3.80: Pol höherer Ordnung rücktransformieren

Sei $k \geq 1$. Durch vollständige Induktion zeige man, dass für die Folge

$$f_n = \begin{cases} 0 & , \quad n < k , \\ \dbinom{n-1}{k-1} a^{n-k} & , \quad n \geq k . \end{cases}$$

gilt:

$$\mathcal{Z}(f_n)(z) = \frac{1}{(z - a)^k} , \quad |z| > |a| .$$

Lösung

Offensichtlich gilt die Behauptung für $k = 1$. Wir nehmen an, sie gilt für irgend ein $k > 1$ und bilden die Rücktransformierte des Produkts $\dfrac{1}{(z-a)^k} \dfrac{1}{(z-a)}$ mit dem Faltungssatz:

$$f_n * h_n = \sum_{v=0}^{n} f_v\, h_{n-v} = \sum_{v=0}^{n-1} f_v\, a^{n-v}.$$

Hierbei stellt die Folge h_n die Rücktransformierte des einfachen Pols $\dfrac{1}{(z-a)}$ dar. Für $n < k+1$ verschwindet die Faltungssumme und für $n \geq k+1$ kann umgeformt werden:

$$
\begin{aligned}
f_n * h_n &= \sum_{v=0}^{n-1} f_v\, a^{n-v} = \sum_{v=k}^{n-1} f_v\, a^{n-v}\\
&= \sum_{v=k}^{n-1} \binom{v-1}{k-1} a^{v-k}\, a^{n-v-1}\\
&= \left(\sum_{v=k}^{n-1} \binom{v-1}{k-1} \right) a^{n-(k+1)}\\
&= \binom{n-1}{(k+1)-1} a^{n-(k+1)}.
\end{aligned}
$$

Im letzten Schritt wird eine Eigenschaft des Pascalschen Dreiecks benutzt.

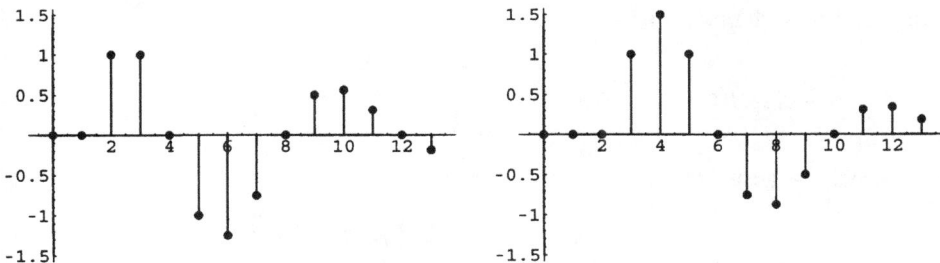

Bild 3.57: *Rücktransformierte des Pols* $\dfrac{1}{\left(z-\frac{1}{2}-\frac{1}{2}i\right)^2}$, *Realteil (links) und Imaginärteil (rechts).*

Mathematica

$$\mathbf{InverseZTransform}\left[\frac{1}{(z-a)^4}, z, n\right]$$

$$\tfrac{1}{6}\, a^{-4+n}\,(-3+n)\,(-2+n)$$
$$(-1+n)\,\mathbf{UnitStep}[-1+n]$$

Maple

```
with(inttrans):

invztrans(1/((z-1)^4),z,n);
```

$$\text{Invztrans}(\frac{1}{(z-1)^4}, z, n) = charfcn_0(n) - 1 + \frac{11}{6} n - n^2 + \frac{1}{6} n^3$$

Aufgabe 3.81: z-Transformierte von Polen benutzen

Für welche Folge $\{f_n\}_{n=0}^{\infty}$ gilt:

$$\mathcal{Z}(f_n) = \frac{z^l}{(z-a)^k}, \quad k \geq 1, \quad 1 \leq l \leq k-1, \quad |z| > |a| \, ?$$

Lösung

Für die Folge

$$g_n = \begin{cases} 0 & , \quad n < k, \\ \binom{n-1}{k-1} a^{n-k} & , \quad n \geq k. \end{cases}$$

gilt:

$$\mathcal{Z}(g_n)(z) = \frac{1}{(z-a)^k}, \quad |z| > |a| \, .$$

Durch Verschieben nach links erhalten wir:

$$\mathcal{Z}(g_{n+l})(z) = z^l \left(\mathcal{Z}(g_n)(z) - \sum_{n=0}^{l-1} g_n \, z^{-n} \right) = z \, \mathcal{Z}(g_n)(z) \, .$$

Damit ergibt sich die gesuchte Rücktransformierte als:

$$f_n = g_{n+1} = \begin{cases} 0 & , \quad n < k-l, \\ \binom{n}{k-1} a^{n+1-k} & , \quad n \geq k-1. \end{cases}$$

Aufgabe 3.82: Inhomogene Differenzengleichung in den Bildbereich übersetzen

Die Lösung $\{(y_g)_n\}_{n=0}^{\infty}$ der homogenen, linearen Differenzengleichung mit konstanten Koeffizienten:

$$y_{n+k} + a_{k-1} \, y_{n+k-1} + \cdots + a_1 \, y_{n-1} + a_0 \, y_n = 0 \, ,$$

welche die Anfangsbedingungen $(y_g)_0 = (y_g)_1 = \cdots = (y_g)_{k-2} = 0$, $(y_g)_{k-1} = 1$, erfüllt, heißt Grundlösung. Für die z-Transformierte der Grundlösung zeige man:

$$\mathcal{Z}((y_g)_n)(z) = H(z) \, .$$

Hierbei ist

$$H(z) = \frac{z}{P(z)}$$

die Übertragungsfunktion und $P(z) = z^n + a_{n-1} z^{n-1} + \cdots + a_1 z + a_0$ das charakteristische Polynom. Für die Lösung $\{(y_p)_n\}_{n=0}^{\infty}$ der inhomogenen Gleichung:

$$y_{n+k} + a_{k-1} y_{n+k-1} + \cdots + a_1 y_{n-1} + a_0 y_n = u_n,$$

mit homogenen Anfangsbedingungen $(y_p)_0 = (y_p)_1 = \cdots = (y_p)_{k-2} = (y_p)_{k-1} = 0$, zeige man:

$$\mathcal{Z}((y_p)_n)(z) = z^{-1} H(z) \mathcal{Z}(u_n)(z).$$

Lösung

Die z-Transformierte $H(z)$ ist wieder für alle z erklärt, deren Betrag größer als das Maximum der Beträge aller Nullstellen von $P(z)$ ist. Mit den Anfangsbedingungen erhalten wir:

$$
\begin{aligned}
\mathcal{Z}((y_g)_n)(z) &= Y_g(z), \\
\mathcal{Z}((y_g)_{n+1})(z) &= z\, Y_g(z), \\
\mathcal{Z}((y_g)_{n+2})(z) &= z^2\, Y_g(z), \\
&\vdots \\
\mathcal{Z}((y_g)_{n+k-1})(z) &= z^{k-1}\, Y_g(z), \\
\mathcal{Z}((y_g)_{n+k})(z) &= z^k\, Y_g(z) - z.
\end{aligned}
$$

Die z-Transformierte $Y_g(z)$ muss somit folgende Gleichung erfüllen:

$$z^k\, Y_g(z) + a_{k-1} z^{k-1}\, Y_g(z) + \cdots + a_1 z\, Y_g(z) + a_0\, Y_g(z) = z.$$

Mit dem charakteristischen Polynom ergibt sich schließlich:

$$Y_g(z) = \frac{z}{P(z)} = H(z).$$

Sei $U(z) = \mathcal{Z}(u_n)(z)$. Durch Übersetzen in den Bildbereich bekommen man wie vorhin:

$$Y(z) = \frac{1}{P(z)} U(z) = z^{-1} H(z) U(z).$$

Man muss hierbei in den Durchschnitt der Konvergenzbereiche von $H(z)$ und $U(z)$ gehen.

Aufgabe 3.83: Inhomomogene Differenzengleichung zweiter Ordnung

Welche z-Transformierte besitzt die Lösung der inhomogenen Differenzengleichung:

$$y_{n+2} + a_1 y_{n+1} + a_0 y_n = u_n$$

mit inhomogenen Anfangsbedingungen. Dabei sind a_0, a_1 komplexe Zahlen und $\{u_n\}_{n=0}^{\infty}$ eine gegebene Folge.

Lösung

Sei $\mathcal{Z}(y_n)(z) = Y(z)$ und $\mathcal{Z}(u_n)(z) = U(z)$. Mit dem Verschiebungssatz folgt:

$$\mathcal{Z}(y_{n+1})(z) = z \left(Y(z) - y_0 \right) \quad \text{und} \quad \mathcal{Z}(y_{n+2})(z) = z^2 \left(Y(z) - y_0 - y_1 \frac{1}{z} \right).$$

Einsetzen in die Differenzengleichung liefert:

$$z^2 Y(z) - y_0 z^2 - y_1 z + a_1 \left(z Y(z) - y_0 z \right) + a_0 Y(z) = U(z).$$

Mit dem charakteristischen Polynom

$$P(z) = z^2 + a_1 z + a_0$$

erhalten wir:

$$
\begin{aligned}
Y(z) &= \frac{U(z)}{P(z)} + y_0 \frac{z(z + a_1)}{P(z)} + y_1 \frac{z}{P(z)} \\
&= z^{-1} H(z) U(z) + y_0 (z + a_1) H(z) + y_1 H(z).
\end{aligned}
$$

Aufgabe 3.84: Differenzengleichung zweiter Ordnung lösen

Gesucht wird eine Folge y_n, welche die Differenzengleichung:

$$y_{n+2} + \frac{1}{8} y_{n+1} - \frac{1}{2} y_n = \delta_{n,0}$$

mit den homogenen Anfangsbedingungen $y_0 = 2$, $y_1 = 1$ erfüllt.

Lösung

Die rechte Seite besitzt die z-Transformierte:

$$\mathcal{Z}(\delta_{n,0})(z) = 1.$$

Wir setzen

$$\mathcal{Z}(y_n)(z) = Y(z)$$

und bekommen folgenden Ausdruck für z-Transformierte der gesuchten Folge:

$$Y(z) = \frac{1}{P(z)} + 2 \left(z + \frac{1}{8} \right) \frac{z}{P(z)} + \frac{z}{P(z)}$$

mit

$$P(z) = z^2 + \frac{1}{8} z - \frac{1}{2}.$$

Wir zerlegen in Partialbrüche:

$$
\begin{aligned}
\frac{1}{P(z)} &= \frac{1}{\left(z + \frac{1}{16} - \frac{1}{16}\sqrt{129} \right) \left(z + \frac{1}{16} + \frac{1}{16}\sqrt{129} \right)} \\
&= \frac{8}{\sqrt{129}} \frac{1}{z + \frac{1}{16} - \frac{1}{16}\sqrt{129}} - \frac{8}{\sqrt{129}} \frac{1}{z + \frac{1}{16} + \frac{1}{16}\sqrt{129}}.
\end{aligned}
$$

Die Rücktransformierte von $\dfrac{1}{P(z)}$ lautet:

$$f_n = \begin{cases} 0 & , \quad n = 0, \\ \dfrac{8}{\sqrt{129}}\, z_1^{n-1} - \dfrac{8}{\sqrt{129}}\, z_2^{n-1} & , \quad n \geq 1. \end{cases}$$

mit

$$z_1 = -\frac{1}{16} + \frac{1}{16}\sqrt{129}, \quad z_2 = -\frac{1}{16} - \frac{1}{16}\sqrt{129}.$$

Durch Verschieben nach links erhalten wir dann:

$$\mathcal{Z}(f_{n+1})(z) = z\,\frac{1}{P(z)} - f_0\, z = \frac{z}{P(z)}$$

und

$$\mathcal{Z}(f_{n+2})(z) = z^2\,\frac{z}{P(z)} - f_0\, z^2 - f_1\, z = \frac{z^2}{P(z)}.$$

Insgesamt ergibt sich folgende Lösung der Differenzengleichung:

$$y_n = 2\, f_n + 2 + \frac{5}{4}\, f_{n+1} + f_n.$$

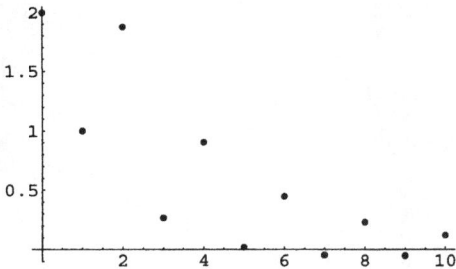

Bild 3.58: *Lösung der Differenzengleichung*
$$y_{n+2} + \frac{1}{8}\, y_{n+1} - \frac{1}{2}\, y_n = \delta_{n,0}$$
$$y(0) = 2,\, y(1) = 1$$

Mathematica

Man lädt das Paket DiscreteMathRSolve und löst die Differenzengleichung mit RSolve.

$$<< \text{"DiscreteMath`RSolve`"}$$

$$\textbf{RSolve}\big[\{y[n+2] + \tfrac{y[n+1]}{8} - \tfrac{y[n]}{2} ==$$
$$\textbf{KroneckerDelta}[n],\, y[0] == 2,\, y[1] == 1\},\, y[n],\, n\big]$$

$$\{\{y[n] \rightarrow -\tfrac{1}{129}\, 2^{1-4n}\, ((-1-\sqrt{129})^n\, (-129 + 5\sqrt{129}) -$$
$$(-1+\sqrt{129})^n\, (129 + 5\sqrt{129})) -$$
$$2\, \textbf{If}[n == 0, 1, 0]\}\}$$

Maple

Man löst die Differenzengleichung mit RSolve.

```
rsolve({y(n+2)+(1/8)*y(n+1)-(1/2)*y(n)=charfcn[0](n),y(0)=2,y(1)=1},y);
```

$$
\frac{(\frac{46}{43}\sqrt{129}+10)\,(8\,\frac{1}{1+\sqrt{129}})^n}{1+\sqrt{129}} + \frac{(\frac{46}{43}\sqrt{129}-10)\,(-8\,\frac{1}{-1+\sqrt{129}})^n}{-1+\sqrt{129}} +
$$

$$
\left(\sum_{n_0} = 2^n\left(\frac{64}{129}\,\frac{\sqrt{129}\,(8\,\frac{1}{1+\sqrt{129}})^{(n-n_0)}}{1+\sqrt{129}} + \frac{\frac{64}{129}\sqrt{129}\,(-8\,\frac{1}{-1+\sqrt{129}})^{(n-n_0)}}{-1+\sqrt{129}}\right)charfcn_0(n_0)\right)
$$

Wenn man sich nicht auf einseitige (kausale) Folgen beschränken will, führt man die zweiseitige z-Transformation ein.

Zweiseitige z-Transformierte

Die z-Transformierte einer nichtkausalen Folge $\{f_n\}_{n=-\infty}^{\infty}$ von komplexen Zahlen wird gegeben durch die Laurentreihe:

$$
\mathcal{Z}_2(f_n)(z) = F_2(z) = \sum_{n=-\infty}^{\infty} f_n\, z^{-n}\,.
$$

Sie besitzt genau dann ein Konvergenzgebiet der Gestalt:

$$
\{z \mid 0 \le r < |z| < R \le \infty\}\,,
$$

wenn Konstante $a >$ und $b \ge 0$ und $c > b$ existieren mit:

$$
|f_n| \le a\, b^n\,, \quad n \ge 0\,, \quad |f_{-n}| \le a\, c^n\,, \quad n > 0\,.
$$

Im Konvergenzgebiet stellt $F_2(z)$ eine holomorphe Funktion dar.

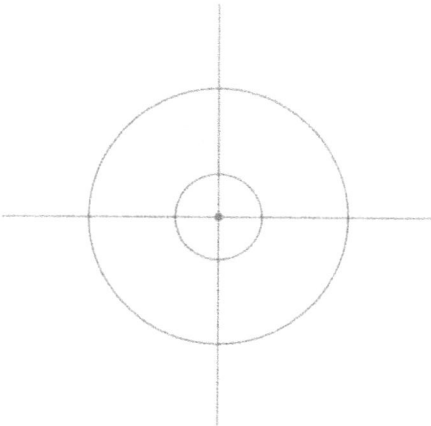

Bild 3.59: *Konvergenzgebiet der zweiseitigen z-Transformierten (dunkel). In Ausnahmefällen kann Radius des äußeren Kreises gegen Unendlich gehen oder der Radius des inneren Kreises gegen Null.*

Aufgabe 3.85: Konvergenzgebiet der zweiseitigen z-Transformierten

Die zweiseitige z-Transformation transformiert den antikausalen Teil einer Folge $\{f_n\}_{n=-\infty}^{-1}$ in den den analytischen Teil und den kausalen Teil einer Folge $\{f_n\}_{n=0}^{\infty}$ in den Hauptteil von $F_2(z)$:

$$\mathcal{Z}_2(f_n)(z) = F_2(z) = \sum_{n=-\infty}^{-1} f_n\, z^n + \sum_{n=0}^{\infty} f_n\, z^{-n}\,.$$

Für die Folgenglieder gelte mit Konstanten $a \geq 0, b \geq 0$ und $c > b$:

$$|f_n| \leq a\, b^n\,, \quad n \geq 0\,, \quad |f_n| \leq a\, c^n\,, \quad n < 0\,.$$

Man zeige, dass die z-Transformierte $F_2(z)$ mindestens im Gebiet $\{z \mid 0 < b < |z| < c\}$ absolut konvergiert.

Lösung

Aus der Ungleichung $|f_{-n}| \leq a\, c^{-n}, n < 0$, folgt für den analytischen Teil:

$$\sum_{n=-\infty}^{-1} |f_n\, z^{-n}| = \sum_{n=1}^{\infty} |f_{-n}\, z^n| \leq a \sum_{n=1}^{\infty} \left|\frac{z}{c}\right|^n = a \sum_{n=1}^{\infty} \left|\frac{z}{c}\right|^n\,.$$

Aus der Ungleichung $|f_n| \leq a\, b^n$ folgt wieder für den Hauptteil:

$$\sum_{n=0}^{\infty} |f_n\, z^{-n}| \leq a \sum_{n=0}^{\infty} |b^n\, z^{-n}| = a \sum_{n=0}^{\infty} \left|\frac{b}{z}\right|^n\,.$$

Der analytische Teil konvergiert also für $|z| < c$ und der Hauptteil für $b < |z|$.

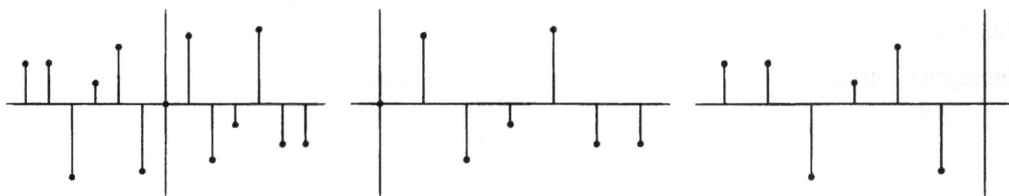

Bild 3.60: *Eine nichtkausale Folge $\{f_n\}_{n=-\infty}^{\infty}$ (links), kausaler Teil $\{f_n\}_{n=0}^{\infty}$ (Mitte) und antikausaler Teil $\{f_n\}_{n=-\infty}^{-1}$ (rechts)*

Aufgabe 3.86: Fourierreihe und z-Transformation

Die Funktion $f\colon [0, T] \longrightarrow \mathbb{C}$ werde in eine Fourierreihe entwickelt

$$f(t) = \sum_{n=-\infty}^{\infty} c_n\, e^{i\,n\,\omega\,t}\,, \quad \omega = \frac{2\pi}{T}\,, \quad \sum_{n=-\infty}^{\infty} |c_n| < \infty\,.$$

Man zeige:

$$\sum_{n=-\infty}^{\infty} c_n\, e^{i\,n\,\omega\,t} = \mathcal{Z}_2(c_n)\left(e^{-i\,\omega\,t}\right)\,.$$

Lösung

Aufgrund der Voraussetzungen konvergiert die Fourierreihe gleichmäßig, und es gilt:

$$\sum_{n=-\infty}^{\infty} c_n\, e^{i\,n\,\omega\,t} = \sum_{n=-\infty}^{\infty} c_n \left(e^{i\,\omega\,t}\right)^n = \mathcal{Z}_2(c_n)\left(e^{-i\,\omega\,t}\right).$$

Die Konvergenz der Reihe $\displaystyle\sum_{n=-\infty}^{\infty} |c_n| < \infty$ besagt ferner, dass die Folgen $\{c_n\}_{n=0}^{\infty}$ und $\{c_n\}_{n=-\infty}^{-1}$ von exponentieller Ordnung sind. Der Einheitskreis gehört zum Konvergenzgebiet der zweiseitigen z-Transformierten der Folge $\{c_n\}_{n=0}^{\infty}$

Aufgabe 3.87: Eigenschaften der zweiseitigen z-Transformation nachweisen

Man zeige, dass für die zweiseitige z-Transformation $\mathcal{Z}_2(f_n)(z) = \displaystyle\sum_{n=-\infty}^{\infty} f_n\, z^{-n}$ der Verschiebungs-, der Faltungs- und der Differenziationssatz gelten:

$$\mathcal{Z}_2(f_{n-k})(z) = z^{-k}\,\mathcal{Z}_2(f_n)(z)\,, \quad k \in \mathbb{Z},$$

$$\mathcal{Z}_2\left(\sum_{\nu=-\infty}^{\infty} f_\nu\, g_{n-\nu}\right)(z) = \mathcal{Z}_2(f_n)(z)\,\mathcal{Z}_2(g_n)(z)\,,$$

$$\mathcal{Z}_2(n\, f_n)(z) = -z\,\frac{d}{dz}\mathcal{Z}_2(f_n)(z)\,.$$

Lösung

Im Konvergenzgebiet $0 < r < |z| < R$ von $\mathcal{Z}_2(f_n)(z)$ bekommen wir zunächst:

$$\begin{aligned}
\mathcal{Z}_2(f_{n-k})(z) &= \sum_{n=-\infty}^{\infty} f_{n-k}\, z^{-n}\,, \\
&= \sum_{n=-\infty}^{\infty} f_n\, z^{-(n+k)}\,, \\
&= z^{-k} \sum_{n=-\infty}^{\infty} f_n\, z^{-n}\,, \\
&= z^{-k}\,\mathcal{Z}_2(f_n)(z)\,.
\end{aligned}$$

Damit ergibt sich die Transformierte der zweiseitigen Faltung:

$$\mathcal{Z}_2(f_n)(z)\,\mathcal{Z}(g_n)(z) \;=\; \sum_{\nu=-\infty}^{\infty} f_\nu\,z^{-\nu}\,\mathcal{Z}(g_n)(z)\,,$$

$$=\; \sum_{\nu=-\infty}^{\infty} f_\nu\,\mathcal{Z}(g_{n-\nu})(z)\,,$$

$$=\; \sum_{\nu=-\infty}^{\infty} f_\nu \left(\sum_{n=-\infty}^{\infty} g_{n-\nu}\,z^{-n} \right)$$

$$=\; \sum_{n=-\infty}^{\infty} \left(\sum_{\nu=-\infty}^{\infty} f_\nu g_{n-\nu} \right) z^{-n}$$

$$=\; \mathcal{Z}_2 \left(\sum_{\nu=-\infty}^{\infty} f_\nu\,g_{n-\nu} \right)(z)\,.$$

Den Differenziationssatz bekommt man wieder durch gliedweises Differenzieren:

$$\frac{d}{dz}\mathcal{Z}_2(f_n)(z) = \sum_{n=-\infty}^{\infty} (-n)\,f_n\,z^{-n-1} = -\frac{1}{z}\sum_{n=-\infty}^{\infty} n\,f_n\,z^{-n} = -\frac{1}{z}\,\mathcal{Z}(n\,f_n)(z)\,.$$

Aufgabe 3.88: Kausale und antikausale Rücktransformierte eines Pols

Sei $a \neq 0$ eine komplexe Zahl. Durch Reihenentwicklung berechne man die Rücktransformierte des Pols

$$F(z) = \frac{1}{(z-a)^2}$$

im Gebiet $|z| < |a|$ (antikausaler Fall) sowie im Gebiet $|a| < |z|$ (antikausaler Fall).

Lösung

Im Gebiet $|z| < |a|$ entwickeln wir in eine Taylorreihe um $z_0 = 0$:

$$\frac{1}{(z-a)^2} \;=\; \frac{1}{a-z}\frac{1}{a-z} = \frac{1}{a^2}\frac{1}{1-\frac{z}{a}}\frac{1}{1-\frac{z}{a}}$$

$$=\; \frac{1}{a^2}\sum_{\nu=0}^{\infty}\frac{1}{a^\nu}z^\nu \sum_{\mu=0}^{\infty}\frac{1}{a^\mu}z^\mu$$

$$=\; \frac{1}{a^2}\sum_{n=0}^{\infty}\left(\sum_{\nu=0}^{n}\frac{1}{a^\nu}\frac{1}{a^{n-\nu}}\right)z^n$$

$$=\; \frac{1}{a^2}\sum_{n=0}^{\infty}(n+1)\frac{1}{a^n}z^n$$

$$=\; \sum_{n=0}^{\infty}\frac{n+1}{a^{n+2}}z^n\,.$$

Hieraus entnehmen wir die antikausale Urbildfolge:

$$f_n = \begin{cases} 0 & , \quad n > 0 \,, \\ (-n+1)\,a^{n-2} & , \quad n \le 0 \,. \end{cases}$$

Das heißt:

$$\mathcal{Z}_2(f_n)(z) = \frac{1}{(z-a)^2} \,, \quad |z| < |a| \,.$$

In dem Gebiet $|a| < |z|$ entwickeln wir in eine Laurentreihe:

$$
\begin{aligned}
\frac{1}{(z-a)^2} &= \frac{1}{z-a}\,\frac{1}{z-a} = \frac{1}{z^2}\,\frac{1}{1-\frac{a}{z}}\,\frac{1}{1-\frac{a}{z}} \\
&= \frac{1}{z^2}\sum_{n=0}^{\infty}(n+1)\,a^n\,z^{-n} \\
&= \sum_{n=2}^{\infty}(n-1)\,a^{n-2}\,z^{-n} \,.
\end{aligned}
$$

Hier bekommen wir folgende Urbildfolge:

$$g_n = \begin{cases} 0 & , \quad n < 2 \,, \\ (n-1)\,a^{n-2} & , \quad n \ge 2 \,. \end{cases}$$

Das heißt:

$$\mathcal{Z}_2(g_n)(z) = \mathcal{Z}(g_n)(z) = \frac{1}{(z-a)^2} \,, \quad |z| > |a| \,.$$

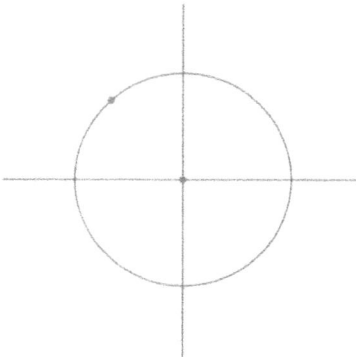

Bild 3.61: *Konvergenzgebiete der z-Transformierten*
$$\frac{1}{(z-a)^2}.$$
Kausaler Fall (dunkel), antikausaler Fall (hell).

Mathematica

Mit Series kann man Reihenentwicklungen berechnen. Man muss die Funktionsvariable, den Enwicklungspunkt und die Anzahl der gewünschten Reihenglieder eingeben. Eine Entwicklung außserhalb eines Kreises wird als Entwicklung um Unendlich betrachtet.

$$\mathbf{Series}\Big[\frac{1}{(\mathbf{z}-\mathbf{a})^2},\,\{\mathbf{z},\,0,\,4\}\Big]$$

$$\frac{1}{a^2} + \frac{2z}{a^3} + \frac{3z^2}{a^4} + \frac{4z^3}{a^5} + \frac{5z^4}{a^6} + \mathbf{O}[z]^5$$

$$\mathbf{Series}\Big[\frac{1}{(\mathbf{z}-\mathbf{a})^2}, \{\mathbf{z}, \infty, 4\}\Big]$$

$$\Big(\frac{1}{z}\Big)^2 + 2a\Big(\frac{1}{z}\Big)^3 + 3a^2\Big(\frac{1}{z}\Big)^4 + \mathbf{O}\Big[\frac{1}{z}\Big]^5$$

$$\mathbf{InverseZTransform}\Big[\frac{1}{(\mathbf{z}-\mathbf{a})^2}, \mathbf{z}, \mathbf{n}\Big]$$

$$a^{-2+n}\,(-1+n)\,\mathbf{UnitStep}[-1+n]$$

Maple

```
series(1/(z-a)^2,z=0,5);
```

$$\mathbf{Series}(\frac{1}{(z-a)^2}, z = 0, 5)$$

$$= \frac{1}{a^2} + 2\,\frac{1}{a^3}\,z + 3\,\frac{1}{a^4}\,z^2 + 4\,\frac{1}{a^5}\,z^3 + 5\,\frac{1}{a^6}\,z^4 + \mathbf{O}(z^5)$$

```
series(1/(z-a)^2,z=infinity,5);
```

$$\mathbf{Series}(\frac{1}{(z-a)^2}, z = \infty, 5) = \frac{1}{z^2} + \frac{2\,a}{z^3} + \frac{3\,a^2}{z^4} + \mathbf{O}(\frac{1}{z^5})$$

```
invztrans(1/(z-a)^2,z,n);
```

$$\mathbf{Invztrans}(\frac{1}{(z-a)^2}, z, n) = \frac{charfcn_0(n) - a^n + a^n\,n}{a^2}$$

Aufgabe 3.89: Zweiseitige Rücktransformierte einer rationalen Funktion

Durch Reihenentwicklung berechne man die Rücktransformierte der Funktion

$$F(z) = 5\,z + 4 + \frac{1}{z} + \frac{2}{z+1}$$

unter der zweiseitigen z-Transformation im Gebiet $1 < |z|$ sowie im Gebiet $0 < |z| < 1$.

Lösung

Wir entwickeln den vierten Summanden in eine Laurentreihe um den Nullpunkt im Gebiet $1 < |z|$:

$$
\begin{aligned}
\frac{2}{z+1} &= 2\frac{1}{z}\frac{1}{1+\frac{1}{z}} \\
&= 2\frac{1}{z}\sum_{\nu=0}^{\infty}(-1)^{\nu}z^{-\nu} \\
&= 2\sum_{n=1}^{\infty}(-1)^{n-1}z^{-n}.
\end{aligned}
$$

Damit ergibt sich folgendes Urbild:

$$
f_n = \begin{cases}
0 & , & n < -1, \\
5 & , & n = -1, \\
4 & , & n = 0, \\
3 & , & n = 1, \\
-(-1)^n 2 & , & n > 1,
\end{cases}
$$

d. h.

$$
\mathcal{Z}_2(f_n)(z) = 5z + 4 + \frac{1}{z} + \frac{2}{z+1}, \quad 1 < |z|.
$$

Im Gebiet $0 < |z| < 1$ entwickeln wir den vierten Summanden in eine Taylorreihe um den Nullpunkt:

$$
\frac{2}{z+1} = 2\sum_{n=0}^{\infty}(-1)^n z^n.
$$

Damit ergibt sich folgendes Urbild:

$$
g_n = \begin{cases}
(-1)^n 2 & , & n < -1, \\
3 & , & n = -1, \\
6 & , & n = 0, \\
1 & , & n = 1, \\
0 & , & n > 1,
\end{cases}
$$

d. h.

$$
\mathcal{Z}_2(g_n)(z) = 5z + 4 + \frac{1}{z} + \frac{2}{z+1}, \quad 0 < |z| < 1.
$$

Mathematica

Mathematica kennt nur die einseitige z-Transformation. Die Rücktransformierte von z wird nicht angegeben.

$$
\mathbf{Series}\left[5\,z + 4 + \frac{1}{z} + \frac{2}{z+1}, \{z, \infty, 4\}\right]
$$

$$\frac{5}{\frac{1}{z}} + 4 + \frac{3}{z} - 2\left(\frac{1}{z}\right)^2 + 2\left(\frac{1}{z}\right)^3 + O\left[\frac{1}{z}\right]^4$$

$$\mathbf{Series}\left[5\,z + 4 + \frac{1}{z} + \frac{2}{z+1}, \{z, 0, 4\}\right]$$

$$\frac{1}{z} + 6 + 3\,z + 2\,z^2 - 2\,z^3 + 2\,z^4 + O[z]^5$$

$$\mathbf{InverseZTransform}\left[5\,z + 4 + \frac{1}{z} + \frac{2}{z+1}, z, n\right]$$

$$5\,\mathbf{InverseZTransform}[z, z, n] + \mathbf{KroneckerDelta}[-1+n] +$$
$$4\,\mathbf{KroneckerDelta}[n] - 2\,(-1)^n\,\mathbf{UnitStep}[-1+n]$$

Maple

Maple kennt ebenfalls nur die einseitige z-Transformation. Die Rücktransformierte von z wird nicht angegeben.

```
with(inttrans):

series(5*z+4+(1/z)+(2/(z+1)),z=infinity,5);
```

$$\mathrm{Series}\!\left(5\,z + 4 + \frac{1}{z} + \frac{2}{z+1}, z = \infty, 5\right) = 5\,z + 4 + \frac{3}{z} - \frac{2}{z^2} + \frac{2}{z^3} - \frac{2}{z^4} + O\!\left(\frac{1}{z^5}\right)$$

```
series(5*z+4+(1/z)+(2/(z+1)),z=0,5);
```

$$\mathrm{Series}\!\left(5\,z + 4 + \frac{1}{z} + \frac{2}{z+1}, z = 0, 5\right) = z^{-1} + 6 + 3\,z + 2\,z^2 - 2\,z^3 + 2\,z^4 + O(z^5)$$

```
invztrans(5*z+4+(1/z)+(2/(z+1)),z,n);
```

$$\mathrm{Invztrans}\!\left(5\,z + 4 + \frac{1}{z} + \frac{2}{z+1}, z, n\right) =$$

$$\mathrm{invztrans}(5\,z, z, n) + 6\,charfcn_0(n) + charfcn_1(n) - 2\,(-1)^n$$

Aufgabe 3.90: Zweiseitige Rücktransformierte einer rationalen Funktion

Durch Reihenentwicklung berechne man die Rücktransformierte der Funktion

$$F(z) = \frac{1}{z+1} + \frac{1}{z-2}$$

unter der zweiseitigen z-Transformation in den folgenden Gebieten: $2 < |z|$, $1 < |z| < 2$, $|z| < 1$.

Lösung

Im Gebiet $2 < |z|$ entwickeln wir beide Summanden in eine Laurentreihe um den Nullpunkt:

$$\frac{1}{z+1} = \frac{1}{z}\frac{1}{1+\frac{1}{z}} = \frac{1}{z}\sum_{\nu=0}^{\infty}(-1)^{\nu} z^{-\nu} = \sum_{n=1}^{\infty}(-1)^{n-1} z^{-n}$$

und

$$\frac{1}{z-2} = \frac{1}{z}\frac{1}{1-\frac{2}{z}} = \frac{1}{z}\sum_{\nu=0}^{\infty}2^{\nu} z^{-\nu} = \sum_{n=1}^{\infty}2^{n-1} z^{-n}$$

Damit ergibt sich folgendes Urbild:

$$f_n = \begin{cases} 0 & , \quad n \leq 0, \\ 2^{n-1} + (-1)^{n-1} & , \quad n \geq 1, \end{cases}$$

d. h.

$$\mathcal{Z}_2(f_n)(z) = \mathcal{Z}(f_n)(z) = \frac{1}{z+1} + \frac{1}{z-2}, \quad 2 < |z|.$$

Im Gebiet $1 < |z| < 2$ entwickeln wir den ersten Summanden in eine Laurentreihe und den zweiten in eine Taylorreihe um den Nullpunkt:

$$\frac{1}{z+1} + \frac{1}{z-2} = \sum_{n=1}^{\infty}(-1)^{n-1} z^{-n} + \sum_{n=0}^{\infty}\frac{1}{2^{n+1}} z^n .$$

Damit ergibt sich folgendes Urbild:

$$g_n = \begin{cases} 2^{n-1} & , \quad n \leq 0, \\ (-1)^{n-1} & , \quad n > 0, \end{cases}$$

d. h.

$$\mathcal{Z}_2(g_n)(z) = \frac{1}{z+1} + \frac{1}{z-2}, \quad 1 < |z| < 2.$$

Im Gebiet $|z| < 1$ entwickeln wir beide Summanden in eine Taylorreihe um den Nullpunkt:

$$\frac{1}{z+1} + \frac{1}{z-2} = \sum_{n=0}^{\infty}(-1)^n z^n + \sum_{n=0}^{\infty}\frac{1}{2^{n+1}} z^n .$$

Damit ergibt sich folgendes Urbild:

$$h_n = \begin{cases} (-1)^n + 2^{-n+1} & , \quad n \leq 0, \\ 0 & , \quad n > 0, \end{cases}$$

d. h.

$$\mathcal{Z}_2(h_n)(z) = \frac{1}{z+1} + \frac{1}{z-2}, \quad |z| < 1.$$

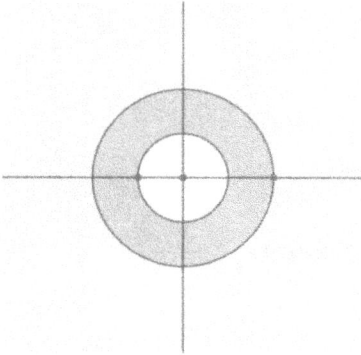

Bild 3.62: *Konvergenzgebiete*
der z-Transformierten
$$\frac{1}{z+1} + \frac{1}{z-2}.$$
Kausaler Fall (schattiert),
nichtkausaler Fall (dunkel),
antikausaler Fall (hell).

Aufgabe 3.91: LTI-Systeme mit der zweiseitigen z-Transformation überführen

Durch eine Differenzengleichung:

$$\sum_{k=0}^{N_a} a_k\, y(n-k) = \sum_{k=0}^{N_b} b_k\, u(n-k)$$

mit konstanten Koeffizienten a_k und b_k wird ein LTI-System beschrieben. Wie lautet der Zusammenhang zwischen der Eingangsfolge $\{u(n)\}_{n=-\infty}^{\infty}$ und der Ausgangsfolge $\{y(n)\}_{n=-\infty}^{\infty}$ im Bildbereich der zweiseitigen z-Transformation?

Lösung

Ist $\mathcal{Z}_2(y(n))(z) = Y(z)$ und $\mathcal{Z}_2(u(n))(z) = U(z)$, so liefert der Verschiebungssatz:

$$\sum_{k=0}^{N_a} a_k\, z^{-k}\, Y(z) = \sum_{k=0}^{N_b} b_k\, z^{-k}\, U(z),$$

bzw.

$$Y(z) = H(z)\, U(z).$$

mit der Übertragungsfunktion

$$H(z) = \frac{\displaystyle\sum_{k=0}^{N_b} b_k\, z^{-k}}{\displaystyle\sum_{k=0}^{N_a} a_k\, z^{-k}}.$$

3.5   Laurentreihen

Bei einer komplexen Funktion wird eine Teilmenge in eine weitere Teilmege der Gaußschen Ebene abgebildet. Man sagt auch, eine Teilmenge der z-Ebene wird durch $w = f(z)$ in die w-Ebene abgebildet.

Real-und Imaginärteil einer Funktion

Jedes Bildelement einer komplexen Funktion $f \; : \; D \longrightarrow \mathbb{C}$ lässt sich in Real- und Imaginärteil zerlegen:

$$f(z) = f(x + yi) = u(x, y) + v(x, y)\,i \, .$$

Dadurch entstehen zwei reellwertige Funktionen $u(x, y)$ und $v(x, y)$.

Aufgabe 3.92: Real- und Imaginärteil einer Funktion bestimmen

Man bestimme Real- und Imaginärteil der Funktion:

$$w = f(z) = z^3 \, .$$

Lösung

Aus der Darstellung:

$$f(z) = (x + yi)^3 = x^3 - 3xy^2 + (3x^2y - y^3)\,i = u(x, y) + v(x, y)\,i$$

folgt:

$$u(x, y) = x^3 - 3xy^2 \, , \quad v(x, y) = 3x^2y - y^3 \, .$$

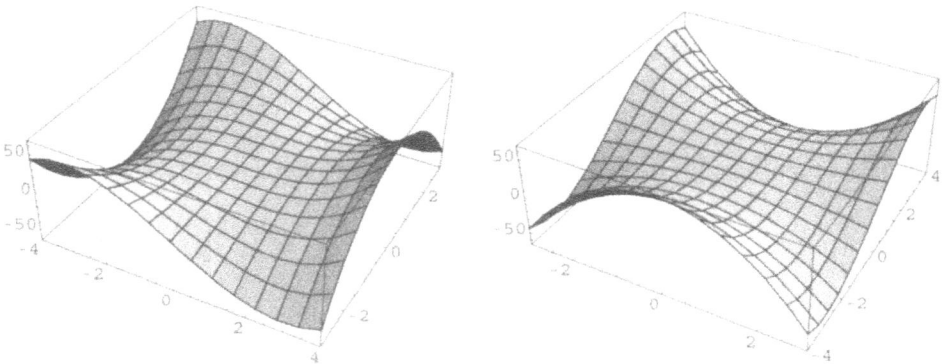

Bild 3.63: *Realteil (links) und Imaginärteil (rechts) der Funktion $f(z) = z^2$*

Die Definition der Konvergenz einer Folge, die Stetigkeit und Differenzierbarkeit einer Funktion werden direkt aus dem Reellen übernommen.

Konvergenz, Stetigkeit und Differenzierbarkeit

Die Folge $z_n = x_n + y_n i$, x_n, $y_n \in \mathbb{R}$ ist genau dann konvergent

$$\lim_{n \to \infty} z_n = z = x + y i, \quad x, y \in \mathbb{R},$$

wenn die Beziehungen $\lim_{n \to \infty} x_n = x$ und $\lim_{n \to \infty} y_n = y$ erfüllt sind.

Eine Funktion $f : D \to \mathbb{C}$, $D \subseteq \mathbb{C}$ ist stetig in einem Punkt $z_0 \in D$, wenn für alle Folgen $\{z_n\}$ aus D gilt: $\lim_{n \to \infty} z_n = z_0 \implies \lim_{n \to \infty} f(z_n) = f(z_0)$.

Eine Funktion heißt differenzierbar im Punkt $z_0 \in D$, wenn der Grenzwert existiert:

$$f'(z_0) = \lim_{z \to z_0} \frac{f(z) - f(z_0)}{z - z_0} = \lim_{h \to 0} \frac{f(z_0 + h) - f(z_0)}{h}.$$

Folgende Schreibweisen sind gebräuchlich: $f'(z_0) = \dfrac{df}{dz}(z_0) = \dfrac{d}{dz} f(z_0)$.

Ist die Funktion in jedem Punkt differenzierbar und die Ableitung f' stetig in D, dann heißt f holomorph in D.

Wir bezeichnen f als Stammfunktion von f'.

Aufgabe 3.93: Komplexe und partielle Differenzierbarkeit

Die Funktion f besitze folgende Zerlegung in Real- und Imaginärteil:

$$f(z) = f(x + y i) = u(x, y) + v(x, y) i.$$

Man zeige: Ist f im Punkt $z = x + y i$ differenzierbar, dann existieren die partiellen Ableitungen von u und v in (x, y), und es gilt:

$$f'(z) = \frac{\partial u}{\partial x}(x, y) + \frac{\partial v}{\partial x}(x, y) i = \frac{\partial v}{\partial y}(x, y) - \frac{\partial u}{\partial y}(x, y) i.$$

Hieraus leite man Cauchy-Riemannschen Differenzialgleichungen ab:

$$\frac{\partial u}{\partial x}(x, y) = \frac{\partial v}{\partial y}(x, y), \quad \frac{\partial v}{\partial x}(x, y) = -\frac{\partial u}{\partial y}(x, y).$$

Lösung

Wir nehmen eine reelle Nullfolge h_n und berechnen mit $h = h_n$ bzw. $h = h_n i$:

$$\lim_{h \to 0} \frac{f(z + h) - f(z)}{h} = \lim_{n \to \infty} \frac{u(x + h_n, y) - u(x, y)}{h_n}$$
$$+ \lim_{n \to \infty} \frac{v(x + h_n, y) - v(x, y)}{h_n} i$$
$$= \frac{\partial u}{\partial x}(x, y) + \frac{\partial v}{\partial x}(x, y) i$$

bzw.

$$\lim_{h \to 0} \frac{f(z+h) - f(z)}{h} = \lim_{n \to \infty} \frac{u(x, y+h_n) - u(x, y)}{h_n \, i}$$

$$+ \lim_{n \to \infty} \frac{v(x, y+h_n) - v(x, y)}{h_n}$$

$$= \frac{\partial v}{\partial y}(x, y) - \frac{\partial u}{\partial y}(x, y) \, i \, .$$

Die Cauchy-Riemannschen Differenzialgleichungen ergeben sich sofort durch Vergleich von Real- und Imaginärteil in den beiden Darstellungen von f'.

Aufgabe 3.94: Cauchy-Riemannsche Differenzialgleichungen bestätigen

Für die e-Funktion

$$e^z = e^{x+yi} = e^x \, e^{yi}$$

bestätige man die Cauchy-Riemannschen Differenzialgleichungen.

Lösung

Wir zerlegen in Real- und Imaginärteil:

$$e^z = e^{x+yi} = e^x \, \cos(y) + e^x \, \sin(y) \, i = u(x, y) + v(x, y) \, i \, .$$

und bekommen folgende partiellen Ableitungen:

$$\frac{\partial u}{\partial x}(x, y) = e^x \, \cos(y) \, , \quad \frac{\partial u}{\partial y}(x, y) = -e^x \, \sin(y) \, ,$$

$$\frac{\partial v}{\partial x}(x, y) = e^x \, \sin(y) \, , \quad \frac{\partial v}{\partial y}(x, y) = e^x \, \cos(y) \, .$$

Damit sind die Cauchy-Riemannschen Differenzialgleichungen erfüllt, und die komplexe Ableitung muss folgende Gestalt annehmen:

$$\frac{d}{dz} e^z = \frac{\partial u}{\partial x}(x, y) + \frac{\partial v}{\partial x}(x, y) \, i$$

$$= e^x \, \cos(y) + e^x \, \sin(y) \, i$$

$$= e^x \, (\cos(y) + \sin(y) \, i) = e^z \, .$$

Aufgabe 3.95: Cauchy-Riemannsche Differenzialgleichungen bestätigen

Für den Pol

$$f(z) = \frac{1}{z - z_0} \, , \quad z \neq z_0 \, ,$$

bestätige man die Cauchy-Riemannschen Differenzialgleichungen.

Lösung

Wir zerlegen $f(z)$ in Real- und Imaginärteil:

$$f(z) = \frac{1}{x - x_0 + (y - y_0)\,i} = \frac{x - x_0 - (y - y_0)\,i}{(x - x_0)^2 + (y - y_0)^2} = u(x, y) + v(x, y)\,i\,.$$

und bekommen folgende partiellen Ableitungen:

$$\frac{\partial u}{\partial x}(x, y) = \frac{-(x - x_0)^2 + (y - y_0)^2}{((x - x_0)^2 + (y - y_0)^2)^2}\,, \qquad \frac{\partial u}{\partial y}(x, y) = \frac{-2\,(x - x_0)\,(y - y_0)}{((x - x_0)^2 + (y - y_0)^2)^2}\,,$$

$$\frac{\partial v}{\partial x}(x, y) = \frac{2\,(x - x_0)\,(y - y_0)}{((x - x_0)^2 + (y - y_0)^2)^2}\,, \qquad \frac{\partial v}{\partial y}(x, y) = \frac{-(x - x_0)^2 + (y - y_0)^2}{((x - x_0)^2 + (y - y_0)^2)^2}\,.$$

Damit sind die Cauchy-Riemannschen Differenzialgleichungen erfüllt, und die komplexe Ableitung muss folgende Gestalt annehmen:

$$\frac{d}{dz}\,\frac{1}{z - z_0} = -\frac{1}{(z - z_0)^2}\,.$$

Konvergente Reihen werden wie im Reellen behandelt. Die wichtigen Konvergenzkriterien wie das Majorantenkriterium, das Quotienten- und Wurzelkriterium gelten analog. Genau genommen sind die Reihen mit reellen Gliedern Sonderfälle der Reihen mit komplexen Gliedern. Potenzreihen dürfen innerhalb des Konvergenzradius addiert, multipliziert und gliedweise differenziert werden.

Absolute Konvergenz einer Reihe, Konvergenzradius

Die Reihe $\sum\limits_{\nu=0}^{\infty} a_\nu$ heißt absolut konvergent, wenn die Reihe $\sum\limits_{\nu=0}^{\infty} |z_\nu|$ konvergiert.

Wenn der Grenzwert $\lim\limits_{\nu \to \infty} \sqrt[\nu]{|a_\nu|}$ existiert, dann konvergiert die Potenzreihe $\sum\limits_{\nu=0}^{\infty} a_\nu\,(z - z_0)^\nu$

absolut innerhalb eines Kreises um den Entwicklungspunkt

$$|z - z_0| < \rho = \frac{1}{\lim\limits_{\nu \to \infty} \sqrt[\nu]{|a_\nu|}}\,.$$

Der Radius ρ heißt Konvergenzradius.

Exstiert der Grenzwert $\lim\limits_{\nu \to \infty} \dfrac{|a_{\nu+1}|}{|a_\nu|}$ dann gilt: $\lim\limits_{\nu \to \infty} \dfrac{|a_{\nu+1}|}{|a_\nu|} = \lim\limits_{\nu \to \infty} \sqrt[\nu]{|a_\nu|}$

Aufgabe 3.96: Konvergenzradius berechnen

Man berechne den Konvergenzradius der folgenden Potenzreihe:

$$\sum_{\nu=0}^{\infty} \frac{(2 + 3\,i)^\nu}{\nu + 1}\,.$$

Lösung

Für den Quotienten der Beträge zweier aufeinander folgender Koeffizienten ergibt sich:

$$\frac{|a_{\nu+1}|}{|a_\nu|} = \frac{\nu+1}{\nu+2} \, |2+3\,i| = 13 \, \frac{\nu+1}{\nu+2} \, .$$

Hieraus folgt:

$$\lim_{\nu \to \infty} \frac{|a_{\nu+1}|}{|a_\nu|} = 13 \, .$$

Wir bestätigen, dass das Wurzelkriterium dasselbe Resultat liefert. Die ν-te Wurzel aus dem Betrag des Reihenglieds a_ν beträgt:

$$\sqrt[\nu]{|a_\nu|} = \frac{\sqrt[\nu]{|2+3\,i|^\nu}}{\sqrt[\nu]{\nu+1}} = 13 \, \frac{1}{\sqrt[\nu]{\nu+1}} \, .$$

Hieraus ergibt sich wieder:

$$\lim_{\nu \to \infty} \sqrt[\nu]{|a_\nu|} = 13 \, .$$

Die Potenzreihe konvergiert absolut für

$$|z - z_0| < \rho = \frac{1}{13} \, .$$

Aufgabe 3.97: Konvergenzradius der geometrischen Reihe

Man berechne den Konvergenzradius der geometrischen Reihe:

$$\sum_{\nu=0}^{\infty} z^\nu = \frac{1}{1-z} \, .$$

Lösung

Für den Quotienten der Beträge zweier aufeinander folgender Koeffizienten ergibt sich:

$$\frac{|a_{\nu+1}|}{|a_\nu|} = 1 \, .$$

Hieraus folgt:

$$\lim_{\nu \to \infty} \frac{|a_{\nu+1}|}{|a_\nu|} = 1 \, .$$

Die geometrische Reihe konvergiert absolut für

$$|z| < 1 \, .$$

Wir betrachten zuerst eine komplexwertigen Funktion einer reellen Variablen und integrieren sie über ein Teilintervall der reellen Achse. Anschließend wird das Integral einer komplexen Funktion längs einer Kurve in der komplexen Ebene erklärt.

Kurvenintegral

Eine stetige, komplexwertige Funktion einer reellen Variablen

$$f(t) = u(t) + v(t)\,i\,, \quad t \in [\alpha, \beta]$$

wird integriert, indem man Real- und Imaginärteil integriert:

$$\int_{\alpha}^{\beta} f(t)\,dt = \int_{\alpha}^{\beta} u(t)\,dt + \left(\int_{\alpha}^{\beta} v(t)\,dt \right) i\,.$$

Sei $f : D \to \mathbb{C}$ eine stetige Funktion und eine glatte Kurve $\Gamma \subseteq D$ werde gegeben durch $t \to z(t), t \in [\alpha, \beta]$. Dann heißt:

$$\int_{\Gamma} f(z)\,dz = \int_{\alpha}^{\beta} f(z(t))\,z'(t)\,dt$$

das Kurvenintegral von f längs Γ. Besitzt f eine Stammfunktion F, dann gilt:

$$\int_{\alpha}^{\beta} f(z(t))\,z'(t)\,dt = F(z(\beta)) - F(z(\alpha))\,.$$

Aufgabe 3.98: Kurvenintegral berechnen

Sei $a \in \mathbb{C}, r > 0$ und Γ der Kreis um a mit dem Radius r. Man zeige:

$$\int_{\Gamma} (z - a)^m\,dz = \int_{|z-a|=r} (z - a)^m\,dz = \begin{cases} 2\,\pi\,i, & \text{für } m = -1\,, \\ 0, & \text{für } m \in \mathbb{Z},\ m \neq -1\,. \end{cases}$$

Lösung

Wir parametrisieren die Kurve durch $z(t) = a + r\,e^{t\,i}, t \in [0, 2\,\pi]$ und bekommen für $m = -1$:

$$\int_{|z-a|=r} (z - a)^{-1}\,dz = \int_{0}^{2\pi} r^{-1}\,e^{-t\,i}\,i\,r\,e^{t\,i}\,dt = \int_{0}^{2\pi} i\,dt = 2\,\pi\,i\,.$$

Für $m \neq -1$ ergibt sich:

$$\int_{|z-a|=r} (z - a)^m\,dz = \int_{0}^{2\pi} r^m\,e^{m\,t\,i}\,i\,r\,e^{t\,i}\,dt = r^{m+1}\,i \int_{0}^{2\pi} e^{(m+1)\,t\,i}\,dt$$

$$= r^{m+1}\,i\,\left. \frac{e^{(m+2)\,t\,i}}{(m+2)\,i} \right|_{t=0}^{t=2\pi} = 0\,.$$

In diesem Fall kommt man auch schneller mit der Stammfunktion zum Ziel:

$$\frac{d}{dz}\frac{(z-a)^{m+1}}{m+1} = (z-a)^m, \quad z \neq a.$$

Da Anfangs- und Endpunkt der Kurve übereinstimmen folgt:

$$\int\limits_{|z-a|=r} (z-a)^m \, dz = \frac{(z(2\pi)-a)^{m+1}}{m+1} - \frac{(z(0)-a)^{m+1}}{m+1} = 0.$$

Im Gegensatz zu reellen Funktionen sind holomorphe Funktionen beliebig oft differenzierbar und können in Taylorreihen entwickelt werden.

Taylorreihe

Die Funktion f sei in der Kreisscheibe: $|z - z_0| < r$ holomorph. Dann lässt sich f in der Kreisscheibe in eine Taylorreihe entwickeln:

$$f(z) = \sum_{\nu=0}^{\infty} a_\nu (z - z_0)^\nu.$$

Die Reihe konvergiert absolut in der Kreisscheibe und die Koeffizienten a_ν, $\nu \geq 0$, ergeben sich eindeutig als Integrale über einen im positiven Sinn, d.h. im entgegengesetzten Uhrzeigersinn, durchlaufenen Kreis mit Radius $\rho < r$:

$$a_\nu = \frac{f^\nu(z_0)}{\nu!} = \frac{1}{2\pi i} \int\limits_{|z-z_0|=\rho} \frac{f(z)}{(z-z_0)^{\nu+1}} \, dz.$$

Funktionen mit gleicher Taylorentwicklung sind identisch.

Aufgabe 3.99: Taylorentwicklung vornehmen

Man entwickle die Funktion:

$$f(z) = e^z$$

in eine Taylorreihe um z_0. Welcher Konvergenzradius ergibt sich für Taylorreihe?

Lösung

Durch Differenzieren bekommen wir:

$$f^{(\nu)}(z) = e^z, \quad \text{und} \quad f^\nu(z_0) = e^{z_0}.$$

Die Taylorreihe lautet damit:

$$e^z = \sum_{\nu=0}^{\infty} \frac{e^{z_0}}{\nu!} (z - z_0)^\nu.$$

Der Quotient der Beträge zweier aufeinander folgender Koeffizienten ergibt:

$$\frac{\nu!}{(\nu+1)!} = \frac{1}{\nu+1} \, .$$

Hieraus folgt:

$$\lim_{\nu \to \infty} \frac{\nu!}{(\nu+1)!} = 0 \, .$$

Der Konvergenzradius ist deshalb unendlich groß und die Potenzreihe konvergiert für alle $z \in \mathbb{C}$ absolut.

Wir betrachten Funktionen, die in einem Kreisring holomorph sind. Anstelle der Taylorentwicklung, bekommen wir nun eine Laurententwicklung.

Laurentreihe

Die Funktion f sei im Kreisring: $r < |z - z_0| < R$ holomorph. Dann lässt sich f in diesem Kreisring in eine Laurentreihe entwickeln:

$$f(z) = \sum_{\nu=-\infty}^{\infty} a_\nu (z - z_0)^\nu = \sum_{\nu=0}^{\infty} a_\nu (z - z_0)^\nu + \sum_{\nu=1}^{\infty} \frac{a_{-\nu}}{(z - z_0)^\nu} \, .$$

Die erste Reihe konvergiert absolut für $|z - z_0| < R$ und die zweite für $r < |z - z_0|$. Die Koeffizienten a_ν, $\nu \in \mathbb{Z}$, ergeben sich eindeutig als Integrale über einen im positiven Sinn durchlaufenen Kreis mit Radius $r < \rho < R$:

$$a_\nu = \frac{1}{2\pi i} \int_{|z-z_0|=\rho} \frac{f(z)}{(z - z_0)^{\nu+1}} \, dz \, .$$

Funktionen mit gleicher Laurententwicklung sind identisch.

Aufgabe 3.100: Umkehrformel der z-Transformation nachweisen

Die Funktion $F_2(z)$ sei in dem Gebiet $r < |z| < R$ holomorph. Der Kreis $|z| = \rho$, $r < \rho < R$, werde im positiven Sinn durchlaufen. Man zeige, dass die Folge

$$f_n = \frac{1}{2\pi i} \int_{|z|=\rho} F_2(z) \, z^{n-1} \, dz \, , \quad n = \ldots, -2, -1, 0, 1, 2, \ldots$$

durch die zweiseitige z-Transformation in $F_2(z)$ überführt wird:

$$F_2(z) = \sum_{n=-\infty}^{\infty} f_n \, z^{-n} \, .$$

Lösung

Die Funktion F_2 lässt sich im Kreisring $r < |z| < R$ in eine Laurentreihe entwickeln:

$$F_2(z) = \sum_{\nu=0}^{\infty} a_\nu \, z^\nu + \sum_{\nu=1}^{\infty} \frac{a_{-\nu}}{z^\nu} \, .$$

Die Koeffizienten a_ν, $\nu \in \mathbb{Z}$, ergeben sich eindeutig als Integrale über einen im positiven Sinn durchlaufenen Kreis:

$$a_\nu = \frac{1}{2\pi i} \int\limits_{|z|=\rho} \frac{F_2(z)}{z^{\nu+1}} \, dz \, .$$

Offensichtlich gilt nun für die Folge:

$$f_n = a_{-n} = \frac{1}{2\pi i} \int\limits_{|z|=\rho} F_2(z) \, z^{n-1} \, dz$$

die Beziehung

$$F(z) = \sum_{n=-\infty}^{\infty} f_n \, z^{-n} \, .$$

Wegen der Eindeutigkeit der Laurentreihe ist die Rücktransformierte ebenfalls eindeutig.

Sachwortverzeichnis

·

www.ingramcontent.com/pod-product-compliance
Lightning Source LLC
Chambersburg PA
CBHW081526190326
41458CB00015B/5465